U0177872

混凝土的耐久性谁来守护

CONCRETE

吴跃 乔君慧◎主编

中国建材工业出版社
北京

图书在版编目（CIP）数据

混凝土的耐久性谁来守护 / 吴跃，乔君慧主编．--
北京：中国建材工业出版社，2023.11
ISBN 978-7-5160-3709-6

Ⅰ．①混… Ⅱ．①吴… ②乔… Ⅲ．①混凝土一耐用
性一研究 Ⅳ．① TU528

中国国家版本馆 CIP 数据核字（2023）第 010123 号

混凝土的耐久性谁来守护
HUNNINGTU DE NAIJIUXING SHUILAI SHOUHU
吴　跃　乔君慧　主编

出版发行：中国建材工业出版社
地　　址：北京市海淀区三里河路 11 号
邮政编码：100831
经　　销：全国各地新华书店
印　　刷：北京印刷集团有限责任公司
开　　本：710mm×1000mm　1/16
印　　张：26.5
字　　数：400 千字
版　　次：2023 年 11 月第 1 版
印　　次：2023 年 11 月第 1 次
定　　价：128.00 元

本社网址：www.jccbs.com，微信公众号：zgjcgycbs

王安洲

刘加平

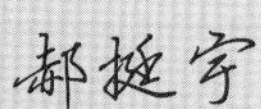

郝挺宇

王子明

赵筠

杨思忠

谢永江

宋作宝

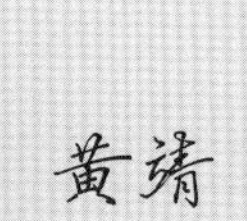

黄靖

张日红

周永祥

宋少民

蒋正武 王玲

王胜年

冉千平 孙振平

周新刚

刘娟红

张广田 张超琦

陈喜旺

王振地 李俊毅

耐久性：混凝土永恒的话题

混凝土耐久性问题最早在欧美国家受到重视。各类钢筋混凝土建筑与基础设施在20世纪70年代开始广泛出现各种混凝土耐久性问题，最突出的是海洋环境、冻融环境、碳化环境以及化工腐蚀环境中的混凝土建（构）筑物。笔者在20世纪80年代末承担了国家建材局基金项目："八五"期间海洋混凝土研究指南。那时的情况表明，我国海洋混凝土工程的耐久性问题非常突出，港工部门为此开展了大量调查研究和科研开发工作。之后，混凝土耐久性问题受到国家科技主管部门高度重视，除一批国家重点科研项目外，进入21世纪后，国家还在水泥和混凝土领域先后设立了4个"973"课题，都与混凝土耐久性相关，取得了一批科研成果。交通、铁路、建筑主管部门在技术进步的基础上制定了有关混凝土工程耐久性的设计标准。时至今日，两代科技人员，数亿元科研开发经费的投入，我国混凝土耐久性水平怎么样了？我想，回答这个问题应该是编者的初衷。

编者精心组织了在混凝土材料与工程各个领域研究耐久性的技术专家撰写综述报告，这本书可以说是一部有关耐久性的全景式综述性报告。这些内容或深或浅地表述了不同领域的混凝土耐久性问题及其科技创新前沿，内容从混凝土用水泥胶凝材料到骨料，从外加剂到功能矿物材料，从普通混凝土到超高性能混凝土，从材料设计到施工养护，从材料防裂抗裂到结构防护、修补、增强，从预拌到预制混凝土，涵盖了混凝土从原材料到结构工程全生命周期。就笔者所知，尽管国内有不少关于混凝土耐久性的书籍，专题性多，但全景式的少。因此，这本书为我们提供了当下混凝土材料与工程中仍然存在的耐久性问题，以及为解决这些问题所开展的科研工作和取得的相关科研成果。不同作者在文中表述的方式和深度不同。例如，有的以文字表述为主，更多的是以试验数据、图表、照片证实观点、提供依据。这些内容的集成，比较全面地为读者呈现了混凝土工程耐久性问题的方方面面。大部分内容对其所论述的耐久性问题都做了历史性回溯，因此，这本书对未能全面了解混凝土耐久性问题的年轻读者来说，还具有“科普”的功能。

在现代混凝土的设计理论中，工作性、安全性（强度）和耐久性是 3 个互相关联的重要性能。工作性要求新拌混凝土满足施工要求、以实现所设计的混凝土强度和耐久性。强度是指定龄期（例如 28 天或 60 天）的混凝土材料强度，而耐久性要求则是混凝土结构在设计的服役期内，在环境作用下的性能劣化情况。因此，可以说，工作性和强度设计反映的都是早期能确定的混凝土性能，但进入服役期的混凝土结构，其所有性能都将在复杂外部环境作用下随时间演变。由于实验室不可能完全模拟实际服役环境和荷载情况，因此，尽管满足混凝土耐久性设计要求，仍不能代替对实际耐久性的观测和评价，从这个意义上来说，工程实践经验是宝贵的，具有确定性。中华人民共和国成立后，我国建设的一批混凝土工程的服役期已达 70 年以上，改革开放以来的建设工程服役期长的也已达 40 年以上，我们应该对各类混凝土工程的实际耐久性表现进行深入调查研究，系统性归纳总结，希望在下一本讲述混凝土耐久性的书中能看到更多的工程耐久性调查研究报告，这对提高我国混凝土工程耐久性具有重要意义。

当前，混凝土耐久性问题仍然是指所设计建造的混凝土建（构）筑物在达到设计的服役寿命之前就出现的劣化问题。如果说现在仍然是问题，那是因为我们还未能掌握混凝土材料在不同服役环境与荷载条件下性能演变的规律，但是，随着我们对耐久性问题的深入研究，这些在服役生命周期内不该出现的耐久性问题会越来越少。笔者认为，混凝土材料科技工作者的使命是不断创新发展性能更高、服役周期更长而且在全生命周期意义上更绿色低碳的混凝土材料。随着混凝土材料性能的不断提高，我们能为混凝土工程耐久性提供的确定性指标会更高，因而可以设计更长的服役生命周期。所以，如果说耐久性是一个永恒的问题，那是因为我们对混凝土材料性能的提升没有止境，所谓耐久性问题是相对于不断提高的设计服役寿命来说的，比如说从当前的70年、100年上升到200年、500年甚至更长，这是将来关于混凝土耐久性研究的新目标。

除此以外，我们还应跳出混凝土看混凝土工程的耐久性问题。我们看到，世界上钢结构桥梁的服役期在100年以上的已不少，但这不是依靠钢材本身的耐久性，而是依靠钢材表面的防腐涂层实现的。实验表明，如果我们对混凝土表面也附加防护层，混凝土工程耐久性会直接提升，实际上，这已不存在技术问题。从这本书中可以看到，混凝土表面防护在我国已是常用的工程技术。当然，本书中也有作者指出，这些保护混凝土的涂装材料自身也存在耐久性问题。对于它们保护的混凝土而言，它们的功能相当于钢结构电化学防腐中的“牺牲阳极”。事实上，没有一种材料能够“包打天下”。我们不仅要让混凝土“强身健体”，也要考虑混凝土全生命周期的表面防护技术问题，这意味着我们必须承认，对于耐久性，混凝土工程界需要的是最佳技术经济途径。

混凝土材料创新无止境，混凝土工程耐久性问题将与时俱进。

是为序。

中国硅酸盐学会　原理事长

中国混凝土与水泥制品协会　荣誉会长

2023年6月于百万庄

目录

混凝土的耐久性谁来守护

混凝土原材料篇　　服役环境篇　　工程应用篇　　防护技术篇

混凝土原材料篇

混 凝 土 的 耐 久 性 谁 来 守 护

01 化学外加剂与混凝土耐久性

冉千平，东南大学首席教授、博士生导师，江苏苏博特新材料股份有限公司高性能土木工程材料国家重点实验室首席科学家，国家杰出青年基金获得者，国家“万人计划”科技创新领军人才，享受国务院政府特殊津贴专家。从事高性能混凝土化学外加剂研究20余年，累计发表SCI收录论文100余篇，以第一发明人获授权发明专利60余件。研究成果获国家技术发明二等奖1项（排2）、国家科技进步二等奖1项（排3），省部级科技进步一等奖5项。个人获得杰出青年成果转化奖、中国青年科技奖、全国建设系统劳动模范、江苏省专利发明人奖、南京市科技功臣等多项个人荣誉。

蔡景顺，工学硕士、高级工程师，现任江苏苏博特新材料股份有限公司项目负责人，在职攻读东南大学工程博士学位。主要从事钢筋混凝土耐久性提升材料开发与应用技术研究，主持/参与国家及省厅级项目10余项，发表科技论文39篇，其中SCI/EI收录26篇，申请国家发明专利25项，授权17项，参编行业标准3项，获省部级科技进步一等奖2项、二等奖1项和南京市优秀专利奖2项。开发的钢筋阻锈剂、混凝土侵蚀抑制剂、防腐剂等产品广泛应用于沿海核电、跨海桥梁等工程。

乔　敏，理学博士、正高级工程师，现任江苏苏博特新材料股份有限公司研究所所长，东南大学校外研究生导师；主要从事化学外加剂研发及产业化研究，开发出系列功能性混凝土化学外加剂，获得省部级科技进步奖一等奖4项，主持国家自然科学基金等国家级、省部级项目6项；发表论文100余篇，授权中国发明专利83项，国际发明专利3项，主编团体标准2项。

毛永琳，工学硕士、正高级工程师，现任江苏苏博特新材料股份有限公司项目负责人、东南大学专业学位研究生校外指导教师，主要从事混凝土化学外加剂和新型建筑材料开发与应用研究工作。主持或参与国家、省部级和工程类项目20余项，发表学术论文50余篇，获授权国家发明专利48件，参编行业/地方标准4项。研究成果在港珠澳跨海大桥、防城港核电、京沪高铁等数十项国家重点工程得到应用，获中国建材联合会科技发明一等奖1项、华夏建设科技进步二等奖1项、省建设科技进步一等奖3项、市科技进步三等奖1项，中国专利优秀奖2项。

一、背景

水泥混凝土是当今世界用量最大的建筑材料，由于受混凝土基体和严苛服役环境的影响，其耐久性问题日益凸显。美国对其国内的253000座混凝土桥梁的桥面板进行调查发现，有些使用不到20年就出现不同程度的损坏。我国滨海、盐渍土等严酷环境下混凝土结构使用5~10年后也部分发生了明显的腐蚀破坏，远没有达到设计寿命要求。随着“海洋强国”“交通强国”及“一带一路”倡议等国家战略逐步实施，国家重大工程不断向滨海、深海、中西部地区推进，基础工程面临的服役环境更加严苛，而且过去随手可得的优质天然砂石和粉煤灰等混凝土原材料日渐稀缺，机制砂和低品位工业废渣逐步使用，混凝土组成更加复杂，满足百年以上长寿命服役需求将更加困难。

掺加外加剂调控混凝土微结构是提升混凝土耐久性最简便、最有效、最经济的技术途径。高性能土木工程材料国家重点实验室在国家“973 计划”、国家重点研发计划和多个重大工程项目的资助下，历经 20 余年，与东南大学、江苏省建筑科学研究院有限公司联合研发，揭示了复杂服役环境下混凝土性能劣化机制，提出了混凝土微结构与水化调控的化学外加剂结构设计理论，发明了混凝土流变调控外加剂、超早强外加剂、混凝土侵蚀抑制剂、引气剂和有机阻锈剂等耐久性提升功能材料，形成了严酷环境下混凝土耐久性设计方法及提升技术，广泛应用于跨海大桥、滨海核电、高速铁路、海底隧道、国防工程防护等 100 多项重大工程，有效地保障了结构混凝土的服役安全与使用寿命。

二、混凝土流变调控外加剂

混凝土材料的均匀密实是保障工程质量、提高服役性能的先决条件。混凝土是一种非均相材料，在拌和浇筑过程中易发生离析泌水，浇筑后造成骨料局部富集或水胶比不均匀等一系列缺陷。在凝结硬化过程中，胶凝材料以及水化产物的堆积产生了孔隙结构，其中大孔和连通孔是离子侵入并使混凝土结构受到腐蚀（冻融、碳化、化学侵蚀、碱 - 骨料反应、钢筋锈蚀等）破坏的主要路径。混凝土的孔隙结构首先取决于配合比，包括水胶比以及固体材料的堆积密实度。水胶比越低，混凝土基体密实性越高；混凝土中添加尺寸较细的粉体，如粉煤灰、矿粉等掺和料，可以提高堆积密实度，减少孔隙结构。然而，水胶比降低、大量掺和料颗粒分散不佳形成絮凝结构会显著降低混凝土流动性，增加黏度，导致浇筑施工困难。流变调控类外加剂通过调控浆体流变性能可以有效解决离析泌水问题，显著改善混凝土的工作性，是解决上述施工缺陷的核心材料。

增稠剂（又被称为黏度调节剂，viscosity modifying admixture）是一种分子结构中具有较多亲水单元的高聚物，其分子量可达百万 ~ 千万，分子尺寸可达微米级，其亲水单元可以和水泥浆体中自由水结合、或者自身在溶液中发生缠结从而限制自由水迁移以降低泌水，一些带电的增稠剂分子可以吸附在多个固体颗粒表面，增加浆体的屈服应力，从而减少骨料沉降引起的离析（图 1）。

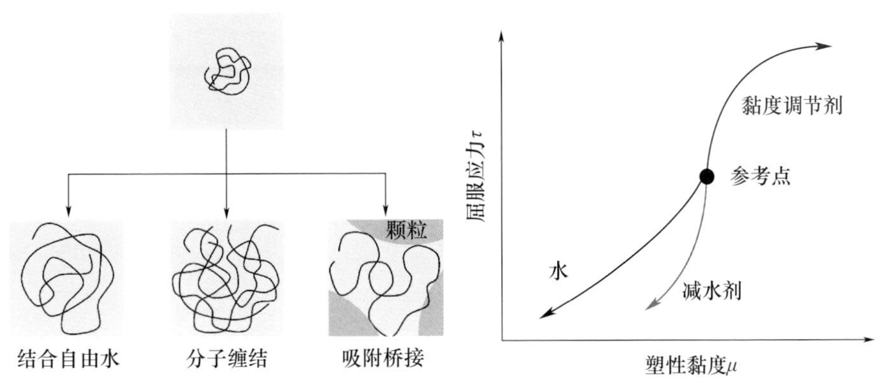

图 1　增稠剂微观作用机制及其对浆体流变性能的影响

减水剂是另外一类带电聚合物，其分子量较小（5000~100000），通过静电吸附作用或 Ca^{2+} 络合作用吸附于固体颗粒表面，通过静电排斥和空间位阻作用阻止胶凝材料颗粒相互靠近，从而破坏絮凝结构，释放颗粒团聚体中包裹的水分，显著提高浆体和混凝土的流动性。在保持水胶比不变时，可大幅增加混凝土流动性，或者在保证良好工作性的前提下，显著降低混凝土的水胶比。减水剂的发展经历了三代，最新一代以聚羧酸高性能减水剂为代表，减水率大于 25%，其结构为梳型，主链包含大量吸附基团，侧链为水溶性聚乙二醇醚长链，通过调节结构参数、引入其他官能团和侧链结构等还可以实现功能化。目前，采用聚羧酸减水剂可以将混凝土水胶比降低至 0.15 以下，可用于制备强度高于 150MPa 的超高性能混凝土（氯离子渗透系数不大于 $1.0 \times 10^{-14} m^2/s$，碳化速率降低 90%，抗冻耐久性提升一倍以上）；向聚合物主链引入具有碱响应特性的缓释官能团，在水泥强碱性溶液中官能团水解释放出吸附基团，使聚合物吸附能力不断增强，从而在固体颗粒表面实现持续吸附分散，可以实现常温 6~8h 混凝土流动性保持或 30~40℃ 高温下 3h 混凝土流动性损失小于20%，从而保障高远程混凝土泵送施工；向聚合物主链引入强吸附特性的络合官能团，可以提高聚合物在各类矿物掺和料、石粉、再生微粉等不同电荷特性固体颗粒表面的吸附分散能力，大大提高混凝土中掺和料替代水泥的比例（可达50%以上），不但可满足跨海桥梁混凝土的百年设计寿命需求，也有利于社会可持续发展（图2）。

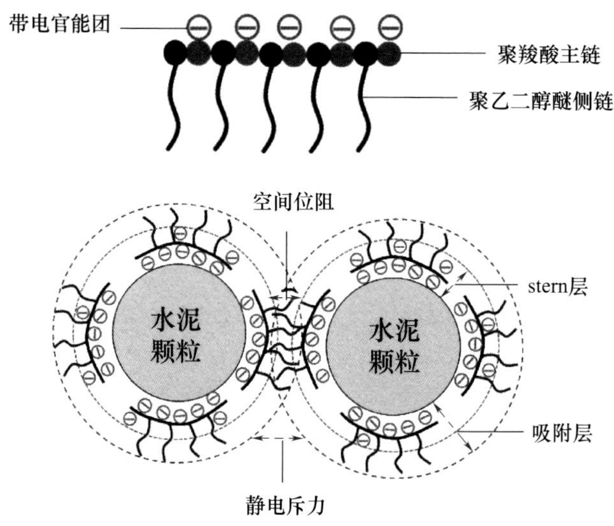

图2　聚羧酸外加剂结构及其分散机制示意图

流变调控外加剂技术的不断发展，满足了各类混凝土的工作性调控（机制砂混凝土、高矿物掺和料混凝土、超高性能混凝土等）以及施工技术（混凝土泵送、自密实浇筑等）的发展需求，广泛应用于核电、水电、桥梁、高铁、国防、市政等工程，提高了混凝土的均匀密实性，是混凝土耐久性提升的基础。

三、超早强外加剂

近年来，以预制构件为代表的混凝土制品快速发展，预计“十四五”期间，市场需求仍将保持在高位。由于预制构件的工艺特性与应用场景，其生产过程往往需要应用早强技术来提高生产效率和施工效率；同时，随着预制构件的大量应用和普及，在早强的同时兼顾其耐久性，尽可能延长服役寿命也有其重要的现实意义。

硅酸盐水泥水化历程漫长，混凝土的强度发展缓慢，3d 强度只能达到设计强度的 40%~50%，28d 才能达到设计强度。因此，预制构件生产普遍使用蒸汽养护提高混凝土早期强度，从而加快模具周转，提高生产效率。然而在高温养护条件下，水泥水化产物的晶粒粗大、晶胶比高，混凝土脆性大；短时间内大幅升降温易产生应力导致微裂缝，对材料耐久性有显著的负面影响；高温养护能耗较高，还会造成温室气体及其他污染物的排放。以无机盐为主要成分的早强剂往往会劣化新拌混凝土性能，不利于施工，还会引起混凝土后期强度倒缩，降低耐久性。因此，开发新型高效混凝土早强外加剂，加速水泥在常温下的水化速率，在提升混凝土预制构件早期强度的同时保障其耐久性，降低生产过程能耗、减少碳排放成为行业的迫切需求（图 3、图 4）。

图 3　不同养护条件下混凝土的氯离子渗透性能

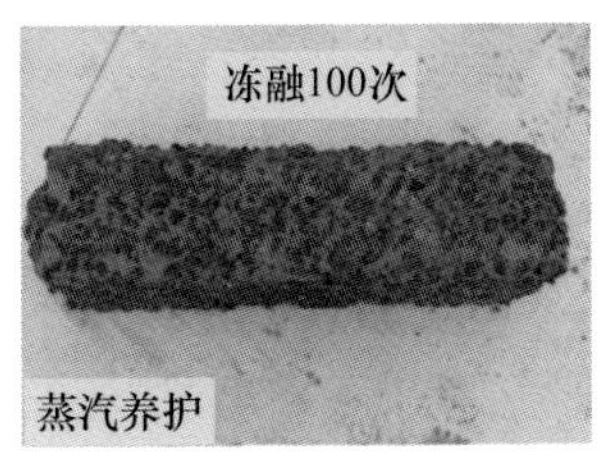

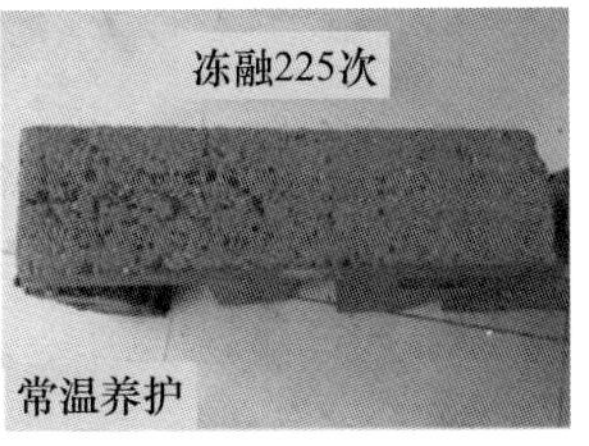

图 4　不同养护条件下混凝土的抗冻性能

硅酸盐水泥早期水化速率主要取决于水泥矿相的溶解和水化产物的成核生长两大过程，矿物溶解速度慢、晶核形成缓慢是其早期水化速率慢的主要原因。传统早强技术主要从物理（热养护）、化学（传统早强剂）层面调控溶解历程。近年来，随着材料科学的进步和对水泥基材料水化历程研究的不断深入，从水泥水化产物微观成核层面调控水泥早期水化成为早强技术开发的新思路。

纳米材料基早强剂是近年来备受关注的一类新型化学外加剂。纳米材料的比表面积通常为水泥颗粒的数万倍，因此在较低的用量时就可以提供数量巨大的晶核，能够大幅加速水泥水化产物的结晶及生长速率，从而实现高效早强（图 5）。纳米基早强材料提供的晶核一般具有与水泥水化产物类似的化学组成和晶体结构，不会引入有害的水化副产物。同时，由于其增加了水化产物的均匀性和密实性，混凝土耐久性也会得到一定程度的改善。目前，研究较多的纳米材料基超早强外加剂主要包括纳米 C-S-H（水化硅酸钙）晶种、纳米二氧化硅等。

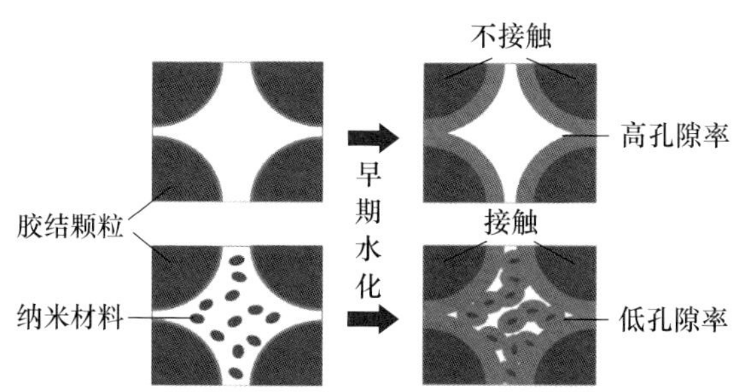

图 5　纳米材料调控水泥早期水化的原理示意图

纳米 C-S-H 晶种与水泥的主要水化产物 C-S-H 在化学组成和结构上具有较高相似性，具有非常显著的早强和促凝效果，在高掺量时，甚至可以消除水泥水化的诱导期。苏博特研究团队基于仿生矿化的原理开发了杂化型纳米 C-S-H 晶种材料，混凝土 10h 抗压强度比可达 350% 以上，应用于混凝土预制构件的生产中，在保证生产效率的情况下可以实现养护零能耗。纳米 C-S-H 晶种对于后期混凝土耐久性一般无明显不利影响，相对于传统的早强技术，在耐久性方面无疑具备显著优势。

纳米二氧化硅是另一类研究和应用较多的纳米基超早强外加剂的备选材料，与纳米 C-S-H 晶种相比，其 10h 早强效应较弱，但 1d 强度提升仍可达 50% 以上，28d 强度可提升 10%。此外，纳米二氧化硅对混凝土耐久性如氯离子渗透能力、吸水性等有更为显著的优化效应。

随着国家“双碳”战略不断推进，工程对水泥混凝土性能要求越来越高，基于纳米材料的超早强外加剂的应用前景必将更加广阔。

四、混凝土侵蚀抑制剂

滨海、盐渍土、盐湖等严酷环境存在氯盐、硫酸盐等腐蚀性介质浓度高、干湿循环作用频繁、侵蚀性介质传输速率快等问题，极易引起混凝土腐蚀。除了常规的降低水胶比、使用掺和料改善混凝土密实性之外，混凝土微结构优化与孔隙表面疏水是提升混凝土抗介质渗透性的有效措施。

目前，纳米材料、硬脂酸铵、有机硅乳液等是优化混凝土微结构和调控表面疏水性的有效物质，但存在显著影响工作性和强度发展等缺陷，硬脂酸铵在水泥强碱环境下甚至会释放大量氨气。苏博特研究团队在化学外加剂调控混凝土孔结构性能方面取得重大突破，发明了水化响应疏水的混凝土侵蚀抑制剂，通过亲水—疏水反转实现纳米颗粒在混凝土中的稳定分散和缓控释疏水（图 6），避免直接加入纳米材料或疏水材料给混凝土带来的工作性变差、延缓早期水化和降低力学强度等问题。混凝土侵蚀抑制剂能够与孔溶液中 Ca^{2+} 螯合堵塞毛细孔、增强水泥浆体憎水性，可以有效抑制干湿交替区离子快速富集与传输，实现了混凝土疏水、力学强度、抗侵蚀离子渗透协同提升。

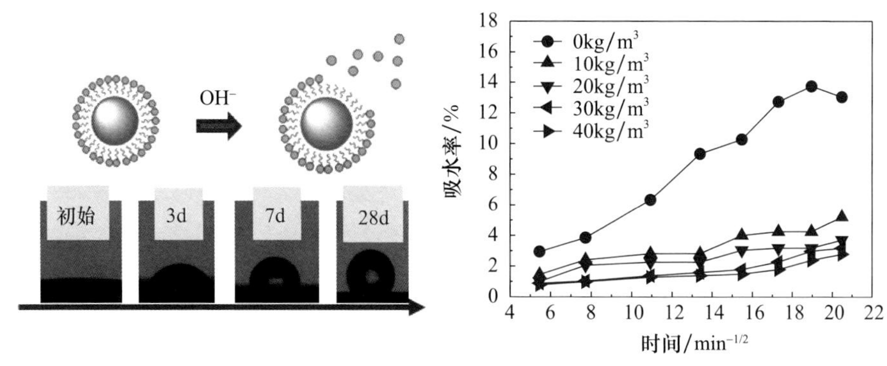

(a) 抑制剂水解释放及疏水过程　　(b) 抑制剂掺量对混凝土吸水率影响

图 6　混凝土侵蚀抑制剂缓控疏水及作用效果（液体掺量，固含量 10%）

暴露试验显示，混凝土侵蚀抑制剂可以有效抑制干湿交替区侵蚀性介质传输与富集，C45 强度等级长期服役海工混凝土表面氯离子含量进一步降低 68%。硫酸根离子浓度超过 100000mg/L 以上的工程应用结果表明，混凝土抗硫酸盐循环次数达到 500 次，各项性能指标优于抗硫酸盐水泥（图 7）。作为新型外加剂品种，混凝土侵蚀抑制剂已编制形成建材行业标准《混凝土抗侵蚀抑制剂》（JC/T 2553—2019）和应用技术规范《盐渍土环境耐腐蚀混凝土应用技术规程》（T/CECS 607—2019），在南方沿海、内陆硫酸盐等严酷环境下的桥梁、高速公路、山体隧道以及市政等工程得到广泛应用，为高浓度氯盐、硫酸盐等严酷环境下的混凝土抗侵蚀性能提升提供了技术保障。

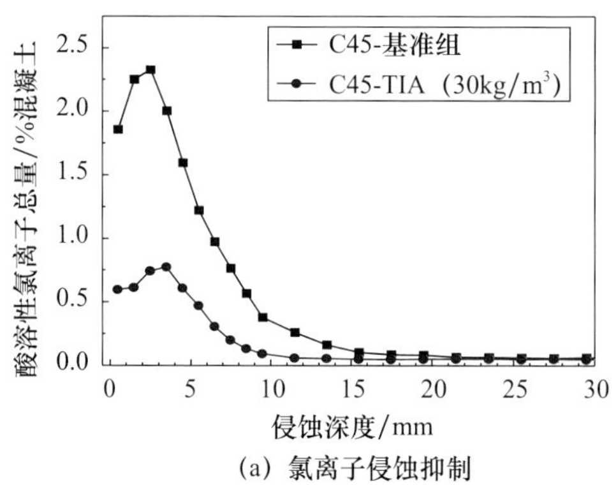

(a) 氯离子侵蚀抑制

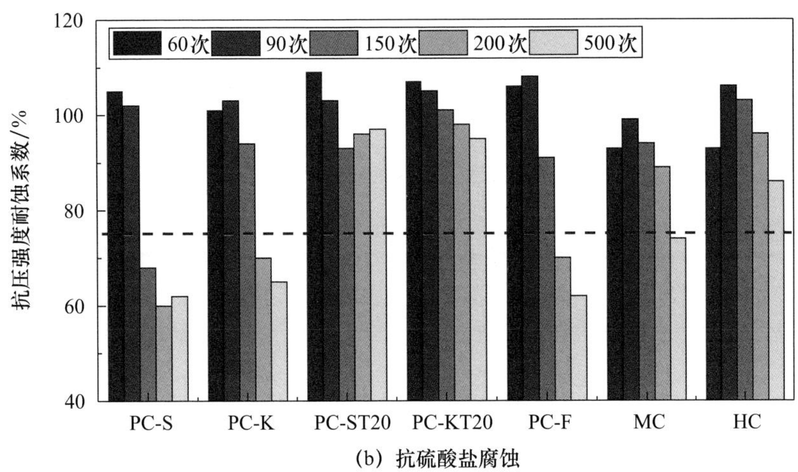

(b) 抗硫酸盐腐蚀

图7 实际服役环境混凝土侵蚀抑制剂对氯离子渗透及硫酸盐腐蚀抑制效果

五、混凝土引气剂

冻融破坏是寒区混凝土耐久性的重要威胁，其破坏形式表现为混凝土的表层剥落与内部开裂，最终降低混凝土的力学性能。混凝土气孔结构直接影响着混凝土的抗冻融性，混凝土气泡间距系数越小，其抗冻融性越好。气泡在新拌混凝土中本质上是不稳定的，为了增加气泡在混凝土中的稳定性，通常会添加引气剂，这里的“引气剂”是混凝土外加剂领域的俗称，可能会产生混淆，因为引气剂本身不引入气泡，只是稳定混凝土拌和过程中引入的气泡，其更应被称为“稳泡剂”。

引气剂是两亲性表面活性剂，在气 - 液界面或者油 - 水界面进行自组装，显著降低溶液的表面张力。目前在混凝土领域广泛使用的引气剂品种主要包括松香类、皂苷类、烷基 - 芳香基磺酸盐 / 硫酸盐类、烷基聚醚磺酸盐 / 硫酸盐类等，代表性引气剂分子结构如图 8 所示。松香和皂苷类引气剂属于天然衍生物类引气剂，制备方法简单、价格便宜，引气性能略显不足；烷基 - 芳香基磺酸盐 / 硫酸盐类引气效果较好，但稳泡效果稍差；烷基聚醚磺酸 / 硫酸盐类兼具了引气和稳泡的功能，是目前用量较大的引气剂品种。

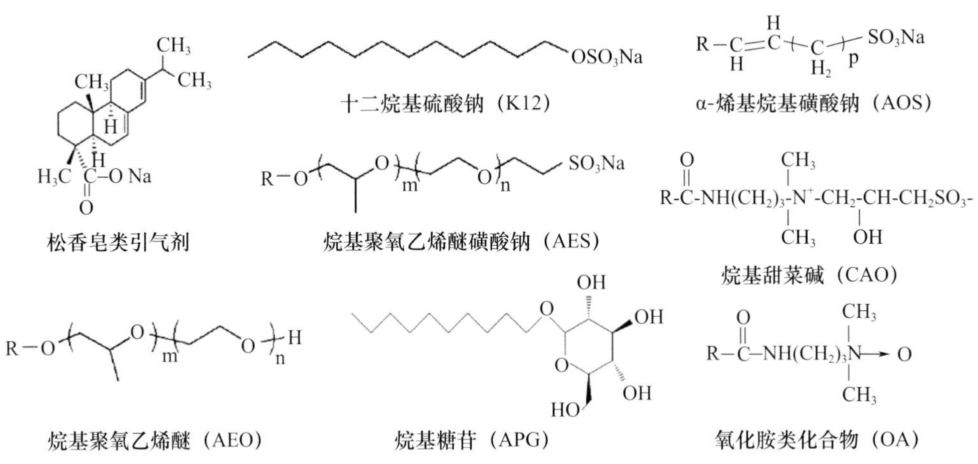

图 8　目前广泛用于混凝土引气剂的表面活性剂种类

上述品种的引气剂都属于单链型引气剂，其在混凝土高盐、高碱环境下界面自组装行为容易被破坏，导致稳定气泡的能力下降。为了解决这一难题，苏博特研究团队首次将改性双子型表面活性剂用于水泥混凝土领域，这类引气剂在气－液界面具有更高规则度的自组装排列（图 9），与单链型引气剂相比，具有更高的表面活性和更强的稳泡性能，在混凝土中形成更加细小、均匀的气泡。硬化混凝土的平均气泡直径＜ 110μm，气泡间距系数＜ 100μm，气泡间距系数相比传统单链引气剂降低 40% 以上，应用于制备 C40 抗冻铁路桥梁承台混凝土，含气量＞ 4.0%，56d 抗冻等级＞ F400，满足了高海拔低温地区铁路工程桥梁承台的抗冻技术要求。

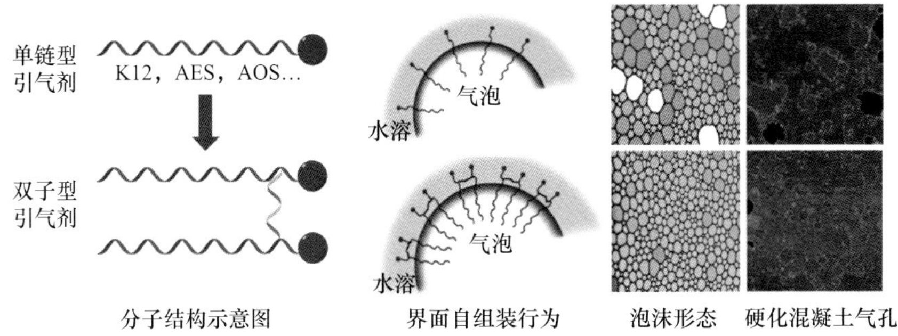

图 9　双子型引气剂与传统引气剂的作用原理与效果对比

掺入引气剂的混凝土抗冻融性能得到了大幅提高，若引气剂稳定的平均气泡直径小于 200μm，气泡间距系数小于 200μm，硬化混凝土的抗冻性可比不掺引气剂的混凝土高 1~6 倍。掺入不同引气剂后，相同含气量等级的混凝土冻融循环次数与混凝土相对动弹性模量及质量损失率的关系如图 10 所示，不同化学结构的引气剂引入的气泡尺度、气孔数量、气泡间距都会不同，其对混凝土抗冻融能力提升也不完全相同。

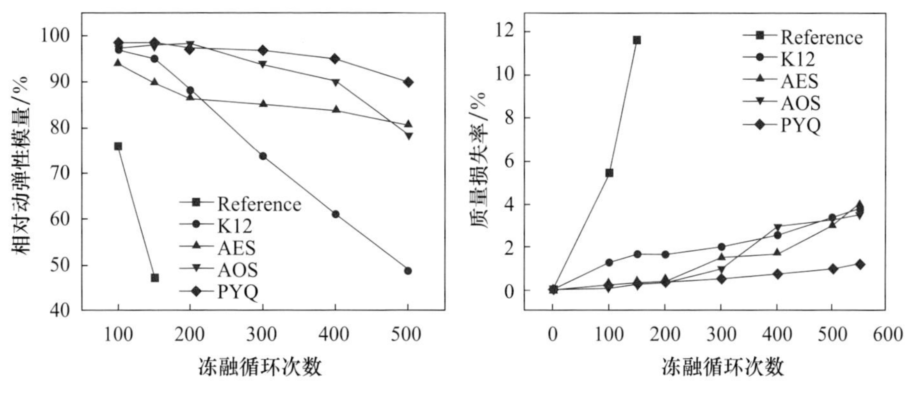

图 10　引气剂品种对混凝土抗冻性影响

六、钢筋阻锈剂

钢筋锈蚀会导致混凝土锈胀开裂，影响结构服役安全，已成为结构混凝土耐久性的国际性难题。通常情况下，氯盐和碳化是引起钢筋锈蚀的主要诱因，其中海洋、除冰盐等侵蚀环境下的桥梁、高速铁路、高速公路、核电站、港口码头，以及能源等基础结构中钢筋锈蚀问题更为突出。

钢筋阻锈剂作为功能性化学外加剂，由于使用方便、应用成本低、效果显著等优点，是当前结构混凝土中钢筋阻锈的主要技术措施之一。钢筋阻锈剂大规模应用始于 19 世纪 70 年代的美国和日本，早期应用较多的是亚硝酸钙类无机阻锈剂。由于亚硝酸盐存在毒性大、增大混凝土收缩，甚至掺量低时容易加速钢筋锈蚀等问题，工程应用越来越受到限制。复合氨基醇有机阻锈剂是新一代的钢筋阻锈剂，它通过在钢筋表面吸附成膜来抑制腐蚀性离子对钢筋的锈蚀破坏（图 11），具有环境友好、使用安全、更加高效等特点。

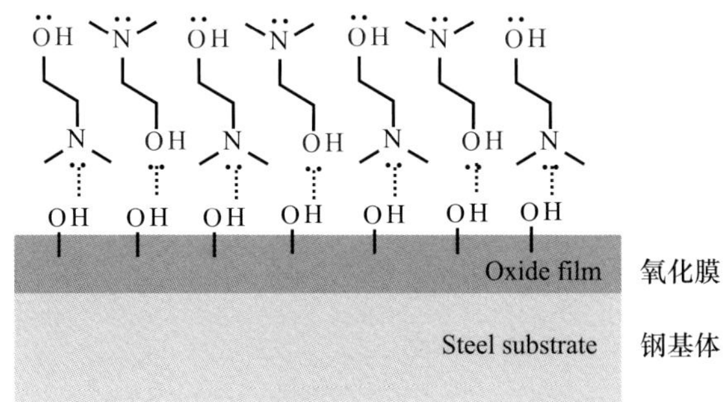

图 11　氨基醇有机阻锈剂吸附成膜示意图

然而，复合氨基醇有机阻锈剂目前仍存在吸附成膜不稳定、应用盲目、长期效果缺乏评估等问题。为解决上述问题，苏博特研究团队发明了多位点吸附与稳定电正中心迁移阻锈剂，形成了严酷环境下钢筋高效阻锈成套技术体系，攻克了钢筋点蚀抑制、临界氯离子浓度提升与无损修复的难题，为有机阻锈剂更加科学合理化应用提供了理论与技术基础。新型多位点钢筋阻锈剂具有疏水功能，吸附与成膜阻隔效应更强，可以提升钢筋腐蚀的临界氯离子浓度 5 倍以上，干湿循环耐锈蚀性能由常规的 50 次提升至 200 次以上（图 12），技术性能远优于普通阻锈剂。沿海核电及跨海桥梁工程的应用表明，新型有机阻锈剂可以减少钢筋锈蚀面积率比 96% 以上，钢筋锈蚀抑制效果显著，成果推广应用至南海岛礁、海上风电、港口码头及市政能源等海洋工程，为严酷海洋环境下钢筋混凝土结构锈蚀预防与修复提供技术支撑。

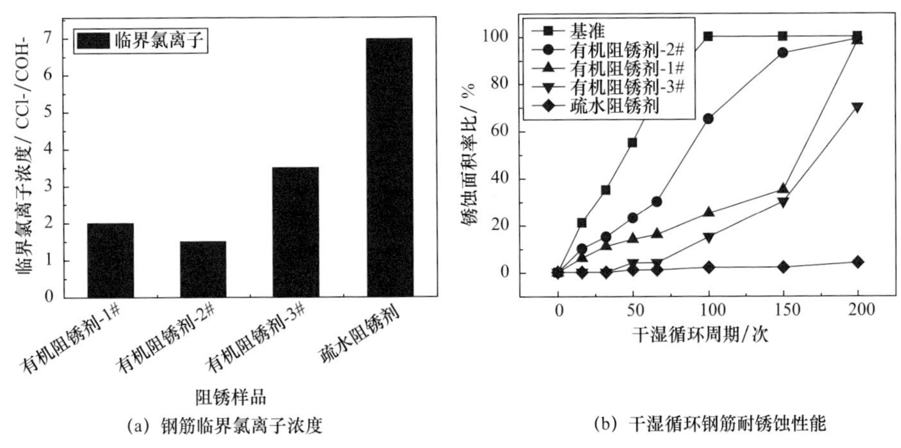

(a) 钢筋临界氯离子浓度

(b) 干湿循环钢筋耐锈蚀性能

图 12 新型有机阻锈剂对钢筋耐锈蚀性能影响

七、结语与展望

随着国家“双碳”战略的贯彻落实，作为碳排放大户的水泥混凝土行业将面临更大挑战，全方位延长混凝土构筑物服役寿命可以有效减少基础设施重建所带来的环境负荷和资源浪费，是最大的节约，对未来社会的可持续发展具有重要意义。

“微量”化学外加剂在调控混凝土微结构和提升耐久性方面已展现出明显的技术优势，但实际工程中很多外加剂的应用效果却褒贬不一。外加剂不仅是一个具体产品，更是一种技术。因此，要科学、合理地用好化学外加剂，必须要在设计、材料、施工、养护以及监测与评估等方面形成系统性的管理与控制措施，真正从整体性考虑提升长期服役寿命。此外，提升混凝土耐久性的外加剂性能不显现，但从全寿命周期来看，早期少量投入会大大节约后期维护成本，所以建议行业更加重视耐久性早期预防，制定强制性政策措施保障混凝土耐久性提升技术有效应用与落地，为提升我国工程服役寿命保驾护航。

参考文献

[1] 唐明述 . 关于水泥混凝土发展方向的几点认识 [J]. 中国工程科学 , 2002, 4(1):41-46.

[2] MEHTA P K. Durability of concrete--fifty years of progress?[J]. Special Publication, 1991, 126: 1-32.

[3] ZHANG Q, CHEN J, ZHU J, et al. Advances in organic rheology-modifiers (chemical admixtures) and their effects on the rheological properties of cement-based materials [J]. Materials, 2022, 15:87-30.

[4] 刘加平 , 刘建忠 , 韩方玉 , 等 . 基于钢 - 混凝土组合结构轻量化的粗骨料超高性能混凝土研究进展与应用 [J]. 建筑结构学报 , 2022, 43(9):36-44.

[5] 阎培渝 . 超高性能混凝土（UHPC）的发展与现状 [J]. 混凝土世界 , 2010, (9):36-41.

[6] ZHANG Q, SHU X, YANG Y, et al. Preferential adsorption of superplasticizer on cement/silica fume and its effect on rheological properties of UHPC [J]. Construction and Building Materials, 2022, 359:129-519.

[7] PLANK J, SAKAI E, MIAO C W, et al. Chemical admixtures - Chemistry, applications and their impact on concrete microstructure and durability [J]. Cement and Concrete Research, 2015, 78: 81-99.

[8] 严涵 , 冉千平 , 舒鑫 , 等 . 纳米材料优化水泥基材料性能的研究进展 [J]. 中国材料进展 , 2019, 36(9): 645-658.

[9] BALAPOUR M, JOSHAGHANI A, ALTHOEY F. Nano-SiO2 contribution to mechanical, durability, fresh and microstructural characteristics of concrete: A review [J]. Construction and Building Materials, 2018, 181: 27-41.

[10] JOHN E, MATSCHEI T, STEPHAN D. Nucleation seeding with calcium silicate hydrate - a review [J].Cement and Concrete Research, 2018 (113): 74-85.

[11] SINGH L, KARADE S, BHATTACHARYYA S, et al, Ahalawat S. Beneficial role of nanosilica in cement based materials - A review [J]. Construction and Building Materials, 2013, 47: 1069-107.

[12] CAI J, RAN Q, MA Q, et al. Influence of a Nano-Hydrophobic Admixture on Concrete Durability and Steel Corrosion[J]. Materials, 2022, 15(19): 68-42.

[13] 刘加平 , 穆松 , 蔡景顺 , 等 . 水泥水化响应纳米材料的制备及性能评价 [J]. 建筑结构学报 , 2019, 40(1):1-7.

[14] 乔敏 , 单广程 , 高南箫 , 等 . 混凝土气泡调控表面活性剂的研究进展 [J]. 材料导报 , 2022, 36(18), 66-72.

[15] QIAO M, CHEN J, YU C, et al. Gemini surfactants as novel air entraining agents for concrete[J]. Cement and Concrete Research, 2017, 100: 40-46.

[16] 张小东 , 高南箫 , 乔敏 , 等 . 引气剂对溶液及混凝土性能的影响 [J]. 新型建筑材料 , 2018（5）：36-40.

[17] LIU J, CAI J, SHI L, et al. The inhibition behavior of a water-soluble silane for reinforcing steel in 3.5% NaCl saturated Ca (OH) 2 solution[J]. Construction and Building Materials, 2018 (189): 95-101.

[18] CAI J, LIU J, MU S, et al. Corrosion inhibition effect of three imidazolium ionic liquids on carbon steel in chloride contaminated environment[J]. Int. J. Electrochem. Sci, 2020, (15): 1287-1301.

02 正确使用外加剂，大幅度提升混凝土的耐久性

孙振平，同济大学材料科学与工程学院教授，博士研究生导师，博士，土木工程材料系主任，先进土木工程材料教育部重点实验室副主任，《建筑材料学报》副主编，上海市“土木工程材料”作品设计大赛和全国“土木工程材料”作品设计大赛发起人。兼任中国建筑学会建材分会混凝土外加剂应用专业委员会副主任，中国土木工程学会预应力混凝土分会混凝土外加剂专业委员会副主任，中国建筑材料联合会混凝土外加剂分会理事，中国硅酸盐学会房材分会干混砂浆专业委员副主任等。

主要研究方向：混凝土外加剂；（超）高性能混凝土；预拌砂浆；绿色低碳水泥基材料。

已完成国家“十一五”“十二五”“十三五”科技支撑计划课题和重点研发课题4项，国家自然科学基金项目和高铁联合项目6项，上海市科学技术委员会和住房和城乡建设管理委员会项目8项，企业委托开发项目60余项。已获得国家授权发明专利82项（向企业转化32项），编制标准24部。

荣获国家技术发明二等奖1项（固废资源化利用），国家科技进步二等奖1项（再生混凝土），中国混凝土与水泥制品协会科技进步一等奖（超高性能混凝土）以及其他省部级（教育部、上海、山东）科技进步二、三等奖11项。荣获全国“高性能混凝土推广应用先进个人”“当代中国杰出工程师”和上海市“青年科技启明星”称号，荣获同济大学“我心中的好导师”和“师德师风先进模范个人”称号。

2015 年，课题组创办了“同济混凝土外加剂”微信公众号，已发表 250 余篇混凝土外加剂研发和应用方面的论文。

一、引言

混凝土的耐久性，是指混凝土（本文特指水泥混凝土）能抵抗环境介质的破坏作用而保持形状、外观、质量和适用性的综合能力。以混凝土为主要结构材料的土木工程完工并通过质量验收后，混凝土的耐久性决定了土木工程的使用安全性和使用寿命。混凝土耐久性不佳，经常会带来巨大的人身、财物安全问题和经济损失。如何大幅度提升混凝土的耐久性，保障和延长以混凝土、钢筋混凝土为主要材料的土木工程的使用寿命，实现土木工程的可持续发展和低碳化发展，一直是学术界和工程界的研究热点。

混凝土的性能除取决于所用原材料的性质、配合比和施工工艺外，还与服役环境（温度、湿度、风速、辐射、酸碱性和生物特性等）及其变化息息相关，而在耐久性保障和使用寿命延长方面，服役过程中对混凝土构件施加正确的维护亦非常重要。由于混凝土的服役环境复杂，混凝土在服役过程中的性能是不断变化的，当混凝土自身的性能不足以抵抗这种外界变化时，服役性能就会下降，甚至彻底丧失服役能力。

混凝土在服役过程中性能的劣化，主要原因在于收缩开裂、钢筋锈蚀引起的保护层开裂甚至剥落、冻融循环引起的剥落、碱 - 骨料反应和硫酸盐侵蚀引起的局部或整体开裂和剥落等。每一种劣化都与水有关，混凝土中水分的存在与迁移会造成混凝土开裂，水分同时又是其他侵蚀性介质（氯盐、硫酸盐等）进入混凝土内部的载体，所以混凝土与外界进行的物质交换，主要是通过水来完成的。基于此，混凝土的密实和防水非常重要，所以掺加防水剂本身就是提高混凝土耐久性的重要措施。

作为混凝土的第五大组分，混凝土外加剂对提高混凝土的早期性能和耐久性能至关重要。为满足工程对混凝土早强、防水、补偿收缩、膨胀等性能的要求，各种外加剂或复合型外加剂众多。本文主要从引气剂、减水剂、膨胀剂、阻锈剂、其他外加剂五个方面，来论述使用外加剂措施提高混凝土耐久性的重要意义。

二、提升混凝土耐久性的几种重要外加剂

（一）引气剂

在寒冷地区，抗冻融循环破坏能力是决定混凝土使用寿命最重要的因素。混凝土的冻融循环破坏主要包括三个阶段：混凝土吸水，水冻结膨胀，结构遭受破坏。浇筑后养护不规范，很容易导致混凝土在早期会形成初始裂缝，由于裂缝和孔隙的存在，水分进入混凝土并趋于饱和。随着环境温度向负温下降，当混凝土内部温度低于 –4℃ 时，水开始冻结成冰（单位体积的水结冰后，体积增加 9%），并在混凝土孔隙内产生冻胀应力，而尚未结冰的过冷水受结冰排挤后的迁移也会对孔壁造成压力。当混凝土自身的强度不能承受该应力时，就会发生混凝土结构的破坏，如图 1 所示。

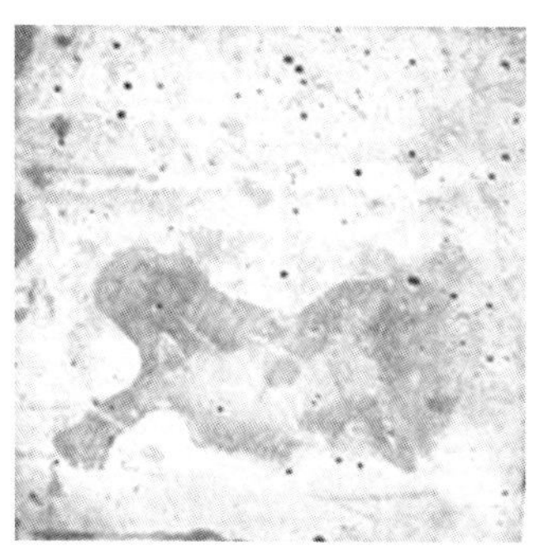

（a）试件冻融循环前

（b）试件冻融循环50次后

(c) 大连某沉淀池使用5年后钢筋混凝土表面保护层因冻融循环作用，几乎完全剥落

图 1 冻融循环对混凝土和钢筋混凝土的破坏作用

研究和实践一致证明，含气量是影响混凝土抗冻融循环能力的重要因素。当混凝土含气量为 3%~6%（这里指硬化后混凝土的含气量），且孔隙间距不超过 250μm 左右时，混凝土的抗冻融循环次数可以比普通混凝土提升数十、数百甚至千余次。虽然含气量合适（3%~6%），但若孔隙间距超过 300μm，混凝土的抗冻融循环能力仍较差。因此可以认为，在混凝土抗压强度相同的情况下，含气量、孔隙大小、孔径分布和孔隙间距等因素共同决定混凝土的抗冻融循环破坏能力。

普通混凝土的含气量为 0.8%~1.5%，要想增加混凝土的含气量，唯一的措施就是制备混凝土拌和物过程中掺加引气剂（或引气减水剂）。引气剂通过表面活性作用和稳泡作用，将拌和过程中混入混凝土拌和物液相中的气体以直径不大于 1mm 的微小、独立、均匀分布的气泡形式稳定在拌和物中。混凝土拌和物经历运输、静停、卸料、泵送、浇筑和振捣等过程，气泡虽有所损失，但要求最终保留在硬化混凝土中的气泡总体积为混凝土体积的 3%~6%。这些均匀分布、稳定而封闭的微小气泡，可以帮助缓解混凝土冻融循环过程中冻胀的压力（图 2），也有利于接受相邻气泡中迁移的过冷水，从而提高混凝土的抗冻融循环破坏能力。

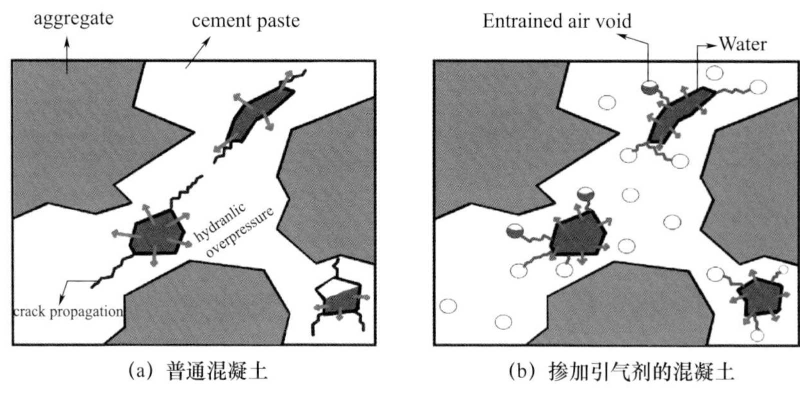

(a) 普通混凝土　　(b) 掺加引气剂的混凝土

图 2　普通混凝土和掺加引气剂的混凝土在冻融循环条件下的模型图

Ruijun Wang 等发现引气混凝土在经历一定的冻融循环次数后，相对动弹性模量要高于普通混凝土。普通混凝土在经历 50 次冻融循环后，其相对动弹性模量不足 65%，而掺加引气剂的混凝土在经历 300 次冻融循环后，相对动弹性模量仍高于 90%。这说明，掺加引气剂提高了混凝土的抗冻融循环破坏能力，耐久性大幅提升。Amin Ziaei-Nia 等利用有限元对掺加引气剂混凝土的耐久性进行研究，发现掺加引气剂可以改善混凝土的孔径分布，使直径超过 2mm 的大孔数量明显减少，而（0.1~1）mm 的小孔大幅度增加，不仅水泥浆体的抗冻融循环破坏能力大幅增加，而且在冻融循环过程中混凝土骨料 - 浆体界面过渡区结构保持完整，因而大幅提高了混凝土在冻融循环作用下的耐久性。

从以上分析可见，混凝土的较佳含气量为 3%~6%，在实际工程中，一定要严格控制引气剂的掺量。引气剂有烷基磺酸钠、烷基苯磺酸钠、烷基硫酸钠、聚醚和硅烷等多个种类，而引气剂的引气效果和稳泡能力受到水泥熟料、水泥混合材、水泥助磨剂、水泥细度、矿物掺和料、砂石骨料、其他外加剂（尤其是减水剂）、混凝土坍落度、环境温度等多种因素的影响，而混凝土拌和物在运输、浇筑和振捣过程中又会导致一部分气泡溢出，因此，在生产混凝土前一定要通过大量试验选择合适的引气剂并确定适宜的掺量，还要保持施工的步序和操作基本稳定。

（二）减水剂

混凝土是一种多相非匀质材料，其内部含有大量的孔隙，孔隙体积占混凝土体积的10%~20%，孔隙直径为0至数毫米，其中毫米级孔隙主要是搅拌过程中裹挟的，而胶凝材料浆体中因胶凝材料水化后过剩水蒸发留下的孔隙，其直径一般不大于1mm。不管是搅拌和浇筑过程中形成的气孔，还是胶凝材料浆体中的孔隙，都是混凝土服役过程中水分（通常携带侵蚀性介质）渗透进入的通道，因而孔隙率、孔径分布、孔隙的连通性等共同决定了混凝土的抗渗性、抗化学物质侵蚀性和其他耐久性指标。

为满足混凝土拌和物工作性的要求，配制混凝土时的水胶比（0.35~0.60）远比胶凝材料水化所需的水胶比（约为0.24）大，这意味着胶凝材料浆体中的孔隙难以避免。那么，通过降低水胶比，减少混凝土中胶凝材料水化后剩余的水分，从而降低孔隙率，细化孔直径，大幅度提高混凝土的密实度，提升混凝土的抗渗性，是改善混凝土与抗渗性有关的耐久性指标的重要手段。

实际上，掺加减水剂能给混凝土带来改善和易性、提高强度和改善耐久性三重益处。

由于减水剂的吸附—分散作用，减水剂能够提高新拌混凝土的和易性，增加混凝土中胶凝材料在胶凝材料浆体中的分布均匀性，减薄混凝土中骨料－胶凝材料浆体界面的厚度，增加混凝土的浇筑密实度，从而提高混凝土的密实度，改善混凝土的力学性能和耐久性能。混凝土密实度和均匀性的提高，可减少水分和有害介质进入混凝土的通道，降低化学物质侵蚀（包括碳化）、碱骨料反应和钢筋锈蚀的可能性，亦可提高抗冻融循环破坏能力。

混凝土减水剂经历了以木质素磺酸盐为代表的普通减水剂（减水率5%~14%）、以萘磺酸盐缩合物为代表的高效减水剂（减水率14%~25%）和以聚羧酸系减水剂为代表的高性能减水剂（减水率25%~40%）三个时代。如今三个减水等级的减水剂的生产、应用，已为混凝土和易性的改善、强度的提高和耐久性的提升带来巨大的效益。

Shrishty Verma 和 Ravindra Kumar 发现，在聚羧酸系减水剂掺量为 1.0%~1.5% 时，所制备的砂浆试件的抗压强度和耐硫酸盐腐蚀性能都得到了提高。Haoliang Huang 等发现，掺加聚羧酸系减水剂的混凝土的渗水高度和氯离子渗透率均较不掺加的小，原因在于其孔隙率更低，最可几孔径更小。这是由于减水剂的减水作用，使混凝土的结构更致密，从而提高了混凝土的耐久性。

当前，火山灰活性比较低、需水量较大的由固废加工而成的混合材和掺和料，以及由废弃混凝土加工而成的再生骨料和再生粉料，纷纷被用于水泥生产和混凝土的制备，这实际上增加了相同和易性情况下混凝土的用水量，在资源化利用固废的同时，极有可能降低混凝土的耐久性，而减水剂的应用，则会帮助降低用水量，减小水胶比，提升硬化混凝土的耐久性。比如，虽然再生骨料混凝土比天然骨料混凝土更容易因环境条件变化而发生性能的劣化，但 Daniel Matias 等发现减水剂可以提高再生骨料混凝土的性能。掺加减水剂还可提高地质聚合物胶凝材料的抗压强度和劈裂强度，增加密实性。

减水剂发展至今，不仅减水率大幅度提升，而且研究者为其赋予了一定的功能，出现了兼具两种或两种以上功能的功能型减水剂，不但能提高混凝土的耐久性，而且减少了减水剂在与其他外加剂复配时所产生的适应性问题。尤其是减缩型聚羧酸系减水剂的研制成功，使混凝土的密实性和减缩防裂性同时改善，进一步改善了混凝土的耐久性，延长了混凝土结构的使用寿命。本课题组研发了一种减缩型聚羧酸系减水剂，其不仅提高了混凝土的保坍性，而且至少能降低混凝土 30% 的收缩率。试验表明，与掺加普通聚羧酸系减水剂的混凝土相比，掺加减缩型聚羧酸系减水剂的混凝土在 28d 和 90d 收缩率分别降低了 45.9% 和 39.3%。张建等发现减缩型聚羧酸系减水剂可以延缓混凝土的开裂时间，提高混凝土的抗开裂性能。

减水剂与水泥、掺和料、骨料等存在适应性问题，有时会因原材料的变化和环境条件的变化而引起应用效果的突变。随着减水剂研究工作的深入，减水剂与混凝土原材料的适应性也在逐渐提高，为减水剂提升混凝土耐久性也助了一臂之力。对于目前砂、石原材料含泥量较高的问题，普通型聚羧酸系减水剂经常会因为被黏土大量吸附而失效。通过对减水剂分子的优化设计，木质素磺酸钠接枝聚羧酸系减水剂，或聚羧酸系减水剂分子的两性化，或聚羧酸系减水剂分子结构的星形化，可在一定程度上解决其对黏土的敏感性问题，提高混凝土的力学性能和耐久性。

（三）膨胀剂

前已述及，混凝土内部自由水的蒸发导致混凝土从塑性阶段就开始产生体积收缩，混凝土还存在自收缩、温度变形等。总体来说，混凝土收缩率在 $(600\sim1800)\times10^{-6}$，很易引起混凝土结构的收缩开裂。随着混凝土逐渐向高强度、超高强度方向发展，混凝土的水胶比更低（0.30 以下，甚至 0.15 左右），由此引起的混凝土收缩开裂问题更甚。大量的研究和工程实践证明，掺加一定量膨胀剂使混凝土在硬化过程中产生一定量的体积膨胀以补偿收缩，是抑制混凝土早期收缩开裂最经济、最有效的措施。

混凝土膨胀剂是一种通过化学反应使混凝土（包括砂浆和净浆）在硬化过程中产生可控膨胀，进而补偿部分或全部收缩（甚至产生一定量的微膨胀）的外加剂。在水泥水化和硬化阶段，膨胀剂本身水化可产生膨胀，也可与水泥中其他成分发生反应而产生膨胀。按照膨胀剂组分及膨胀物质的不同，可将其分为硫铝酸盐类膨胀剂、石灰石系膨胀剂、铁粉系膨胀剂、氧化镁系膨胀剂和复合型膨胀剂，其中，硫铝酸盐类膨胀剂的膨胀产物为钙矾石，石灰系膨胀剂的膨胀产物为氢氧化钙，铁粉系膨胀剂的膨胀产物为氢氧化铁，氧化镁系膨胀剂的膨胀产物为氢氧化镁，而复合型膨胀剂的膨胀产物则可能是这些产物中的两种或两种以上。

合理运用膨胀剂对混凝土耐久性有一定的提升，其原因主要在于三方面。其一，若膨胀能控制得合适，掺膨胀剂所产生的膨胀除用于混凝土的补偿收缩，还可使混凝土结构致密；其二，掺膨胀剂产生的膨胀可以推动胶体朝毛细孔产生黏性流动，使硬化混凝土内部孔隙减少，从而提高混凝土的抗渗性；

其三，混凝土致密性的提高会改善混凝土的抗冻性。

图 3 显示了不同活性氧化镁对干燥条件下混凝土自收缩率和总收缩率的影响。混凝土的收缩变形在 90d 左右逐渐达到恒定，与对照组相比，掺入 R 型、M 型和 S 型活性氧化镁使混凝土的自收缩分别降低 47.6%、49.7% 和 23.8%，使混凝土的总收缩率分别降低 37.3%、31.1% 和 17.7%。可见，掺氧化镁系膨胀剂显著降低了混凝土的收缩开裂风险。由于单一膨胀剂存在一定的局限性，尤其是产生膨胀的时间段较集中，所以研究者开发出了复合型膨胀剂。比如，硫铝酸盐类膨胀剂单独使用时，混凝土需水量增加，虽然早期收缩补偿作用较好，但后期收缩仍较大，而且实现预期的膨胀往往对养护条件要求较高；而氧化镁系膨胀剂初期水化缓慢，具有延迟膨胀的特点，且它的膨胀性能受氧化镁活性影响较大。若将硫铝酸盐类膨胀剂与氧化镁型膨胀剂复合使用，则能够使混凝土在早期和后期持续进行膨胀，进一步提高混凝土的长期抗裂性能。研究表明，与掺加单一膨胀剂的混凝土相比，掺硫铝酸盐与氧化镁复合膨胀剂的混凝土的抗裂性能最高可提高 127%，且氧化镁水化后形成的 $Mg(OH)_2$ 可填充基体孔隙，提高混凝土的密实度，这对强度是有利的。

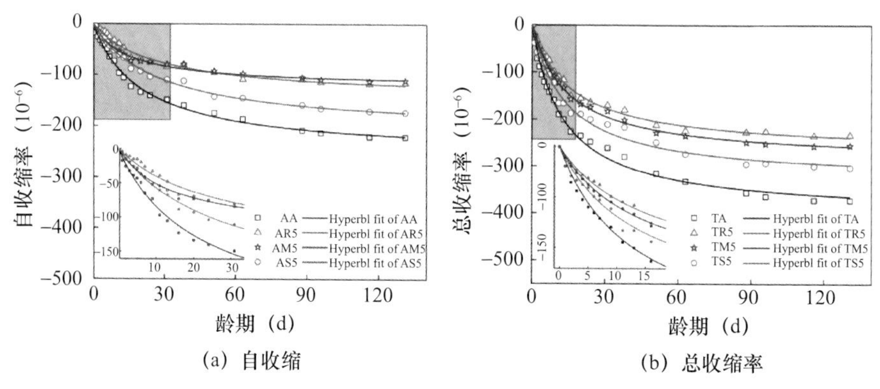

图 3　不同活性氧化镁对混凝土收缩的影响

（AA 为对照组，AR5 为掺低活性氧化镁，AM5 为掺中活性氧化镁，AS5 为掺高活性氧化镁）

目前，膨胀剂主要在有防水要求的混凝土和有防裂要求的混凝土中使用，通过改善膨胀剂种类、复合形式、掺量，可实现膨胀期和膨胀率的可控。再者，膨胀剂与水泥、掺和料和其他外加剂的适应性也受到普遍关注。所以，通过控制膨胀剂的种类和掺量，可以较好地提高混凝土的耐久性。

（四）阻锈剂

众所周知，混凝土内部埋设的钢筋锈蚀，是造成钢筋混凝土耐久性劣化的重要因素之一。钢筋混凝土内部钢筋锈蚀的原因，主要是空气中 CO_2 通过混凝土孔隙进入混凝土内部，与孔隙内 $Ca(OH)_2$ 和 H_2O 发生作用（专业上称为“碳化作用”），使混凝土孔溶液的碱性降低，导致钢筋钝化膜破坏，从而发生锈蚀。而在氯盐环境（如海水）中，钢筋混凝土面临的最大天敌就是 Cl^- 渗透和扩散进入混凝土内部钢筋表面导致钢筋锈蚀。Cl^- 除了会造成钢筋表面钝化膜破坏（俗称“脱钝”）外，还会使钢筋表面腐蚀部位和未腐蚀部位形成腐蚀电池，使腐蚀进一步发生。

钢筋混凝土内部的钢筋锈蚀，不仅使钢筋有效承载截面面积减小，还会削弱钢筋与混凝土基体间的握裹力，影响二者的协同受力能力，导致钢筋混凝土构件的承载能力下降。同时，由于钢筋锈蚀后锈蚀产物体积膨胀，造成混凝土保护层产生顺筋开裂甚至整体剥落，进一步加速了钢筋的锈蚀，严重降低了结构的耐久性。

避免钢筋混凝土内部钢筋锈蚀的措施包括：①用不锈钢加工的钢筋代替普通碳素钢筋；②在钢筋表面涂刷防护层，如环氧树脂；③大幅度提高混凝土保护层的抗水渗透性和抗 Cl^- 渗透性；④在混凝土中掺加阻锈剂。这四种措施中，采用不锈钢加工的钢筋，成本非常高；在钢筋表面涂刷防护层，会影响钢筋与混凝土基体间的握裹力；虽然混凝土保护层的抗水渗透性和抗 Cl^- 渗透性被大幅度提高，但实际结构中的混凝土保护层仍然存在开裂的风险，一旦开裂，内部钢筋很容易接触空气中的氧气和水分，或者海水中的 Cl^-，仍然会发生锈蚀。实际工程证明，在制备混凝土时掺加阻锈剂是比较经济合理的做法。

阻锈剂通过抑制混凝土与钢筋界面孔溶液中发生的阳极或阴极电化学反应来保护钢筋。因此，阻锈的一般原理是阻锈剂直接参与界面化学反应，使钢筋表面形成氧化铁钝化膜或吸附在钢筋表面形成阻碍层或二者兼而有之。按照阻锈剂的作用机理，可将阻锈剂分为阳极型阻锈剂和阴极型阻锈剂。

所谓阳极型阻锈剂，主要是指亚硝酸盐。亚硝酸盐中的亚硝酸根（NO_2^-）可以促使铁离子（Fe^{3+}）生成具有保护作用的钝化膜，从而阻止或减缓腐蚀电池的阳极反应。但其局限在于亚硝酸盐必须足量，因为当有氯盐存在时，氯离子的破坏作用与亚硝酸盐的修补作用会有竞争，若亚硝酸盐不足，反而会刺激局部腐蚀，对钢筋的力学性能造成更大的影响。而且，由于亚硝酸盐的环保问题，目前已被许多国家禁用。

所谓阴极型阻锈剂，是指能够在阴极区成膜或产生吸附，从而阻止或减缓腐蚀电池的阴极反应的物质。阴极型阻锈剂多为有机物，如胺类、醛类、磷酸酯类物质等。相比于阳极型阻锈剂，阴极型阻锈剂的使用安全性较高，但这些有机物会对混凝土的凝结时间和力学性能产生不同程度的负面影响。

近年来，研究者开发了一种新型的阻锈剂和施工方法，就是将这种新型阻锈剂涂覆在钢筋混凝土表面，利用其在混凝土中的渗透作用，或借助外加电场的作用，阻锈剂将迁移至钢筋表面，吸附成膜，达到防止钢筋锈蚀的目的。Congtao Sun 等以氨基醇作为迁移型阻锈剂，研究了 Cl^- 在电场作用下对钢筋的腐蚀性，发现氨基醇在钢筋表面形成了保护性分子膜，使阳极上铁的氧化溶解得到有效抑制，提高了钢筋的耐腐蚀性。但目前该项技术要进行大范围应用还有一定局限性。

目前，还没有解决钢筋锈蚀问题的长效和经济的方法，从阻锈剂的角度看，应当重视阻锈剂品种的开发和应用效果的评价，并进一步完善阻锈剂的性能评价方法，便于在大范围的实际工程中应用阻锈剂。

（五）其他外加剂

提高混凝土耐久性的外加剂还有很多，如掺加防水剂可以提高混凝土的抗水渗性，有助于将混凝土与水分隔开，降低溶蚀、化学侵蚀的概率；掺加抗硫酸盐侵蚀外加剂可以提高混凝土的抗硫酸盐侵蚀能力；掺加抗碱－骨料反应抑制剂可以降低混凝土内部发生碱-骨料反应的可能性；掺加海工混凝土外加剂可以降低混凝土中 Cl^- 的渗透速率，降低钢筋混凝土内部钢筋发生锈蚀的可能性。

再比如，合理使用增黏剂、降黏剂和触变剂，有助于改善混凝土拌和物和易性，混凝土拌和物浇筑后泌水和离析的可能性大大降低，均匀性改善，抗渗性和抗裂性提高，耐久性提升。

还有一些材料，尽管不一定属于混凝土外加剂范畴，但在提升混凝土耐久性方面亦十分有帮助，如混凝土的内养护剂和外养护剂，可以帮助混凝土实现良好养护和提高密实性，防止开裂。再比如，混凝土表面涂憎水剂，可以较好地防止水分和化学物质的侵入，防止混凝土表面沾染可能对耐久性产生危害的污染物，帮助提升混凝土的耐久性，如图 4 所示。

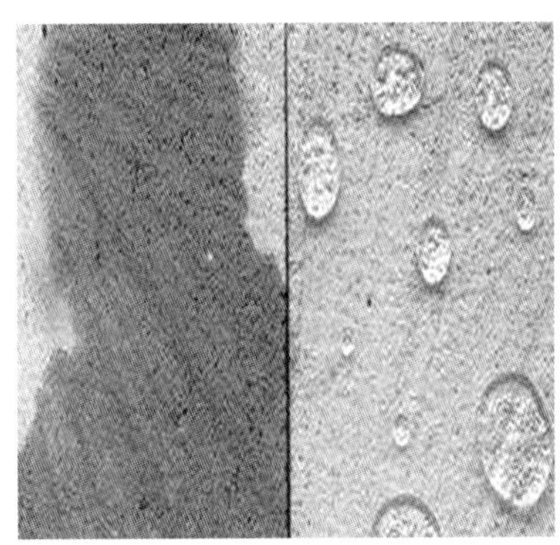

(a) 滴水5min后，未涂憎水剂（左）和涂憎水剂（右）的对比

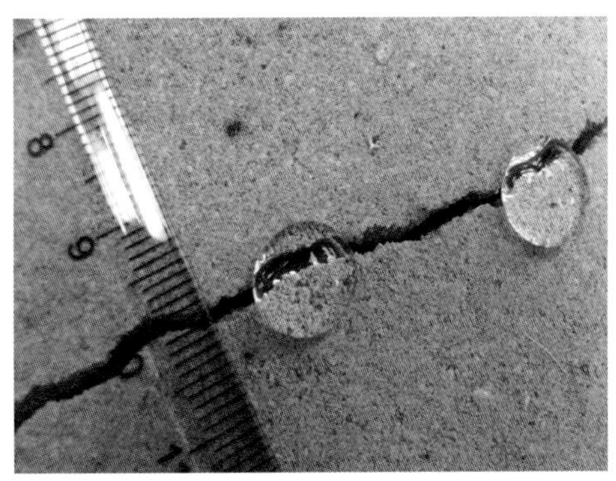

(b) 涂憎水剂的混凝土表面，即使产生2mm宽的裂缝，水滴仍难以进入

图 4　混凝土表面涂憎水剂的作用

三、总结与展望

混凝土耐久性的提升离不开外加剂。外加剂的种类较多，能够提升混凝土耐久性的外加剂有十余种，它们从不同角度改善混凝土的抗水渗透性和抗化学物质侵入性，有些外加剂（如引气剂）帮助提高混凝土的抗冻融循环破坏能力，而有些外加剂（如阻锈剂）则能帮助在钢筋混凝土内部的钢筋表面形成钝化膜，保护钢筋不发生锈蚀。

具体选择和应用外加剂提升混凝土耐久性时，应根据混凝土的种类、混凝土的服役环境和工程的具体要求，制定系统的应用技术规程。本文针对目前外加剂应用中存在的情况，提出几点建议：

（1）注重外加剂与砂、石原材料、矿物掺和料以及各外加剂之间的适应性问题。因为外加剂适应性不良不仅会影响其使用效果，还可能会降低混凝土的整体性能，造成混凝土耐久性的下降。

（2）注重外加剂之间的协同效应。利用外加剂的互补或协同作用效果，能进一步提升混凝土的耐久性，并降低后期维护成本。

（3）建立外加剂使用及效果评价体系。

参考文献

[1] LI Y, WANG R, LI S, et al. Resistance of recycled aggregate concrete containing low- and high-volume fly ash against the combined action of freeze–thaw cycles and sulfate attack[J]. Construction and Building Materials, 2018, 166: 23-34.

[2] ZHANG W, PI Y, KONG W, et al. Influence of damage degree on the degradation of concrete under freezing-thawing cycles[J]. Construction and Building Materials, 2020, 260: 119-903.

[3] ZHANG P, LIU G, PANG C, et al. Influence of pore structures on the frost resistance of concrete[J]. Magazine of Concrete Research, 2017, 69(6): 271-279.

[4] EBRAHIMI K, DAIEZADEH M J, ZAKERTABRIZI M, et al. A review of the impact of micro- and nanoparticles on freeze-thaw durability of hardened concrete: Mechanism perspective[J]. Construction and Building Materials, 2018, 186: 1105-1113.

[5] ZIAEI-NIA A, TADAYONFAR G R, ESKANDARI-NADDAF H. Effect of Air Entraining Admixture on Concrete under Temperature Changes in Freeze and Thaw Cycles[J]. Materials Today: Proceedings, 2018, 5(2): 6208-6216.

[6] WANG R J, HU Z, LI Y, et al. Review on the deterioration and approaches to enhance the durability of concrete in the freeze–thaw environment[J]. Construction and Building Materials, 2022, 321: 126-371.

[7] VERMA S, KUMAR D R. The Research on the Effect of Durability of Mortar with Different Dosage of Superplasticizer[J]. 2020, 2(6): 317-326.

[8] HUANG H L, QIAN C, ZHAO F, et al. Improvement on microstructure of concrete by polycarboxylate superplasticizer (PCE) and its influence on durability of concrete[J]. Construction and Building Materials, 2016, 110: 293-299.

[9] MATIAS D, DE BRITO J, ROSA A, et al. Durability of Concrete with Recycled Coarse Aggregates: Influence of Superplasticizers[J]. Journal of Materials in Civil Engineering, 2014, 26(7): 456-471.

[10] GUPTA N, GUPTA A, SAXENA K K, et al. Mechanical and durability properties of geopolymer concrete composite at varying superplasticizer dosage[J]. Materials Today: Proceedings, 2021, 44: 12-16.

[11] 孙振平 , 张建锋 , 王家丰 . 本体聚合法制备保塑 - 减缩型聚羧酸系减水剂 [J]. 同济大学学报 (自然科学版), 2016, 44(3): 389-394.

[12] 张建 , 毛倩瑾 , 王子明 , 等 . 减缩型聚羧酸减水剂提高混凝土早期抗裂性的作用研究 [J]. 硅酸盐通报 , 2021, 40(10): 3359-3365.

[13] 孙浩 , 于林玉 , 严家江 , 等 . 木质素磺酸钠接枝聚羧酸减水剂对混凝土性能的影响 [J]. 混凝土世界 , 2022(5): 51-55.

[14] 吴中伟 . 补偿收缩混凝土 [M]. 北京 : 中国建筑工业出版社 , 1979.

[15] 冯乃谦 . 实用混凝土大全 [M]. 北京 : 科学出版社 , 2001: 177-185.

[16] 葛兆明 . 混凝土外加剂 [M]. 北京 : 化学工业出版社 , 2005: 205-233.

[17] TIAN L, JIAO M, FU H, et al. Effect of magnesia expansion agent with different activity on mechanical property, autogenous shrinkage and durability of concrete[J]. Construction and Building Materials, 2022, 335: 371-380.

[18] 王勇威 , 蒲心诚 . UEA 补偿收缩超高强混凝土的研究 [J]. 混凝土 , 2001(11): 36-38+17.

[19] GUO J, ZHANG S, QI C, et al. Effect of calcium sulfoaluminate and MgO expansive agent on the mechanical strength and crack resistance of concrete[J]. Construction and Building Materials, 2021, 299: 238-245.

[20] 洪乃丰 . 混凝土中钢筋腐蚀与防护技术 (3): 氯盐与钢筋锈蚀破坏 [J]. 工业建筑 , 1999(10): 60-63.

[21] 洪乃丰 . 混凝土中钢筋腐蚀与防护技术 (6): 钢筋阻锈剂和阴极保护 [J]. 工业建筑 , 2000(1): 57-60.

[22] SUN C T, SUN M, LIU J, et al. Anti-Corrosion Performance of Migratory Corrosion Inhibitors on Reinforced Concrete Exposed to Varying Degrees of Chloride Erosion[J]. Materials, 2022, 15(15): 38-41.

从砂石骨料角度谈混凝土耐久性提升

宋少民，北京建筑大学教授，材料学科负责人；兼任中国砂石协会副会长、专家委员会主任；全国水泥标准化技术委员会委员；全国混凝土标准化技术委员会委员；中国商品混凝土行业企业专家委员会主任。长期从事土木工程材料、混凝土材料学课程教学和高品质砂石骨料、绿色高性能混凝土理论与应用技术研究工作，在机制骨料技术体系、非活性掺和料技术要求与应用、绿色高性能混凝土关键技术、机制砂混凝土配合比设计方法等方面成果丰硕，科研成果获得省部级科技进步奖一等奖2项、二等奖3项、三等奖多项。发表学术论文130余篇，其中SCI、EI收录12篇，核心期刊近50篇；出版《绿色高性能混凝土技术与工程应用》等学术著作3部；授权国家发明专利10余项。获得中国混凝土与水泥制品行业特别贡献奖、高性能混凝土推广应用杰出人物和绿色矿山突出贡献奖。

建筑物的耐久性和使用的建筑材料相关，建筑材料的耐久性和其组成材料的品质也密切相关。我国土木工程使用最多的是钢筋混凝土，所以混凝土材料的耐久性必须得到高度重视。混凝土耐久性好坏受材料和结构两个层面制约，混凝土材料耐久性是基础，对于保证结构耐久性很重要，当然同样的材料使用在不同混凝土结构中表现出的建筑物耐久性却可能不同，这与施工、结构部位和尺寸、结构物所处环境和使用状态有关。混凝土材料耐久性一般通过实验室可量化表征的试验和指标评价。例如抗冻等级、碳化深度、氯离子扩散系数、抗硫酸盐侵蚀等级等，相对比较简单；但结构耐久性会受到施工水平和规范性以及施工时的天气、不同结构部位特征、所处环境的严酷性以及结构外部有无覆盖层等众多因素影响，是十分复杂的，不能把混凝土材料耐久性等同于结构耐久性，但可以说使用耐久性不好的混凝土对建筑物耐久性有很不利的影响。

砂石骨料是混凝土材料中最大的组分，其品质好坏对混凝土材料和结构耐久性影响是显著的，这种影响也分为本质安全和性能劣化两个层面。使用风化严重、体积稳定性不良的砂石骨料对混凝土结构物的影响是本质安全层面的，直接影响结构承载力，严重危害结构耐久性；砂石骨料产品质量不好，会显著影响混凝土材料耐久性和结构耐久性，制约混凝土产业技术发展，这些年已经被业界广泛认知。

一、砂石骨料产业的问题和进展

（一）产品质量整体上有待提高

2015 年以后，机制砂石的用量迅速上升，机制砂替代天然砂，成为建设用主力砂源，这一变化对于混凝土生产和质量带来的冲击和影响非常大，首先是机制砂石品质问题，主要体现在以下几个方面：

（1）粗骨料的级配差、最大粒径大以及粒形比较差。许多供应搅拌站的连续级配和单粒级碎石级配不合格，空隙率高；许多混凝土企业还习惯使用连续级配的粗骨料，本身级配不好且不稳定，导致混凝土生产中粗骨料级配波动大，影响混凝土拌和物质量；全国大部分混凝土企业仍习惯于使用最大粒径为 31.5mm 的粗骨料，导致混凝土拌和物在施工中容易离析、堵管，施工效率低，增加硬化混凝土缺陷；粒形差导致的拌和物和易性、大缺陷问题都需要引起重视。粗骨料质量不好，混凝土的浆骨比会提高，匀质性变差，硬化混凝土大缺陷增多，界面劣化，这些都导致混凝土材料和结构的耐久性劣化（图 1）。

图 1　粒形不良的碎石

（2）风化和潜在膨胀性骨料混入砂石骨料供应链。这些年许多混凝土结构重大工程事故的背后都有使用风化或体积安定性不良骨料的影子，造成混凝土强度大幅度降低，结构承载力不合格。例如，湖南拓宇混凝土案及多个省份发生的混凝土结构出现膨胀破坏的事故。风化骨料来源是坚固性、压碎指标、吸水率不合格的石屑，安定性不良的骨料大多是来源于混入钢渣、加工原料中有膨胀性杂质或使用了硫酸盐成分高的原料（图 2、图 3）。

图 2　安定性不良骨料造成的结构病害

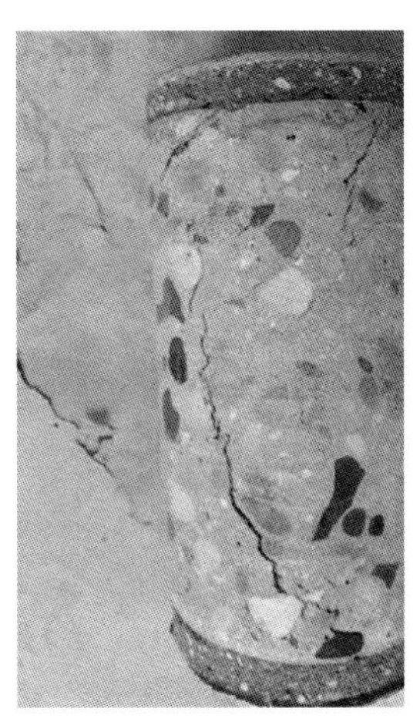

图 3　高风化骨料导致的结构收缩开裂与强度降低

（3）机制砂级配差。中间颗粒缺失，也就是 0.60mm 和 0.30mm 这两个关键的中间粒径颗粒少，干法生产的机制砂往往 1.18mm 以上和 0.30mm 以下颗粒多，呈现哑铃形级配，也就是我们常说的“两头大中间小”；湿法生产的机制砂往往 1.18mm 以上多，0.15mm 以下颗粒少，呈现“一头大”特征。级配不好的机制砂显著影响现代混凝土的和易性。

（4）机制砂石粉含量过高或亚甲蓝值高。干法生产的钙质机制砂石粉含量往往过高，有时超过 15%；湿法生产的花岗岩或凝灰岩机制砂整体亚甲蓝值高，吸附性高，也常因为絮凝剂残留导致与外加剂相容性差、混凝土和易性差。

现代混凝土和易性非常重要，不仅影响施工，同时影响混凝土匀质性。机制砂质量不好，往往导致混凝土砂率高，浆骨比大，匀质性差，缺陷多，对于混凝土强度和耐久性不利；混凝土中石粉含量过高会影响抗冻性和抗化学侵蚀性。

（二）砂石骨料加工装备和工艺的挑战

砂石行业涉及矿物、机械、材料、生态环境等多个学科，随着业界对于机制骨料，尤其是机制砂认识的不断深入，我们认识到设备和工艺设计存在许多需要反思的问题和创新发展的挑战。

(1) 保障所加工生产的机制砂良好级配的装备和工艺技术方案还很少，或者说针对机制砂级配控制和调整的装备和工艺设计思路与有效方案有待开发和应用，能够规模化稳定生产级配良好机制砂的生产线还很少。亟待研究新装备，提出高品质机制砂破碎加工工艺设计的科学理念和有效方法。

(2) 生产线设计对于矿山地势的利用还不够重视，导致生产中能耗大，加工成本高。

(3) 生产线设计过于复杂，机组和环节过多，单机产量低，造成投资大、电耗高。设备和生产线出现故障的概率较高。

(4) 生产线中的储仓设计过大或过小，影响投资、占地和运行。

(5) 砂石生产线除土和除软弱颗粒工艺不够充分和有效，导致石子压碎指标、机制砂及石粉吸附性高。

(6) 对于天气，尤其是雨天对于干法生产线的影响考虑不够，应对方案欠缺，对生产线筛分效率和机制砂石粉含量控制影响较大。

(7) 生产线设计没有充分体现“少破多筛、精破细筛”的设计理念，造成机制砂级配差、加工成本高等问题。

(8) 生产线粗骨料产品比例与混凝土实际需求不符合，经常出现大粒径石子产量比例设计过大的问题。

(9) 母岩岩相解理特征和技术指标测定、评价与机制骨料生产线的设计衔接仅按照硬质岩和软质岩简单划分，技术还不够量化和细化。

(10) 干法生产和湿法生产工艺各有优缺点，如何针对原料特征，将干法和湿法工艺有机结合的生产线设计方案还较少。

(11) 优化骨料粒形的方法还比较单一，一般使用立轴冲击破整形，成本高，效果一般。

（三）砂石产业的发展与进步

近五年砂石产业技术得到了长足发展，产业规模、技术体系、自动化等方面取得重大进展。

1. 建立了机制骨料新技术和标准体系

机制砂替代河砂成为主力砂源，进一步增加了现代混凝土的复杂性，机制骨料新技术体系必须适应机制砂的特点和现代混凝土的需求。2018—2022年，机制砂石骨料评价和控制技术的研究取得一系列创新成果。例如使用分计筛余百分率评价砂级配；采用条形孔筛法评价机制骨料粒形；利用机制砂需水量比综合评价机制砂质量等。这些技术进展支撑了新技术体系的建立，对于实现增大优质产能比例和高品质骨料供应量的要求具有技术引领作用，也为一系列砂石骨料标准和规范的编制提供了关键的技术支撑。编制了一系列标准，主要有《建设用砂》（GB/T 14684—2022）、《建设用卵石、碎石》（GB/T 14685—2022）、《高性能混凝土用骨料》（JG/T 568—2019）、《高性能混凝土用骨料》（JG/T 568—2019）、《铁路混凝土用机制砂》（Q/CR 865—2022）等。

2. 基于机制砂的混凝土应用技术进展

2015 年以后，众多学者和工程技术人员关注和研究机制骨料在混凝土和砂浆中的应用理论和技术取得了许多成果和进展，主要体现在以下几个方面。

（1）碳酸盐机制砂石粉的应用取得重大进展。机制砂生产中产生的碳酸盐石粉因其吸附性低、分散性好，对混凝土和易性和致密性都有利，作为非活性掺和料或复合掺和料的组分之一在砂浆和混凝土生产中已经有了广泛应用，替代粉煤灰取得了良好的技术效果，相关国家、行业和地方标准相继编制颁布，已经形成标准体系。

（2）基于高品质机制砂的绿色高性能混凝土理论和技术研究取得显著进展。明确了级配对于预拌混凝土和易性、力学性能和耐久性的影响是显著的；机制砂混凝土配合比设计研究方面明确了胶凝材料用量和砂石骨料质量相关，石粉应部分计入胶凝材料；依据混凝土等级和工程要求，合理、适度地控制石粉掺量是必要的。

（3）含石粉的大胶凝材料理论研究提出了0.40作为含石粉的大胶凝材料在掺加外加剂条件下评价胶砂强度的水胶比；依据0.40水胶比的胶砂试验及部分混凝土试验提出了在减水剂存在下计算胶砂28d抗压强度时所用的影响系数，包括石粉在较高掺量（≥25%）时的活性影响系数，可为大掺量石粉混凝土水胶比的计算提供了参数支撑。

（4）明确了大掺量碳酸盐石粉混凝土在大体积混凝土和中低强度等级混凝土中应用具有技术可行性，也取得了良好的工程技术效果。

（5）机制砂高强和超高强混凝土研究表明，石粉含量低、级配好、粒形好、吸附性低的机制砂可以满足高强和超高强混凝土需求，不仅硅质机制砂石可以，钙质机制砂石也可以。

（6）机制砂石骨料混凝土调节剂研究和应用进展显著。这类调节剂是功能型混凝土外加剂，机制砂石骨料产业的发展是一个过程，机制砂石骨料产品质量提升需要时间，同时，现代混凝土对于工作性要求越来越高，调节剂与高效减水剂配合使用，很大程度上减少了机制砂质量波动对于混凝土性能的影响，对于机制砂混凝土质量保障效果显著，可以为高性能混凝土保驾护航，堪称机制砂伴侣。

3. 装备和工艺技术进步

近年来我国大型破碎机、筛分机等设备的设计、生产工艺技术水平有了显著提高，具备了成套装备的生产制造能力。国产碎石技术进步显著，主要体现在以下几个方面。

（1）多缸圆锥破和先进的立轴冲击破碎机或棒磨机出现并应用于机制砂石骨料加工尤其是制砂工艺中。利用层压破碎原理的新型多缸液压圆锥破，能够产出粒形较为良好的粗骨料；先进的冲击式破碎装备，能产出粒形达标的成品砂，常被称为制砂机（图4、图5）。

(a) 实物图　　　　(b) 原理图

图4　多缸圆锥破

图5　立轴冲击破碎机

(2) 开发棒磨机制砂技术，棒磨机在工作时，利用在离心力和摩擦力交互作用下的钢棒将物料进行选择性破碎，成品粒形圆润，粒度均匀，不易发生过粉碎现象，可以生产接近天然砂形态的细骨料。所以在骨料生产中，棒磨机常用作高品质机制砂生产装备。

(3) 原创性创新设备，申湘机械自主研发的柱碎机、柱磨机在精品机制砂加工方面体现了技术的先进性和特色。

(4) 各类振动筛相关技术成果广泛应用于砂石加工生产，实现了对天气适应性好、效率高、节能等技术效果。

我国近十年涌现出世邦黎明、广东磊蒙、南昌矿机、浙江浙矿重工、贵州成智重工、江苏山宝集团、重庆弗雷西、申湘机械、辽宁顺达等优秀装备企业，整体上提升了我国砂石加工装备的水平。

二、砂石骨料产品质量对混凝土性能的影响

（一）和易性与匀质性

混凝土对胶凝材料浆体的需求量是由骨料间需要填充的空隙和骨料需要包裹的面积和浆层厚度决定的。选择级配好、空隙率低、比表面积相对较小、颗粒形状好的骨料，混凝土拌和物可以实现在较低浆骨比下和易性好、混凝土匀质性好。当粗、细骨料的级配和粒形不良或机制砂细颗粒及石粉吸附性大时，混凝土拌和物的和易性会变差。要达到施工要求，需显著增加外加剂和胶凝材料用量，会导致混凝土用水量和浆骨比增大。

（二）体积稳定性

传统混凝土以干硬性和低塑性为主体，浆体相对用量少，石子砂子堆积构成骨架，传递应力，对强度作用和影响大，所以人们称砂石为骨料。随着混凝土技术的进步，现代混凝土，尤其是预拌混凝土，以大流态为主体，浆骨比提高，砂石更多情况下悬浮于胶凝材料浆体中。所以对于现代混凝土而言，骨料传递应力的功能明显弱化，骨料作用更多体现在抑制收缩、防止开裂方面。也就是说，骨料的骨架作用主要是稳定混凝土的体积而不是支撑强度。纯的水泥浆体硬化后收缩过大，无法用于结构，必须有骨料对水泥浆体的收缩起约束作用，而且骨料在混凝土中必须占据大部分体积。一般情况下，水泥石的收缩大于砂浆，砂浆的收缩大于混凝土。

山石河卵的存在历史悠长，以晶体为微观组织形式是混凝土中最稳定的组分，混凝土体积稳定性与骨料相关，或者说和浆骨比相关，尤其是粗骨料在混凝土体积中所占的份额。骨料的质量越高（粒形和颗粒级配好），每 $1m^3$ 混凝土中的胶凝材料用量越少，单位体积用水量也减少，体积稳定性也越好，混凝土耐久性就更有保障。清华大学廉慧珍教授强调：“减少水泥消耗量的关

键是提高骨料质量。”

（三）强度和耐久性

骨料风化程度高、吸水率高、级配不良、粒形差会影响混凝土强度，降低混凝土抗冻性；例如骨料含泥或黏土类成分过高会使混凝土收缩变大，强度下降，明显影响耐久性；海砂中氯盐含量超标时，易加速混凝土结构中钢筋的锈蚀，因此使用前必须水洗净化。若骨料有碱活性、有机质及其他有害物质也可能在特定环境和结构中影响混凝土耐久性。

三、基于高品质骨料的绿色高性能混凝土

高品质砂石骨料是混凝土实现高性能化的重要前提和物质基础，必须树立“基于高品质骨料的绿色高性能混凝土”理念，这对于现代混凝土产业可持续发展很重要。我们说和易性是现代混凝土非常重要的技术性能，我们说对于现代混凝土，“和易性是纲，纲举目张”，有了高品质砂石骨料这一坚实的物质基础，混凝土优异的和易性就容易实现，匀质性就好，强度、耐久性就有了充分保障。砂石骨料质量好，就可以控制和降低浆骨比，减少水泥与矿物掺和料用量，不仅可提高混凝土性能，延长建筑物寿命，而且还对实现“双碳”目标具有积极意义。国家标准修订对于机制砂石粉的规定更科学合理，更细致适用，如果机制砂亚甲蓝值低，吸附性低，石粉含量最高放宽到 15%，这对于资源利用，对于绿色高性能混凝土技术进步与工程应用意义重大。

践行“基于高品质骨料的绿色高性能混凝土”理念，就必须建立产业技术体系，其中高品质的砂石骨料加工基地和供应链就是重要一环。目前砂石骨料对建筑工程的威胁主要来自混乱、失控的供应链，行业没有一个保证产品质量和绿色生产与运输的供应渠道，也就是说没有或准入条件过低，造成“游击队”洋洋得意，主力军垂头丧气的局面。这种格局不改变，砂石行业不可能高质量发展，建筑工程质量和耐久性不可能得到保障。建议大城市可采用“北京模式”，环都市建设和形成大型现代化砂石供应基地，砂石企业通过

砂石骨料第三方机构绿色生产与运输评价，地方授予“绿色砂石供应基地”，获得准入资格，当主供应渠道满足建设市场需求时，淘汰没有准入资格的企业，重塑高品质绿色砂石骨料供应链，可称为“先立后破”；中小城市和县级区域，按照市场需求，可以政府主导或鼓励有实力的企业合并重组形成大中型砂石加工企业，严格规范与管理，打击、淘汰小、乱、差企业，建立绿色、高质量、价格合理、市场有序竞争的砂石骨料供应链，做到规范、可追溯。

四、前景与展望

（一）推进我国砂石行业工业化体系建设

我国砂石骨料行业处于工业化初期阶段，工业化体系初步建成，今后十年必须不断夯实工业体系的基础，这是砂石骨料行业健康高质量有序发展的基础。主要包括以下若干方面。

（1）砂石加工企业必须建设和完善实验室及质量控制体系，做到出厂产品检测。推行合格证制度，并且逐步减少产品的质量波动。

（2）形成完善、适用和先进的标准规范体系。确保引领和促进行业高质量发展，为混凝土产业提供更多的高品质骨料，保障其品牌化建设，提升建筑工程质量。

（3）形成比较明确的砂石生产线设计路线、原则和典型模式，减少和杜绝目前设计中的通病和典型问题。做到砂石产品级配、吸附性与石粉含量等关键参数的可控可调，实现生产线稳定、可靠、低能耗运行。

（4）围绕砂石骨料生产“破碎整形、级配调整、质量监测、粉尘收集、废水处理、物料储运”等核心技术环节，在装备技术方面持续创新。例如，将条形孔筛应用于生产线，实现利用不良粒径粗骨料加工机制砂的理念和工艺技术；积极开发机制砂中间粒径（0.3~0.6mm）颗粒定向破碎装备技术，支撑机制砂生产中的级配调整工艺。

（5）提高人员专业知识和素质，提升砂石行业企业管理水平，改变目前粗犷的管理现状，实现精细化管理。

（二）建立和完善砂石材料的科学技术体系，实现科技引领

砂石产业是一个多学科交叉的庞大科学和技术体系，我们必须明确砂石骨料的三大属性，即“物理属性、化学属性和加工属性”，将矿物与采矿、机械制作、工艺设计、无机非金属材料、交通运输、土木工程、生态环境、林业、农业、生物学等多学科有机组合、衔接，建立砂石骨料的科学和技术体系，在其中各个环节鼓励科技创新，支持融合发展。建立研发、设计、质量、检测、标准等体系和平台，鼓励建立砂石骨料行业创新基金，推动砂石骨料生产和应用理论、技术创新发展。持续利用科技创新推进行业的科技水平。未来几年，砂石骨料产业的科技进步将比其他建材产业的发展速度快得多，转型升级、创新发展势在必行。

（三）提升规模化优质产能，让高品质骨料走入混凝土企业

砂石质量对于现代混凝土和工程质量的重要意义和影响已经众所周知，两个“引领性文件”都强调尽快形成规模化优质产能，实现高品质骨料的大量生产和供应。必须树立“产品质量是高质量发展的根本标志”，没有了产品质量这个核心，再光亮的形象都是虚妄的。改变和肃清石屑披着机制砂的外衣混入砂石骨料供应链的情况，让合格和高品质骨料大量进入混凝土企业，成为产品主体。这一点做到了，标志着我国砂石行业发展迈上了新的台阶。随着砂石骨料加工技术的快速发展和现代化生产线的不断涌现，预计 3~5 年后，高品质骨料将形成规模化产能，切实改变人们对机制砂的观感和认知，支撑基础设施建设，保障混凝土质量，提高工程质量和混凝土结构耐久性。

保障和守护混凝土材料耐久性和结构耐久性是一项系统工程，砂石骨料是其中一个重要因素和环节，从整体上提升砂石骨料产品质量和稳定性，向混凝土企业提供优质砂石骨料，为绿色高性能混凝土助力，守护好混凝土耐久性是我们光荣的责任和神圣使命！

参考文献

[1] 宋少民 , 王林 . 混凝土学 [M]. 武汉：武汉理工大学出版社 , 2013: 142-143.

[2] 宋少民 , 郭丹 , 李莉 . 碎石非常不规则颗粒对混凝土性能的影响 [J]. 建筑技术 , 48(3):320-321.

[3] 郭丹 , 宋少民 , 李莉 . Ⅱ 区机制砂不同级配对胶砂和混凝土性能的影响 [J]. 建筑技术 , 47(9):829-831.

[4] 黄京胜 . 机制砂品质对高强大流态混凝土性能的影响 [D], 北京 : 北京建筑大学, 2021.

04 从混凝土掺和料来谈混凝土耐久性如何提高

刘娟红，北京科技大学教授，博士研究生导师。兼任中国建筑学会建筑材料分会理事，中国硅酸盐学会固废分会常务理事，中国砂石协会专家委员会委员。

主要研究领域：现代混凝土科学与技术；生态环保低碳型高性能土木工程结构材料；新型混凝土材料及其环境行为与建筑物寿命分析；桥梁、隧道及地下工程加固技术研究与应用；矿山充填用新型胶凝材料研究与应用等。主持国家自然科学基金重点项目、面上项目、国际（地区）合作与交流项目，承担国家重点基础研究发展计划、省部级科技计划项目和横向科研课题等70余项。获省部级科技进步奖一等奖4项、二等奖2项。获国家发明专利30余项。在公开刊物上发表文章200余篇，被SCI、EI收录100余篇。出版学术专著《绿色高性能混凝土技术与工程应用》《活性粉末混凝土》《固体废弃物与低碳混凝土》等。主编教材《土木工程材料》。其主要科研成果应用于北京市奥运工程、地铁工程混凝土裂缝控制，广东省、浙江省道路桥梁工程，新疆、宁夏重点工程，大唐国际发电有限公司粉煤灰品质提升，中国黄金集团千米深井高韧性混凝土等方面。

随着混凝土技术的发展和对混凝土结构耐久性的要求，矿物掺和料在混凝土中的掺用已日益普遍，矿粉、粉煤灰等矿物掺和料已经从利用工业废渣、节约成本变成了改善混凝土性能不可或缺的一种组分。在混凝土中加入矿物掺和料可达到下列目的：减少水泥用量，改善混凝土的工作性；降低水化热；增加后期强度；改善混凝土的内部结构，提高抗渗性和抗腐蚀能力；抑制碱 - 骨料反应等。

近十几年，全国混凝土产量和水泥产量见图 1、图 2。2019 年至 2021 年混凝土产量由 25.54 亿立方米增加到 32.93 亿立方米，增幅达 28.9%，而水泥产量近三年基本稳定在 23.5 亿吨。这就意味着近三年混凝土掺和料的用量持续增加，增加的幅度达 25%~30%。

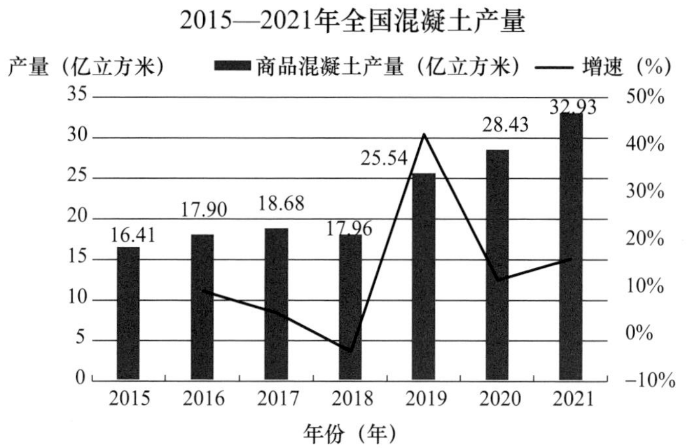

2015—2021年全国混凝土产量

图 1　2015—2021 年全国混凝土产量（数据来源：中国混凝土与水泥制品协会）

2013—2022年全国水泥产量

图 2　2013—2022 年全国水泥产量（数据来源：中商产业研究院）

混凝土要符合可持续发展的要求，工业废渣利用和耐久性提高已成为科学研究的两大主题。矿物掺和料的研究和应用推动了混凝土技术的发展，同时混凝土技术的发展也为矿物掺和料的研究指明了方向。

但是，目前对矿物掺和料的研究和应用还存在着一些问题。如何从掺和料的角度来守护混凝土耐久性，是我们科技工作者必须回答的问题。

一、混凝土掺和料的现状

目前，最大宗的混凝土掺和料（如粉煤灰、矿渣粉）供不应求，因供需矛盾的加剧导致市场上出现了劣质粉煤灰，磷渣、钢渣、炉渣等固废也加入到掺和料行列。但用作矿物掺和料的工业废渣能满足混凝土要求可直接使用的比例较低，这些掺和料严重威胁着混凝土的质量和寿命。

假粉煤灰：在粉煤灰中掺杂了一些工业废弃物，如磷渣粉、炉渣粉、煅烧煤矸石粉等，影响混凝土性能。按照现行的标准难以鉴别粉煤灰的纯度，无法区分真假粉煤灰。

脱硫灰：采用循环流化床锅炉工艺可以高效燃烧高硫煤，为了减少 SO_2 的排放，往往需要采取脱硫措施，产生的粉煤灰即 CFB 脱硫灰。脱硫灰含有大量的硫化物或硫酸盐，如贸然使用可能造成混凝土膨胀开裂、后期强度降低，甚至崩解等现象。

脱硝灰：为了减少燃煤过程中 NO_x 的排放，需要在燃煤过程中进行“脱硝”处理，脱硝工艺不当可能会造成粉煤灰中残留一部分的 NH^{4+}。这种粉煤灰与水泥一起搅拌时，在水泥水化后的碱性环境中，会释放出 NH_3（氨气），在混凝土塑性阶段产生大量气体，并在混凝土内部留有大量的气泡，降低混凝土的密实性。

浮黑灰：现代燃煤工艺中，为了提高燃煤效率，会在燃煤过程中添加柴油或者其他油性物质作为助燃剂，这些助燃剂不能完全燃烧，在粉煤灰中存留油分。这种粉煤灰用于混凝土时，在拌制和混凝土成型过程中，这些油分上浮，漂浮的黑色油状物会在混凝土表面形成黑色的斑点，影响混凝土的表面质量。

二、掺和料在混凝土应用中存在的问题

经过几十年的努力，矿物掺和料的研究和使用已取得巨大进展，矿物掺和料对混凝土性能的重要作用已毋庸置疑。但用作矿物掺和料的工业废渣能满足混凝土要求可直接使用的比例较低，不同品种、产地的工业废渣在化学品质、矿物组成、颗粒群分布及有害杂质含量等方面均存在较大差异，给其实际应用带来了极大的困难，许多问题有待解决，主要体现在以下几个方面。

（一）矿物掺和料性能评价问题

矿物掺和料的物理化学性质直接影响到混凝土的各种性能，因此矿物掺和料性能的评价问题一直备受关注。一般以矿物掺和料本身化学反应活性、矿物掺和料化学和矿物组成以及掺有矿物掺和料的水泥胶砂强度 3 种方法来评价矿物掺和料。这些方法虽然在一定程度上从某个侧面反映了矿物掺和料的性能，但还不足以全面评价矿物掺和料在水泥混凝土中的作用。在现代混凝土技术中因低水胶比和高胶凝材料用量，矿物掺和料的化学反应活性并不居决定性地位，而矿物掺和料的需水行为与粉体颗粒的大小、粒径分布、颗粒的圆形度、表面能等因素相关，对水泥基材料性能的影响很大。再如强度法虽然在一定程度上综合体现了矿物掺和料的各种效应，但强度法容易受到矿物掺和料粒子与熟料粒子细度匹配问题的影响，并与熟料本身性质有关，因而抗压强度法受熟料性质影响较大，强度法所取得的数据不具有广泛的可比性。因此需要研究一套合理的方法来评价矿物掺和料的性能。

（二）掺矿物掺和料混凝土在较大水胶比时的混凝土性能问题

粉煤灰和矿渣虽在一定程度上能改善混凝土的工作性和耐久性能，但在较大掺量下会使混凝土早期力学性能下降明显。比如粉煤灰混凝土，早期水灰比大，造成早期孔隙率大，水胶比越大，混凝土孔隙率减小得越晚。一般

环境下的建筑物，设计强度一般是 C25 或 C30，大部分混凝土搅拌站都加了相当数量的矿物掺和料，且水胶比在 0.45~0.50；另外，施工速度加快使混凝土普遍得不到充分的养护，早期孔隙率较大。这些因素都会造成粉煤灰混凝土孔隙率高、碳化深度大、耐久性差等问题。因此，对于掺粉煤灰的混凝土，必须降低水胶比。

（三）矿物掺和料的制备技术问题

不同的工业废渣因化学组成、矿物组成、颗粒群分布等方面存在较大差异，要把工业废渣十分有效地用作矿物掺和料，就应对其加工处理。人们已认识到矿物掺和料细度影响其各种潜在性能能否充分发挥，但盲目追求细度带来了高能耗，而且仅作超细粉磨并不能十分有效地发挥矿物掺和料的各种效应。矿物掺和料颗粒群与水泥颗粒群间的粒径的匹配问题很关键，现在的矿物掺和料大部分粒径分布较宽，矿物掺和料的掺加在引入小粒径颗粒的同时也带入了大粒径颗粒，而大粒径掺和料并不能有效促进体系的紧密堆积，且大粒径矿物掺和料生成的二次水化产物占其自身的体积分数相对较小，在水泥石内不易被黏结。所以利用现有处理设备制备矿物掺和料，一是设备本身能耗较高；二是不能有效发挥矿物掺和料的各种效应。因此，对现有掺和料制备技术进行改进或革新是提高掺和料性能的关键。迅速开发系列高品质混凝土矿物掺和料品种，并形成一个较大规模的产业，使之商品化对保证混凝土质量，对现代混凝土的广泛应用意义重大。

（四）试验结果与工程实际间的关系与差异

对于掺入大量掺和料的现代混凝土，试验结果与工程实际之间存在的差异是非常显著的，有时甚至呈现完全相反的结果。比如说开裂的问题，混凝土开裂在很大程度上取决于试件尺寸、养护过程和环境条件，养护不足的大掺量粉煤灰或矿渣混凝土在现场也会开裂和劣化。又比如说抗渗性的问题，养护良好的试件在实验室里也会呈现出优异的渗透性能，而实际工程中往往会表现出表层混凝土孔隙率大、抗渗性和抗碳化性能差。

（五）现代混凝土的设计理念和方法的问题

目前，对于现代混凝土的配合比设计，大多数混凝土公司用的配合比其水泥用量较低、掺入了大量的掺和料，为了达到良好的施工性能，用水量较高，水胶比较大。由于矿物掺和料的活性一般都低于水泥，因此实际工程的混凝土强度（尤其是早期强度）较低。随着矿物掺和料的掺量加大，差异愈加明显，这就是大多数现行规范和标准中总是对矿物掺和料的掺量进行限制的原因。

对于优质的矿物掺和料，当混凝土的水胶比减小时，掺和料对不同龄期混凝土强度的贡献随之增大，长期性能和耐久性较好。而且，粉煤灰对强度的贡献与水胶比的关系比水泥敏感得多。因此，在使用大掺量矿物掺和料的同时，一定要降低用水量。如果我们很好地理解了现代混凝土设计的理念，那么大掺量矿物掺和料混凝土用于大体积水工建筑、要求抗冻融、低温升等工程中的，可收到更大的环境与技术经济效益。

三、如何从掺和料的角度来守护混凝土耐久性

任何一种矿物掺和料的活性并非一常数，它是受到混凝土的水胶比和温度影响的。长期以来，很多人致力于对矿物掺和料“活性指数”评价方法的研究，以及“活性激发剂”的研究。对于掺和料的“活性激发剂”到底是激发了水泥中混合材的活性还是掺和料的活性？还是提高了水泥熟料的水化速度？实际上研究人员并不是非常清楚，也并非有针对性。其实，掺和料性能的稳定和科学利用是保证混凝土耐久性的关键。

（一）提高混凝土掺和料中对三氧化硫的限定值

目前，现代混凝土胶凝材料中 SO_3 明显不足，混凝土工程收缩开裂比比皆是。在水泥中控制游离 CaO、MgO 和 SO_3 含量，主要是保证水泥的体积

稳定性，限制 SO_3 的含量主要是防止后期形成钙矾石引起膨胀开裂。相关标准对混凝土掺和料中 SO_3 的限定值是不大于 3.5%。但是针对使用大量矿物掺和料的混凝土，游离 CaO、MgO 和 SO_3 含量究竟对混凝土体积稳定性能有多大影响？导致膨胀开裂的案例有多少？掺和料（特别是粉煤灰）中 SO_3 含量一般都较低，磨细矿渣粉中可能有石膏掺入共磨，而矿物掺和料的活性需要 CaO 和 SO_3 激发。实际上，在混凝土中使用大量的矿物掺和料会稀释水泥中的 SO_3，掺量越大，SO_3 越不足，造成混凝土早期强度低、凝结缓慢、收缩大。

因此，为了降低现代混凝土的开裂风险，应优化混凝土掺和料中的石膏比例，提高 SO_3 含量的限定值。

（二）依据工程对混凝土强度的需求，制备不同组分和活性的矿物掺和料

二十年前，我国的水泥早期活性相对较低，混凝土的水胶比又较大，因此使用掺和料就需要关心其活性大小。如今的情况已发生了很大的变化。一方面，水泥早期活性高的矿物成分提高、粉磨细度更细，且出厂和应用水泥时温度高居不下。另一方面，由于高性能减水剂等化学外加剂不断进步，降低混凝土水胶比更容易，各种矿物掺和料得到日益广泛和高效应用，以获得工程所要求的早期强度已经不是什么难题，但这类混凝土很容易早期开裂，工程中早期开裂的现象比比皆是。

因此，在选用掺和料时不要过分强调“活性指数”，应根据混凝土的强度等级、水胶比、结构尺寸来选用掺和料。在矿物掺和料的发展方向上应走出“活性指数”的误区，制备不同活性的矿物掺和料，满足工程建设对混凝土强度的需求。

（三）开发多元复合矿物掺和料

复合矿物掺和料不是两种材料的简单叠加，而是在混凝土中充分发挥了

各自的形态效应、活性效应和微骨料填充效应，形成了超叠加效应，产生了“1+2 ≥ 3”的效果。

利用天然且廉价的石灰石磨细后作为矿物掺和料，与矿渣、粉煤灰相比，因其资源有保证，价格低廉，运输方便，更显示出巨大的经济价值，成为近年来研究的热点。石灰石粉颗粒比水泥颗粒小，具有良好的形态效应和填充效应，表面光滑的石灰石粉颗粒分散在水泥颗粒之间，起到分散作用，促使水泥颗粒的解絮，减小了坍落度的损失，改善了工作性能。

将磨细石灰石粉与矿渣粉、粉煤灰、硅灰等按照适当的比例复合，制备多元复合矿物掺和料，能克服单一品种的性能缺陷。利用它们的超叠加效应，掺入混凝土中后可以大幅度地减少水泥用量，降低温升，避免产生温度裂缝，改善混凝土的工作性能，提高抗腐蚀能力和耐久性。

因此，合理利用复合掺和料是今后发展现代混凝土的一条重要技术途径。

（四）高细度、低活性的金属尾矿微粉掺和料

矿物掺和料已经成为现代混凝土必不可少的组分。随着我国基础设施建设的大规模进行，混凝土用量巨大，粉煤灰、矿渣粉等优质掺和料逐渐减少，致使矿物掺和料供应不足、价格飞涨。为补充粉煤灰、矿渣等传统掺和料资源的供应不足，利用金属尾矿制备混凝土复合掺和料具有重大的环保效益和经济效益。

针对金属尾矿掺和料，我国于 2014 年颁布了第一部地方标准，即福建省地方标准《用于水泥和混凝土中的铅锌铁尾矿微粉》（DB35/T 1467—2014）；2020 年颁布实施了中国工程建设标准化协会标准《用于水泥和混凝土中的铅锌、铁尾矿微粉》（T/CECS 10103—2020）和《铅锌、铁尾矿微粉在混凝土中应用技术规程》（T/CECS 732—2020），今后会有更多的标准编制和实施，不久的将来，尾矿掺和料将成为继石灰石粉后的另一种新型常规掺和料，也可以作为复合掺和料的一种组分。

因此，我们必须把关注的重点放在尾矿资源上，建设大规模的金属尾矿

微粉掺和料生产基地，大量“吃掉”尾矿资源，生产出质量稳定的混凝土掺和料，确保混凝土的耐久性。

（五）开展大胶凝材料的相关研究

所谓大胶凝材料，是针对水泥和矿渣、粉煤灰这类胶凝材料体系而言，即水泥、粉煤灰、粒化高炉矿渣粉、金属尾矿微粉、石灰石粉等具有活性、潜在活性以及非活性胶凝材料的总称，大胶凝材料的组成及其在混凝土中的应用值得高度关注。

大胶凝材料的具体内涵和要点如下：

（1）将 75μm 以下粉体纳入胶凝材料范畴，水泥、活性掺和料、非活性掺和料共同形成水泥石，是一个整体。

（2）大胶凝材料共同满足混凝土和易性、强度、变形及耐久性的多元要求。

（3）如果不将石粉等非活性掺和料视作胶材，水胶比相关理论及其应用将受到挑战和诸多质疑。

（4）在掺和料的定义中已经包含了非活性掺和料，且相关标准体系中已经认可石粉是大胶凝材料中的一部分。

因此，明确大胶凝材料的组成、水胶比与混凝土性能的相关规律，根据土木工程对于混凝土材料的性能要求合理选择矿物掺和料，合理确定大胶凝材料的组成和用量，保证混凝土结构耐久性，这类研究是推进现代混凝土技术的重要课题，并为石粉等非活性掺和料作为胶凝材料中常规组分的相关科学和技术问题探索提供理论支撑，为保证混凝土结构耐久性前提下充分利用废弃资源提供可靠技术和方法，对实现混凝土行业的可持续发展意义重大。

为了确保掺和料的质量，守护混凝土的耐久性，相信优质复合掺和料的产业必将成为掺和料的主体产业。许多有实力的企业集团利用尾矿资源建设粉磨车间，在粉磨过程中根据混凝土工程对掺和料需要合理匹配活性掺和料、非活性掺和料以及石膏等组成，并使粉体级配优化，将固废利用和创新作为企业发展的强大引擎，开发和生产功能性的高端产品是行业发展方向。

参考文献

[1] 刘娟红 , 宋少民 . 活性粉末混凝土 - 配制、性能与微结构 [M]. 北京 : 化学工业出版社 , 2013.

[2] 刘娟红 , 宋少民 . 绿色高性能混凝土技术与工程运用 [M]. 北京 : 中国电力出版社 , 2010.

[3] 王晓丽 , 李秋义 , 罗健林 , 等 . 利用工业废渣低温烧制高贝利特 - 硫铝酸盐水泥熟料的研究进展 [J]. 混凝土 , 2020(8):105-108+116.

[4] 黄弘 , 唐明亮 , 沈晓冬 , 等 . 工业废渣资源化及其可持续发展 (Ⅰ)：典型工业废渣的物性和利用现状 [J]. 材料导报 , 2006(S1):450-454.

[5] 肖力光 , 李正鹏 . 混凝土耐久性的影响因素及研究进展 [J]. 混凝土 , 2022(12):1-5+16.

[6] BARRAGÁN-RAMOS A, RÍOS-FRESNEDA C, LIZARAZO-MARRIAGA J, et al. Rebar corrosion and ASR durability assessment of fly ash concrete mixes using high contents of fine recycled aggregates[J]. Construction and Building Materials,2022, 349:128-138

[7] 苏艺凡 , 李琴 . 劣质粉煤灰对混凝土性能的影响及简易辨别方法 [J]. 广东建材 , 2022, 38(5):34-36.

[8] 陈邢 , 于峰 , 曹越 , 等 . 铁尾矿粉 - 脱硫灰胶凝材料的制备及性能研究 [J]. 硅酸盐通报 , 2023,42(1):180-187.

[9] 吴金龙 , 程乐鸣 , 施正伦 , 等 . CFB 高钙脱硫灰渣制备硫铝酸盐水泥熟料试验研究 [J]. 能源工程 , 2021(4):32-36+42.

[10] 陈伟 , 金胜 , 袁波 . 脱硫脱硝灰为基体制备早强型粉体矿渣助磨剂性能研究 [J]. 硅酸盐通报 , 2020, 39(7): 2190-2195.

[11] 李彦昌 , 刘斐 , 齐文丽 , 等 . 北京市预拌混凝土矿物掺和料应用问题分析及解决问题的思路 [J]. 中国建材科技 , 2022,31(4):65-68.

[12] 刘娟红 , 张璇 , 韩方晖 , 等 . 含不同形态硅灰的复合胶凝材料浆体的流变学特性（英文）[J]. 硅酸盐学报 , 2017, 45(2):220-226.

[13] 刘娟红 , 宋少民 . 绿色混凝土技术的研究与应用现状 [J]. 混凝土世界 , 2016(5): 51-55.

[14] 赵雅明 , 张振 , 王畔 , 等 . 矿物掺和料对 UHPC 性能的影响 [J]. 硅酸盐通报 , 2022, 41(9):3170-3175.

[15] 卫煜 , 陈平 , 明阳 , 等 . 超细高活性矿物掺和料对 UHPC 水化和收缩性能的影响 [J]. 硅酸盐通报 , 2022,41(2):461-468.

[16] 郑琨鹏 , 葛好升 , 李正川 , 等 . 常用矿物掺和料对超高性能混凝土性能的影响 [J]. 混凝土世界 , 2022, No.154(4):42-52.

[17] 陈益民 , 贺行洋 , 李永鑫 , 等 . 矿物掺和料研究进展及存在的问题 [J]. 材料导报 , 2006(8): 28-31.

[18] 阮炯正 , 王欢欢 , 朱汇荣 . 关于混凝土矿物掺和料技术发展趋势的探讨 [J]. 吉林建筑大学学报 , 2013, 30(4):10-12.

[19] 陈剑毅 , 胡明玉 , 刘文华 , 等 . 绿色高性能混凝土正交试验研究 [J]. 硅酸盐通报 , 2014, 33(9):2195-2199.

[20] 王欢 , 翁金红 , 刘娟红 , 等 . 铁尾矿细粉在低熟料体系中对混凝土性能影响的试验研究 [J]. 矿业研究与开发 , 2022,42(11):146-152.

[21] 武志勇 , 邢燕 , 朱峰 , 等 . 掺铁尾矿粉碱矿渣混凝土力学性能及透水性能研究 [J]. 矿业研究与开发 , 2022,42(5): 149-154.

耐久性：从混凝土材料到混凝土结构

周永祥，工学博士，研究员，北京工业大学博士研究生导师，九三学社社员。现任中国建筑学会建筑材料分会副理事长兼秘书长，全国混凝土标准化技术委员会副秘书长、中国腐蚀与防护学会建筑工程专业委员会副主任委员等。

1998年9月—2007年7月，就读于清华大学土木工程系，获学士、博士学位（硕博连读）。2007年7月—2022年4月，就职于中国建筑科学研究院有限公司，任混凝土研究中心主任、国家建筑工程技术研究中心建材研究部主任等职；2022年5月至今，调入北京工业大学城市建设学部任教。

研究方向及其他："混凝土-固化土-固废利用"及其交叉领域。主编或作为核心成员参编国家、行业、地方和团体标准30余项，获中国工程建设标准化协会"标准创新优秀青年人才奖"；发表论文150余篇，出版专著3部（合著），获授权发明专利16项。

主持国防科工局课题纵向科研项目8项，为我国核废料永久处置场全过程安全分析提供基础参数。负责"火山灰等地域材料在非洲铁路工程中的应用技术研究""百万千瓦级核电站冷却塔结构耐久性研究""天津Z4线轨道交通混凝土结构耐久性与防水研究"等国内、外重大工程技术咨询20余项，服务多个"一带一路"工程项目，为我国工程技术及技术标准"走出去"作出相应贡献。

获华夏建设奖、中国建筑材料联合会奖等奖项近10项，中国交建特等奖1项，詹天佑奖1项。

高　超，高级工程师。主要研究领域：高性能混凝土技术和标准化，作为主要核心成员参与编制《混凝土物理力学性能试验方法标准》（GB/T 50081—2019）、《高性能混凝土用骨料》（JG/T 568—2019）等标准10余项，主持国家"十三五"国家重点研发计划课题"混凝土制品微结构加速形成机制与损伤控制机理"，负责中国建筑科学研究院有限公司课题"高石粉机制砂品质的快速评价新方法研究""混凝土高效复合掺和料的研发""功能型复合掺和料深度开发及推广应用"等。获中国建筑材料联合会·中国硅酸盐学会建筑材料科技进步奖二等奖1项，中国公路建设行业协会一等奖1项、二等奖2项，中国混凝土与水泥制品协会混凝土科技进步奖一等奖1项，华夏建设科技奖二等奖1项，中国建筑科学研究院有限公司青年科技成果一等奖1项。

袁　俊，工学博士，高级工程师，主要从事输电线路结构与地基基础研究，主持和参与了多项"西电东送"和"一带一路"重大电网工程的科研、设计和标准项目，担任全国混凝土标准化技术委员会委员、中国工程建设标准化协会湿陷性黄土专业委员会委员、中国土木工程学会非饱和土与特殊土专业委员会委员，入选科技部及陕西科技厅、安徽科技厅、深圳科创委专家库专家，获省部科技进步奖、行业优秀工程奖和计算机软件奖10余项，先后获得电力行业杰出青年专家、中国能建青年科技英才、陕西省土木建筑青年科技奖等荣誉。

冷发光，工学博士，研究员，博士生导师，国务院政府特殊津贴专家。目前任中国建筑科学研究院有限公司专业副总工程师、建研建材有限公司董事长、建研建硕（北京）科技有限公司执行董事。兼任全国混凝土标准化技术委员会副主任委员兼秘书长（对口国际ISO/TC71）、全国水泥制品标准化技术委员会副主任委员；中国混凝土与水泥制品协会混凝土工程质量及标准化分会执行理事长；中国砂石协会专家委员会副主任委员等。湖南大学、长安大学、北京工业大学和中南大学等博士研究生导师。获省部级以上科技奖10余项，在国内外公开发表学术论文和著作140余篇（册）。长期致力于高性能混凝土、混凝土耐久性、混凝土质量控制、建材测试技术、混凝土标准化、固体废弃物再生利用等研究和工程技术服务工作。主持和参与完成省部级和国家级课题20余项；主编国家和行业标准规范30多本。

刘　敏，工学硕士，研究员级高级工程师，国家一级注册结构工程师，现任中国核电工程有限公司建筑结构所副所长。一直致力于核工程结构设计和研究，先后负责和参与了秦山二期扩建、岭澳二期、海南小堆、“华龙一号”示范工程等核岛结构设计以及多个后处理厂项目的结构设计工作，在核岛软土地基、混凝土耐久性、核工程抗震分析等领域颇有建树。发表论文18篇，申请专利4项，获得多项省部级奖。

一、混凝土材料和结构的耐久性

耐久性对于工程结构而言，重要性不言而喻，它对于确保结构安全、经济和环境可持续性具有重要作用。混凝土结构是房屋建筑、公路、铁路、桥梁、隧道等工程的主要结构形式，若耐久性不足，结构的承载力和使用功能将会受到破坏，可能导致严重的安全问题，或维护和修复成本的大量投入，或在全寿命周期意义上增加资源和能源的消耗，加大环境负荷，不利于可持续发展。

混凝土材料耐久性和混凝土结构耐久性是两个不同的概念。混凝土材料耐久性是指混凝土本身在不同的环境条件下性能的保持能力，与混凝土材料的胶凝材料组成、密实度、含气量及气泡间距、骨料性质等因素密切相关。

混凝土结构耐久性是指混凝土结构在长期使用过程中，保持其设计要求的性能和寿命的能力。它受到包括环境因素、荷载因素、使用和维护因素、结构设计和施工因素等方面的影响。混凝土材料的耐久性是混凝土结构耐久性的基础，此外，混凝土结构的耐久性还与结构设计、施工质量密切相关。

二、混凝土耐久性标准化的发展概况

20 世纪 90 年代，高性能混凝土的概念被提出，耐久性逐渐受到重视，并逐步在相关标准规范中得到反映。中国土木工程学会标准《混凝土结构耐久性设计与施工指南》（CCES 01—2004）及其后的国家标准《混凝土结构耐久性设计规范》（GB/T 50476—2008）发布，标志着我国混凝土结构耐久性从设计层面形成了较为完整的技术体系。国家标准《混凝土结构设计规范》（GB 50010—2002）在不断修订中补入耐久性的相关内容（环境类别及其作用等级划分与 GB/T 50476—2008 有较大差别），直至制定全文强制标准《混凝土结构通用规范》（GB 55008—2021）时，除强调了原材料的品质外，还专门强调了混凝土拌和物中水溶性氯离子含量的限值。

《铁路混凝土结构耐久性设计规范》（TB 10005—2010）取代《铁路混凝土结构耐久性设计暂行规定》（铁建设〔2005〕157 号），成为混凝土结构耐久性设计行业标准的引领者。此后，交通行业标准《公路工程混凝土结构耐久性设计规范》（JTG/T 3310—2019）取代《公路工程混凝土结构防腐蚀技术规范》（JTG/T B07-01—2006），核电系统的行业标准《核安全相关混凝土结构耐久性设计规范》（NB/T 20549—2019）制定发布，我国重要行业的混凝土结构耐久性设计规范陆续建立。至今，有的国标和行标已经过 1~2 轮的修订，日趋完善。

现行的国家标准《混凝土结构耐久性设计标准》（GB/T 50476—2019）在附录中提出了耐久性设计的定量方法，其实质是将构件在环境作用下的性能劣化过程、相应的性能极限状态以及构件的设计使用年限联系起来，针对决定性能劣化过程的材料与结构参数进行定量设计。之所以提出定量设计方法，是因为目前大部分的耐久性设计主要基于定性和经验设计方法，而我国混凝土结构耐久性设计方法主要受欧盟标准及英国标准（如 EN 206-1、BS 8500-1、BS 8500-2 等）的影响。广西地方标准《海港工程混凝土材料与结构耐久性定量设计规范》（DB 45/T 1828—2018）进一步细化了海洋环境中以氯离子扩散侵蚀钢筋模型为控制进程的耐久性定量化设计方法。

混凝土材料耐久性的相关标准，有代表性的是国家标准《普通混凝土长期性能和耐久性能试验方法》（GBJ 82—1985），其后的修订版本是《普通混凝土长期性能和耐久性能试验方法标准》（GB/T 50082—2009）（2019 年该标准完成了第三次修订，但目前暂未正式发布）。为了配合试验方法标准，制定了行业标准《混凝土耐久性检验评定标准》（JGJ/T 193—2009），该标准以《普通混凝土长期性能和耐久性能试验方法标准》（GB/T 50082—2009）确定的各类试验方法为依据，对耐久性的测试结果进行了等级划分。这个划分针对的是混凝土材料在室内的测试结果，并未与实际结构中材料的耐久性或结构耐久性建立关系。

21 世纪以来，混凝土及其结构耐久性的相关内容在各类标准的制修订过程中逐步增加，在迭代过程中不断得到丰富和完善，至今已经形成了较为完善的标准体系。

三、从材料耐久性到结构耐久性的关键——施工质量

混凝土结构的耐久性设计，包括对混凝土材料的耐久性指标提出了要求，除了基本的最小强度等级外，还规定了过程控制参数如最大水胶比，性能控制参数如抗冻耐久性指数、氯离子扩散系数等。需要注意的是，材料的性能控制参数是在实验室标准条件下对混凝土试件的测试结果，仅代表了材料本身在正常条件（如标准养护）下具备的某种耐久性能力，并不代表实际结构中混凝土的真实性能。因此，可以说，从设计提出的材料耐久性指标，最终落实为实际结构中材料的真实状态，中间最大的变数是施工质量。当然，从工程建设技术体系的基本逻辑出发可以认为，在合理设计、正常施工的前提下，设计目标一般可以在实际工程中得到实现，即使存在某种人为或客观因素的波动，其影响对于整个质量控制体系而言也是可控的——设计阶段已经从各个环节留足了安

全裕度，无论是荷载组合过程中的放大，还是材料设计值的缩小。因此，有理由相信，正常条件下的设计目标（包括耐久性设计）是可以落实到实际工程结构中去的。以混凝土强度为例，配合比设计之初，配制强度已经考虑了不低于95% 的保证率，其后有标准养护条件下的强度标准值，实际施工时，还有同条件养护试件的强度作为验收依据，进一步还有对结构实体进行回弹、钻芯等，以获取实际结构中混凝土的强度值，并进行评定。

然而，与强度不同的是，混凝土的耐久性设计指标，目前更多的是停留在材料层面，实际结构中真实的耐久性指标并没像强度那样可以通过回弹、取芯获得验证。因此，混凝土结构的耐久性设计目标目前只是用实验室中标准状态的材料试件来进行检验。施工质量究竟对结构中混凝土的耐久性产生多大影响呢？这显然是耐久性设计目标是否能够实现的关键性问题。其中，混凝土的养护是施工过程中的重要环节，也是施工过程中可以人为采取主动措施进行控制的方面。

（一）养护条件对普通混凝土渗透性的影响

为了说明养护条件对混凝土抗渗性能的影响，在此引用葛兆庆等人的研究成果（相关数据见表 1~ 表 3）。根据这项研究，发现同样的混凝土在不同的养护条件下，其抗水渗透能力有着十分显著的差别。按抗渗要求设计的混凝土，如果没有及时充分地养护，抗渗等级仅达到 P3；而按不抗渗设计的混凝土，如果加强早期养护，其抗渗等级可达到 P14，电通量的测试结果与此类似。研究数据明确显示，如果实际结构中的混凝土没有及时和充足的早期养护，其抗渗性能可能变得很差——即使是按照抗渗混凝土进行设计也是徒劳的，与渗透性相关的其他耐久性指标（如抗冻性等）也将无法得到保证。这样的结果显然不是目前按照耐久性设计规范，仅仅通过室内标准化的试验方法进行的材料耐久性指标检测可以实现控制的。因此，施工质量中的养护措施成为制约耐久性设计目标能否实现的关键性因素。

表 1　混凝土试验配合比

编号	水胶比	设计强度等级	水 /(kg/m³)	粉煤灰掺量 /%	矿渣粉掺量 /%	砂率 /%	外加剂掺量 /%	表观密度 /(kg/m³)
1	0.70	C15	197	20	20	45	1.45	2340
2	0.46	C30	187	15	20	41	1.55	2355
3	0.38	C40	170	15	20	38	1.60	2370

表 2　混凝土抗水渗透试验结果

配合比	养护方式	试验龄期 /d	最高压力 /MPa	最高压力保持时间 /h	渗水高度 /mm	抗渗等级
1	A	15	1.0	16	140	≥ P10
	B		0.3	4	渗透	P2
	C		0.4	5	渗透	P3
	D		0.6	8	渗透	P5
	E		0.6	8	渗透	P5
	F		1.4	8	100	≥ P14
2	A	28	2.5	16	90	≥ P25
	B		0.3	2	渗透	P2
	E		1.9	7	90	≥ P18
	G		2.5	16	8	≥ P25
3	A	30	2.5	16	80	≥ P25
	B		0.4	3	渗透	P3
	G		3.0	16	5	≥ P30

表 3　混凝土电通量试验结果

配合比	养护制度	28d 电通量 /C	56d 电通量 /C	按 28d 评定渗透性	按 56d 评定渗透性
2	A	2754	1588	中	低
	B	4123	3697	高	中
	H	1060	800	低	很低
	I	2655	1431	中	低
3	B	3020	1701	中	低
	H	1425	608	低	很低

注：养护条件：

①养护 A：成型至拆模期间标准养护 1d，拆模后标准养护至试验；

②养护 B：成型至拆模期间自然养护，拆模后自然养护至试验；

③养护 C：成型至拆模期间标准养护 1d，拆模后 20℃水中养护 1d，自然养护至试验；

④养护 D：成型至拆模期间标准养护 1d，拆模后 20℃水中养护 3d，自然养护至试验；
⑤养护 E：成型至拆模期间标准养护 1d，拆模后 20℃水中养护 7d，自然养护至试验；
⑥养护 F：成型至拆模期间标准养护 1d，拆模后 20℃水中养护 14d，自然养护至试验；
⑦养护 G：成型至拆模期间标准养护 1d，拆模后 20℃水中养护至试验；
⑧养护 H：成型至拆模期间抹面后水漫 1cm，拆模后 20℃水中养护至试验；
⑨养护 I：成型至拆模期间室内养护，拆模后室内养护至试验。

（二）养护条件对不同掺和料混凝土电通量的影响

清华大学的研究成果表明，与纯水泥相比，胶凝材料中分别掺入 50% 粉煤灰、50% 矿渣粉、50% 钢渣、10% 硅灰的混凝土，缩短早期湿养护时间会降低混凝土的抗压强度，增加混凝土的渗透性和孔隙率，早期活性较低的掺和料对早期湿养护时间较为敏感，如掺加 50% 粉煤灰的混凝土早期湿养护时间缩短，混凝土后期性能大大降低。在充分湿润养护的前提下，粉煤灰和矿渣粉的掺入均有显著降低混凝土透水性、增强混凝土抗硫酸盐侵蚀的能力。即使在不充分的湿养护条件下，矿渣粉也能提高混凝土的抗硫酸盐侵蚀性能。在湿润养护不足 3d 或 7d 的情况下，粉煤灰对增强混凝土抗硫酸盐的侵蚀能力贡献不大。

笔者研究团队开展的一项研究，是考察不同种类的高活性掺和料在不同养护条件下混凝土的电通量变化情况（采用的配合比及其原材料见表 4）。研究发现，掺加高活性矿物掺和料使混凝土在较低的养护要求下达到较高的耐久性能；与单掺 10% 硅灰、复掺 10%I 级粉煤灰和 15%S105 级矿渣粉相比，单掺 15% 防腐降黏型掺和料对混凝土性能的提升效果最优。由此来看，对于施工现场养护条件不利的混凝土，要确保实际结构中混凝土的耐久性，需要选择高活性掺和料，亦即高活性掺和料对早期湿养护的要求相对较低。进一步地，在缺乏充分湿养护条件下，一般掺和料对结构耐久性的实际贡献需要重新评估（图 1）。

表 4 混凝土配合比 /(kg/m^3)

编号	水泥	防腐降黏型掺和料	粉煤灰	矿渣粉	硅灰	机制砂	碎石	水
C	400	—	—	—	—	637	1183	180
F5	380	20	—	—	—	637	1183	180
F10	360	40	—	—	—	637	1183	180
F15	340	60	—	—	—	637	1183	180
F20	320	80	—	—	—	637	1183	180
S10	360	—	—	—	40	637	1183	180
G10	320	—	40	40	—	637	1183	180
G15	300	—	40	60	—	637	1183	180

注：粉煤灰：I 级，细度 8.2%，需水量比 92%，烧失量 1.9%；矿渣粉：S105 级，比表面积 $580m^2/kg$，流动度比 96%，28d 活性指数 107%；硅灰：SiO_2 含量 89%，需水量比 109%，活性指数 112%；中国建研院建材所复合掺和料 CABR-F2，由超细粉煤灰、硅灰等矿物掺和料复合而成，细度（45μm 筛筛余）0.6%，28d 抗压强度比 105%，其他指标满足《混凝土用功能型复合矿物掺合料》（T/CCES 6004—2021）中防腐降黏型复合矿物掺和料的技术要求。

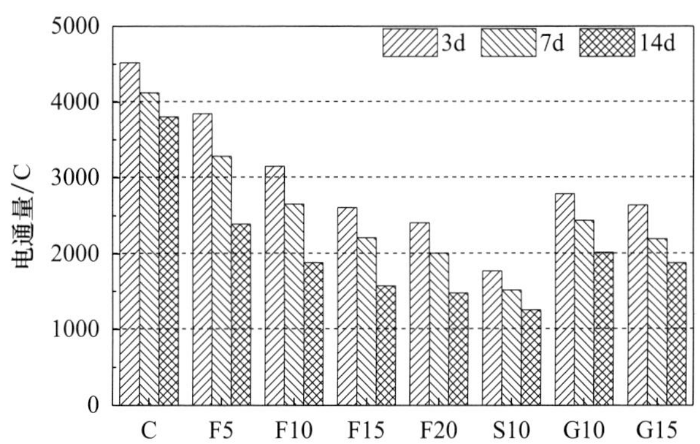

图 1 标养不同龄期后自然养护至 28d 的混凝土抗氯离子渗透性能

（三）实际工程情况调研

近年来，课题组在开展西北地区严酷环境中钢筋混凝土结构的耐久性研究过程中，对新疆、青海、西藏等地区某些恶劣环境中的基础设施进行了调研，发现普通钢筋混凝土结构在暴露环境中，有的几年就出现较为严重的腐蚀（图 2）。腐蚀的主要原因是混凝土处于氯盐、硫酸盐含量较高的盐渍土中，同时可能遭受干湿循环和冻融循环的交替作用。

图 2 西北地区严酷环境中某基础设施的腐蚀状况

如果按照耐久性设计规范的通常做法，从材料层面可以降低混凝土的水胶比，同时在混凝土中掺入粉煤灰和矿渣粉等矿物掺和料，原则上可以提升混凝土结构的耐久性。而在标准养护条件下对混凝土试件进行耐久性指标检测，也必然获得耐久性提升的结论。

然而，在实际实施过程中，采用上述通常做法，可能非但不能提升耐久性，反而会降低结构的抗腐蚀能力，原因在于当地施工不具备及时、充分的养护条件。对于输电线路塔基这类长距离点状分布的混凝土结构，施工不集中，野外作业条件艰苦；加上当地气候干燥，水分散失快；日平均气温低，混凝土中掺入的粉煤灰、矿渣粉等掺和料，由于水化活性低，需要在较长时间内（14~56d）保持充分的养护，才能将掺和料的防腐优势发挥出来。如果早期养护不充分，特别是掺入粉煤灰的混凝土，不能充分水化的粉煤灰反而造成混凝土孔隙率高、密实度下降，从而造成混凝土耐久性下降（较单纯使用水泥的混凝土）。

因此，如果不考虑实际的施工环境和现实的管理现状，按照通常的耐久性设计方法，就很难将设计目标在实际结构中实现。为此，需要确保在特殊施工环境中的施工质量，特别是及时、充分、合理的养护措施。

四、标准对混凝土养护的要求

应该说，在一些耐久性标准中，已经强调了养护的重要性，并做出了较为明确的规定。如国家标准《混凝土结构耐久性设计标准》（GB/T 50476—2019）对施工养护制定规定见表 5。

表 5　施工养护制度

<table>
<tr><th>环境作用等级</th><th>混凝土类型</th><th>养护制度</th></tr>
<tr><td rowspan="2">Ⅰ-A</td><td>一般混凝土</td><td>至少养护 1d</td></tr>
<tr><td>矿物掺和料混凝土</td><td>浇筑后立即覆盖、加湿养护，不少于 3d</td></tr>
<tr><td rowspan="2">Ⅰ-B，Ⅰ-C，
Ⅱ-C，
Ⅲ-C Ⅳ-C，Ⅴ-C，
Ⅱ-D，Ⅴ-D
Ⅱ-E，Ⅴ-E</td><td>一般混凝土</td><td>养护至现场混凝土强度不低于 28d 标准强度的 50%，且不少于 3d</td></tr>
<tr><td>矿物掺和料混凝土</td><td>浇筑后立即覆盖、加湿养护至现场混凝土的强度不低于 28d 标准强度的 50%，不少于 7d</td></tr>
<tr><td>Ⅲ-D，Ⅳ-D，
Ⅲ-E，Ⅳ-E，
Ⅲ-F</td><td>矿物掺和料混凝土</td><td>浇筑后立即覆盖、加湿养护至现场混凝土的强度不低于 28d 标准强度的 50%，且不少于 7d；继续保湿养护至现场混凝土的强度不低于 28d 标准强度的 70%</td></tr>
</table>

注：1. 表中要求适用于混凝土表面大气温度不低于 10℃的情况，否则应延长养护时间；

2. 有盐的冻融环境中混凝土施工养护应按Ⅲ、Ⅳ类环境的规定执行；

3. 矿物掺和料混凝土在Ⅰ-A 环境中用于永久浸没于水中的构件。

国家标准《高性能混凝土技术条件》（GB/T 41054—2021）在附录中援引了《铁路混凝土结构耐久性设计规范》（TB 10005—2010）对现浇混凝土保温保湿养护时间规定（表 5）。但在某些耐久性设计规范与施工要求中，对养护重要性的认识和具体规定仍然不够。现在看来，对混凝土的养护要求，还需要给予更加足够的强调和重视。当然，更重要的是在实际施工过程中，根据现场的温度、湿度和混凝土的性能特点，切实制定科学、合理的养护方案，并通过具体措施严格落实。从工程管理的角度看，发展反映实体结构中混凝土耐久性及其检测、验收方法，是非常有必要的。

表 5　混凝土保温保湿的最短养护时间

水胶比	大气潮湿（RH ≥ 50%），无风，无阳光直射		大气干燥（20% ≤ RH < 50%），有风，或阳光直射		大气极端干燥（RH < 20%），大风，大温差	
	日平均气温 t（℃）	养护时间（d）	日平均气温 t（℃）	养护时间（d）	日平均气温 t（℃）	养护时间（d）
> 0.45	$5 \leqslant t < 10$	21	$5 \leqslant t < 10$	28	$5 \leqslant t < 10$	56
	$10 \leqslant t < 20$	14	$10 \leqslant t < 20$	21	$10 \leqslant t < 20$	45
	$t \geqslant 20$	10	$t \geqslant 20$	14	$t \geqslant 20$	35
≤ 0.45	$5 \leqslant t < 10$	14	$5 \leqslant t < 10$	21	$5 \leqslant t < 10$	45
	$10 \leqslant t < 20$	10	$10 \leqslant t < 20$	14	$10 \leqslant t < 20$	35
	$t \geqslant 20$	7	$t \geqslant 20$	10	$t \geqslant 20$	28

五、结束语

混凝土材料耐久性和混凝土结构耐久性是两个不同的概念。21 世纪以来，混凝土及其结构耐久性的相关内容在我国各类标准的制修订过程中逐步增加，在迭代过程中不断得到丰富和完善，至今已经形成了较为完善的标准体系。

然而，我们需要看到，目前主要标准给出的耐久性设计指标，更多的还停留在材料层面，即主要用实验室中标准状态的材料试件来进行检验，目前尚缺少反映实体结构中混凝土的耐久性指标及其检测、验收方法。

从混凝土材料到混凝土结构的耐久性，需要周到的设计、合理的选材和严格的质量控制、科学的混凝土配合比以及精心的施工，最终才有符合预期的结构耐久性。其中，特别需要强调的是，施工质量特别是养护质量，是将室内试验的材料耐久性指标落实到实际工程结构耐久性的关键环节。在现阶段，需要在标准的相关规定和实际施工操作中，对养护技术给予足够的强调和重视。

参考文献

[1] 葛兆庆 , 周岳年 , 袁红波 , 等 . 早期养护对混凝土结构抗渗性能的影响分析 [J]. 施工技术 , 2010,39(4):90-93.

[2] HU J, WANG G H, WANG Q, et al. Influence of early-age moist curing time on the late-age properties of concretes with different binders[J]. Indian Journal of Engineering and Materials Science, 2014, 21: 677-682.

[3] ZHANG Z Q, WANG Q, CHEN H H, et al. Influence of the initial moist curing time on the sulfate attack resistance of concretes with different binders[J]. Construction and Building Materials, 2017,144:541-551.

06 全固废混凝土与耐久性问题探讨

张广田，河北省科技型企业创新人才，固废建材化利用专家，工学博士。2014年至今工作于河北省建筑科学研究院有限公司，现任河北省固废建材化利用科学与技术重点实验室主任工程师，兼任中国硅酸盐协会固废分会尾矿与机制砂专家委员会委员、中国土木工程学会混凝土及预应力混凝土分会委员、中国砂石协会绿色矿山评审专家、中国砂石协会固废分会专家委员会委员、河北省勘察设计咨询协会绿色建材分会秘书、河北省砂石协会专家委员会副主任。先后参与了国家自然科学基金、国家重点研发计划的课题研究，承担了住房城乡建设部科学技术项目、河北省科技厅重大重点科研项目、河北省住房城乡建设厅建设科技研究项目、石家庄科技局重大科技计划项目等15余项项目。先后荣获河北省科学技术进步奖一等奖2项，以及华夏奖、工程建设科学技术奖等多项部委级科技奖励12项。在国内外重要期刊先后发表论文20余篇，授权发明专利16项、实用新型专利7项，参与编制《建设用砂》《混凝土用建筑垃圾再生轻粗骨料》《道路用固废基胶凝材料》《混凝土用铁尾矿碎石》等国家及行业标准6项，《固废基胶凝材料应用技术规程》等CECS标准6项，主编《机制砂应用技术标准》《全固废高性能混凝土应用技术标准》等河北省标准13项。

按照河北省工程建设地方标准《全固废高性能混凝土应用技术标准》（DB13(J)/T 8385—2020），全固废混凝土是指以建设工程设计、施工和使用对混凝土性能特定要求为总体目标，采用固废基胶凝材料、由尾矿及废石加工而成的骨料和高性能减水剂，以较低水胶比并优化配合比，通过预拌和绿色生产方式以及严格的施工措施，制成的具有优异的拌和物性能、力学性能、长期性能和耐久性能的混凝土。

在“双碳”背景下，由于采用固废基胶凝材料作为胶凝材料，采用尾矿砂、尾矿废石作为骨料，全固废混凝土与现在混凝土行业中普通水泥配制技术相比，可显著减少水泥熟料的用量，应用前景非常广泛。另外，全固废混凝土具有良好的施工性、体积稳定性和耐久性，完全适用于工程建设。2019年，河北省住房和城乡建设厅发布了《低碳胶凝材料高性能混凝土结构工程施工质量验收规程》。2020 年，中国工程建设标准化协会制定《固废基胶凝材料应用技术规程》（T/CECS 689—2020）。2021 年，河北省住房和城乡建设厅发布了《全固废高性能混凝土应用技术标准》（DB13(J)/T 8385—2020）。在这些系列标准体系的支撑下，到 2021 年底国内已浇筑固废基混凝土 500 万 m^3 以上，并成功地应用于少量房屋结构工程，生产了大量的房屋外墙围护材料、管桩和大型市政混凝土管材。

全固废混凝土利用了大量的钢铁固废材料与矿山固废材料，其耐久性受到了极大关注。主要原因在于：原材料的使用还是简单套用水泥混凝土标准衡量固废粉体和固废砂石料的性能指标，缺乏基于材料反应过程精细化控制的大数据基础及质量保障的数据追踪体系，缺乏对多固废协同作用的理论认识。因不能充分认识多固废协同可抑制钢渣安定性不良，使用方担心钢渣安定性问题，不敢使用全固废混凝土。

因此，本文阐述了全固废混凝土的原材料质量控制要点，固废基胶凝材料的水化作用机理和全固废混凝土应用的控制要点，以便打消使用者的疑虑，使全固废混凝土可以被广泛使用。

一、原材料的质量控制与安定性问题

（一）固废基胶凝材料的质量控制

固废基胶凝材料是以粒化高炉矿渣、钢渣、工业副产石膏、粉煤灰、铁尾矿等固体废弃物为原料，经加工磨细后按一定比例配制成的水硬性胶凝材料。通常分为：钢渣 - 矿渣 - 脱硫石膏体系、钢渣 - 矿渣 - 脱硫石膏 - 粉煤灰（铁尾矿微粉）体系，钢渣 - 矿渣 - 脱硫石膏 - 碱渣体系。有时候，为保证胶凝材料的稳定性，会使用少量的熟料，形成钢渣 - 矿渣 - 脱硫石膏 - 少熟料体系，该体系与粉煤灰 - 脱硫石膏 - 少熟料体系、矿渣 - 石膏 - 少熟料体系有较大的区别。目前钢渣 - 矿渣 - 脱硫石膏三元体系的产业化应用较多，该体系由于组元较少，可保证原材料粉磨的均匀性与产品的稳定性，同时，大量矿渣的使用保证了胶凝材料本身的强度。

为保证胶凝材料的质量和性能，原材料的选择极其重要。

粒化高炉矿渣是固废基胶凝材料中重要的组分，高炉水淬矿渣是在高炉炼铁过程中产生的固体废弃物。铁矿石及各种配料中的 SiO_2、Al_2O_3、CaO、MgO 等发生反应生成硅酸盐熔融物，排入大量水急速流动的水沟中会急剧冷却并碎裂成粒状物，大部分粒径在 1~3mm 之间，得到具有较多孔隙结构且无规则形状的粒化高炉渣。矿渣中的活性直接影响了固废基胶凝材料的强度，宜选用白渣，不应选用活性低的钒钛渣，磨细矿渣粉的活性不应低于 95%，宜在 105%，以保证固废基胶凝材料具有较高的强度，另外，粉磨时候可以适当地加入一些激发剂，保证矿粉活性的激发，降低矿粉粉磨的难度。由于采用的激发剂往往含有一定量的氯离子，以及矿渣水淬用循环水，因此限制矿粉中氯离子含量，应符合现行国家标准《用于水泥中的粒化高炉矿渣》（GB/T 203—2008）的有关规定。

石膏主要在胶凝材料中提供三氧化硫，往往采用电厂出厂的脱硫石膏，由于电厂采用煤粉发电，石膏中有时候会混入一些黑色的夹杂物，造成石膏的质量稳定性不良，因此，其指标应符合现行国家标准《用于水泥中的工业副产石膏》（GB/T 21371—2019）的有关规定。

钢渣作为炼钢过程中产生的废弃物，是多种矿物和玻璃态物质组成的集合体，钢渣在胶凝材料中提供了碱性环境，并为胶凝材料的水化提供一定量的活性物质，保证了矿渣的活性激发。化学成分及冷却条件不同会造成钢渣外观形态、颜色差异很大，碱度较低的钢渣呈灰色，碱度较高的钢渣呈褐灰色、灰白色。大量研究表明：国内钢渣的主要矿物相为 RO 相（FeO、MgO、MnO 和 CaO 形成的连续固溶体）、C_2S、C_3S、C_4AF（铁铝酸钙）、Fe_2O_3，以及少量 $Ca(OH)_2$、f-CaO（游离氧化钙）和 f-MgO（游离氧化镁），因此，钢渣中的 CaO、MgO、C_2S、C_3S、C_4AF 在胶凝材料水化过程中起到重要作用。另外，为了减少钢渣粉磨过程的磁团聚现象，应充分去除原料中的磁性铁。钢渣的其他指标应符合现行行业标准《用于水泥中的钢渣》（YB/T 022—2008）的有关规定。

对于四元体系中铁尾矿应符合现行行业标准《用于水泥和混凝土中的铁尾矿粉》（YB/T 4561—2016）的有关规定。粉煤灰应符合现行国家标准《用于水泥和混凝土中的粉煤灰》（GB/T 1596—2017）中对Ⅰ级和Ⅱ级粉煤灰的质量规定。

固废基胶凝材料按强度分为Ⅰ、Ⅱ、Ⅲ三个等级。I 级适用于 C20 及以下混凝土、M15 及以下砂浆；Ⅱ级适用于 C55 及以下混凝土、M30 及以下砂浆；Ⅲ级适用于 C80 及以下混凝土，不同等级固废基胶凝材料的组分范围不同。为了保证固废基胶凝材料的强度，河北省标准与协会标准，采用通用胶砂强度和专用胶砂强度，来检测固废基胶凝材料的抗压强度与抗折强度。当原材料性能较好的时候，完全可以用通用胶砂强度来检测胶凝材料的强度。

此外，为了控制固废基胶凝材料的有害物质含量，要求三氧化硫含量≥ 5.0% 且＜ 12.0%，氯离子含量≤ 0.06%，要求固废基胶凝材料的安定性采用沸煮法或压蒸法检测合格。

（二）固废基胶凝材料安定性问题

在我国，矿渣固废主要以磨细粉的形式掺入水泥或混凝土中，作为混合材或掺和料使用。由于炼铁原料以及操作工艺不同，矿渣的组成和性质也存在较大差异。高炉矿渣的化学成分主要为 CaO、SiO_2、$A1_2O_3$、MgO、TiO_2 以及 FeO，占高炉水淬矿渣成分的比例高达 98% 以上。

钢渣作为钢铁冶金固废总体构成中的第二大固废，大规模利用是一大难题。钢渣的主要化学成分与硅酸盐水泥熟料、高炉矿渣基本相似，主要为 CaO、SiO_2、MgO、Fe_2O_3、MnO、$A1_2O_3$ 和 P_2O_5 等，此外，钢渣内还含有少量其他氧化物和硫化物，如 TiO_2、V_2O_5、CaS 和 FeS 等（图 1）。其中，CaO 是钢渣的主要成分之一，SiO_2 的含量决定了钢渣中硅酸钙矿物的数量。MgO 的存在形式主要有三种：即化合态（钙镁橄榄石、镁蔷薇辉石等）、固溶体（二价金属氧化物 MgO、FeO、MnO 的无限固溶体，即 RO 相）和游离态（方镁石晶体）。典型钢渣中二价金属氧化物 CaO、MgO 和 FeO 的总含量达到 72.3%。钢渣中存在的 f-CaO、MgO 水化后易产生体积膨胀，存在严重的安定性问题。因此，很多使用者担心固废基胶凝材料的安定性不良。

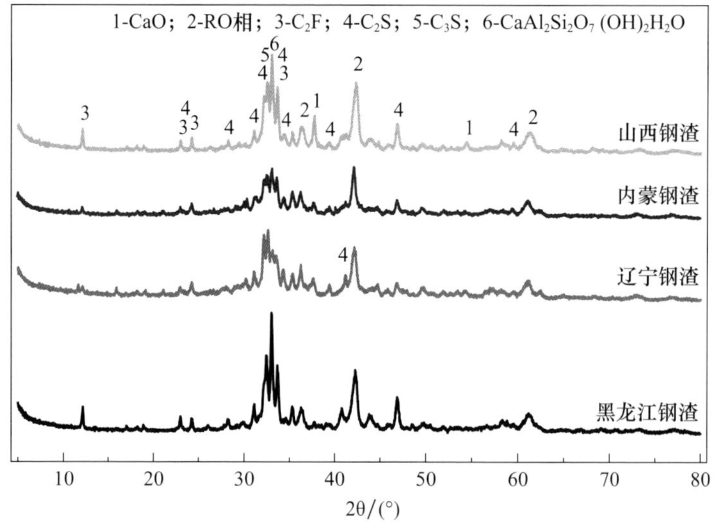

图 1　钢渣的 XRD 图谱

在固废基胶凝材料中，钢渣通过多道除铁与粉磨，细度＞ $450m^2/kg$，钢渣经粉磨达到一定细度后，游离的 CaO 和 MgO 被活化，在早期就参与反应生成 $Ca(OH)_2$ 和 $Mg(OH)_2$，虽然反应产物体积大于反应物，但此时材料还处于塑性状态，因此不会造成结构破坏。李颖认为在钢渣进行超细粉磨后，游离 CaO 和游离 MgO 的分散程度大幅提高，安定性问题能够得到有效的控制，同时，在混凝土硬化前促进较多钙矾石的形成和增加矿渣的水化反应速率也能抑制钢渣的体积安定性不良问题。另外，通过立磨粉磨，粉磨过程中不断加入水，以便保证粉磨的料层厚度，在立磨高温、潮湿的环境，使得钢渣中的游离 CaO 与 MgO 参与反应，保证了固废基胶凝材料的体积安定性问题。

通过上述的工艺可以有效避免钢渣引起的固废基胶凝材料安定性不良问题。但是，为了追求固废基胶凝材料本身的力学性能，有的厂家将固废基胶凝材料粉磨得过细，尤其是采用立磨混合粉磨，使得脱硫石膏与矿粉过粉磨。另外物料之间的粒度搭配不良，极易造成胶凝材料在水化硬化早期出现开裂现象。由于各厂家的工艺不同，使用者在使用之前，应保证胶凝材料的沸煮法与压蒸法试验合格。

（三）全固废混凝土中骨料的质量控制

全固废混凝土中使用的铁尾矿机制骨料，是铁矿开采过程中产生的尾矿、废石加工而成的。以河北为例，唐山地区的磁铁石英岩型铁矿属于典型的沉积变质型铁矿，保定涞源地区的早期接触交代（矽卡岩）型磁铁矿，承德地区的岩浆型钒钛磁铁矿床，燕山西段的宣龙式铁矿为沉积型铁矿，丰宁十八台铁矿为火山热液型铁矿，涵盖了五种常见的铁矿床种类。这些铁尾矿废石的母岩通常以花岗岩、片麻岩、闪长岩为主，属硅质岩石。脉石矿物多为石英、闪石、长石等，副矿物包含云母、绿泥石、磁铁矿等。岩石的主要化学组成以 SiO_2、Al_2O_3 为主，含少量的 MgO、CaO、FeO 等，尤其是矽卡岩的钙镁含量较高。

一方面，制砂方式和工艺对铁尾矿砂产品的性能有一定的影响。尾矿废石制砂的主流方式有两种，第一种是铁矿采选联合制备砂石，利用球磨机或者棒磨机制备机制砂，第二种是利用立轴式冲击破碎机制备成机制砂。联合采选制砂颗粒偏细，直接破碎制砂易造成“两头大，中间小”。此外，机制砂制砂工艺分干法和湿法两种，干法制砂易产生较多的石粉，湿法制砂易造成小于 0.15mm 的颗粒含量偏少，细度模数偏粗。硬质岩石制砂时，为了减少 4.75mm 及以上的颗粒含量，可能存在一部分过粉磨现象，如图 2 所示，闪长岩、片麻岩在 1.18mm 的分计筛余偏高，在 2.36mm 的分计筛余偏低。

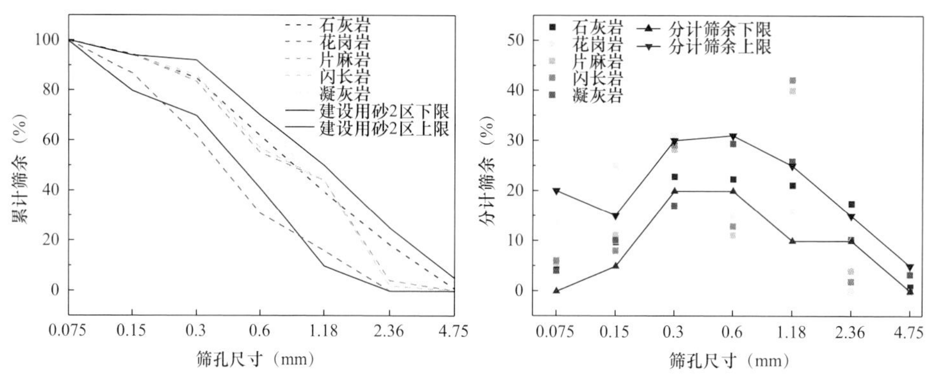

图 2　尾矿废石机制砂累计筛余与分计筛余图

另一方面，母岩的岩相结构、发育程度与风化程度有差别，杂质含量等具有不确定性。如铁尾矿废石中云母含量较高，湿法制砂用水可能存在较多氯离子，风化后岩石坚固性差、含软弱颗粒多，含氧化活性矿物（如黄铁矿、磁黄铁矿）等，均会造成机制砂质量的劣化，要引起重视。需要特别注意的是，硅质岩石作为料源时应对云母含量予以重视，原因是云母呈薄片状、表面光滑、极易沿节理开裂、与水泥石的黏结性能差，含量过高会对混凝土的和易性、强度及砂浆抗冻性产生较大影响。此外，含不稳定 FeS_2 的黄铁矿母岩不适合制骨料，因 FeS_2 极易被氧化成硫酸铁矿物，在碱性环境下水解生成三氧化二铁，易造成体积膨胀而引起混凝土鼓包、爆裂等。骨料中的碱活性成分，如硅质岩中微晶、玉髓、蛋白石等，碳酸盐岩中的含黏土矿物的灰质白云岩，可能存在碱 - 骨料反应，矽卡岩型铁矿中往往含有碳酸盐类岩石，应注意矽卡岩机制砂的碱碳酸盐反应。

(a) 宣龙式铁矿（风化）

(a) 机制砂中的云母

图 3　风化的宣龙式铁矿废石与云母

此外，石英、长石、角闪石等架状、链状的硅酸盐矿物致使硅质石粉具有高吸附性，表现出对亚甲蓝不敏感。石粉典型矿物解理时表面存在大量未饱和键，使石粉易团聚，在溶液中发生羟基化后，极易吸附钙离子和减水剂的特征基团，从而对减水剂产生吸附作用，影响混凝土的和易性。

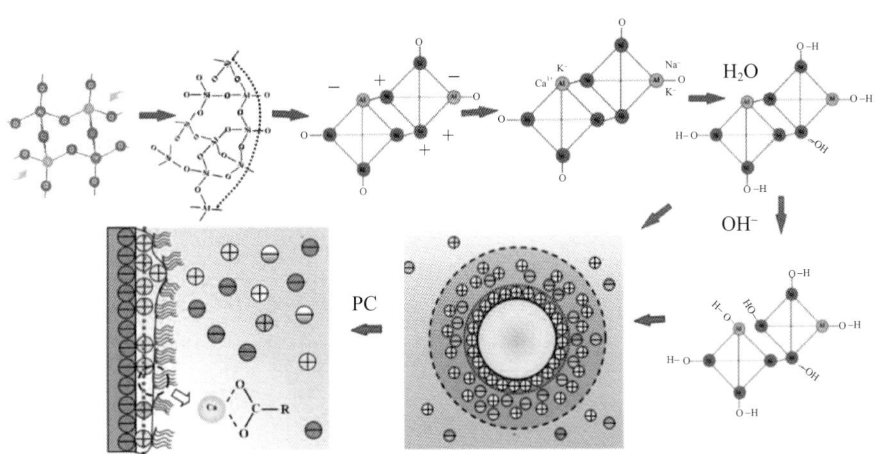

图 4　长石、石英等架状矿物对减水剂吸附机理示意图

因此，为了保证全固废混凝土良好的工作性能和力学性能，河北省地方标准中对细骨料的分计筛余和粗骨料的累计筛余做了规定，建议机制砂细度模数

宜控制在 2.3~3.3 范围内。规定在 MB 小于 1.40 时，铁尾矿机制砂的石粉含量≤7.0%，符合《建设用砂》（GB 14684—2022）中Ⅱ类机制砂石粉含量的限值。同时，铁尾矿机制砂中的泥块含量、云母含量、硫化物及硫酸盐含量等有害物质限量，粗骨料的泥块含量，有机物、硫化物及硫酸盐含量，均按照现行国标中Ⅱ类机制砂（或碎石）的限值执行，粗骨料针片状颗粒含量、压碎指标、空隙率的技术指标均高于国标中Ⅱ类碎石的要求。尤其是对颗粒级配，石粉含量、云母含量、氯离子含量、硫化物及硫酸盐含量等有害物质含量做出较严格规定，保证了全固废混凝土的工作性能、力学性能和耐久性能。

二、全固废混凝土的凝结、硬化与结构

（一）固废基胶凝材料的水化硬化

全固废混凝土强度的形成依赖于固废胶凝材料中矿渣的水化。固废基胶凝材料是通过钢渣粉、石膏、矿渣三者的协同激发来实现其胶凝特性，其中钢渣既是激发矿渣和尾矿形成 C-S-H 凝胶的物质基础，也是在石膏的参与下夺取矿渣和尾矿中的 Al_2O_3 和 Fe_2O_3 形成含铁钙矾石类复盐矿物的物质基础。脱硫石膏为钢渣 - 矿渣 - 脱硫石膏胶凝材料体系反应提供大量的 Ca^{2+} 和 SO_4^{2-}。矿粉为胶凝材料提供了大量的活性硅铝化合物。

首先，钢渣中的二价金属阳离子容易水化，使体系呈碱性，早期发生缓慢水化生成 C-H-S 凝胶以及 Ca^{2+} 和 OH^-。此时大量脱硫石膏和碱性环境会促进矿渣中的硅（铝）氧四面体的 Si-O、Al-O 断裂形成 $[H_2SiO_4]^{2-}$、$[H_3AlO_4]^{2-}$ 等物质。

其次，由于钙矾石的溶度积常数为 $10^{-111.6}$，溶度积常数非常低，矿粉激发出来的可溶铝［$Al(OH)^{2+}$、$Al(OH)^{2+}$、AlO_3^{3-}、$HAlO_3^{2-}$、$H_2AlO_3^-$、AlO_2^- 等］就能由于钙矾石的结晶而被不断消耗，导致矿粉中与硅氧四面体相连接的铝氧四面体与溶液原有的平衡被打破，铝氧四面体不断快速向钙矾石晶体内部转移。由于在矿粉中几乎 100% 的铝都是以四配位铝氧四面体与硅氧四面体连接在一起的，当大量铝氧四面体脱离废渣中的链状或架状硅氧四面体

链接后，剩余的硅氧四面体就变成了由2—3个硅氧四面体相互连接的硅酸根阴离子团。这些阴离子团会与溶液中的Ca^{2+}、OH^-和水迅速结合成水化硅酸钙凝胶。并且，当溶液中的Ca^{2+}和OH^-等离子浓度较低，同时可溶铝浓度偏高时，这些硅酸根阴离子团还能与部分铝氧四面体重新以桥氧互相连接起来，形成含羟基和孔隙水的“类沸石相”。

最后，随着水化龄期的延长，钢渣继续水化生成少量C-S-H凝胶并维持浆体中的碱度。而矿渣持续水化吸收体系中的Ca^{2+}、SO_4^{2-}和OH^-，能够进一步促进钢渣的水化并促进OH^-和脱硫石膏的溶解。随着钢渣持续反应和水化程度的加深，水化产物针棒状的AFt晶体穿插于C-S-H凝胶中使硬化浆体的结构更加致密，抗压强度也随之增大。利用钢渣微粉、脱硫石膏微粉和高炉水淬矿渣微粉三者的协同作用效应，在形成大量针棒状复盐晶体的同时，还形成大量近于非晶态的C-S-H凝胶和“类沸石相”，并紧紧将针棒状复盐晶体包裹起来，再加上未反应的微细颗粒的填充作用，使整个体系的稳定性大幅度提高，促进了胶凝材料体系力学性能的提升。不同龄期净浆试块的XRD图谱见图5。

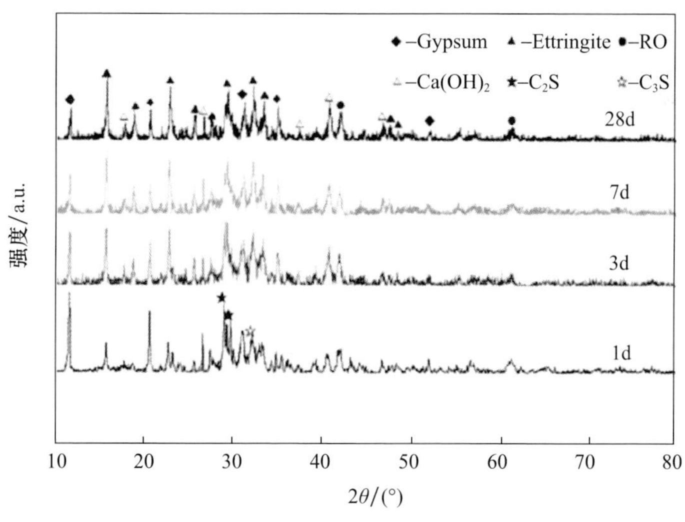

图5　不同龄期净浆试块的XRD图谱

因此，固废基胶凝材料的水化硬化区别于普通水泥，与碱激发胶凝材料的凝结硬化也有很大不同。固废基胶凝材料水化硬化与温度、制备工艺、原材料的性质（钢渣的性质、矿粉的活性、脱硫石膏的性质）密切相关。与普通水泥混凝土相比，水化热较低，对于大体积混凝土施工非常有利，不仅可以减少由于水化热产生的体积膨胀，对提高大体积混凝土耐久性也十分有利。

（二）全固废混凝土的结构与性能

高性能混凝土的一个重要特征就是使其胶凝硬化体内部以及胶凝材料与砂石骨料边界的有害孔比例趋近于零。有害孔的比例趋近于零并不等于混凝土内部的孔隙率全部趋近于零。以各种矿物的真密度和混凝土表观密度之差计算，并将混凝土制备过程中总用水量和所形成的混凝土胶凝基质硬化体新增化学结合水总量之差进行对比计算，钢渣 - 矿渣 - 脱硫石膏体系胶凝材料所制备的高性能混凝土硬化体中，胶凝基质部分含有约占胶凝基质硬化体 15%~20% 体积百分数的孔隙率。由于这些孔隙除了混凝土浇筑和振捣过程中留下的毫米级气泡外，基本都是亚微米和纳米孔，这些气泡孔及微纳米孔在胶凝基质中分布均匀。在硬化体内部如果还有少量微米级钢渣残留有少量膨胀源，其膨胀量将在混凝土胶凝材料内部 100% 被附近的纳微米级无害孔隙及毫米级气泡所吸收，因此不会对混凝土的结构性能或材料的力学性能造成损害。

全固废混凝土具有优异的力学性能，可实现不同强度等级的配置，且具有良好的耐久性能。因固废基胶凝材料水化热低，全固废混凝土具有较高的密实度，外界的 CO_2、氯离子、SO_4^{2-} 等有害物质不易进入混凝土结构内部，表现出较强的抗氯离子渗透性能、抗碳化性能和抗硫酸盐侵蚀能力且后期强度增长余量大。标养条件下，养护 28d，固废基混凝土（C30）的抗氯离子渗透性能可达 Q- Ⅴ级，抗碳化性能等级可达 T- Ⅳ级，抗硫酸盐侵蚀等级可达 KS90。因此，固废基胶凝材料及其混凝土在海工混凝土和作为地下胶结充填采矿胶结剂等的应用方面，在性能和成本上都比普通硅酸盐水泥和普通混凝土更具有明显的优势。

三、全固废混凝土的施工应用

目前，全固废混凝土在河北很多地区得到了应用，尤其是在邯郸、唐山等冶金、矿山固废存量大的地区，国内其他地区也正在推进该技术的应用。但由于固废基胶凝材料及尾矿骨料与传统的胶凝材料及骨料存在较大的差异，在推广过程中，应注重材料本身的特性，不能以传统理念使用全固废混凝土。除担心钢渣粉的安定性不良问题，固废基胶凝材料的早期水化较慢，全固废混凝土的早期强度低是全固废混凝土应用的关键问题。

首先，原材料角度，除注意胶凝材料、骨料的质量外，还应注意固废基胶凝材料、骨料与外加剂的适用性。建议使用聚羧酸系减水剂，其与固废基胶凝材料的适应性较好，但由于固废基胶凝材料早期水化较慢，应注意平均气温低于 30℃时减水剂中不需要复配缓凝组分，气温较低（低于 10℃）时减水剂中建议复配早强组分。

其次，配合比设计角度，全固废混凝土配合比设计应满足混凝土和易性、强度和耐久性要求。全固废混凝土配制过程中宜采用低水胶比、低单位体积用水量，设计用水量不宜超过 175kg/m^3。配制低强度等级混凝土时，胶凝材料用量不宜过低；配制高强度等级混凝土时，胶凝材料用量不宜过高。

最后，施工及养护角度，夏季浇筑时混凝土的入模温度不宜超过 30℃，现场温度高于 30℃时，宜对金属模板浇水降温；在湿度小（小于 40%）、风速大（大于三级风）的环境下浇筑时，应采取适当挡风措施，并应避免浇筑较大暴露面积的构件；冬期施工应符合现行行业标准《建筑工程冬期施工规程》（JGJ/T 104—2011）的有关规定，宜适当增加胶凝材料中矿渣比例，并降低水胶比。浇筑后应及时进行保湿养护，初凝前保湿，终凝后补水；全固废高性能混凝土的养护时间不宜少于 14d；养护用水温度与混凝土表面温度之间的温差不宜大于 20℃。

因此，在推广过程中，针对下游使用方，应给予一定的技术指导，保证全固废混凝土使用过程中的质量。

四、总结与展望

近年来，随着理论丰富和技术水平的提高，“钢渣 - 矿渣 - 脱硫石膏”固废基胶凝材料体系的稳定性大幅提高，在前期的推广过程中，已经建立固废基胶凝材料（低熟料胶凝材料与全固废胶凝材料）及全固废混凝土应用及验收标准体系。固废基胶凝材料与全固废混凝土的理论与技术突破，不但能够带动钢铁行业的各类钢渣资源化利用，并且能够把高炉水淬矿渣的利用效率提高 2~3 倍，替代水泥熟料使用，可使固废基胶凝材料及全固废混凝土技术具有减排 $CO_2$3~5 亿吨的潜力（每煅烧 1 吨水泥熟料需向大气排放 0.78 吨 CO_2）。

目前，固废基胶凝材料已在河北邯郸、唐山，山东济南等多地建立生产线，初步具备了全国大范围推广的基础。在后期推广应用和标准体系建立过程中，宜突出固废基胶凝材料与传统水泥的不同，立足于多固废协同效应，突出全固废混凝土应用特征。另外，积累不同地区应用数据，实现对产品质量和标准控制的精细化。

但是，由于不同结构和服役条件下混凝土结构参数的缺乏，国内各行业的设计单位还无法对多固废协同的低碳胶凝材料在各种建筑结构上的应用进行优化结构设计。特别是在海洋工程领域，多固废协同的低碳胶凝材料虽具有特别优异的耐海洋环境侵蚀性能，但因为缺乏用于优化设计的结构性能参数，不能被大量推广应用。因此，进一步深入研究多固废协同的低碳胶凝材料在各种结构混凝土中的结构参数特征及其在多种极端环境下服役的性能演化规律，采用优化的设计方案，充分发挥其优势，避免其劣势，促进其广泛应用，是未来多固废协同的低碳胶凝材料应用基础研究的主要任务。

参考文献

[1] 袁润章 . 胶凝材料学 [M]. 武汉：武汉理工大学出版社 , 2018.

[2] 崔孝炜 , 倪文 , 任超 . 钢渣矿渣基全固废胶凝材料的水化反应机理 [J]. 材料研究学报 , 2017,31(9):687-694.

[3] 崔孝炜 . 以钢铁行业固废为原料的高强高性能混凝土研究 [D]. 北京：北京科技大学 , 2017.

[4] 孙家瑛 . 钢渣细度对水泥混凝土物理力学性能影响 [J]. 粉煤灰综合利用 , 2004(5):3-5.

[5] 倪文 , 李颖 , 许成文 , 等 . 矿渣 - 电炉还原渣全固废胶凝材料的水化机理 [J]. 中南大学学报 (自然科学版）, 2019,50(10):2342-2351.

[6] THOMAS S, ANDREAS L, EMANUEL G, et al. Physical and microstructural aspects of iron sulfide degradation in concrete[J]. Cement and Concrete Research, 2010,41(3):368-459.

[7] 张广田 , 刘娟红 , 孔丽娟 , 等 . 石英岩型铁尾矿机制砂中石粉的吸附特性及机理 [J]. 材料导报 , 2021,35(6):6071-6077.

[8] 李颖 . 邯钢冶金渣协同制备固废基胶凝材料及混凝土研究 [D]. 北京：北京科技大学 , 2021.

[9] 许成文 . 掺碱渣全固废海工混凝土的制备及抗氯离子侵蚀性能研究 [D]. 北京：北京科技大学 , 2022.

[10] 张艳佳 , 张广田 , 栗褒 , 等 . 精炼渣基胶结充填材料力学性能研究 [J/OL]. 中国矿业 , 2023(4):1-12[2023-03-15].http://kns.cnki.net/kcms/detail/11.3033.TD.20230227.1934.004.html.

[11] 吴跃 . 钢渣消纳可发挥固废基胶凝材料的潜力 [N]. 中国建材报 , 2022-06-27(009).

混凝土原材料篇　服役环境篇　工程应用篇　防护技术篇

服役环境篇

混 凝 土 的 耐 久 性 谁 来 守 护

铁路混凝土结构耐久性保障技术

谢永江，中国铁道科学研究院集团有限公司首席研究员，博士生导师，铁建所工程材料事业部主任，中国土木工程学会混凝土及预应力混凝土分会理事会常务理事，中国建筑材料联合会混凝土外加剂分会副理事长，中国建筑学会建筑材料分会副主任委员，中国腐蚀与防护学会建筑工程分会副主任委员，中国铁道学会标准化（试验检测）专业技术委员会副主席，入选2020年北京市劳动模范、国铁集团“百千万人才”工程专业领军人才，荣获2019年国家科技进步奖二等奖、2008年国家科学技术进步奖特等奖、第十五届詹天佑铁道科学技术奖成就奖、第十八届茅以升科学技术奖——铁道科学技术奖等。

长期从事工程材料的组成、结构、性能及其相互关系研究，重点研究铁道建筑工程材料、铁路混凝土制品及铁路工程施工技术，先后主持和参加国家级、省部级和局级科研课题150余项，获国家级、省部级和局级奖40余项，获授权国家发明专利80余项，在国内外期刊发表学术论文100余篇，出版译著1部，主编和参编国家、行业系列技术标准规范40余项。研究成果在国家重点工程青藏铁路、京津城际铁路、哈大高铁、兰新高铁、武广高铁、京沪高铁、海南沿海铁路以及高原铁路工程进行大规模推广应用，取得了显著的技术、经济、社会和环保效益，为我国铁路工程材料技术水平跻身世界先进行列做出了重要贡献。

李 康，中国铁道科学研究院集团有限公司助理研究员，中国硅酸盐学会固废分会尾矿与机制砂专家委员会委员，主要从事铁路混凝土结构耐久性设计与保障技术研究、特种混凝土技术开发和应用等工作，先后主持和参与国家级、省部级和局级科研课题20余项，获省部级和局级奖5项，在国内外期刊发表学术论文20余篇，申请和授权发明专利10余项，参编国家、行业和国铁集团技术标准8项。

一、前言

截至2022年年底，我国铁路营业里程达15.5万千米。作为国家重要的基础设施和大众化的交通工具，铁路享有“国民经济命脉”的崇高美誉。鉴于铁路工程具有一次性投资大、建设周期长、服役环境复杂等特点，铁路部门从全寿命周期成本角度出发，将桥梁、隧道、路基等主体工程混凝土结构的设计使用年限定为100年，并提出了“少维护、免维修”的铁路建设目标。确保铁路主体结构服役年限满足设计要求的关键在于有效保障混凝土结构的耐久性，为此铁路部门开展了大量的探索、研究和工程实践。20世纪90年代以前，受思想认识的局限，设计人员在进行铁路工程设计时，未充分考虑工程结构的耐久性，导致部分铁路工程在投入使用20~30年后便出现性能劣化，工务部门不得不采用限速、限载或大修等措施进行处理。青藏铁路建设时，为应对极端恶劣环境条件的影响，铁路部门首次在工程结构设计中对混凝土结构提出了耐久性要求，并组织科研、设计、施工等单位开展专项研究，提出了一系列提升混凝土结构耐久性的技术措施，有效地保障了青藏铁路混凝土结构的施工质量。此后，随着既有线“六次大提速”和高速铁路建设的相继展开，铁路部门持续推进混凝土结构耐久性的科研攻关，取得了诸多创新成果，并于2010年颁布了《铁路混凝土结构耐久性设计规范》（TB 10005）。经过十余年的探索和实践，我国铁路逐步形成了兼具适用性和技术经济性的混凝土结构耐久性保障技术体系。在此基础上，从高温高湿的海南环岛到低温严寒的东北平原，从氯盐侵蚀的东部沿海到大风干旱的西部戈壁，从复杂艰险的西南山区到土层湿陷的黄土高原，铁路部门相继建成海南环线、哈大、京沪、兰新、西成、银西等横跨东西、纵贯南北、适应各种复杂环境类别的国家重点铁路。

本文重点分析了铁路混凝土结构的特点，论述了铁路混凝土结构耐久性保障技术的主要内容，举例阐述了青藏铁路、京沪高铁、兰新高铁、京张高铁和高原铁路等工程建设过程中所采取的混凝土结构耐久性保障技术措施，并结合当前铁路建设发展趋势，提出了现阶段铁路混凝土结构耐久性面临的挑战和相应对策，为今后铁路及其他行业工程建设提供借鉴。

二、铁路混凝土结构的特点

相较于工业与民用建筑和水利水电等工程的混凝土结构，铁路混凝土结构具有结构形式复杂、施工方式多样、露天环境服役、承受列车冲击和疲劳荷载作用、经受杂散电流侵扰等特点。

（一）结构形式复杂

铁路混凝土工程主要包括桥梁、隧道、路基和轨道等工程（图 1），不同工程混凝土结构的形式复杂多样。其中，桥梁工程包括预制箱梁、预制 T 梁、墩柱、承台、桥塔、灌注桩、预制桩等混凝土结构，隧道工程包括初支、二衬、仰拱和底板等混凝土结构；路基工程包括支挡、承力桩板等混凝土结构，轨道工程包括轨枕、轨道板、道床板、底座、自密实混凝土充填层等混凝土结构。

(a) 桥梁工程　(b) 隧道工程

(c) 路基工程　(d) 轨道工程

图1　铁路工程类型

（二）施工方式多样

铁路工程复杂的混凝土结构形式决定了其施工方式的多样性（图2）。大多数情况下，铁路混凝土结构采用泵送法进行混凝土浇筑，仅轨枕、道床板和底座等少数结构采用斗送法进行混凝土浇筑。铁路混凝土结构普遍采用振捣棒振捣的方式进行密实成型，仅隧道二衬混凝土采用振捣棒振捣和附着式振捣器振捣方式进行密实成型，电杆和圆形接触网支柱采用离心成型方式进行密实成型，无砟轨道充填层和钢管拱内核采用自密实成型方式密实成型，隧道初支等采用喷射成型方式进行密实成型。

(a) 箱梁混凝土泵送浇筑

(b) 底座混凝土斗送浇筑

(c) 管桩混凝土离心成型

(d) 无砟轨道充填层混凝土自密实成型

图 2　典型铁路混凝土结构的浇筑和成型方式

(三) 露天环境服役

我国疆域辽阔，不同地区的气候环境差异大、地质水文复杂多样，铁路线路时常需要跨越不同环境条件的地域，如高原高寒、大风干燥、亚热带沿海、强腐蚀等环境（图 3)。由于铁路工程大多处于露天服役环境，因而铁路混凝土结构势必直接经受不同周围介质（温湿度、二氧化碳、氧气、酸、盐等）的环境作用。例如，东北严寒地区的混凝土结构遭受冻融循环作用，西北大风干旱地区的混凝土结构遭受风沙磨蚀作用，西南艰险山区的混凝土结构遭受酸雨和硫酸盐腐蚀作用，东南沿海地区的混凝土结构遭受氯盐侵蚀作用等。

(a) 高原高寒地区铁路工程

(b) 大风干燥地区铁路工程

(c) 亚热带沿海地区铁路工程

(d) 强腐蚀地区铁路工程

图 3　穿越不同环境条件的铁路工程

(四) 承受列车冲击和疲劳荷载作用

集中快速通过的列车会对铁路轨道线路产生瞬时的冲击作用，同时高速运行的车辆荷载还会对桥梁梁体、隧道仰拱或底板、无砟轨道底座及支承层等下部基础结构产生疲劳作用。因此，混凝土结构将同时承受列车高频冲击和疲劳荷载的作用（图 4）。

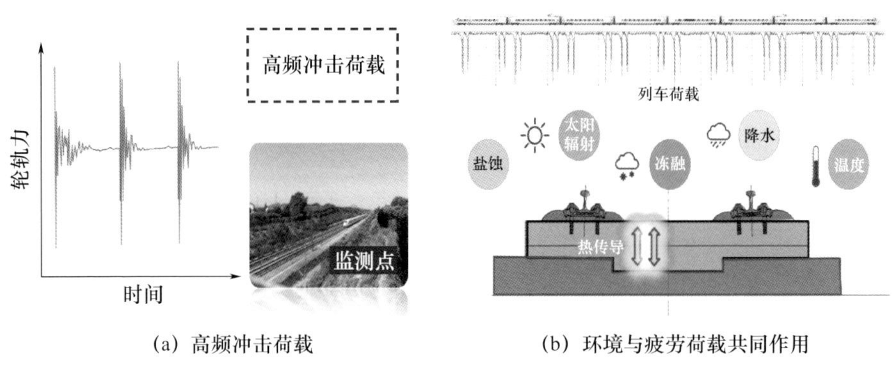

(a) 高频冲击荷载　(b) 环境与疲劳荷载共同作用

图 4　轨道结构承受高频冲击和疲劳荷载作用

（五）经受杂散电流侵扰

轨道电路是以铁路线路的两根钢轨作为信号的传播导体，用引接线连接发送和接收设备所构成的电气回路。无砟轨道采用轨道电路时，一方面钢轨会与轨道板或道床板内纵横交错的钢筋网片产生感应阻抗，导致钢轨等效电阻增大，缩短信号传输的距离。另一方面，流经钢轨的电流还会导致轨道结构中部分钢筋内部产生感应电流，导致钢筋腐蚀（图 5），从而影响无砟轨道结构的耐久性。

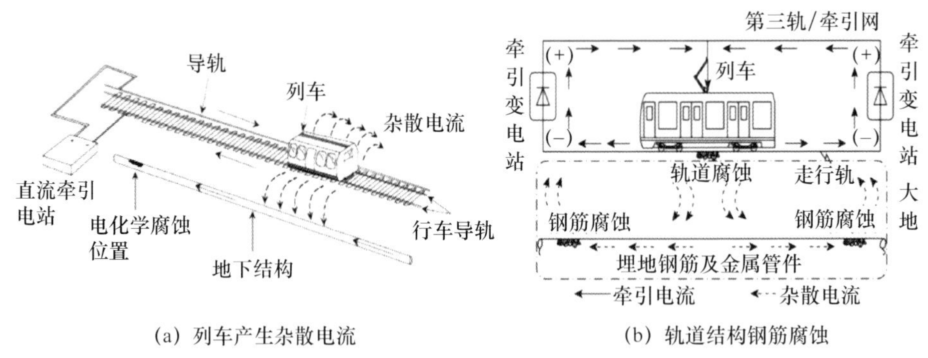

(a) 列车产生杂散电流　(b) 轨道结构钢筋腐蚀

图 5　轨道电路感应电流导致钢筋腐蚀示意

三、铁路混凝土结构耐久性保障技术

针对铁路混凝土结构的上述特点，铁路部门专门制定了关于混凝土结构耐久性设计、施工和验收标准。其中，《铁路混凝土结构耐久性设计规范》（TB 10005）分别从环境类别和作用等级划分、力学性能要求、耐久性能要求、裂缝控制措施、结构构造措施以及附加防腐蚀措施选择等方面对铁路混凝土结构的耐久性设计进行了规定，《铁路混凝土》（TB/T 3275）和《铁路混凝土工程施工技术规程》（Q/CR 9207）对铁路混凝土的原材料选择、配合比设计、拌和物性能要求以及搅拌、运输、浇筑、振捣、养护等施工操作要求进行了明确规定，《铁路混凝土工程施工质量验收标准》（TB 10424）对铁路混凝土工程的验收规则进行了规定，从而形成了涵盖设计、施工、验收各环节的铁路混凝土结构耐久性保障技术体系。

（一）根据环境腐蚀机理，正确划分环境类别和作用等级

如前所述，铁路混凝土结构具有独特的服役特点。为了合理确定铁路混凝土结构面临的环境条件，依据环境对混凝土或钢筋的劣化作用机理，铁路相关标准将铁路混凝土结构所处环境划分为碳化环境、氯盐侵蚀环境、化学腐蚀环境、盐类结晶破坏环境、冻融破坏环境和磨蚀环境六类，并根据不同环境条件下铁路混凝土结构耐久性劣化的严重程度，将不同类型的环境又分别划分成3~4个作用等级（表1）。

表1　铁路混凝土结构所处的环境类别和作用等级

序号	劣化机理	环境类别	环境作用等级
1	二氧化碳扩散至混凝土内部引起保护层碳化导致钢筋锈蚀	碳化环境	T1、T2、T3
2	氯盐侵入混凝土内部引起钢筋表面钝化膜破坏导致钢筋锈蚀	氯盐侵蚀环境	L1、L2、L3
3	硫酸盐、镁盐等物质与水泥水化产物或水泥矿物反应导致混凝土腐蚀溃散	化学腐蚀环境	H1、H2、H3、H4
4	毛细孔中的硫酸盐不断析晶膨胀导致混凝土剥落开裂	盐类结晶破坏环境	Y1、Y2、Y3、Y4
5	毛细孔中的自由水反复结冰融化导致混凝土剥落开裂	冻融破坏环境	D1、D2、D3、D4
6	风沙、泥沙或流冰高速冲刷或撞击导致表层混凝土剥落	磨蚀环境	M1、M2、M3

（二）优选混凝土原材料，合理制定混凝土配合比

铁路相关标准除要求铁路混凝土用水泥、矿物掺和料、粗细骨料和外加剂等原材料性能应满足国家相关标准的规定外，还需满足一些特殊规定。例如，铁路混凝土用水泥的性能除满足《通用硅酸盐水泥》（GB 175）外，还应满足“硅酸盐水泥和普通硅酸盐水泥比表面积不大于 300~350m^2/kg”“水泥熟料中铝酸三钙含量不得大于 8.0%”等要求。为了让设计、施工和第三方检测机构科学合理地使用近年来研发并经工程实践检验性能优良的各类新材料，如混凝土用黏度改性材料、内养护材料等，铁路相关标准也对上述新材料的性能作出了明确规定。

配合比设计是确保混凝土耐久性最关键的环节，水胶比与胶凝材料用量是保证混凝土具有良好力学性能和耐久性能的重要技术参数。为此，铁路相关标准明确规定了不同环境类别和作用等级下铁路混凝土的最大水胶比和最小胶凝材料用量，并从提高混凝土抗裂性角度出发，引导技术人员按照最小浆体比原则进行混凝土配合比设计，同时给出了不同强度等级混凝土对应的最大浆体比限值要求（表 2），为合理设计混凝土配合比提供依据。

表 2　铁路混凝土的最大浆体比

混凝土类别	混凝土强度等级	浆体比
泵送混凝土	C30~C45	0.32
	C50~C60	0.35
	C60 以上	0.38
自密实混凝土	—	0.40
喷射混凝土	—	0.40

注：浆体比是指混凝土中的胶凝材料、机制砂中粒径小于 75μm 的颗粒、水、外加剂的体积之和与混凝土体积之比。

（三）明确混凝土耐久性指标

正确合理的混凝土耐久性指标是确保混凝土结构耐久性的重要基础。由于不同环境下混凝土结构的耐久性劣化机理不尽相同，为保障铁路混凝土结构抵

抗外界侵蚀性介质作用的能力，铁路相关标准在规定混凝土拌和物性能和力学性能要求的基础上，明确了不同环境条件下铁路混凝土的耐久性能要求（表 3）。

表 3 铁路混凝土的耐久性能要求

环境类别	环境作用等级	耐久性指标	设计使用年限		
			100 年	60 年	30 年
碳化环境	T1	碳化深度	≤ 10mm	≤ 15mm	≤ 15mm
		抗渗等级	≥ P16	≥ P12	≥ P12
	T2	碳化深度	≤ 10mm	≤ 15mm	≤ 15mm
	T3	碳化深度	≤ 5mm	≤ 10mm	≤ 10mm
		抗渗等级	≥ P20	≥ P16	≥ P16
氯盐侵蚀环境	L1	氯离子扩散系数	$\leqslant 7\times10^{-12}\mathrm{m^2/s}$	$\leqslant 10\times10^{-12}\mathrm{m^2/s}$	$\leqslant 10\times10^{-12}\mathrm{m^2/s}$
	L2	氯离子扩散系数	$\leqslant 5\times10^{-12}\mathrm{m^2/s}$	$\leqslant 8\times10^{-12}\mathrm{m^2/s}$	$\leqslant 8\times10^{-12}\mathrm{m^2/s}$
	L3	氯离子扩散系数	$\leqslant 3\times10^{-12}\mathrm{m^2/s}$	$\leqslant 4\times10^{-12}\mathrm{m^2/s}$	$\leqslant 4\times10^{-12}\mathrm{m^2/s}$
化学腐蚀环境[1]	H1	电通量	< 1200C	< 1500C	< 2000C
	H2	电通量	< 1000C	< 1200C	< 1500C
	H3	电通量	< 800C	< 1000C	< 1200C
	H4	电通量	< 600C	< 800C	< 1000C
盐类结晶破坏环境	Y1	气泡间距系数	< 300μm	< 300μm	< 300μm
		电通量	< 1200C	< 1500C	< 2000C
		抗硫酸盐结晶破坏等级	≥ KS90	≥ KS60	≥ KS60
	Y2	气泡间距系数	< 300μm	< 300μm	< 300μm
		电通量	< 1000C	< 1200C	< 1500C
		抗硫酸盐结晶破坏等级	≥ KS120	≥ KS90	≥ KS90
	Y3	气泡间距系数	< 300μm	< 300μm	< 300μm
		电通量	< 800C	< 1000C	< 1200C
		抗硫酸盐结晶破坏等级	≥ KS150	≥ KS120	≥ KS120
	Y4	气泡间距系数	< 300μm	< 300μm	< 300μm
		电通量	< 600C	< 800C	< 1000C
		抗硫酸盐结晶破坏等级	≥ KS150	≥ KS120	≥ KS120
冻融破坏环境[2]	D1	气泡间距系数	< 300μm	< 300μm	< 300μm
		抗冻等级	≥ F300	≥ F250	≥ F200
	D2	气泡间距系数	< 300μm	< 300μm	< 300μm
		抗冻等级	≥ F350	≥ F300	≥ F250

续表

环境类别	环境作用等级	耐久性指标	设计使用年限		
			100 年	60 年	30 年
冻融破坏环境[2]	D3	气泡间距系数	＜ 300μm	＜ 300μm	＜ 300μm
		抗冻等级	≥ F400	≥ F350	≥ F300
	D4	气泡间距系数	＜ 300μm	＜ 300μm	＜ 300μm
		抗冻等级	≥ F450	≥ F400	≥ F350

注：1. 化学腐蚀环境下的电通量指标仅适用于硫酸盐类化学腐蚀，其他腐蚀离子化学腐蚀环境下混凝土的耐久性能要求应通过专门研究确定。

2. 冻融破坏环境下无砟轨道道床板和底座混凝土的抗冻性采用气泡间距系数和盐冻剥落总质量表示。D1：气泡间距系数＜ 300μm，盐冻剥落总质量≤ 1000g/m^2；D2：气泡间距系数＜ 300μm，盐冻剥落总质量≤ 800g/m^2；D3：气泡间距系数＜ 300μm，盐冻剥落总质量≤ 600g/m^2。

（四）适当增大钢筋的混凝土保护层厚度

钢筋的混凝土保护层是保障钢筋免受环境有害离子锈蚀的最有效屏障。在一定的混凝土密实度条件下，混凝土保护层越厚，相应的保护作用越强。过去，铁路混凝土结构的混凝土保护层厚度普遍偏小，导致一些混凝土构件过早出现耐久性失效。为此，铁路相关标准适当加大了铁路桥梁、隧道、路基、无砟轨道等工程的混凝土结构钢筋的保护层厚度，并严格制定了钢筋保护层最小厚度限值（表 4）。

表 4　铁路混凝土结构钢筋的混凝土保护层最小厚度限值

环境类别	环境作用等级	混凝土保护层最小厚度（mm）							
		桥涵结构		隧道结构		路基结构			无砟轨道结构
		100 年	30 年	100 年	30 年	100 年	60 年	30 年	60 年
碳化环境	T1	35	15	35	15	30	25	15	35
	T2	35	20	35	20	35	30	20	35
	T3	45	25	40	25	40	35	25	45
氯盐侵蚀环境	L1	45	20	40	20	40	35	20	45
	L2	50	25	45	25	45	40	25	50
	L3	60	30	55	30	55	50	30	—

续表

环境类别	环境作用等级	混凝土保护层最小厚度（mm）							
		桥涵结构		隧道结构		路基结构			无砟轨道结构
		100 年	30 年	100 年	30 年	100 年	60 年	30 年	60 年
化学腐蚀环境	H1	40	20	35	20	35	30	20	—
	H2	45	20	40	20	40	35	20	—
	H3	50	25	45	25	45	40	25	—
	H4	60	30	55	30	55	50	30	—
盐类结晶破坏环境	Y1	40	—	35	20	35	30	20	—
	Y2	45	—	40	20	40	35	20	—
	Y3	50	—	45	25	45	40	25	—
	Y4	60	—	55	30	55	50	30	—
冻融破坏环境	D1	40	20	35	20	35	30	20	40
	D2	45	20	40	20	40	35	20	45
	D3	50	25	45	25	45	40	25	50
	D4	60	30	55	30	55	50	30	—
磨蚀环境	M1	35	20	—	—	35	30	20	35
	M2	40	25	—	—	40	35	25	40
	M3	45	30	—	—	45	40	30	45

（五）强化混凝土裂缝控制措施

混凝土表面一旦产生裂缝，外界有害介质将快速进入混凝土内部，腐蚀混凝土或锈蚀钢筋，严重影响铁路混凝土结构的耐久性。因此，铁路相关标准高度重视混凝土结构的裂缝控制和预防措施，提出了混凝土结构荷载裂缝计算宽度限值（表 5），并从混凝土浇筑、振捣、养护、拆模和防护等环节，提出了预防混凝土非荷载作用裂缝产生的技术措施。

表 5　铁路钢筋混凝土结构表面裂缝计算宽度最大限值

环境类别	环境作用等级	计算宽度最大限值（mm）
碳化环境	T1	0.20
	T2	0.20
	T3	0.20

续表

环境类别	环境作用等级	计算宽度最大限值（mm）
氯盐侵蚀环境	L1	0.20
	L2	0.20
	L3	0.15
化学腐蚀环境	H1	0.20
	H2	0.20
	H3	0.15
	H4	0.15
盐类结晶破坏环境	Y1	0.20
	Y2	0.20
	Y3	0.15
	Y4	0.15
冻融破坏环境	D1	0.20
	D2	0.20
	D3	0.15
	D4	0.15
磨蚀环境	M1	0.20
	M2	0.20
	M3	0.15

注：当钢筋保护层实际厚度超过 30mm 时，可将钢筋保护层厚度的计算值取为 30mm。

（六）优化和完善混凝土的结构构造

为了进一步提高混凝土结构的耐久性，铁路相关标准还对一些混凝土结构的外形、防排水措施以及结构缝设置等作出规定。例如，为避免应力集中导致混凝土结构开裂，要求混凝土结构的外形应简洁、平顺，表面的棱角宜做成圆角，尽量避免采用突变构造；为便于对混凝土进行养护维修，要求结构设计要为日后混凝土结构的耐久性维护预设空间和条件；混凝土结构受雨淋或可能积水的表面宜做成斜面，混凝土结构表面因条件所限难以做成斜面时，应设置可靠的防排水措施。

除此之外，针对桥涵、隧道、路基和无砟轨道结构特点，铁路部门还提出了针对性的结构构造优化措施。例如，为保障桥梁后张法预应力体系中预应力筋的耐久性，相关标准规定了不同环境下预应力筋耐久性防护措施的具体选用要求（表6）。

表6 后张法预应力筋的耐久性防护措施选用要求

环境类别	环境作用等级	预应力体系类型	
		体内	体外
碳化环境	T1	预应力管道内部填充	预应力管道内部填充
		—	设置预应力套管
	T2	预应力管道内部填充	预应力管道内部填充
		—	设置预应力套管
	T3	预应力管道内部填充	预应力管道内部特殊填充
		设置预应力套管	设置预应力套管
氯盐侵蚀环境	L1	预应力管道内部特殊填充	预应力管道内部特殊填充
		设置预应力套管	预应力套管特殊处理
	L2	预应力管道内部特殊填充	预应力筋表面处理预应力
		设置预应力套管	管道内部特殊填充
		设置混凝土表面涂层	设置预应力套管
冻融破坏环境	D1	预应力管道内部填充	预应力管道内部特殊填充
		设置预应力套管	设置预应力套管
	D2	预应力管道内部特殊填充	预应力管道内部特殊填充
		设置预应力套管	预应力套管特殊处理

（七）科学采用附加防腐蚀措施

工程实践表明，在严酷复杂环境条件下，仅靠提高混凝土的密实度和混凝土保护层厚度，仍难抵消施工环节不可预见性缺陷对混凝土结构耐久性的不利影响，必须采取适当的附加防腐蚀措施。为此，铁路相关标准提出了在严重腐蚀环境下，应对混凝土结构表面进行包裹、涂覆、浸渍处理，在混凝土中掺加钢筋阻锈剂或在混凝土结构表面涂覆钢筋阻锈剂，采用涂层钢筋、耐蚀钢筋、不锈钢钢筋替代普通钢筋，在混凝土结构外施加外部电场对钢筋进行电化学保护，采用降低地下水位、换填土或设置隔离层等手段阻隔或延缓侵蚀性介质向混凝土表面扩散的附加防腐蚀措施（表 7）。

表 7　铁路混凝土结构的附加防腐蚀措施

环境类别	环境作用等级	附加防腐蚀措施							
		AM1	AM2	AM3	AM4	AM5	AM6	AM7	AM8
氯盐侵蚀环境	L3	√	√	√	√	√	√	√	√
化学腐蚀环境	H4	√	√	√	√				√
盐类结晶破坏环境	Y4	√	√	√					√
冻融破坏环境	D4	√	√	√					
磨蚀环境	M3	√	√	√					

注：1.“√”表示处于严重腐蚀环境下的混凝土结构可选择此项附加防腐蚀措施。
2. AM1 代表采用钢板对混凝土结构表面进行包裹处理的附加防腐蚀措施。
3. AM2 代表采用具有防腐蚀或防水功能的涂层材料对混凝土结构表面进行涂覆处理的附加防腐蚀措施。
4. AM3 代表采用具有浸入并堵塞混凝土毛细孔隙作用的浸渍材料对混凝土结构表面进行浸渍处理的附加防腐蚀措施。
5. AM4 代表采用防水卷材对混凝土结构表面进行包裹处理的附加防腐蚀措施。
6. AM5 代表在混凝土中掺加钢筋阻锈剂或在混凝土结构表面涂覆钢筋阻锈剂的附加防腐蚀措施。
7. AM6 代表采用涂层钢筋、耐蚀钢筋或不锈钢钢筋替代普通钢筋的附加防腐蚀措施。
8. AM7 代表在混凝土结构外施加外部电场对钢筋进行电化学保护的附加防腐蚀措施。
9. AM8 代表采用降低地下水位、换填土或设置隔离层等手段阻隔或延缓侵蚀性介质向混凝土表面扩散的附加防腐蚀措施。

四、铁路混凝土结构耐久性保障技术的工程应用

（一）青藏铁路

2006 年建成通车的青藏铁路（图 6）连接青海省西宁市和西藏自治区拉

萨市，是通往西藏腹地的第一条铁路，也是世界上海拔最高、线路最长的高原铁路。除格尔木和拉萨外，青藏铁路沿线年平均气温为 –2~–6℃，极端最高气温为 25℃，极端最低气温为 –45℃。此外，青藏铁路沿线气候干燥，干湿交替频繁，年日正负温天数高达 180d 左右，一些地段的河流中存在有害离子的侵蚀危害，部分路段还面临着强烈的风沙磨蚀。在如此恶劣的环境条件下，铁路混凝土面临严重的冻融循环、化学腐蚀、大风干燥、干湿交替等环境作用，在多年冻土层中施工钻孔灌注桩还面临着如何防止混凝土的水化热对多年冻土层产生的破坏问题。

图 6　青藏铁路工程

针对上述问题，青藏铁路施工时，混凝土采用 42.5 级普通硅酸盐水泥和中热水泥 + 专用复合掺和料进行配制，严格控制粗针片状颗粒含量，合理掺加兼具“高效减水”“早强”“防冻”“引气”“增实”“保坍”功能的复合外加剂，按照“低胶凝材料用量、低用水量、高含气量”的原则，配制了恒负温钻孔灌注桩高性能混凝土、适用于正负温变化的桥梁墩台耐久混凝土和隧道衬砌高抗渗混凝土，解决了低、负温条件下高性能混凝土制备和施工技术难题。

此外，针对高原地区桥梁墩台混凝土早期容易受冻的问题，青藏铁路采用包裹塑料布 + 保温棉被的方式进行保温保湿养护（图 7）；针对预应力桥梁收缩徐变大、后期预应力损失严重的问题，青藏铁路论证了预应力构件中掺加矿物掺和料的可行性，明确了粉煤灰和矿渣粉能够降低混凝土徐变的作用效应，即减少并约束混凝土中水泥石基本徐变的物理密实效应、降低混凝土的干燥徐变的物理化学效应、抑制混凝土后期徐变增长速率的力学效应，打破了传统铁路预应力构件混凝土中掺矿物掺和料的“禁区”。掺加粉煤灰的梁体混凝土与纯水泥配制的普通混凝土的徐变系数如图 8 所示，可见掺入粉煤灰能够使混凝土的徐变系数降低 40% 以上。

图 7 桥梁墩台保温保湿养护

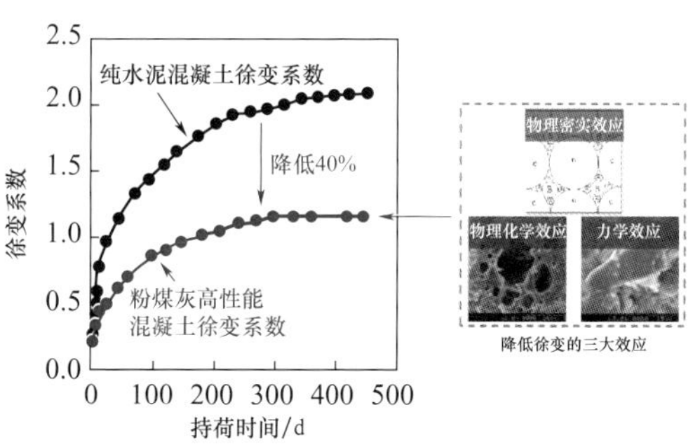

图 8 不同混凝土徐变系数发展趋势

（二）京沪高铁

2011 年投入运行的京沪高铁（图 9）连接北京市与上海市，是我国《中长期铁路网规划》中“八纵八横”高速铁路主通道之一，也是世界上一次建成里程最长、建设标准最高的高速铁路。京沪高铁首次采用 CRTS Ⅱ型板式无砟轨道结构形式，为实现轨道板的规模化生产，设计要求轨道板混凝土应具有足够高的早期强度以实现轨道板的快速张拉，德国技术人员提出采用“超细水泥”制备轨道板的技术方案。针对当时“超细水泥”售价高昂、国内蒸汽养护构件生产水平较为落后的问题，京沪高铁提出采用“普通硅酸盐水泥 + 早强矿物掺和料 + 高性能外加剂”的轨道板混凝土制备技术方案，基于晶种早期水化、水泥中期水化以及玻璃态矿物掺和料后期火山灰效应的水化接力与水化速度调控技术，成功实现了轨道板混凝土 16h 强度大于 48MPa 的要求。研发的早强矿物掺和料（表8）可大幅提高胶凝材料的水化活性，充分发挥二次水化效应，降低水泥石的孔隙率和孔径。此外，针对传统蒸汽养护导致的混凝土后期强度热损伤问题，京沪高铁提出了基于低热损伤效应的混凝土蒸汽养护过程控制量化指标，即控制混凝土的芯部温度≤55℃，升降温速度≤15℃/h，有效预防了轨道板热损伤。

图9 京沪高铁工程

表8 早强矿物掺和料的技术要求

<table>
<tr><th>序号</th><th colspan="2">项目</th><th>技术要求</th></tr>
<tr><td>1</td><td colspan="2">氯离子含量</td><td>≤0.06%</td></tr>
<tr><td>2</td><td colspan="2">三氧化硫含量</td><td>≤3.5%</td></tr>
<tr><td>3</td><td colspan="2">细度（45μm筛筛余）</td><td>≤12%</td></tr>
<tr><td>4</td><td colspan="2">含水率</td><td>≤1.0%</td></tr>
<tr><td>5</td><td colspan="2">需水量比</td><td>≤105%</td></tr>
<tr><td>6</td><td colspan="2">游离氧化钙含量</td><td>≤1.0%</td></tr>
<tr><td>7</td><td colspan="2">氧化镁含量</td><td>≤14%</td></tr>
<tr><td rowspan="2">8</td><td rowspan="2">活性指数</td><td>1d</td><td>≥120%</td></tr>
<tr><td>28d</td><td>≥100%</td></tr>
<tr><td rowspan="2">9</td><td rowspan="2">安定性</td><td>沸煮法</td><td>合格</td></tr>
<tr><td>压蒸法</td><td>压蒸膨胀率≤0.50%</td></tr>
</table>

针对梁体混凝土用粗细骨料含水率波动带来混凝土质量稳定性差的难题，京沪高铁提出了基于微波测湿的骨料含水率在线检测技术，建立了混凝土性

能在线分析模型，研制了基于含水率在线监测技术的拌和站控制系统（图10），通过对拌和站关键参数的在线监测→识别→反馈→调整，实现了混凝土施工配合比的智能动态调控。

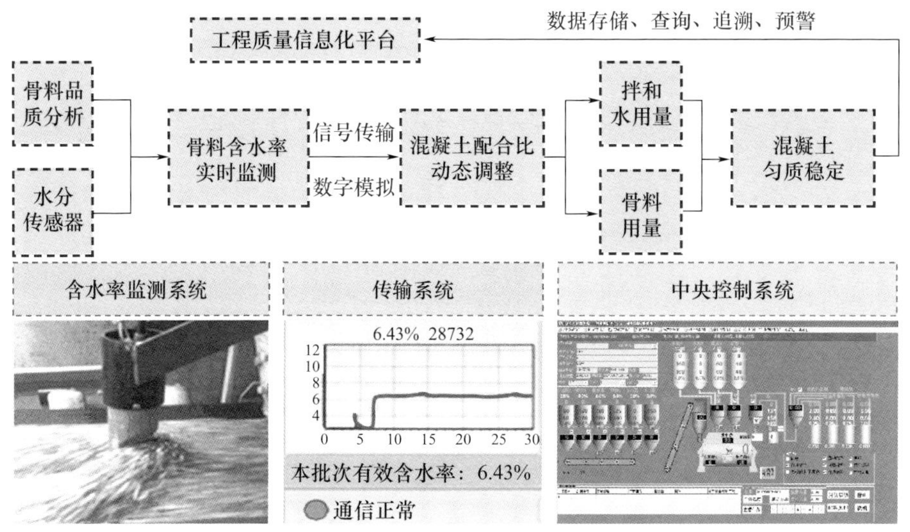

图10 混凝土拌和站智能控制系统

（三）兰新高铁

2014年开通运营的兰新高铁（图11）连接甘肃省兰州市与新疆维吾尔自治区乌鲁木齐市，是我国《中长期铁路网规划》中“八纵八横”高速铁路主通道之一“陆桥通道”的重要组成部分。全线自然环境严酷，年平均气温低（极端最低气温 -41.5℃）、日照强烈、昼夜温差大（乌鲁木齐地区年最大温差高达82℃）、干旱缺水［大部分地区干旱指数（年蒸发量/年降雨量）＞7］、风沙大（风区总长度约580km，最大风速可达37.6m/s）。

图 11 兰新高铁工程

兰新高铁全线采用 CRTS I 型双块式无砟轨道。针对在大风干燥、强辐射和大温差环境下双块式无砟轨道道床板开裂问题，兰新高铁提出按照“低胶凝材料用量、低用水量、低坍落度、高含气量”+ 内养护材料的思路制备道床板混凝土，通过大幅降低混凝土的胶凝材料用量和用水量，控制混凝土的收缩变形；通过增加骨料用量，充分发挥骨料的“骨架约束”作用，减少水泥浆体用量，从而减小混凝土的体积变形；通过掺加高效引气剂，在混凝土中引入大量微小气泡，有效改善混凝土的内部孔隙结构，提高混凝土的抗冻性；通过掺加内养护材料，有效降低混凝土的塑性收缩和干燥收缩，进一步降低混凝土开裂风险，最终形成了基于湿度和变形协同控制的铁路长线现浇无砟轨道结构混凝土抗裂技术，成功解决了在极端干旱、大风、大温差环境下铁路无砟轨道现浇道床混凝土失水快、难施工、易开裂的技术难题。内养护材料是由微米级高分子吸水颗粒组成，能够在混凝土搅拌时预储存一定量的水分，在随后凝结硬化过程中逐渐释放出预储存水（图 12），为水泥水化提供必要的自由水，从而有效降低混凝土的毛细孔收缩应力和开裂风险。

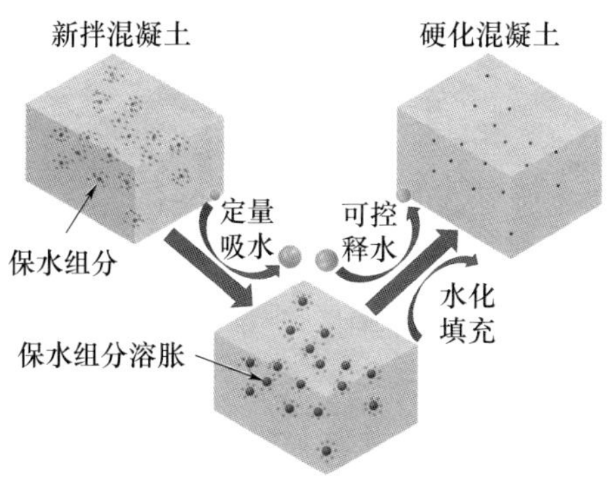

图 12　内养护材料工作原理示意

（四）京张高铁

2019 年年底建成通车的京张高铁（图 13）连接北京市与河北省张家口市，是 2022 年北京冬奥会的重要交通保障工程，也是我国第一条设计速度为 350km/h 的智能化高速铁路。

图 13　京张高铁工程

京张高铁八达岭长城车站位于八达岭景区地下，最大埋深 102m，车站隧道最大跨度达 32.7m，是世界上最大埋深、国内单拱跨度最大的高速铁路地下车站。八达岭长城车站隧道衬砌单次施工时混凝土浇筑量高达 600m^3，是常规隧道断面混凝土浇筑量的 4 倍。此外，隧道衬砌内钢筋密集，常规振捣困难，这对混凝土的填充性、抗裂性和密实性提出了更高要求。为了克服传统衬砌混凝土绝热温升高、内外温差大、混凝土表面开裂等问题，京张高铁通过优选中低水化热水泥、对骨料进行整形处理和掺加磨细石灰石粉等手段，有效地减少了衬砌混凝土的单方胶材用量，使混凝土的水化温升最高降低16.7℃。同时，为解决隧道衬砌混凝土养护效率低、易出现收缩开裂等问题，京张高铁还采用了新型保温保湿养护技术（图 14），即通过在混凝土表面贴覆自粘式保湿养护膜，并设置保温气囊，真正实现了混凝土的长效保温保湿养护，有效地避免了隧道衬砌混凝土的开裂。

隧道工程施工过程中，受现场施工空间、施工装备、人员工序等因素的影响，仰拱的施工进度难以跟上掌子面开挖进度，仰拱混凝土浇筑质量波动大，且时常出现开裂、底鼓、翻浆冒泥等问题。为解决上述问题，京张高铁提出采用预制装配式仰拱结构（图 15），通过工厂化预制、现场拼装的施工方式，实现了隧道安全、快速施工的目标，显著提高了隧道仰拱混凝土的长期耐久性能。

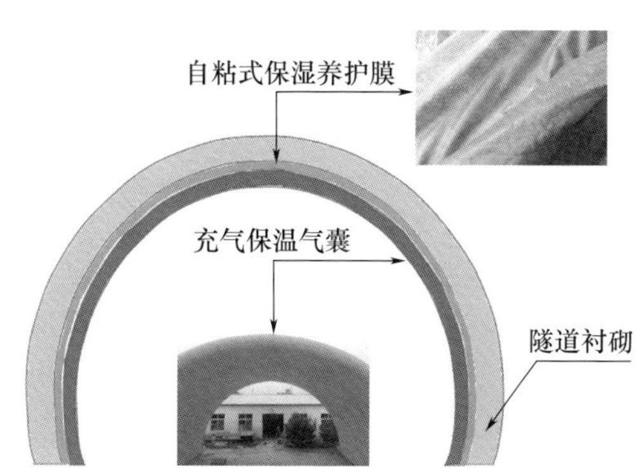

图 14　京张高铁隧道衬砌用自粘式保湿养护膜和充气保温气囊

图 15　京张高铁隧道衬砌用预制装配式仰拱结构

（五）高原铁路

高原铁路（图 16）是我国第二条进藏铁路，也是西南地区的干线铁路之一。高原铁路具有地形起伏剧烈、工程地质复杂、生态环境敏感、气候条件恶劣、自然灾害频发、施工条件艰难等特点，混凝土结构耐久性面临前所未有的挑战。

图 16　高原铁路工程

高原铁路某特大桥主桥为主跨 1060m 双线有砟铁路钢桁梁悬索桥，桥梁全长 1293m，是全线跨度最大、难度最高、技术最复杂的桥梁工程，也是我国跨度最大的山区铁路悬索桥，两侧桥岸均采用 C50 钢筋混凝土桥塔。为提高桥塔混凝土的抗裂性，实现桥塔混凝土高程泵送施工，高原铁路提出采用低黏度、高稳态、高强度泵送混凝土技术，通过适当减少胶凝材料总量、增加矿物掺和料掺量、掺加高性能专用外加剂，制备出具有高稳定性的大流态高强混凝土；通过掺加降黏型黏度改性材料，有效降低桥塔混凝土的塑性黏度 40%；通过掺加减缩型外加剂、调整粗细骨料颗粒级配和形貌、控制混凝土的浆体比等措施，大幅提高了桥塔混凝土的体积稳定性。

针对高原地区低负温条件下液体速凝剂稳定性差、凝结速度慢、喷射混凝土强度低和回弹率高等问题，高原铁路提出了基于低负温稳定型液体无碱速凝剂 + 增强型复合掺和料（图 17）的早高强喷射混凝土制备技术，成功配制出早期速凝快硬、后期强度稳定增长、长期耐久性能良好、施工回弹率低的高性能喷射混凝土，喷射混凝土的 8h 抗压强度可达 10MPa，28d 抗压强度大于 30MPa，回弹率小于 10%，电通量小于 1000C，抗冻等级达 F300。

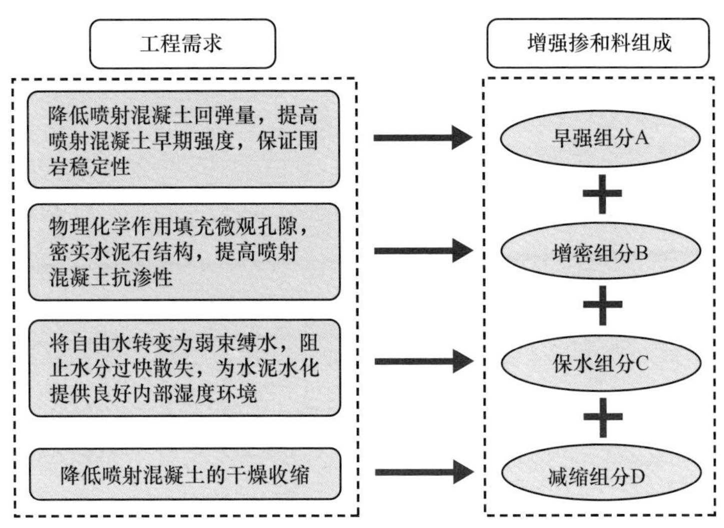

图 17　增强型复合矿物掺和料设计思路

五、挑战及对策

经过十余年的探索与实践，我国铁路已初步建立了一整套具有鲜明铁路特色、适用广泛、行之有效的混凝土结构耐久性保障技术体系，有力地支撑了铁路的高质量建设和发展。

当前，铁路工程正朝着艰险山区、超大深水、超大跨度、更高海拔、更长设计使用年限的方向发展，建设过程中还将面临混凝土原材料越来越匮乏、施工速度要求越来越快、服役环境条件越来越严酷、智能化建造要求越来越高等挑战。同时，在高原、高速、重载铁路混凝土耐久性提升的基础理论、试验方法、关键核心技术等方面仍有诸多空白亟待填补，在铁路混凝土智能化建造、技术装备及既有混凝土结构运营维护等方面仍有大量难题亟待解决。为此，科研人员需在总结现有混凝土结构耐久性保障技术的基础上，不断研发新材料、新技术、新装备和新工艺，为确保更加严酷复杂环境下铁路混凝土结构的长期耐久提供技术支撑。

（一）开发基于地缘性资源的混凝土原材料

在基础设施建设高速发展的今天，混凝土原材料资源日益匮乏，砂石资源短缺的问题逐步显现，铁路工程建设“就地取材”的难度不断加大。不同于水利水电工程，铁路工程具有典型的“一线多点”特点，蜿蜒数百千米的铁路沿线混凝土原材料性能波动大、储点分散，大规模外运砂石不仅成本高昂，还存在不可预计的工期延误风险。为此，科研人员围绕如何利用地缘性材料生产机制骨料问题积极开展研究，成功利用隧道洞碴制备混凝土粗细骨料，利用机制砂生产过程产生的石粉生产新型矿物掺和料，同时编制了《铁路机制砂场建设技术规程》（Q/CR 9570）、《铁路混凝土用机制砂》（Q/CR 865）等系列标准。

（二）研发高稳健、高抗裂、高耐久铁路混凝土制备技术

铁路工程混凝土的设计强度等级相对较高，通常情况下，铁路混凝土呈现高胶凝材料用量、高水泥用量、高用水量的“三高”特点，现场混凝土的7d强度普遍可达设计强度100%，大大增加了混凝土结构的开裂风险。同时，为加快模板周转速度，现场混凝土结构的带模养护时间普遍较短，有时甚至出现芯部温度仍处于上升阶段却开始脱模等情况，混凝土养护效果大打折扣，导致严酷复杂环境下的混凝土结构开裂问题日趋严重（图18）。

（a）桥墩开裂

（b）隧道二衬开裂

（b）道床板开裂

图18　现场混凝土结构开裂问题

针对高原高寒和大风干燥条件下桥梁墩柱的开裂问题，科研人员提出了

“低胶凝材料用量、大掺量粉煤灰、适量掺加密实改性材料”的混凝土制备技术，使得墩柱混凝土的芯部最高温度降低 12℃，56d 干燥收缩率降低 55%，大大降低了混凝土的开裂风险。此外，针对道床板面临的开裂和冻融粉化问题，科研人员提出了“低胶凝材料用量、低用水量、低坍落度、高含气量、高触变性”的混凝土制备技术，道床板混凝土的耐久性得以显著提升。

（三）研究适应复杂严酷环境条件的混凝土施工及防护技术

近年来，铁路工程逐步向西部地区延伸，以高原铁路为例，线路“跨七江穿八山，六起六伏”，具有板块运动活跃、高原地形起伏剧烈、生态环境敏感、建设条件困难、运营安全风险突出等五大特征，是我国乃至世界最为复杂艰险的山区铁路。沿线环境具有低气压、低负温等特点，除存在碳化、冻融破坏、化学腐蚀、盐类结晶破坏等环境作用外，还存在强辐射、大温差、大风干燥等环境条件，部分隧道甚至存在高地热、软岩大变形及岩爆等工程地质问题，铁路混凝土结构耐久性面临严峻考验（图 19）。

（a）强辐射环境条件

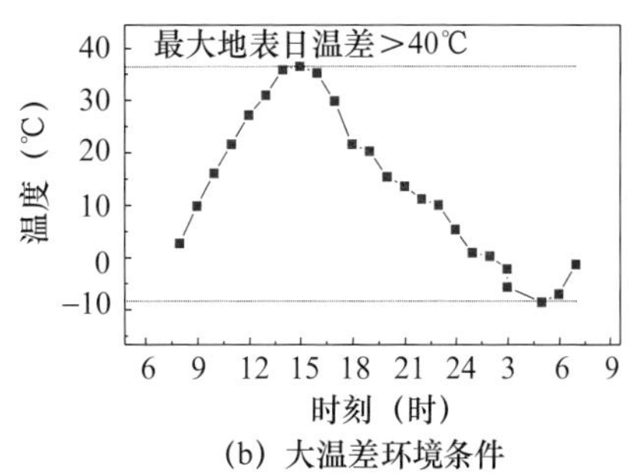

（b）大温差环境条件

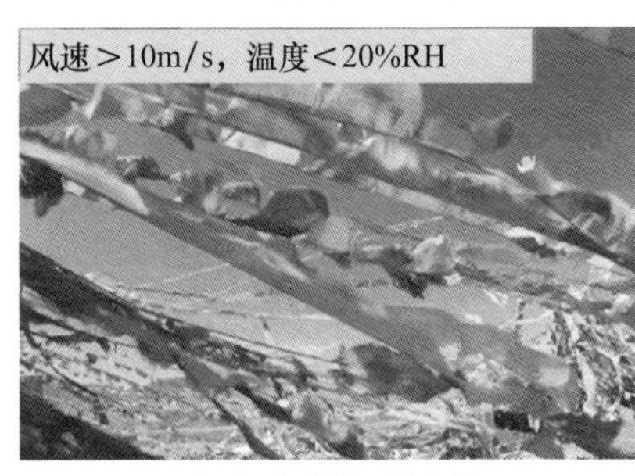

（c）大风干燥环境条件

（d）高地热环境条件

图 19　高原铁路混凝土结构面临的严酷复杂环境条件

为此，铁路科研人员重点围绕特殊环境对混凝土的腐蚀作用机理以及混凝土结构耐久性劣化机制开展研究。针对高原铁路沿线存在的大温差环境条件，提出了桥梁墩台塔柱采用大掺量粉煤灰混凝土、零暴露期混凝土养护、表面涂刷反射隔热涂料等技术措施，可实现将混凝土的内外温差降低 10℃、因太阳辐射造成的表面温升降低 8℃的效果，大大降低了墩台塔柱表面混凝土的开裂风险。针对部分隧道存在的高地热问题，提出将混凝土抗压强度耐热指数和黏结强度耐热指数作为高地热环境下喷射混凝土及模筑混凝土的耐久性指标，采用大掺量粉煤灰、低热水泥、高性能外加剂等技术，避免了混凝土在升、降温过程中产生二次钙钒石的风险，从而保障了隧道衬砌混凝土结构的耐久性。

（四）研制机械化和智能化混凝土施工装备

我国已正式步入老龄化阶段，劳动力资源逐年短缺，以人工为主的传统施工模式难以持续，铁路工程建造迫切需要朝着机械化、信息化和智能化方向发展。自 2018 年铁路部门提出“交通强国，铁路先行”战略目标和智能铁路发展总体框架以来，铁路隧道智能化建造水平得到了大幅提升，轨枕和轨道板等预制构件的智能化建造日趋成熟。然而，道床板和底座等现浇混凝土结构的施工仍停留在人工施作的阶段（图 20）。

针对双块式无砟道床混凝土浇筑质量波动大等问题，科研人员研制出无砟轨道道床板混凝土用机械化布料和振捣设备（图 21），实现了道床混凝土全断面均匀布料和逐断面式可控振捣，规避了因“振捣棒赶料”“漏振和过振”造成的道床混凝土匀质性差问题，实现了振捣成型后混凝土表面浮浆层厚度＜ 5mm，道床板开裂比例降低 80% 以上的技术效果，大幅提升了道床板的耐久性。

图 20 道床板人工布料和振捣

图 21 道床板用机械化布料和振捣设备

参考文献

[1] 谢永江, 李康, 胡建伟, 等. 高速铁路混凝土结构耐久性技术创新及发展方向 [J]. 土木工程学报, 2021, 54(10):72-81.

[2] 谢永江, 仲新华, 朱长华, 等. 青藏铁路桥隧结构用高性能混凝土的耐久性研究 [J]. 中国铁道科学, 2003(1):110-114.

[3] 卢春房, 吴明友, 付建斌. 铁路工程结构耐久性影响因素研究与工程实践 [J]. 铁道学报, 2018, 40(5):1-10.

[4] 陈肇元. 土建结构工程的安全性与耐久性 [M] 北京 : 中国建筑工业出版社, 2003.

[5] 陈肇元. 我国的混凝土结构技术规范急需革新 : 混凝土结构设计规范的问题讨论之四 [J]. 建筑结构, 2009, 39(11):107-114.

[6] 铁道科学研究院. 青藏铁路低温早强耐腐蚀高性能混凝土应用试验研究 [R]. 北京：铁道科学研究院, 2006.

[7] 谢永江, 仲新华, 朱长华, 等. 青藏铁路高性能混凝土的配制技术及其耐久性

[C]// 中国铁道科学研究院 . 沿海地区混凝土结构耐久性及其设计方法科技论坛与全国第六届混凝土耐久性学术交流会论文集 . 北京 : 人民交通出版社 , 2004:64-69.

[8] 朱长华 . 青藏高原多年冻土区高性能混凝土的试验研究 [D]. 北京 : 铁道部科学研究院 , 2004.

[9] 中国铁道科学研究院 . 高速铁路结构混凝土高性能化成套技术与工程应用 [R]. 北京：中国铁道科学研究院 , 2019.

[10] 朱长华 , 王保江 , 裘智辉 , 等 . CRTS Ⅰ型无砟轨道道床板裂缝成因分析及应对措施 [J]. 施工技术 , 2012, 41(5):77-79+88.

[11] 王保江 . 兰新铁路 CRTSI 型双块式无砟轨道道床板混凝土抗裂技术 [J]. 铁道建筑 , 2014(2):101-104.

[12] 李享涛 , 谢永江 , 渠亚男 , 等 . 京张铁路超大断面隧道衬砌混凝土制备技术 [J]. 铁道建筑 , 2018,58(1):78-81.

[13] 王家赫 , 谢永江 , 冯仲伟 , 等 . 铁路工程喷射混凝土高性能化的发展趋势与路径研究 [J]. 混凝土 , 2022(11):110-114.

[14] 王家赫 , 谢永江 , 冯仲伟等 . 低回弹高早强喷射混凝土技术与工程应用 [J]. 混凝土与水泥制品 , 2023(2):5-9.

[15] 田四明 , 吴克非 , 王志伟 , 等 . 中国铁路隧道智能化建造实现路径探讨 [J]. 铁道学报 , 2022, 44(1):134-142.

[16] 李康 , 谭盐宾 , 谢永江 , 等 . 高速铁路现浇道床混凝土防裂措施对比研究 [J]. 新型建筑材料 , 2019, 46(6) : 5-9, 13.

02 核电工程混凝土耐久性技术现状及展望

张超琦，工学硕士，研究员级高级工程师，国家一级注册结构工程师，中国核电工程有限公司原副总工程师，中国核工业工程设计大师，享受国务院政府特殊津贴专家。现任中国核电工程有限公司科技委高级顾问，兼任中国勘察设计协会结构分会副会长、中国核工业勘察设计协会核工业结构专业委员会主任委员、能源行业核电标准化技术委员会委员等职务。先后主持或参与完成了秦山二期、秦山二期扩建、岭澳一期、岭澳二期、福清、海南昌江、“华龙一号”示范工程等多个核电项目的核岛土建设计。获省部级科技进步奖二十余项、全国优秀设计金奖2项，主编和参编十余部国家标准和能源行业标准，主持国家重点研发计划“严重事故下安全壳系统性能研究”项目。

刘　敏，工学硕士，研究员级高级工程师，国家一级注册结构工程师，现任中国核电工程有限公司建筑结构所副所长。一直致力于核工程结构设计和研究，先后负责和参与了秦山二期扩建、岭澳二期、海南小堆、“华龙一号”示范工程等核岛结构设计以及多个后处理厂项目的结构设计工作，在核岛软土地基、混凝土耐久性、核工程抗震分析等领域颇有建树。发表论文18篇，申请专利4项，获得多项省部级奖。

孔庆勋，工学硕士，中国核电工程有限公司建筑结构所研究员级高级工程师，国家一级注册结构工程师。

刘玉林，工学硕士，中国核电工程有限公司建筑结构所结构一室主任工程师，研究员级高级工程师，国家一级注册结构工程师。

一、前言

混凝土结构耐久性是混凝土结构设计中的重要内容，是保证混凝土结构在使用年限或使用寿命内正常发挥功能的根本。核电工程建（构）筑物由于其本身功能的特殊性，必须保证其在使用年限内结构的安全性，一旦结构发生破坏，造成的危害是巨大的。鉴于其特殊性，核电工程建（构）筑物一旦建成，后期实施大修是很困难的，为了保证更长运行年限的核安全，必须进行更高标准的耐久性设计。同时，随着我国核电的迅速发展和国家实施核电走出去的方针，使核电的厂址条件多样化，环境差别较大，耐久性问题也尤其突出。因此，核电工程项目中非常重视混凝土结构的耐久性设计。

我国混凝土结构的耐久性设计和研究起步较晚。核电工程厂房耐久性设计和研究也是在民用耐久性领域的基础上进行的，有一个开始认知、关注、研究、逐渐形成核工程自有特色成果的过程。核电项目从最开始引进的法国 M310 机型，到我国自主研发的三代机型“华龙一号”（图 1），以及后续研发更先进的长寿期机型，我们在核电工程上逐渐形成了一系列混凝土耐久性方面的技术成果。

图 1 “华龙一号”机型

本文将从核工程的结构特性和环境特点出发，详细介绍目前核电站为主的核工程已有的混凝土耐久性设计方案以及技术研究成果，并对后续核电工程的耐久性发展进行展望。

二、核电工程特点

核电工程的结构由于辐射防护以及荷载的需求，结构构件都非常厚，大多属于大体积混凝土的范畴，也会涉及超长结构等特殊构件。

核电工程选址要综合考虑其安全性、技术可行性和经济性。我国核电工程选址多在沿海地区，有些核工程也选在人口密度低的偏远地区。这些地区地理条件可能遭受季风、海风、地下水等多重严酷自然条件的侵袭，北方部分厂址伴有冻融灾害。

核电工程混凝土耐久性的外部环境因素既有常规建（构）筑物面临的碳化环境、冻融环境、氯盐环境、硫酸盐环境等，也有一些相对特殊的环境，如辐射环境、亚高温环境等。具体特点如下：

（1）目前国内的核电站均建在沿海地带（图2），因此氯盐环境是核电站厂房面临的主要腐蚀环境，也是结构耐久性设计中关注的重点；

图2　某沿海核电站

（2）核电工程有核辐射的特性，部分区域的混凝土需要具备屏蔽功能——防γ射线和中子。辐照除会持续不断地产生热量外，长时间大剂量的辐照也会劣化混凝土的性能，这是核电工程所特有的环境。其他核工程项目中也存在特殊环境——辐射引起的长期 80~150℃的亚高温环境；

（3）目前，已有工程厂址也碰到了比较严酷的腐蚀性离子环境。例如，河北某核电厂址及位于西北干旱盐渍土地区的其他核工程，地下水土存在较高浓度的氯离子和硫酸根离子等腐蚀性离子。

三、现有耐久性技术

核电工程中安全相关混凝土结构的耐久性具有复杂性、特殊性、高标准等特点，因此，核电工程行业在参考《混凝土结构耐久性设计标准》（GB/T 50476—2019）和其他行业耐久性规范基础上，编制了《核安全相关混凝土结构耐久性设计规范》（NB/T 20549—2019）来指导核电工程中安全相关混凝土结构耐久性设计。

核电工程的核岛厂房混凝土设计最具有代表性。从我国第一座大型商用核电站开始，核电混凝土从原材料选取、进场检验、配合比设计、混凝土生产、现场浇筑、养护等各环节都有相应的技术文件进行控制。此外，核电工程中核安全相关混凝土质保等级均是 QA1 级的，执行严格的核质保要求。

（一）核电工程混凝土

以“华龙一号”为例的核电站核岛厂房混凝土强度等级，安全壳以 C60 为主，其他核岛厂房的主体结构（承重墙、板、梁、柱等）以 C40、C45 和 C50 为主。

核电工程有些区域钢筋较为密集，对混凝土施工性要求较高，部分区域需要采用小粒径骨料（≤ 16mm）的混凝土。目前核电模块化建造技术，钢板混凝土结构中多采用自密实混凝土，要求高流动性不离析、均匀密实不开裂。

（二）原材料要求

原材料是组成混凝土的基础，原材料品质的优劣直接影响到混凝土的质量，进而决定了整个工程实体的结构安全和寿命周期。不同核电工程项目因其区域不同、环境类别不同，所采用的原材料也不尽相同，但目前核电工程项目针对原材料均有严格的要求，包括水泥、矿物掺和料、骨料。

1. 水泥

水泥是混凝土的主要胶凝材料，核工程厂房水泥宜采用硅酸盐水泥、低碱水泥。核电工程水泥的主要指标要求见表 1。水泥的强度和体积安定性直接影响混凝土的质量。水泥的体积安定性差，就会使混凝土产生膨胀性裂缝。

水泥的比表面积是水泥细度的指标，比表面积越大水泥细度越高，其早期水化速率越快，水化放热速率越快且强度增长快，结合水泥供应现状就其上下限做出规定。

核电工程大体积混凝土较多，为了避免混凝土浇筑中水化热过大产生裂缝，因此对水泥的水化热要求控制较为严格。限制水泥中的 C_3A 含量以及 C_3A+C_3S 含量也主要为限定水泥的水化热。

表 1　水泥的主要指标要求

序号	项目	技术要求
1	比表面积	300~350m²/kg
2	游离 CaO 含量	≤ 1.0%
3	碱含量	≤ 0.60%
4	熟料中的 C_3A 含量	≤ 7.0%
5	水化热	3d ≤ 251kJ/kg，7d ≤ 293kJ/kg
6	C_3S（硅酸三钙）含量	≤ 57%
7	MgO（氧化镁）含量	≤ 5%
8	安定性	沸煮法合格

2. 矿物掺和料

矿物掺和料不仅可以取代部分水泥，减少混凝土的水泥用量、降低成本，而且可以改善混凝土拌和物的工作性能和硬化混凝土的耐久性能。目前核电项目核岛厂房混凝土矿物掺和料主要为F类Ⅰ级粉煤灰。综合各种因素，目前核电项目核岛厂房粉煤灰掺量没有考虑较高的上限值。在采用硅酸盐水泥的前提下，大部分核电项目核岛厂房非预应力构件混凝土的最大掺量一般为25%，预应力构件混凝土的最大掺量为15%。

目前，部分核电站项目中为了提高混凝土的抗氯离子渗透系数，也采用了粉煤灰和矿粉双掺的形式。

3. 骨料

骨料颗粒应坚硬、坚固和耐久，可呈圆形或菱形，但不得含有黏附的表层、黏土、土壤、碱、有机物或其他有害物质。骨料不应采用再生骨料，细骨料不应采用海砂。核电项目的骨料需要严格控制含泥量以及Cl^-和硫化物及硫酸盐含量，以尽量减少混凝土的开裂，主要指标要求见表2和表3。

核电项目的骨料需要进行货源鉴定试验和骨料验收试验等，每次取样和试验都需要编制书面报告存档，进场后还需定期进行一些检验。这一系列的质保要求是核电项目确保骨料质量的前提和基础。

表2　粗骨料性能要求

序号	项目	技术要求	
		C35~C45	≥ C50
1	含泥量	≤ 1.0%	≤ 0.5%
2	泥块含量	≤ 0.2%	
3	硫化物及硫酸盐含量	≤ 0.5%	
4	Cl^- 含量	≤ 0.02%	

表3　细骨料性能要求

序号	项目	技术要求	
		C35~C45	≥ C50
1	含泥量	≤ 2.5%	≤ 2.0%
2	泥块含量	≤ 0.5%	
4	硫化物及硫酸盐含量	≤ 0.5%	
5	Cl^- 含量	≤ 0.02%	

（三）耐久性要求

核电工程混凝土在混凝土原材料要求的基础上，对应每个厂址的环境类别还会针对性地确定耐久性指标，以此来保证混凝土的质量。

1. 典型厂址

（1）东北厂址

某核电厂位于严寒地区的辽宁省，主要腐蚀环境为氯盐环境。外围护构件的混凝土抗冻等级不低于 F300，外围护构件与安全壳厂房混凝土的 28d 抗氯离子扩散系数 $D_{RCM} \leqslant 7 \times 10^{-12} m^2/s$；抗硫酸盐结晶破坏等级不低于 KS90。

（2）南部沿海厂址

海南某核电厂在建筑气候区上属于夏热冬暖地区，主要腐蚀环境为氯盐环境。外围护构件与安全壳厂房混凝土的 28d 抗氯离子扩散系数 $D_{RCM} \leqslant 7 \times 10^{-12} m^2/s$；抗硫酸盐结晶破坏等级不低于 KS90。

（3）特殊腐蚀性厂址

某核工程位于西北地区，属于典型的干旱盐渍土地区，高氯离子和硫酸盐环境。对于受盐渍土影响的外围护构件要求：56d 电通量＜ 1500C，56d 抗氯离子扩散系数 $D_{RCM} \leqslant 6 \times 10^{-12} m^2/s$，56d 抗硫酸盐结晶破坏等级不低于 KS120，抗冻性能指标不低于 F300。

2. 辐射环境

核工程有辐射的区域，需采用重混凝土抗辐射，例如，吸收中子的褐铁矿混凝土，防护用的重晶石或赤铁矿混凝土。这些混凝土的密度在 2800~3600kg/m^3。防辐射混凝土一般有 H 元素、O 元素以及 Fe 或 Pb 或 Ba 等重核元素的要求，混凝土配制时要结合骨料均匀度的要求进行试配、调整后确定最终配合比。

目前，在合理的配制技术下，防辐射混凝土均比较密实。大量试验（图 3）也表明，防辐射混凝土能够具备较为优异的耐久性能，在抗水渗透性能、抗氯离子渗透性能、抗气体渗透性能、抗碳化性能、抗冻性能、抗硫酸盐侵蚀性能方面均能够满足核电工程要求。

图 3　防辐射混凝土试验

（四）其他要求

1. 全性能试验

核电工程混凝土通常需要进行全性能试验，通过此试验来控制混凝土的整体性能，并根据具体的数据来指导设计和施工。其中对掺加粉煤灰混凝土的全性能试验包括：坍落度试验、抗压强度试验、劈裂抗拉强度试验、绝热温升试验、比热容试验、导热系数试验、导温系数试验、热膨胀系数试验、收缩试验、静力受压弹性模量试验、泊松比试验、压缩徐变试验、碳化试验、抗氯离子渗透试验、抗硫酸盐侵蚀试验等。

2. 施工要求

核电项目中有专门的文件指导混凝土的施工，保证混凝土的质量，包括混凝土的运输、浇筑、养护以及施工缝的处理等。如为了控制混凝土的浇筑温度、降低水化热，规定水泥的进场温度不应超过 65℃，水泥在搅拌站的入机温度不应大于 60℃。

（五）科研及成果

从长期发展的角度看，核电工程越来越重视混凝土结构的耐久性，因此我们在耐久性方面也在持续开展一系列的科研，以保证核电工程厂房的安全性和经济性。

1. 混凝土控裂提升技术

混凝土控裂提升耐久性是我们针对核电工程混凝土耐久性的研究之一。此科研从收缩补偿一体化、温度调控、胶凝材料优化、高性能的复合掺和料以及多手段协同调控技术等角度研究各项调控技术对混凝土性能的影响，并开展足尺模型（图 4）试验。采用此技术，可以在保证混凝土力学性能的基础上，减小混凝土的收缩，有效控制混凝土开裂，提高混凝土的密实度。根据目前核电工程的环境和结构构件特点，此科研形成了一系列核电工程控裂高耐久技术及产品。

图 4　足尺模型

2. 耐久性基础研究

核电工程针对自身结构特点开展了一些耐久性基础研究，着重就大体积混凝土不同养护天数对强度和耐久性指标的影响开展了试验研究，得到了 28d、56d、84d 电通量，氯离子扩散系数和抗硫酸盐结晶破坏试验等的关系曲线，为后续大掺量的大体积混凝土耐久性指标提供设计依据。此外，试验也得出如下结论：不同水泥品种的敏感性试验表明，采用硅酸盐水泥便于对水泥质量乃至整个原材料体系进行严格的质量控制；对于掺加矿物掺和料的混凝土，采用 56d 龄期的耐久性指标是合适的。电通量和氯离子扩散系数快速测定法试验设备见图 5。

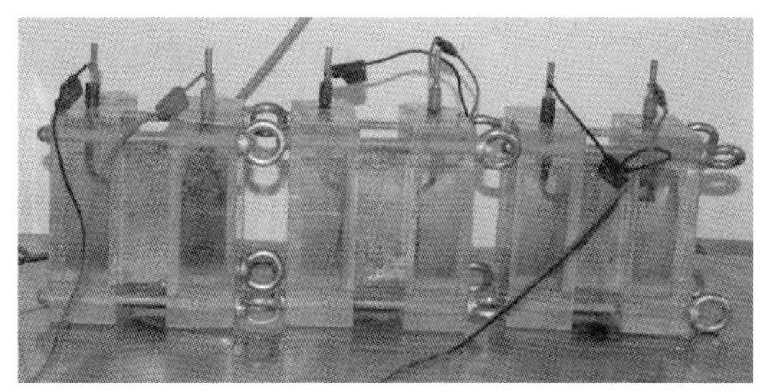
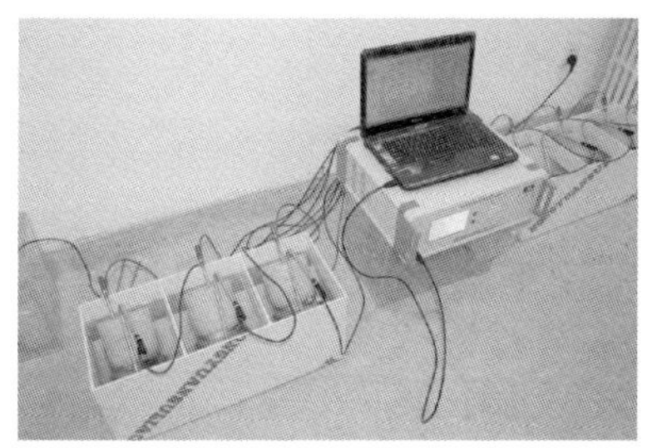

图 5　电通量和氯离子扩散系数快速测定法试验设备

3. 亚高温对混凝土性能的影响分析

根据《压水堆核电厂核安全相关混凝土结构设计规范》（NB/T 20012—2019），混凝土的长期温度限值为 65℃。但是有些核电工程面临超过 65℃的亚高温环境。针对这一问题，核电工程领域正在开展一系列亚高温研究，包括亚高温下材料的机理分析、不同温度梯度下混凝土性能的试验研究以及不同掺和料的混凝土性能优化研究等。目标为突破目前核电工程规范中混凝土长期温度 65℃的限值，为后续高温环境的核电工程项目提供技术支持。

4. 疑难项目案例

某位于西北地区的核电工程，有高氯离子和硫酸盐环境特点，混凝土耐久性设计有一系列设计和施工要求。但具体实施过程中，遇到原材料某些指标不满足要求的问题，如水泥比表面积、水泥碱含量、矿粉活性指标、骨料碱活性等。由于地域偏僻，很多材料只能就地取材。最终通过优化配合比、严格控制混凝土某些参数的总指标、采用高性能复合掺和料以及大量混凝土的配合比试验等方法确定了此项目混凝土的配合比，各项耐久性指标满足要求，浇筑后的实际效果良好。

（六）总体效果

核电工程混凝土在设计要求、施工管理包括后期维护方面均有严格的要求。从20世纪80年代末大亚湾核电站的建设，到目前核电工程已有30多年的历史，核电工程混凝土质量总体均较好，目前为止核岛厂房未出现较严重的耐久性相关问题。但核电工程混凝土大多数为大体积混凝土，在以往的施工过程中也出现过裂缝、浇筑质量不密实等会影响结构耐久性的问题，现场均通过修补等方式处理解决，后续也得到了良好的使用验证。

四、核电工程耐久性技术提升

随着我国核电的发展，核电厂的设计使用年限（寿期）也有提高的需求。作为安全相关的核岛厂房，从40年寿期的M310机型，发展到60年的“华龙一号”，再到目前正在研发的更长寿期的后续机型，设计使用年限的延长，对安全相关厂房耐久性设计提出了更高的要求。因此，我们将加强科研投入，深入了解混凝土材料的最新发展，针对核电工程长寿期、大体积、高要求等特点，开展相关的研究，推进设计与施工的深度融合，进一步提高混凝土质量，进一步加强耐久性指标与设计工作年限的关联性研究，发展更耐久、更经济、更方便施工的高性能混凝土。

未来核电工程混凝土的方向也会是超高性能混凝土（UHPC）的应用。UHPC具有更好的工作性能、力学性能（尤其是抗拉强度）以及耐久性能，后续将开展UHPC在核电项目中核岛厂房和水工结构中的应用研究。

此外，在役核电站混凝土的在线监测、检测、评估及修复技术也是后期需要研究的方向。总之，为了保证核电工程的安全性，核电工程混凝土的耐久性是我们一直关注的重点。未来我们也将进一步吸收其他行业领域混凝土耐久性的先进技术，持续推进核电工程混凝土耐久性技术发展，为核电站的长期安全运行提供坚实的基础和保障。

参考文献

[1] 核工业标准化研究所 . 核安全相关混凝土结构耐久性设计规范 : NB/T 20549—2019 [S]. 北京 : 中国原子能出版社 , 2020.

[2] 核工业标准化研究所 . 压水堆核电厂预应力混凝土安全壳建造规范 : NB/T 20332—2015 [S]. 北京 : 中国原子能出版社 , 2015.

[3] 核工业标准化研究所 . 压水堆核电厂核安全有关的混凝土结构设计要求 : NB/T 20012—2019 [S]. 北京 : 中国原子能出版社 , 2019.

[4] 核工业标准化研究所 . 压水堆核电厂核安全相关的混凝土结构施工及质量验收规范 : NB/T 20399—2017 [S]. 北京 : 中国原子能出版社 , 2017.

[5] 全国水泥标准化技术委员会 . 核电工程用硅酸盐水泥 : GB/T 31545—2015 [S]. 北京 : 中国标准出版社 , 2016.

[6] 中华人民共和国住房和城乡建设部 . 混凝土结构耐久性设计标准 : GB/T 50476—2019 [S]. 北京 : 中国建筑工业出版社 , 2019.

[7] 中华人民共和国建设部 . 工业建筑防腐蚀设计规范 : GB 50046—2008 [S]. 北京 : 中国计划出版社 , 2008.

[8] 中华人民共和国住房和城乡建设部 . 重晶石防辐射混凝土应用技术规范 : GB/T 50557—2010 [S]. 北京 : 中国计划出版社 , 2010.

[9] 全国混凝土标准化技术委员会 . 防辐射混凝土 : GB/T 34008—2017 [S]. 北京 : 中国标准出版社 , 2018.

[10] 中国铁道科学研究院 . 铁路混凝土结构耐久性设计规范 : TB 10005—2010 [S]. 北京 : 中国铁道出版社 , 2011.

[11] 贡金鑫 , 魏巍巍 , 胡家顺 . 中美欧混凝土结构设计 [M]. 北京 : 中国建筑工业出版社 , 2007.

[12] 王铁梦 . 工程结构裂缝控制 [M]. 北京 : 中国建筑工业出版社 , 2000.

[13] 王德辉 , 史才军 , 吴林妹 . 超高性能混凝土在中国的研究和应用 [J]. 硅酸盐通报 , 2016, 35(1):141-149.

[15] 蒲心诚 , 王志军 , 王冲 , 等 . 超高强高性能混凝土的力学性能研究 [J]. 建筑结构

学报, 2002(6):49-55.

[16] 尹道道, 郭城瑶, 秦哲焕, 等. 戈壁环境下掺膨胀剂混凝土不同部位的温度和应变研究 [J]. 新型建筑材料, 2022,49(3):42-45+49

海水环境下如何提高混凝土结构耐久性

王胜年，土木工程领域混凝土结构耐久性专家，享受国务院政府特殊津贴，入选国家百千万人才工程及“国家有突出贡献中青年专家”，中国科协全国优秀科技工作者，广东省“丁颖科技”奖获得者，现任中交第四航务工程局有限公司副总工程师，正高级工程师。

长期从事海洋环境高性能混凝土材料及结构耐久性、混凝土和钢结构腐蚀与防护、结构寿命预测和健康诊治等科学研究、技术服务及重大工程技术咨询等工作，曾主持和参加的国家级、省部级科研项目 30 多项，负责和参加了港珠澳大桥、深中通道、青岛海湾大桥、杭州湾大桥等多项重大工程混凝土材料及结构耐久性研究、设计和施工技术服务。获得发明专利 12 项，发表论文 100 多篇，主编和参编 15 部国家和行业技术标准，获得省部级以上科技奖励 40 多项，其中主持的“提高海工混凝土结构耐久性寿命成套技术及推广应用”成果获得国家科技进步二等奖。

一、海水环境混凝土结构所面临的主要问题

海水中盐分、波浪、潮汐、气候变化等影响，使得海水环境混凝土结构存在多重复杂的化学腐蚀和物理腐蚀作用，而在所有的腐蚀作用中，氯盐腐

蚀是其中最严重、危害性最大的腐蚀因素。

世界上沿海国家都曾遭受过混凝土结构因海水腐蚀，导致结构物达不到预期寿命而过早破坏的惨痛教训，由此造成的经济损失惊人。正是由于海水环境中氯离子对钢筋具有强腐蚀性，以及腐蚀破坏的普遍性和严重性，我国国家标准《混凝土结构耐久性设计标准》（GB/T 50476—2019）把海水环境作用列为最严重的腐蚀等级。

耐久性直接影响着工程的寿命。海水环境混凝土结构耐久性技术问题复杂，而一般海水环境基础设施都是 50 年以上及百年，甚至超百年的工程，因此海水环境混凝土结构耐久性问题备受关注，是海水环境重大工程建设所面临的关键技术问题之一。

二、提高海水环境混凝土结构耐久性的主要途径

当前，提高海水环境混凝土结构耐久性的主要技术途径为两方面，一方面是通过改进混凝土材料组成和优化混凝土结构形式，使混凝土结构先天性地具备优异的抗氯离子侵蚀性，这是提高混凝土结构耐久性的基本措施；另一方面，对混凝土结构施加防护或保护，以进一步提高其耐腐蚀性能，即所谓附加防腐蚀措施。两者联合使用，内、外结合，构成混凝土结构“综合防护”体系，从而提高混凝土结构的耐久性。

（一）提高混凝土结构耐久性的基本措施

1. 采用海工高性能混凝土

国内自 20 世纪 90 年代中期开始开展海工高性能混凝土研究，大量研究成果表明，以大掺量粉煤灰、矿渣粉的活性矿物掺和料为基本手段配制的海工高性能混凝土，因其火山灰活性及颗粒填充效应能提高混凝土的密实度和改善孔结构分布，尤其其水化产物弗里德尔盐可以固化氯离子，从而可以显著提高混凝土的抗氯离子渗透性。

图 1 和图 2 是实验室快速电迁移试验和海水环境长期暴露试验结果，可

以看出，相较于普通硅酸盐水泥混凝土，海工高性能混凝土能显著提高混凝土的抗氯离子侵蚀性。作为提高海港工程混凝土结构耐久性的首选措施，高性能混凝土技术于2000年被纳入《海港工程混凝土结构防腐蚀技术规范》(JTJ 275—2000)，通过近20年的技术实践和发展完善，海工高性能混凝土已成为我国沿海港口工程、公路桥梁工程、跨海通道及铁路工程等交通土木工程领域普遍采用的材料。

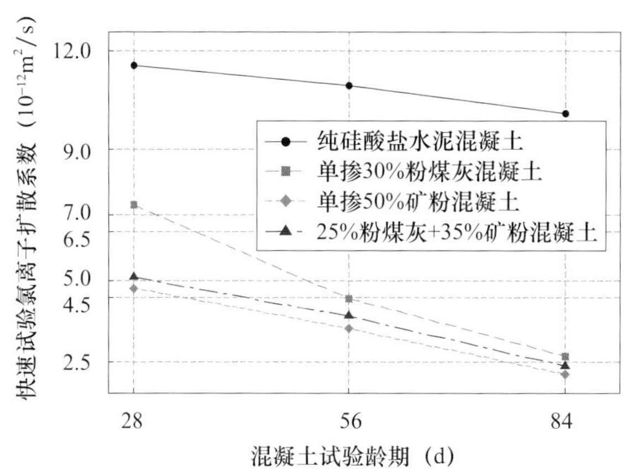

图1 不同胶凝材料体系混凝土系数快速电迁移氯离子扩散系数

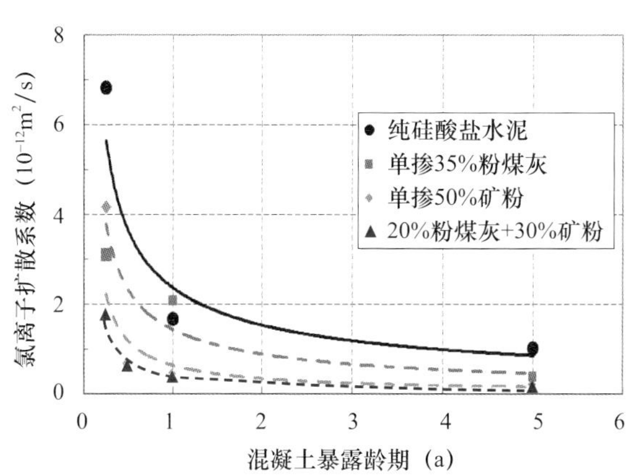

图2 长期暴露试验混凝土氯离子扩散系数

2. 加大混凝土保护层厚度

除了混凝土材料本身抗氯离子渗透性之外，混凝土保护层厚度是影响耐久性另一关键性指标。根据目前普遍采用的氯离子在混凝土内传输过程的菲克第二定律，钢筋出现锈蚀的年限与保护层厚度的平方成正比，可见保护层厚度对混凝土结构的耐久性影响很大，因此，各国对海水环境混凝土保护层厚度都有严格的规定，表 1 为各国标准关于海水环境混凝土最小保护层厚度的规定。

表 1　各国标准规定的海水环境混凝土最小保护层厚度　　单位：mm

混凝土所处部位	欧洲 EN1992	美国 AASHTO	南非 SANS	澳大利亚 AS	中国 GB/T 50476	中国水运 JTS153（2015）
大气区	35	55	60	40	45	50
浪溅区 / 水位变动区	45	70	65	65	60	65/50
水下区	40	70	65	45	45	40

表 1 是由各标准节选的主要规定，实际上各国标准在规定保护层厚度时，对设计使用年限、环境温湿度、适用的构件、保护层厚度是以主筋为准还是以箍筋的为准、是否考虑了施工允许偏差等都有不同的界定条件，使用时应予注意。

3. 限制混凝土结构裂缝宽度

裂缝被公认为是环境有害介质渗入的便捷通道。因混凝土材料本身抗拉强度低，因此混凝土结构正常使用状态下一般被认为是带裂缝工作的，这就要求结构设计时需要对荷载作用下裂缝宽度进行限制。表 2 节选的是不同国家标准对海水环境裂缝宽度限值。

表 2　各国标准规定的最大裂缝宽度限值　　单位：mm

混凝土所处部位	欧洲标准 EN1992	美国 ACI224R-01	日本①	GB/T 50476	JTG/T 3310	JTS153
大气区	0.3	0.41	0.35~0.40*c*%	0.15~0.20	0.1~0.15	0.2
水位变动区 / 浪溅区	0.3	0.15	0.35c%	0.15	0.1	0.2
水下区	0.3	0.1	0.40c%	0.20	0.15	0.3

注：① *c* 为混凝土保护层厚度

各国标准对荷载裂缝宽度限值规定差别较大的主要原因是：(1）海水环境下显著影响氯离子渗透的宽度范围大概在 0.1~0.4mm，究竟是多少至今还没有公认的定论。(2）各国裂缝宽度计算公式都是建立在理论分析、试验研究及工程经验数据统计分析基础上的，因开裂影响因素复杂，各国对受力作用下钢筋协同变形机制、试验研究方法、荷载取值、材料参数、时间效应等的考虑和取值都不尽相同，造成同等条件下计算出的结果不同。总体而言，在相同条件下，按我国相关标准计算的裂缝宽度要大于按欧美相关标准计算的结果，且我国标准规定的裂缝宽度允许值总体比欧美标准的规定小，可见相对于欧美标准，我国相关标准对裂缝的控制偏严。

上述的裂缝宽度限值都是指荷载受力引起的裂缝，实际工程中早期裂缝如温度、干缩等应力变形引起的裂缝更为普遍，一旦出现裂缝，其宽度往往大于上述标准规定的荷载裂缝限值，从危害性角度来讲可能更大，且这类裂缝产生因素复杂，需要从设计、材料、施工等各环节统筹考虑，协同采取控裂措施。

4. 改进结构形式

工程实践表明，海水环境采取重力式、墩式等混凝土结构比桩基梁板式结构具备更好的耐久性能的主要原因是：(1）重力式或墩式结构简单且构件及连接少，整体承载能力强，当结构受到各类荷载作用时，对结构造成的损伤相对较小。(2）与细、薄构件的梁板不同，重力式、墩式等结构构件主要是素混凝土或配置一定构造钢筋的混凝土结构，钢筋腐蚀对耐久性影响小。此外结构和构件的设计还需要考虑结构简单、受力合理、尽量减少暴露面、便于施工及易于通风排气等措施，以最大限度地减少环境对结构物的侵蚀。

因此在结构设计时，要尽量采用对耐久性有利的结构形式，当然具体采用什么结构构造，需要结合建筑物功能、选址的水文及地质条件、施工条件及经济性等综合考虑。

5. 采用工厂化预制或装配式施工

海水潮汐、波浪影响，水上施工作业条件差，混凝土的质量、保护层厚度等较难控制，且构件早期暴露于海水环境时氯离子更容易在混凝土还不够密实的情况下侵入混凝土，对混凝土耐久性不利。混凝土构件在工厂集中预制、生产和管理各环节比较容易控制，混凝土质量及保护层厚度易于得到保证，同时在工厂预制构件可以得到充分潮湿养护，且有一定时间静停，混凝土水化反应比较充分，使得混凝土在具有较高的强度时才接触海水。因此，从保证混凝土质量和提高耐久性方面考虑，混凝土构件宜尽量采用工厂化预制。当采取装配化施工时，应做好构件间连接及接头部位处理。

（二）附加防腐蚀措施

1. 混凝土表面涂层

混凝土表面涂层是指由某种无机或有机涂料分层涂装在混凝土结构构件表面，具有阻隔各类有害介质侵入其内部的防腐蚀保护层。

海水环境混凝土表面涂层保护适用于混凝土结构中大气区、浪溅区及平均潮水位以上的水位变动区。涂层与混凝土表面应具有较强的黏结力以及涂层应具备较好的耐碱、耐老化、耐磨损、耐冲击及抗氯离子渗透性能。

我国最早于 20 世纪 80 年代开始在湛江港实施混凝上结构涂层防腐，工程长期跟踪调查和长期暴露试验表明，使用 15 年以上仍对混凝土结构具有较好的保护作用，作为一种施工简便、防护效果明显且成本较低的防护技术，表面涂层技术可有效保护混凝土结构。

2. 硅烷浸渍

硅烷浸渍是采用硅烷系憎水剂浸渍混凝土表面，憎水剂渗入混凝土毛细孔中，使混凝土毛细孔壁产生憎水效应，从而使水分和所携带的氯化物难以渗入混凝土。

硅烷浸渍主要适用于海水环境下工程结构浪溅区及大气区的防腐蚀保护。为保证保护效果，硅烷材料要有足量的纯度，硅烷浸渍应达到一定的渗透深度，浸渍后混凝土应具有较低的吸水率及显著的随深度氯化物吸收衰减效果。

经过长期暴露试验和工程应用证明，硅烷浸渍可显著提高混凝土的耐久性，因不会改变混凝土颜色，且有一定的自清洁作用，综合技术和经济性较好，目前在海港码头、沿海、跨海桥梁中广泛应用。

3. 涂层钢筋

包括环氧树脂涂层、热浸锌及复合涂层等在普通钢筋表面制作一层保护层的钢筋，工程应用较多的是环氧树脂涂层钢筋。

环氧树脂涂层钢筋是在工厂生产条件下，采用静电喷涂方法，将环氧树脂粉末喷涂在钢筋表面，形成阻隔钢筋与氯离子、水及氧等侵蚀介质接触的屏障，从而能保护钢筋不受侵蚀。

环氧树脂涂层钢筋适用于混凝土结构大气区、浪溅区以及水位变动区，涂层应具备一定的干膜厚度，并具有一定的连续性和可弯性。

如果涂层有破损缺陷，会加速腐蚀发展，反而会降低混凝土结构的耐久性。因此环氧树脂涂层钢筋在运输、吊装、弯制、切割加工及连接等施工过程中要采用专门设备、措施或工艺对涂层进行保护，在施工过程中如有涂层损坏，需要及时修补。

我国于 1999 年在广东汕头 LPG 码头首次应用环氧树脂涂层钢筋。2021 年中交四航工程研究院有限公司对该码头进行了检测，使用 23 年后的环氧涂层钢筋混凝土结构无腐蚀损坏现象，表明环氧树脂涂层钢筋混凝土结构具有优异的耐久性能。

4. 耐蚀和不锈钢钢筋

耐蚀和不锈钢钢筋是通过掺入铬、镍、钼、钛以及其他合金元素及不同的加工制造工艺获得的具有优异力学性能、抗腐蚀性能、可焊性能以及其他性能的钢筋材料，两者都是可以显著提高至混凝土中钢筋锈蚀的氯离子浓度临界值，及降低钢筋锈蚀速率从而提高其耐久性。耐蚀钢筋一般含铬量为 10% 以下，不锈钢钢筋一般含铬量为 12% 以上，研究表明致不锈钢钢筋腐蚀的临界氯离子浓度比普通钢筋高 10 倍以上。

不锈钢钢筋在国内外有较多应用。港珠澳大桥在桥墩和承台的浪溅区部位采用了不锈钢钢筋，系国内海工基础设施首次使用不锈钢钢筋。

不锈钢价格较贵，随着研究的不断深入，低合金耐蚀钢筋是未来的发展方向之一。

5. 混凝土掺抗侵蚀材料

指以外掺的方式掺入混凝土中，以抵御环境中氯离子等向混凝土内渗透，阻止或延缓混凝土中已受氯离子侵蚀的钢筋锈蚀，且对混凝土的其他性能无不良影响的外加剂。主要包括阻锈剂、抗侵蚀抑制剂和抗侵蚀增强剂。

阻锈剂可以显著提高钢筋锈蚀的临界氯离子浓度的阈值，从而延缓钢筋锈蚀，因阻锈效果及环保安全等因素，以有机醇胺为主的复合型阻锈剂逐步取代了传统的亚硝酸盐类阻锈剂。

抗蚀抑制剂（TIA）是一种有机聚合物疏水性材料，掺入混凝土后可实现对混凝土中毛细孔的封堵，同时引入憎水基团可抑制氯离子等侵蚀介质在混凝土孔隙溶液中的迁移，从而提高混凝土抗氯离子的渗透性能。

抗蚀增强剂（CPA）是一种复合型活性矿物掺和材料，掺入混凝土可通过水化、颗粒填充及膨胀的作用，增强混凝土本身致密性和提高抗裂性能，从而增强混凝土抗氯离子的渗透性能。

6. 其他措施

其他防腐蚀措施如渗透结晶型防渗技术、FRP 筋、脱水模板布、不锈钢包覆钢筋，以及用于老旧结构的电化学防护技术、涂覆型阻锈剂技术及矿脂包覆技术等，不同措施各有其技术特点，需要论证其适用条件、防腐效果及经济性后合理选用。

三、工程案例

（一）盐田国际集装箱码头工程

深圳盐田港集装箱码头始建于 1996 年，系国内首次要求 50 年不大修的海港工程，为了满足其耐久性要求，码头二期和三期工程使用了掺 25% 及以上粉煤灰的海工高性能混凝土，同时还使用了异丁基三乙氧基液体硅烷浸渍的附加防腐蚀措施，系国内最早使用海工高性能混凝土并附加防腐蚀措施的海港工程。

中交四航工程研究院有限公司对该工程进行了多次耐久性状况跟踪检测，图3所示为2012年梁板结构外观情况，从现场观测情况来看，服役15年后，该工程梁板结构外观质量良好，未出现因耐久性劣化导致的保护层破损、开裂、剥落等病害情况。使用至今已有26多年，码头状况很好，根据近期工程跟踪检测结果预测，耐久性寿命完全可达到50年以上（图3中左图的桩基为钢套管混凝土结构，钢套管未采取防腐蚀措施，其锈蚀为设计允许状态）。

图3　盐田港码头梁板高性能混凝土结构服役15年状态

（二）港珠澳大桥

港珠澳大桥工程于国内首次采用120年设计使用年限设计，因工程地处华南高温高湿的海水腐蚀环境，耐久性问题尤为关键。为了能够使工程达到120年使用寿命，研究建立了一套贯穿于设计、施工和维护全寿命过程的耐久性成套保障技术。

在耐久性设计上，利用20多年的海水环境暴露试验数据，建立了基于概率的耐久性可靠性设计方法，在目前按标准规定的经验性设计基础上，进一步提高了设计的可靠性，同时在综合分析腐蚀风险、防腐效果、适用性及全寿命成本基础上，针对不同部位，选择性地采用硅烷浸渍、环氧树脂涂层钢筋和不锈钢钢筋等不同防腐蚀措施；工程施工采用了与120年使用寿命相适应的海工高性能混凝土，并制定了配套的施工质量控制标准；在西人工岛同步建设了暴露试验站，并在实体工程上埋设了耐久性监测传感器对工程耐久性实时监测。最终形成了集耐久性设计、施工、维护于一体的120年使用寿命保障成套技术体系，支撑港珠澳大桥的设计施工和服役期维护（图4）。

图4 港珠澳大桥

四、当前存在的主要问题

（一）设计可靠性和合理性不足

目前，国内外大多数工程还是依据标准规范规定的材料和结构性能来进行耐久性设计，即所谓“凭经验设计法”，为了建立耐久性设计指标与设计使用年限理论对应关系，基于概率的耐久性定量设计方法已成为目前国内外研究的热点，虽然这种方法已在一些大型工程中得到了应用，但仍存在如缺乏足量可供概率统计分析的工程实体或暴露试验数据偏少、模型建立未能充分考虑荷载的影响、实验室快速模拟试验结果与实体工程的等效性不足等问题，此外对防腐蚀措施和混凝土叠加后结构的寿命如何预测也缺乏研究，因此，基于目前条件下耐久性定量设计仍存在诸多不足，耐久性控制指标与设计年限之间基本模型尚需不断优化完善。

另外，海水环境耐久性设计包括混凝土结构自身的基本措施和附加防腐蚀措施，一般上述两类措施结合使用，如何结合、具体采取什么措施则要体现“有效合理”的原则。所谓“有效合理”，一是指所采取的技术措施可靠，能有效提高耐久性；二是从工程的角度，所采取的措施具有经济性，全寿命成本低。虽然目前我国国家相关标准对耐久性设计都有明确的规定，但由于部分设计者对标准规范的理解不够充分和准确，或缺乏必要的耐久性专门知识，导致耐久性设计不充分或过分严格等不合理情况时有发生，设计不充分不能保证结构的耐久性，过分严格则会无谓增加工程成本，有的对工程质量反而有负面影响。

（二）工程施工质量有待提高

施工是确保设计目标实现的关键。近些年来，随着施工装备逐步实现大型化、机械化、自动化及智能化，我国施工技术能力和技术水平大幅提升，工程质量明显提升。但在建设硬件水平提升的同时，与质量管理和控制技术等软实力提升不足。首先，与传统混凝土以主要控制施工性和强度不同，提高结构耐久性需要用到各种新材料和新技术，不仅需要正确掌握新材料的性能和新技术施工工艺，更要加强比传统混凝土施工更严格的质量控制措施，由于对耐久性认识不足或施工技术水平所限，对新材料使用不当或质量控制不严造成的质量问题时有发生；其次现代化施工手段大幅提高了施工效率，但过快的建设速度往往忽视了质量的“精益求精”，据不完全统计，我国工程建设项目混凝土保护层厚度不满足设计要求的情况仍普遍存在。可见，从整体上来讲，施工技术水平与建设精品工程、品质工程要求还有一定的差距。

（三）老旧结构维护需要加强

随着我国基础设施建设项目不断增多，在役结构老化问题已逐渐显现，也逐渐凸显出老旧结构的维护问题。一些基础设施使用单位在管理上仍存在“重生产、轻维护”思想，定期检测评估和及时维修等往往不能正常开展。此外追求眼前“短期效益”忽视工程全寿命成本往往限制了在维护上的正常投入，如海水环境老旧结构混凝土中已存在渗入的氯离子，传统方法维修后新旧修补区域之间的原电池作用反而会加速腐蚀，从而导致修复后短期内又出现腐蚀破坏，而电化学维修技术（较常用为外加电流阴极保护法）可抑制新旧修补区域之间的原电池作用，修复后可确保结构长期不出现腐蚀破坏。该方法虽然技术复杂，维修一次性成本高，但从使用寿命周期来看可明显降低全寿命维护总成本，发达国家海港码头和沿海桥梁的维修一般都普遍采取这种方法，但是因对成本投入的短期行为和部分技术原因，国内长期以来仍没有得到推广使用。

另外，“维护”不仅仅是工程建好后使用阶段的事，在役结构健康监测、检测工作要求在工程各重要部位都要“可达、可检”，一些监测传感器需要在施工阶段就埋设好，因此，这些都需要在设计时考虑。目前，国内只有部分重大工程如港珠澳大桥其运营期耐久性监测方案及必要的维护措施在设计时有明确规定，大部分工程项目在建设时都缺乏工程维护的相关设计。

五、未来发展意见和建议

（一）加强耐久性基础性研究

海水环境混凝土结构耐久性影响因素多，尤其是随时间变化的材料和结构性能演变过程复杂，为探索符合工程实际工况的结构耐久性演变规律，需要加强环境和荷载耦合作用下材料劣化致结构性能退化机理研究，开展实验室快速模拟、暴露试验、实体工程等多场景相关性研究，开展材料结构一体化研究，建立符合环境和结构特点的耐久性时变模型。耐久性研究不能急于求成，成果取得需要时间的积累。

（二）创新耐久性新材料和新技术

主要从提高混凝土基体抗氯离子渗透性、提高筋材本身耐蚀能力以及外加措施阻止氯离子侵蚀等三方面开展耐久性新材料和新技术的研究，高分子材料、电化学技术、纳米材料及其他功能材料等与传统混凝土技术的融合，可以从混凝土微结构调控上提高基体的抗蚀能力，以及为结构提供更长效可靠且经济环保的保护措施，各学科交叉融合是耐久性新材料和新技术研究的方向。

（三）提高设计施工技术水平

基于概率的定量设计方法虽然目前已有不少设计模型及工程应用示例，但所建立的模型还都有不同程度的不确定性，需要在暴露试验和实体工程数据积累、室内快速模拟试验结果的等效性、防腐蚀措施叠加后的寿命影响等方面开展研究，以提高设计的可靠性；设计者要准确理解规范、把握好工程建设条件，从全寿命周期角度确定耐久性措施及方案，以提高耐久性设计的合理性。

进一步提高施工管理和技术人员的质量意识，提倡和培养施工操作人员的工匠精神，注重新材料、新技术在工程上的推广应用，借助自动化、智能化、数字化等技术提高混凝土施工及质量控制水平。

（四）重视老旧结构耐久性维护

研发耐久性监测新技术，如研发能同时监测混凝土中氯离子含量、湿度、pH 值的多元传感器，并提高监测精度；开发耐久性智能化无损检测技术，依据实体工程实时监测、定期检测及长期暴露试验等多手段融合，实现对海水环境重大工程的耐久性状态精准掌控和剩余寿命预测评估；研究耐久性提升和结构延寿技术，加大对老旧结构维护的投入，正确看待短期投入与全寿命维护成本的关系，加强电化学技术在海水环境老旧混凝土结构维修工程中推广应用，以延长维修后工程使用寿命，降低工程全寿命成本，提高我国海水环境基础设施养护技术水平。

参考文献

[1] 中华人民共和国住房和城乡建设部 . 混凝土结构耐久性设计标准 : GB/T 50476—2019 [S]. 北京 : 中国建筑工业出版社 , 2008.

[2] 王胜年 , 曾俊杰 , 范志宏 . 基于长期暴露试验的海工高性能混凝土耐久性分析 [J]. 土木工程学报 , 2021, 54(10):82-89.

[3] 中华人民共和国交通部 . 海港工程混凝土结构防腐蚀技术规范：JTJ 275—2000[S]. 北京 : 人民交通出版社 , 2000.

[4] 李志华 , 苏小卒 , 赵勇 , 等 . 荷载作用下钢筋混凝土梁的裂缝控制规范比较 [J]. 武汉理工大学学报 , 2010, 32(13):67-71.

[5] 黄君哲 , 范志宏 , 王胜年 , 等 . 海洋环境中混凝土涂层防腐蚀效果分析 [J]. 水运工程 , 2006(2):17-20.

[6] 张东方 , 范志宏 , 唐光星 , 等 . 华南滨海环境下硅烷浸渍混凝土长期防腐性能研究 [J]. 水运工程 , 2022(3):32-37.

[7] 周贺贺 , 赵晋斌 , 蔡佳兴 , 等 . 耐蚀钢筋研究现状及腐蚀评价方法分析 [J]. 腐蚀与防护 , 2017, 38(9):665-670.

[8] GARCIA-ALONSO M C. ESCUDERO M L,MIRANDA J M. Corrosion Behaviour of New Stainless Steels Reinforcing Bars Embedded in Concrete[J]. Cement and Concrete Research, 2007,37(10)：1463-1471.

[9] 王胜年 , 苏权科 , 李克非 . 港珠澳大桥混凝土结构耐久性设计与施工 [M]. 北京 : 人民交通出版社 , 2018.

04 荷载与环境耦合下混凝土耐久性评价技术及应用

王　玲，中国建筑材料科学研究总院有限公司教授级高工、博士生导师，中国建筑材料联合会混凝土外加剂分会副理事长、秘书长，全国混凝土标准化技术委员会（SAC/TC 458）副秘书长，全国水泥制品标准化技术委员会（SAC/TC 197）委员，RILEM TC-246 TDC 秘书长，RILEM TC-281 CCC WG4 联合主席。

长期从事混凝土耐久性和混凝土外加剂的科研、技术开发和标准化工作。主要研究领域：极端环境下长寿命混凝土制备及应用技术、高速铁路无砟轨道混凝土新材料、荷载与典型服役环境耦合作用下混凝土耐久性评价与寿命预测、海洋地材混凝土制备和性能提升技术等。

研究成果获国家科技进步奖 1 项，省部级科技奖 10 余项，授权专利 50 余项，编制混凝土及外加剂标准 10 余部。

王振地，工学博士，教授级高级工程师，博士生导师，“十四五”国家重点研发计划项目青年首席科学家，德国慕尼黑工业大学访问学者，入选中国科协“青年人才托举工程”。担任中国建筑材料研究总院有限公司混凝土科学与工程研究所副所长，兼任中国建筑材料联合会专家委员会混凝土学部委员，中国硅酸盐学会测试技术分会磁共振委员会副主任委员，国际材料与结构研究实验联合会 RILEM TC-276 DFC（水泥基材料数字化制造技术委员会）委员等 10 余个学术组织委员。致力于混凝土耐久性和 3D 打印等方面研究。主持在研和完成国家重点研发计划项目、课题、子课题、国家自然科学基金面上项目、青年基金等科研项目17项，参与国家级、省部级科研项目10余项；主编和参编国家标准和行业标准6项；在国内外著名期刊上发表学术论文50篇，其中SCI/EI收录论文32篇；研究成果制定为国际标准1项；授权发明专利26项，其中国际专利2项。获省部级奖3项。

姚　燕，教授级高工，博士生导师，非金属材料创新中心监事、技术委员会主席，RILEM TC-246 TDC主席，RILEM TC-281 CCC WG4联合主席。前中国建筑材料科学研究总院院长、绿色建筑材料国家重点实验室主任。

自1982年起从事水泥混凝土的研究，专攻高性能混凝土技术和混凝土外加剂，完成国家及行业重大科技项目40余项、企业委托项目100余项。针对混凝土工程环境日趋复杂、各类破坏因素严重影响工程寿命难题，围绕高性能混凝土开展系统研究，特别是在高强高性能混凝土关键原材料和配制技术、中等强度等级混凝土高性能化、高性能混凝土收缩开裂机理、多因素协同作用条件下水泥基材料失效机理等研究领域取得重要成果并应用于重大工程中，为我国混凝土工程“高耐久、长寿命”做出显著贡献。

一、研究背景

混凝土结构在全世界的土木工程中占绝对主导地位，约占 80%~90%，尤其是各种重要的基础设施工程多为钢筋混凝土结构。结构耐久性是结构及其构件在环境作用下能够长期维持其所需功能的能力，关系到工程的高效运营和工程寿命。与结构安全性相比，土木工程结构耐久性问题更为突出，因耐久性不足带来的庞大维修费用在世界范围内都十分惊人。

氯盐侵蚀、冻融循环和碳化反应是影响混凝土耐久性的主要环境因素。氯离子侵入混凝土，累积在钢筋表面，破坏钢筋表面氧化膜，引起钢筋锈蚀和混凝土保护层锈胀破坏，是造成海工混凝土结构劣化的主要原因，英国每年仅英格兰和威尔士公路桥腐蚀损失达 6.2 亿英镑，美国每年沿海工程维护费用达 2500 多亿美元，我国为近 4000 亿元。寒冷地区冻融循环引起混凝土表面剥蚀和内部开裂，是钢筋混凝土结构劣化的另一个重要原因，我国近年三北（东北、西北、华北）地区因冻融和“盐冻”引发的混凝土工程质量事故明显增多，且有扩大之势。环境中二氧化碳气体侵入并与混凝土内部的水化产物发生碳化反应，造成混凝土碱度下降、孔隙增加，是钢筋锈蚀普遍发生的重要原因之一。混凝土结构因上述原因产生的耐久性问题占比超过 80%。研究表明，混凝土在服役荷载与环境因素耦合作用下的耐久性问题远比单一因素严重。分析已有损毁工程发现，因缺少相应的检测方法与设备，现有

《混凝土结构耐久性设计标准》（GB/T 50476—2019）和 Fib Model Code for Concrete Structures 2010，通常仅选择影响材料劣化性能的某种单一环境因素，无法将荷载和环境耦合效应计入，是导致服役期低于设计年限的主要原因。国内外学者为此进行了长期、大量的研发工作，取得一些效果，但预测和提高混凝土耐久性，仍是国际工程界的一大难题。

中国建筑材料科学研究总院有限公司（以下简称“中国建材总院”）自2001 年起，在国家“973”计划项目、国家自然科学基金国际合作与交流项目、国家重点研发计划项目的支持下，联合国内外混凝土结构材料实验室共同研究，打破现有单一因素下评价混凝土耐久性的局限，综合考虑荷载与环境因素的耦合作用，结合海洋、冻融、碳化等典型环境下服役混凝土工程，以解决多因素耦合条件下混凝土耐久性评价的国际共性关键技术难题为目标，以实现科学评价混凝土服役期、保障混凝土工程安全为目的，沿着研究劣化规律和作用机理、开发测试方法与仪器、推导和建立寿命预测模型、进行工程验证与应用、制定标准的技术路线，经过 20 年的刻苦攻关与工程验证，取得丰硕成果，在混凝土耐久性和服役期评价技术上完成了从单一因素到耦合多因素、从中国走向世界的跨越。

二、荷载与典型环境因素耦合作用下混凝土劣化行为、机理和耐久性评价方法

1. 海洋环境适用的荷载作用下氯离子传输性能研究及试验方法标准

海工混凝土结构耐久性主要取决于海水、海雾中氯盐对钢筋锈蚀的程度。为获得海洋工程混凝土在荷载 - 氯盐耦合作用下服役性能劣化规律，中国建材总院研发了轴向拉荷载和压荷载与氯盐耦合作用下混凝土耐久性测试设备和方法（图 1）。通过对试件受力的有限元计算，设计了带上、下球铰和弧状过渡的哑铃形试件，保证了加载试件中段区域（氯盐扩散区）的应力均匀分布和系统偏心率低于 3%。通过封闭回路，防止蒸发，创新设计的侵蚀介质传输控制系统消除了侵蚀介质对加载装置腐蚀，达到扩散浓度长期稳定（浓度

变化＜ 0.05*wt*.%）和氯离子的一维定向自然扩散效果。彻底解决了传统测试方法存在的拉荷载试件轴向偏心和氯离子无法稳定传输的难题，为测试混凝土在荷载 - 氯盐耦合作用下耐久性提供可靠方法，进而为海工混凝土耐久性设计提供了技术支撑。

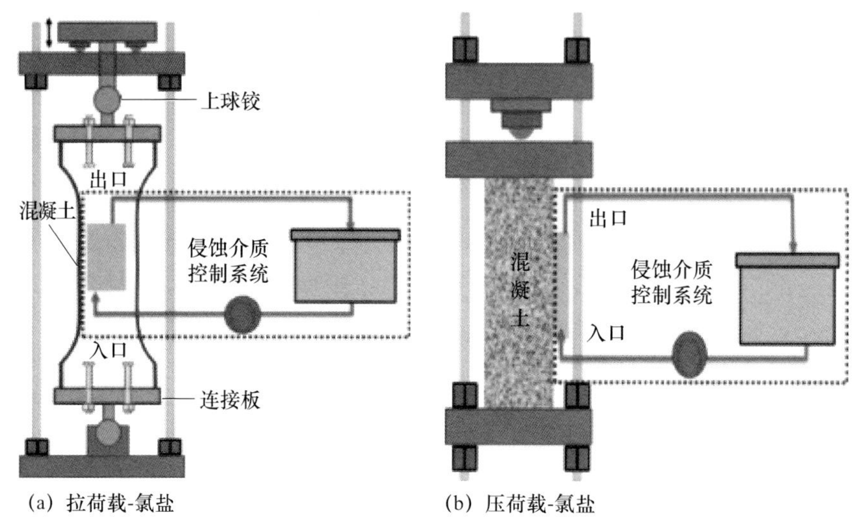

图 1 荷载 – 氯盐作用下混凝土耐久性测试设备示意图

利用这套测试装置，研究获得了荷载 - 氯盐耦合作用下混凝土中离子氯传输与钢筋锈蚀规律，依据室内外试验的相关性和非稳态扩散过程氯盐浓度随时间的变化规律，推导出拉 / 压荷载对氯离子扩散系数 D_{app} 影响定量方程，明确了荷载对氯离子扩散系数的影响（图 2）。为准确预测氯盐从混凝土表面扩散至钢筋表面、氯离子浓度由初始值增长至临界值的累计时间，即安全服役期 *T*，建立以耦合作用下氯离子扩散系数 D_{app} 为特征参数的混凝土结构安全服役期预测 RSC 模型，通过 Fick 第二定律和可靠度理论确定结构安全服役期 *T*，使耐久性评估和安全服役期预测结果更准确、可靠。运用该模型对港珠澳大桥工程部分区段进行了百年以上服役期可靠度的验证。

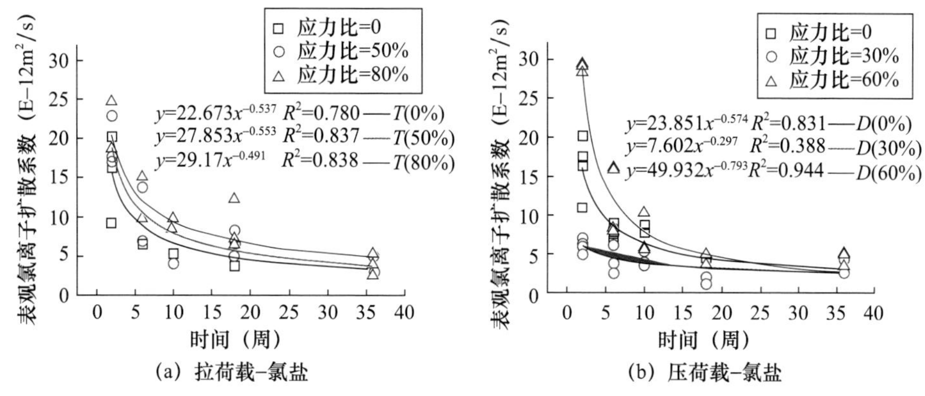

图 2 荷载作用下氯离子扩散系数

2011 年国际材料与结构研究实验联合会（RILEM）成立了“荷载与环境因素耦合作用下混凝土耐久性测试方法”技术委员会（TC 246-TDC），由中国建筑材料科学研究总院有限公司牵头组织比利时根特大学、慕尼黑工业大学等 5 家国际先进实验室多轮次对比试验验证，经验证该方法复演性好、科学性强，解决了国际共性关键难题，最后经 RILEM 多位国际专家认可，该测试与评价方法成为 RILEM 标准并于 2017 年发布。2021 年中国材料与试验团体标准委员会发布了《轴向应力作用下混凝土氯离子扩散系数测试方法》（T/CSTM 00123—2021）标准。

2. 寒区环境适用的荷载 – 冻融耦合下混凝土抗冻性能研究及试验方法标准

寒区环境混凝土承受冻融循环造成的破坏，为定量评价荷载 – 冻融耦合环境下混凝土工程耐久性和安全服役期，中国建材总院设计发明了荷载 – 冻融耦合作用下混凝土耐久性测试方法与设备。针对国内外原有冻融检测设备无法实现冻融循环频繁剧烈温变下荷载保持稳定及劣化参数连续监测问题，通过闭环控制自动补偿应力（图 3）、电磁兼容设计采集多参数和光电隔离消除多信号干扰等技术手段，开发出荷载 – 冻融耦合作用下的混凝土耐久性测试设备（图 4），实现了荷载波动控制（±3%），获得以应变、电阻率、相对湿度表征混凝土劣化（孔隙溶液结冰程度、裂纹萌生与扩展、饱水度等）的全过程信息，并实现以上参数连续、实时、自动采集，完成荷载 – 冻融耦合作用下钢筋混凝土劣化过程的无损监测。

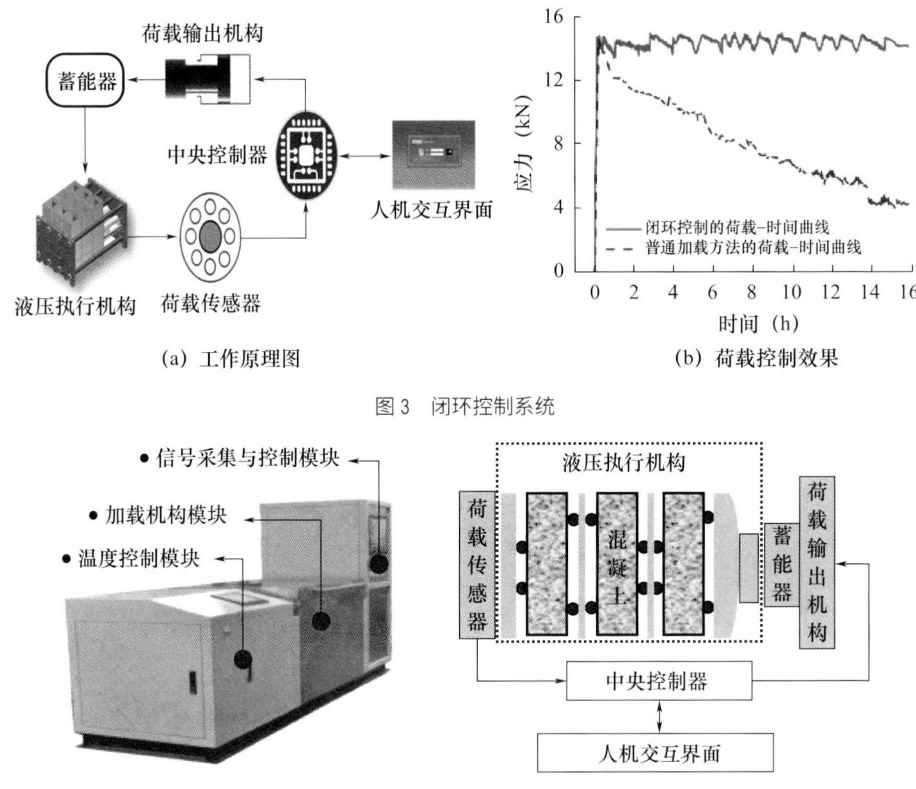

(a) 工作原理图　(b) 荷载控制效果

图 3　闭环控制系统

(a) 设备照片　(b) 设备结构示意图

图 4　荷载 – 冻融下混凝土耐久性测试设备

荷载对冻融损伤的影响不可忽视，为此开发了混凝土冻融耐久性数据库软件，研究揭示了荷载 – 冻融耦合作用下受拉区和受压区混凝土残余应变的变化规律，首次发现了残余应变三段式发展规律（图 5），前两个阶段表征混凝土的损伤，第二阶段残余应变缓慢增长至最大值，即将进入破坏期时的最大应变值 ε_{rm} 为混凝土安全服役期的临界点。通过把冻融作用进行力学等效转化，建立了基于残余应变的荷载 – 冻融耦合作用下混凝土安全服役期预测模型，计算出安全冻融循环次数最大值 N_F，再结合加速冻融循环次数与自然冻融循环次数的对应关系，即可预测出工程混凝土的安全服役期。该成果用于芜湖长江公路二桥节段梁高性能混凝土耐久性设计，优化了工程混凝土配合比，最终满足百年服役期要求。

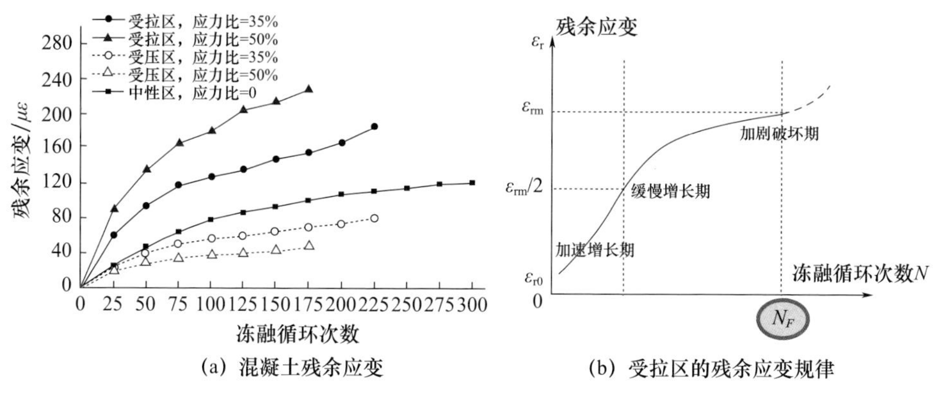

(a) 混凝土残余应变　　(b) 受拉区的残余应变规律

图 5　弯拉荷载－冻融耦合作用下混凝土的残余应变

经中铁十九局集团第五工程有限公司、中交第二公路工程局有限公司等国内多个单位共同试验验证，证明该方法适用于土木工程新建和服役混凝土在弯拉应力和冻融循环共同作用下的抗冻性评估。2021 年中国材料与试验团体标准委员会发布了《弯拉应力作用下混凝土抗冻性试验方法》（T/CSTM 00122—2021）标准。

3. 大气环境适用的荷载作用下 CO_2 气体传输性能研究及试验方法标准

针对大气环境中受荷混凝土的抗碳化性能评定，中国建材总院设计试验装置解决了 CO_2 腐蚀和徐变作用造成应力下降、气体浓度不稳定的难题，提出了应力作用下混凝土碳化深度加速试验方法。在此基础上，试验获得了不同应力水平（0%~80%）的应力场对混凝土中 CO_2 传输行为的影响规律（图 6），提出了应力作用和碳化产物引起混凝土孔结构变化的孔隙填充效应、孔隙粗化效应、基体密实效应和孔壁破裂效应，建立了基于气体渗透系数的应力条件下混凝土碳化深度预测模型，为混凝土寿命预测提供了依据。

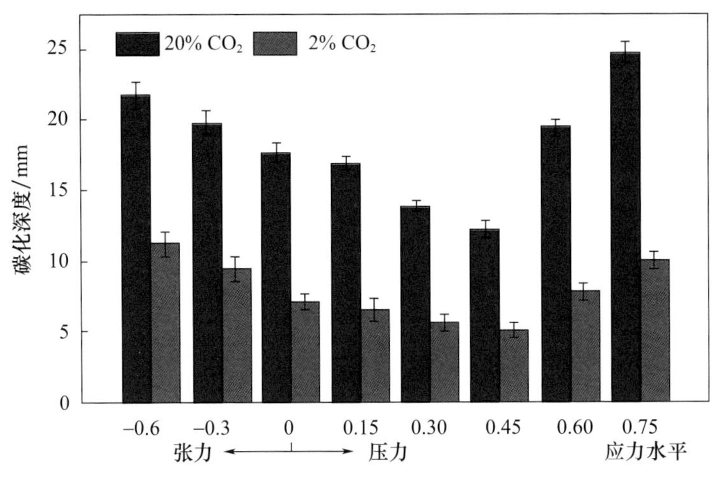

图 6 加速碳化下应力对混凝土碳化深度的影响

通过数值模拟，定量表征了受荷损伤混凝土中微结构变形和微裂缝扩展同时存在且相互影响（图 7），揭示了荷载和碳化导致的混凝土损伤对传输性能的影响规律，建立了覆盖受荷全过程的混凝土碳化深度预测理论模型，克服了现有混凝土碳化模型只关注特定的荷载状态，割裂地考虑微结构形变和裂缝扩展对碳化深度的影响，导致在实际复杂工况下应用困难的难题。通过构建基于多软件联合模拟的计算平台解决了微观尺度下受荷混凝土不均匀碳化深度预测的难题，取得重大突破，获得软件著作权。

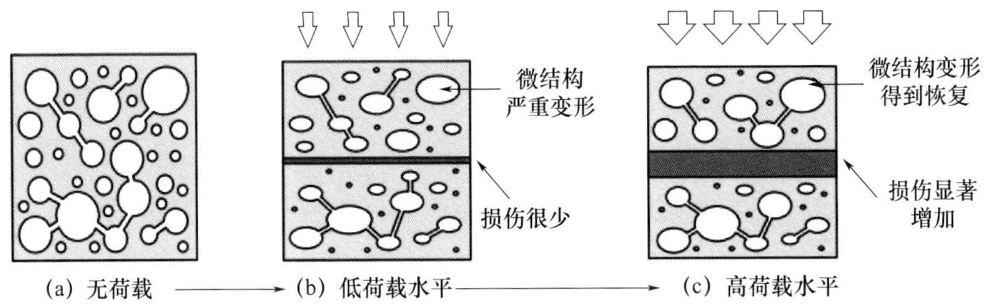

图 7 受荷对混凝土微小区域传输路径的影响

中国建材总院研究提出的“应力作用下混凝土碳化深度试验方法”经RILEM组织的多位国际专家审查认可成为RILEM标准试验方法，并于2023年7月发布。

三、耐久性技术创新及技术经济效益

混凝土耐久性能决定工程结构的服役行为和寿命，现有标准方法对混凝土耐久性的设计和评估仍以单一因素为主，而多因素耦合作用会产生叠加效应，混凝土破坏速度和程度远大于单一因素作用，因此考虑外部荷载和环境因素的共同作用，设计和预测混凝土耐久性和寿命具有重要意义。中国建材总院针对海洋、冻融、碳化等典型环境下实际服役混凝土，考虑荷载与环境因素的耦合作用，研制出自主创新的荷载与环境耦合下混凝土耐久性评价技术3项、试验装置5套，已经制定国际标准1项、团体标准2项，获得发明专利20余件、软件著作权2项，发表学术论文近100篇，出版专著2部。

中国建材总院发明的荷载-环境耦合下混凝土耐久性评价设备，以专利许可形式由北京燕科新技术开发总公司生产，在大连市建筑科学研究院股份有限公司、慕尼黑工业大学等高校中得到推广应用，用户反馈运行良好，操作安全方便，解决了长期耐久性试验中试验条件不稳定的技术难题。研究团队还无偿地将发明专利用于标准制定，形成多因素耦合条件下混凝土耐久性评价试验方法国际标准和团体标准，不仅解决了国际共性关键难题，增加了国际话语权，还体现中国建材总院科技人员服务工程、奉献社会的精神。

中铁十九局集团有限公司、广东长大试验技术开发有限公司、中国华西企业有限公司、北京城建集团有限公司等施工单位将多因素耦合作用下混凝土耐久性评价方法应用于地铁工程、跨海大桥和高速铁路工程等多个重点工程的辅助设计与安全服役期验证评估（图8），提升了工程混凝土配合比设计的安全性，技术经济效益明显。

(a) 大连星海湾跨海大桥

(b) 港珠澳大桥应用

(c) 芜湖长江公路二桥

(d) 兰新高铁工程

图 8　多因素耦合作用下混凝土耐久性评价技术在工程中应用

中国建材总院的研究成果通过了中国建筑材料联合会科技成果鉴定，专家组认为研究成果总体达到国际领先水平。2016 年获中国建筑材料联合会、中国硅酸盐学会技术发明类一等奖。荷载与环境因素耦合作用下耐久性研究成果推动了我国混凝土耐久性理论和技术进步，在混凝土耐久性和服役周期评价技术上完成了从单一因素到耦合多因素、从中国走向世界的跨越，打破了现有单一环境因素下进行混凝土耐久性评价的局限。

2000—2020 年是中国建材总院混凝土国际科技合作交流最繁荣的 20 年，中国建材总院与国际上一批有影响力的大学、科研单位建立了紧密联系，通过国际科技合作，多因素耦合作用下混凝土耐久性评价系列方法的研究走在了世界前列。著名科学家 F. H. Wittmann 教授认为现有的所有国家标准和国际标准中，均只单独考虑混凝土在不同单一环境下的耐久性，十分有必要建立荷载与环境因素耦合作用下的混凝土耐久性测试方法，为实际钢筋混凝土结构的服役寿命预测提供依据，中国建材总院在此领域的研究成果具有显著创新意义。德国慕尼黑工业大学教授，Fib Model Code 主编 C. Gehlen 教授也认为采用耦合作用下试验方法获取的混凝土耐久性数据补充了 Fib Model Code 的数据库，为混凝土耐久性设计提供了更丰富的数据基础。

四、结语及展望

中国建材总院科技人员经过近二十年的努力，建立了荷载 – 氯盐、荷载 – 冻融、荷载 – 碳化等典型耦合条件下较为全面及完善的检测设备和评价技术，实现了混凝土在荷载与环境因素耦合作用下耐久性评价和安全服役期评价研究的突破。但混凝土耐久性是一个漫长而复杂的物理化学过程，还有许多课题值得继续深入探索研究。今后重点研究方向主要体现为：

1. 拓展服役环境

选择氯盐侵蚀、冻融循环和碳化服役环境，具有广泛的代表性，覆盖了耐久性破坏的主要因素。但混凝土与钢筋混凝土结构所处的实际服役环境是一个非常复杂的条件，研究工作还可拓展到硫酸盐腐蚀及多种环境因素叠加等。

2. 拓展荷载类型

选择拉、压及弯曲等静态荷载，具有科学性和工程实用性，可以实现对绝大多数的混凝土耐久性评价。研究工作尚未覆盖疲劳、冲击等动态荷载类型，还有待深入。

3. 混凝土劣化过程可视化动态追踪

虽然通过研究基本阐明了荷载和环境因素耦合作用下混凝土劣化机理，但这一过程非常复杂，为使这些过程更加直观，利用工业 CT、低场核磁等现代测试手段，借助先进成像技术，利用模拟技术，对水泥基材料的微细裂缝中液体和气体介质的迁移进行可视化动态追踪与定量表征，也是有意义的研发方向。

混凝土是一种多相、多组分的复杂材料，工程混凝土的受荷状态和服役环境又是千变万化的，值得广大混凝土科技工作者深入探索的空间也是十分广阔的。混凝土耐久性研究耗时、费力、不易出成果，尤其需要潜心研究、耐得住寂寞。

“千淘万漉虽辛苦，吹尽狂沙始到金”，让我们一起努力，在工程混凝土耐久性评价方面取得有价值的突破，为守护工程混凝土耐久性作出贡献。

参考文献

[1] YAO Y, WANG ZD, WANG L, et al. Durability of concrete under combined mechanical load and environmental actions - a review [J]. Journal of Sustainable Cement-Based Materials, 2012, 1 (1-2): 2-15.

[2] YAO Y, WANG L, WITTMANN F H. Publications on durability of reinforced concrete structures under combined mechanical loads and environmental actions: an annotated bibliography[M]. Freiburg: Aedificatio Publishers, 2013.

[3] YAO Y, WANG L, WITTMANN F H, et al. Test methods to determine durability of concrete under combined environmental actions and mechanical load: final report of RILEM TC 246-TDC [J]. Materials and Structures, 2017,50(2):123.

[4] YAO Y, WANG L, WITTMANN F H, et al. Recommendation of RILEM TC 246-TDC: test methods to determine the durability of concrete under combined environmental actions and mechanical load[J]. Materials and Structures, 2017, 50(2): 155.

[5] 轴向应力作用下混凝土氯离子扩散系数测试方法 : T/CSTM 00123-2021.[S]. 北京 : 中关村材料实验技术联盟 , 2021.

[6] DU P, YAO Y, WANG L, et al. Mechanical damage model of concrete subject to freeze-thaw cycles coupled with bending stress and chloride attack [J]. Advanced

Materials Research. 2014, (936): 1342-1350.
[7] WANG L, CAO Y, WANG ZD, et al. Evolution and characterization of damage of concrete under freeze-thaw cycles[J]. Journal of Wuhan University of Technology-Materials Science Edition, 2013, 28(4):710-714.
[8] WANG Z D, ZENG Q, WANG L, et al. Characterizing frost damages of concrete with flatbed scanner[J]. Construction Building Materials. 2016,102: 872-883.
[9] WANG Z D, ZENG Q, WANG L, et al. Electrical resistivity of cement pastes undergoing cyclic freeze-thaw action[J]. Journal of Materials in Civil Engineering, 2015, 27(1): 04014109.
[10] WANG Z D, ZENG Q, WANG L, et al. Characterizing blended cement pastes under cyclic freeze-thaw actions by electrical resistivity[J]. Construction and Building Materials, 2013, 44(3): 477-486.
[11] 王阵地 , 姚燕 , 王玲 . 冻融循环与氯盐侵蚀作用下混凝土变形和损伤分析 [J]. 硅酸盐学报 , 2012, 40(8):1133-1138.
[12] 王阵地 , 姚燕 , 王玲 . 冻融循环 - 氯盐侵蚀 - 荷载耦合作用下混凝土中钢筋的锈蚀行为 [J]. 硅酸盐学报 , 2011, 39(6):1022-1027.
[13] 弯拉应力作用下混凝土抗冻性试验方法 : T/CSTM 00122-2021. [S]. 北京 : 中关村材料实验技术联盟 , 2021.
[14] ZHANG C, SHI X Y, WANG L, et al. Investigation on the Air Permeability and Pore Structure of Concrete Subjected to Carbonation under Compressive Stress [J] Materials, 2022, 15(14): 4775.
[15] 唐官保 , 姚燕 , 王玲 , 等 . 应力作用下混凝土碳化深度预测模型 [J]. 建筑材料学报 , 2020. 23(2): 304-308.
[16] YAO Y, TANG G B, WANG L, et al. Difference between natural and accelerated carbonation of concrete at 2% CO_2 and 20% CO_2[J]. Romanian Journal of Materials, 2018, 48: 70-75.
[17] SHI X Y, ZHANG C, LIU Z Y, et al. Numerical modeling of the carbonation depth of meso-scale concrete under sustained loads considering stress state and damage[J]. Construction and Building Materials, 2022, 340: 127798.
[18] SHI X Y, ZHANG C, WANG L, et al. Numerical investigation on the influence of ITZ

and its width on the carbonation depth of concrete with stress damage[J]. Cement and Concrete Composition, 2022, 132: 104630.

[19] SHI X Y, YAO Y, WANG L, et al. A modified numerical model for predicting carbonation depth of concrete with stress damage[J]. Construction and Building Materials, 2021, 304: 124389.

[20] YAO Y, WANGL, LI J et al. Report of RILEM TC 281-CCC: effect of loading on the carbonation performance of concrete with supplementary cementitious materials—an interlaboratory comparison of different test methods and related observations[J]. Materials and structures, 2023,56(6): 110.1-110.13.

[21] YAO Y, WANGL LI J, et al. Recommendation of RILEM TC 281-CCC: Test method to determine the effect of uniaxial compression load and uniaxial tension load on concrete carbonation depth[J]. Materials and structures, 2023,56(7):121.1-121.9.

混凝土耐久性与服役环境的关系

郝挺宇，教授级高级工程师，中冶建筑研究总院混凝土材料领域首席专家，国家工业建筑诊治与改造工程技术研究中心副主任。兼任国际标准化组织ISO/TC71（混凝土、钢筋混凝土和预应力混凝土）专家、全国混凝土标准化技术委员会委员、中国硅酸盐学会房建材料分会理事、中国建筑学会建材分会理事、中国建筑学会建材分会建筑材料测试技术专业委员会副主任、中国混凝土与水泥制品协会混凝土材料与工程检测分会执行理事长。长期从事土木工程材料及混凝土结构耐久性领域研究，主持了国家“863”计划课题、“十三五”国家重点研发计划课题等重点科研项目，成果在多项国家重点工程中获得应用，主编、参编相关标准20余项，发表论文100余篇。

一、国外桥梁倒塌的警钟

2018年8月14日星期三，当晚风雨交加，天气恶劣，意大利热那亚莫兰迪高架公路桥突然垮塌，正常通勤的车辆猝不及防，纷纷从高约45米的桥面如树叶般坠下，造成43人死亡，多人受伤。事故造成大桥周围600多名居民被迫撤离，热那亚和意大利西北部地区及其通往法国的交通网络受到严重影响（图1）。

图 1　局部倒塌的莫兰迪大桥周边及混凝土废墟

该大桥 1967 年 9 月开通，其长度 1102 米、最大跨度 210 米。该桥以其设计者 Riccardo Morandi 的名字命名，他是意大利杰出的桥梁工程师，在大桥开通典礼上曾亲自向当时的意大利总统介绍该桥使用的新技术——预应力混凝土斜拉桥（图 2）。

图 2　设计师 Riccardo Morandi 向意大利总统介绍莫兰迪大桥

它是一座斜拉桥，垂直构件是由两个叠加的 V 形构成的支架，一个支撑着巷道梁，另一个支撑着上部系杆。桥塔之上用斜拉索将桥面固定，与现代斜拉桥用几十根钢拉索不同，每个桥塔只有 4 根拉索，且使用的是预应力钢筋混凝土，用混凝土将承受拉力的钢索封闭起来（图 3）。

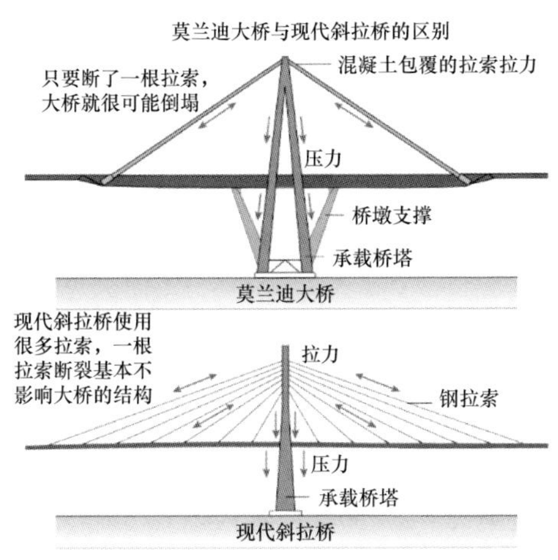

图 3　莫兰迪大桥的斜拉杆为预应力钢筋混凝土

采用上述结构后，莫兰迪大桥显得轻巧、干净利落，用钢量较少，通车后迅速成为当地的标志性建筑。意大利人也深以为傲，当时报纸报道中有这样的描述，“这座大桥的混凝土结构不需要任何维护，连它的拉索也不需要，因为拉索外包的混凝土防护层使其免受大气中有害介质的侵入。”

Riccardo Morandi 本人也因此桥声名鹊起，他用类似的技术在罗马机场、利比亚 Wadi el Kuf 桥（当时世界最高的单跨桥）等工程中都留下了作品，Morandi 本人于 1989 年去世。

这种结构的出现与 20 世纪 60 年代意大利的国情有很大关系，当时意大利正处于经济快速发展时期，其钢铁工业难以满足所有建筑用钢的需求，无法像美国纽约的布鲁克林大桥那样大量使用钢索建造桥梁。作为杰出的工程师，Morandi 带领大家使用混凝土建造的结构可达到钢结构同样的效果。时至今日，意大利仍是欧洲重要的水泥生产国。

20 世纪 60 年代，对混凝土材料和环境之间的相互作用知之甚少，环境污染或气候条件对腐蚀的加速作用也研究不多。关于混凝土耐久性、建筑的全寿命周期等概念更是远未普及。实际上，Morandi 本人在对该桥的检测中对桥梁老化超过他的预期感到奇怪，他在 1979 年曾撰写了一份报告，建议了一些干预措施以使该桥的混凝土结构能抵御附近工厂的污染及含盐海边空气的侵蚀。但这份报告未引起桥梁业主的重视，没有采取什么措施，直到 1992 年（设计师已去世 3 年了）发现标志性的混凝土拉杆已出现了严重的腐蚀。此时桥梁维护部门没有替换原来的拉杆，而是在出现腐蚀的拉杆四周再加上新的钢索，且仅对部分拉杆进行了此项加固措施，没有整体加固。到 2018 年 4 月，一家私营加固公司认为桥梁已非常危险，需全面实施维修加固，并计划在当年秋天开始此项工程，遗憾的是 8 月 14 日就发生了灾难性垮塌。

综上所述，莫兰迪大桥的灾难事故的起因是混凝土耐久性问题，即包裹钢质斜拉索的混凝土出现裂缝，在海风中氯离子等腐蚀性介质的长期侵蚀作用下，斜拉索逐渐锈蚀失效，2018 年 8 月 14 日最为薄弱的斜拉索首先断裂，然后桥面垮塌，导致了这场灾难。该桥于 2019 年 4 月 15 日开始重建，采用 T 钢梁和混凝土的混合结构，并于 2020 年 8 月 5 日建成通车。大桥有了新名字——圣乔治大桥，但对无辜逝去的 43 条生命，谁能让他们重生呢？

这个案例为我们敲响了警钟：混凝土结构并不像人们想象得那么耐久，如果掉以轻心，可能让人们付出沉重的代价！

二、工业环境与厂房混凝土结构耐久性

材料腐蚀是材料受环境介质的作用而破坏的现象。依据环境介质不同可将腐蚀分为自然环境腐蚀和工业环境腐蚀。与自然环境相比，工业环境中的腐蚀性介质种类及危害程度相当复杂。如我国冶金、化工、石油、纺织、造纸等工业部门中，由于长期使用、加工或生产对钢筋混凝土结构有腐蚀的物质，对厂房结构的腐蚀破坏时有报道，轻者需修复、加固，重者需拆除重建，由此带来的直接损失和间接损失十分惊人。据中国科学院金属研究所研究员韩恩厚介绍，我国每年为材料腐蚀付出的经济代价占 GDP 的 3.4%~5.0%，远

大于所有自然灾害损失的总和，这些腐蚀问题的44%集中在高速公路、桥梁、建筑工程等基础设施领域，其余则覆盖了石油化工、交通运输、能源和机械行业等领域。

工业建筑领域现行的国家标准是《工业建筑防腐蚀设计标准》（GB/T 50046—2018），自2019年3月1日开始实施，本标准对新建厂房设计中考虑土木设施的防腐蚀问题起到了重要作用。然而在工厂管理部门制定的管理制度中，与各种机械设备、管道的防腐蚀措施相比，钢筋混凝土厂房等土建基础设施的防腐蚀问题受到的关注远远不够。在土建设施的设计、施工、使用中，一般均需服从工艺需要，而对工艺流程中的腐蚀介质对结构构件的作用考虑不足。其结果是混凝土构件受腐蚀损坏的速度远远超出人们的意料，成为安全生产中的威胁，现列举作者亲历现场检测的三个工程，希望引以为戒。

实例1：东北某钢铁公司酸洗车间——酸、碱侵蚀

东北重工业基地某钢铁公司酸洗厂房，1980年设计，1982年建成投产，为预制装配式钢筋混凝土结构，由主跨Г/В-Д，附跨Г/В-В组成。主跨跨距15m，附跨跨距5m，柱距6m，建筑面积1920m^2。Г/В列和Г/Д列柱为预制工字形柱，独立的混凝土杯口基础，牛腿以上上柱为矩形截面，屋面梁采用预应力混凝土薄腹梁。原设计在8线至15线之间设置6m纵向天窗，共7孔，后又增加15线至17线之间两孔。采用П形钢筋混凝土天窗架，屋面板采用1.5m×6m预应力混凝土大型屋面板，吊车梁为钢筋混凝土结构，围护结构采用砖墙。车间平面如图4所示。

由于该厂房生产工艺不允许酸槽、碱槽设置遮盖，而且酸、碱均需要加热，使得酸液等有害介质蒸发量较大，且生产中纯碱喷溅、酸雾排放不畅，厂房结构长期工作在强酸、强碱、高温、高湿的环境中，结构构件受到严重的腐蚀。尽管厂方有关部门多次对酸洗厂房进行大量的维修管理，如及时对构件表面进行防腐处理，并于1995年、1996年和1997年间及时更换加固了

被腐蚀破坏最为严重的部分构件（如更换了15线、16线两榀屋面梁；对12线、13线、14线屋面梁进行补强加固；对8－17线的天窗进行更换，及相应的11－17线间的屋面板；更换Γ/B列11－17线间的6根吊车梁；加固了Γ/B列8－20线的柱子的牛腿以下工字形截面部分）。但由于生产工艺没有根本改变，特别是酸雾排放不畅，厂房结构长期在恶劣的环境中使用，因而厂房结构的腐蚀损伤不断加重，从2004年开始，车间不断出现屋顶混凝土掉块，已经危及结构的安全使用。2005年该车间经相关单位进行了可靠性鉴定，主要结论为：

（1）屋盖系统中的9、10、12、13、14共5根屋面梁被评为Cd级，梁体遭受较严重的腐蚀，构件截面削弱，且钢筋锈蚀严重，承载能力严重低于国家规范要求，需及时更换；另外还有8、11、16、17共4根屋面梁被评为C级，其承载能力低于国家规范要求，应采取措施进行加固修复；另有5块屋面板被评为D级，已危及结构安全，需予以更换，其他被评为C级的构件应予以加固修复。

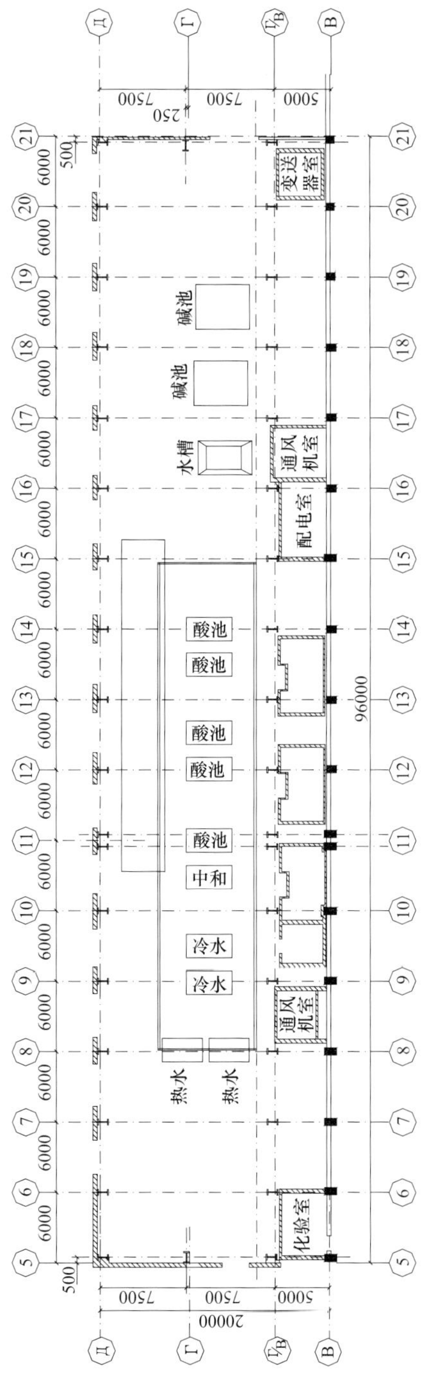

图4 酸洗车间平面布置示意图

（2）支撑系统被评为C级，多数构件严重锈蚀，有些已明显变形，需及时进行防腐处理；围护结构中 Γ/B 墙体受腐蚀严重，窗子出现掉落，屋面防水局部破坏，围护系统被评为C级，需采取相应措施处理。

（3）厂房结构总体可靠性评定为三级偏下，其中承重结构系统可靠性评为Cd级，主要承重构件子项多为C级，表明主要承重构件子项总体略低于国家现行规范要求，应采取措施维修；有些构件中部分子项严重不符合国家规范要求，对厂房的结构安全性造成重大隐患。

该车间主要的腐蚀源头是酸洗池和碱洗池。酸洗池中主要是硫酸，根据所洗钢种不同其浓度约为20%~30%，另外在硫酸中还加有1%~2%的盐；碱洗池主要是烧碱的高温溶液，掺入20%~25%的硝酸钠。钢件在池中清洗时需要高温，常把酸液、碱粉溅向空中，对梁、上柱等构件的侵蚀逐渐积累，是造成前述构件破坏的主要原因，现场情况如图5所示。

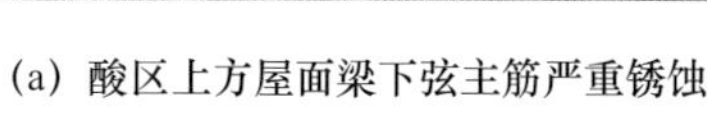

（a）酸区上方屋面梁下弦主筋严重锈蚀

（b）碱区上方屋面梁腹板覆着大量碱渣

图5　酸区、碱区上方预应力屋面梁的腐蚀状况

混凝土构件的强度来源于水泥石，而水泥石是高碱性物质，主要由水化硅酸钙、羟钙石等组成，遇到硫酸等酸性介质时会很快发生反应，产生由表及里的粉化、掉块等，腐蚀严重时使混凝土丧失强度。另一方面，强碱（NaOH）也会侵蚀普通混凝土，其侵蚀特点是分解混凝土中的水化硅酸钙、铝酸钙等水泥水化产物，使水泥石逐渐丧失强度。

实例 2：某纯碱生产车间——食盐侵蚀

北方某纯碱厂是我国纯碱行业的大型骨干企业之一，采用氨碱法制造 Na_2CO_3，所用主要原料之一是饱和食盐水，需要在工厂储存、运输大量的 NaCl 及其溶液。负责全厂防腐工作的管理人员主要忙于大量管道的防腐，对工业厂房等基础设施可能遭受氯离子的侵蚀后果评估不足。该厂第一批厂房建于 20 世纪 80 年代后期，运行不到 10 年，全厂多处就已开始出现厂房梁、柱等构件的严重裂缝，其主要原因是工业环境中的 Cl^- 侵入混凝土后导致钢筋锈蚀，发展造成顺筋开裂，如图 6 所示。

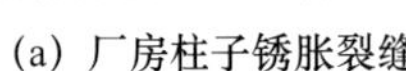

(a) 厂房柱子锈胀裂缝

(b) 食盐输送栈桥

图 6　某碱厂混凝土构件的锈胀开裂

为确定氯离子的侵蚀深度，在蒸气车间的梁及产品栈桥的柱上分别取混凝土芯样，沿深度方向每 10mm 切成一片，去除粗骨料后分析砂浆中 Cl^- 含量，折算成 $1m^3$ 混凝土中含量，结果如图 7 所示。

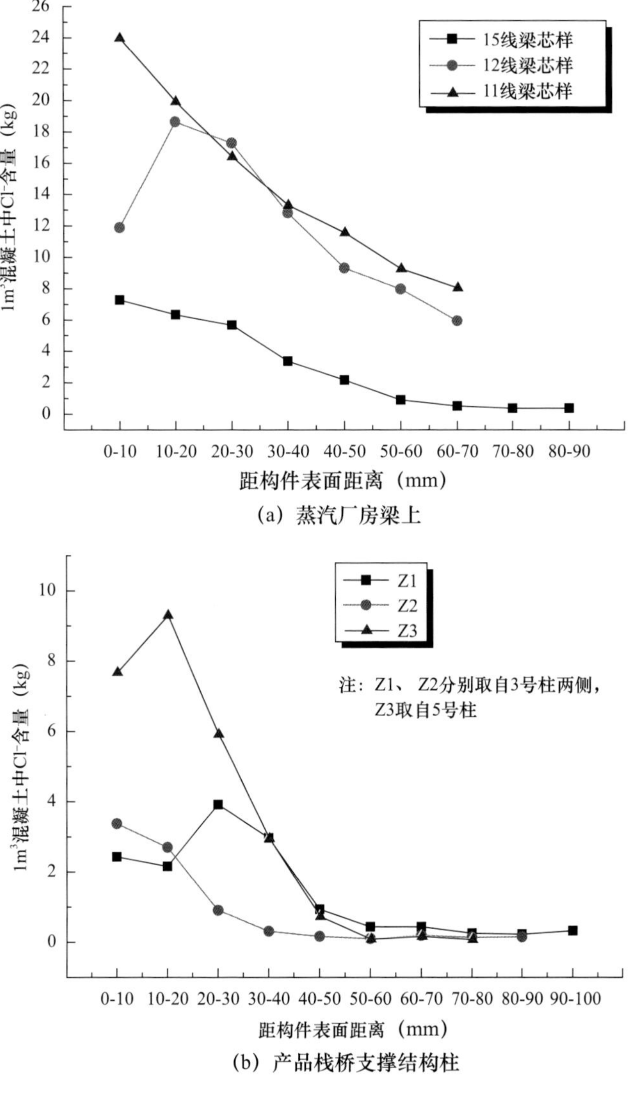

图 7　某碱厂厂房构件上所取芯样不同深度氯离子浓度

从图 7 可知，砂浆中氯离子分布呈明显的外界侵入形态：蒸气车间梁上外界氯离子侵蚀深度为 70~90mm，产品栈桥柱子上侵入约 50~60mm。

氯离子是导致钢筋钝化膜破坏的最致命因素，只要钢筋表面氯离子浓度超过一定界限，无论保护层混凝土是否碳化，钢筋钝化膜均会发生活化，在有水分存在的情况下，迅速导致钢筋锈蚀，其主要反应式如下，反应最终产物氢氧化铁 $Fe(OH)_3$ 即是铁锈。

$$2Fe—4e^{-} \rightarrow 2Fe^{2+}$$

$$Fe^{2+} +2Cl^{-}+4H_2O \rightarrow FeCl_2 \cdot 4H_2O$$

$$FeC1_2 \cdot 4H_2O \rightarrow 2Fe(OH)_2 \downarrow +2Cl^{-}+2H^{+}+2H_2O$$

$$4Fe(OH)_2+O_2+2H_2O \rightarrow 4Fe(OH)_3 \downarrow$$

金属铁变为铁锈后，体积增大 2.5~7 倍，在构件角部等部位极易导致钢筋的保护层开裂。混凝土一旦开裂，裂缝成为外界有害介质进入混凝土内部的大通道，又加剧了锈蚀的发展。其结果是受力钢筋截面面积逐渐减少，直至威胁结构安全。

该厂在发现构件裂缝过宽（＞ 2mm）后，曾进行过外包玻璃丝布加固等处理。但未考虑已扩散进入构件内部的氯离子的作用，结果加固仅 2 年后，又因钢筋锈蚀导致开裂，甚至外包的玻璃丝布也被胀开。类似错误在其他锈损结构的修复中也常见到，仅仅对钢筋除锈后，就用新混凝土恢复保护层，或用其他措施加固，其结果是短期内混凝土再次开裂，原因正是侵入混凝土内部氯离子的腐蚀作用。

实例 3：某钢厂轧钢车间——湿热循环

某钢厂轧钢车间建于 20 世纪 70 年代初期，厂房主体结构采用钢筋混凝土排架结构，厂房主体结构为三跨，跨度为 24m，基本柱距为 6m；屋架系统为折线形预应力钢筋混凝土屋架，天井式天窗，由两根钢筋混凝土梁和一根工字形钢梁支承，屋面板为 1.5m × 6m 大型预应力轻骨料钢筋混凝土屋面板。2003 年 6 月 26 日 18 时 52 分，该钢厂轧钢车间 BD 跨 47—48 轴有两块屋面板（非檐口板）发生坠落，虽无人员伤亡，但对该车间土建结构的安全性敲响了警钟。

在对该车间局部区域的可靠性进行检测鉴定时，检测的重点区域是屋面板。当乘天车在屋面板下进行检测时，观察到车间的檐口板因雨水长期作用，普遍存在明显的劣化损伤，其特征为混凝土泛碱严重，板面局部混凝土保护层脱落、钢筋裸露，部分屋面板端部混凝土出现锈胀破坏。但BD跨之间的屋面板除个别渗漏外，多数未发现明显劣化和损伤，特别是天井附近的屋面板（包括掉落处）表面上未发现危险的迹象。那么屋面板掉落的原因何在?

从现场观察可知，轧钢车间轧机工作时产生大量水蒸气，经天窗排出，造成天窗附近的屋面板长期处于湿热及干湿循环状态，其工作环境比其他屋面板恶劣。所以后来决定上屋面检查，并发现了天井处屋面板出现掉落的主要原因。

因厂房采用了天井式天窗，如图8（a）所示，在屋面上可借助梯子下到井下板上检查出风口处的喉口板。此次现场检测共检查了44轴—54轴线的喉口板10块，其中6块已发生严重损伤。其中最严重的是51轴—52轴线靠近B列的喉口板，其外侧纵肋的主筋保护层全部脱落，一侧端头的混凝土因预应力主筋及附加构造钢筋的锈蚀而胀裂成酥块状，预应力主筋回缩悬垂，如图8（b）所示。同时该侧纵肋上已出现6条竖向裂缝，最大宽度1mm，情况非常危险。其他5块板也存在不同程度的纵肋纵向锈胀裂缝、横向受力裂缝、主筋锈蚀、端部混凝土胀裂等危及结构安全性和耐久性的病害。

综合其他检查结果，结合图8可推断：对位于车间热源（初轧机）上方的喉口板而言，恰好是热空气出口，加上雨水可直接作用到纵肋上，冷热和干湿循环交替加速了混凝土的劣化，钢筋先是轻微锈蚀，然后严重锈蚀，导致保护层脱落，端部附加埋件锈蚀，混凝土脱落，钢筋和混凝土之间的黏结逐渐丧失，耐久性问题转化为安全性问题，直至大肋变为素混凝土板肋，在自重下即产生竖向裂缝，并最终发展成丧失承载能力而坠落。

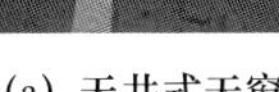
(a) 天井式天窗

(b) 喉口板大肋主预应力钢筋

图 8 屋面检查发现的喉口板典型破坏

归结上述三例，均属于不同腐蚀介质侵蚀钢筋混凝土结构厂房的问题，导致的主要后果是混凝土中钢筋的锈损和构件可靠性的逐年下降。

（1）轧钢车间天窗附近属湿热、干湿交替环境，喉口大型屋面板服役寿命 30 年左右，大肋预应力主筋保护层完全脱落，锚固端锈胀，构件安全性不保；

（2）纯碱厂中的饱和食盐水在储、运中与梁、柱等构件接触，使后者仅使用 10 年左右即顺筋开裂 2~5mm，且 Cl^- 向混凝土内部渗透深度达 70~100mm，给修复工作带来极大困难；

（3）酸洗车间因工艺原因，酸雾、碱雾排放不畅，直接接触混凝土构件，即使在有防腐涂料的情况下，构件也在使用 10 多年后也发生了严重的耐久性损伤，个别构件，如屋面梁已到了必须更换的地步。

以上实例充分说明服役环境对工业厂房混凝土结构耐久性的重要影响。

三、问诊既有结构混凝土耐久性

如同人的生老病死规律一样，结构混凝土也有其“全寿命周期”，如何延长既有混凝土结构的服役年限成为世界各国研究的热门领域之一，其中对既有结构混凝土耐久性进行高效“问诊”离不开对混凝土材料的深刻理解。

2022 年 7 月公布的《中华人民共和国职业分类大典》中，首次将“混凝土工程技术人员”列入，新设职业编号 2-02-19-04。相关部门正在考虑，是否像国外一样，专门在混凝土工程技术人员中设一类“混凝土病害诊断工程师”，若真能如此，则作为从业二十多年问诊混凝土病害的笔者，必深感荣幸。

参考文献

[1] 郝挺宇 , 王富江 , 吴志刚 , 等 . 不同工业介质对钢筋混凝土厂房结构的腐蚀和耐久性影响 [J]. 工业建筑 , 2010,40(6), 36-39.

[2] 洪乃丰 . 基础设施腐蚀防护和耐久性问与答 [M]. 北京：化学工业出版社 , 2003.

[3] NEVILLE A M. 混凝土性能 [M]. 郝挺宇 , 译 .5 版 . 北京：中国建筑工业出版社 , 2021.

[4] 洪定海 . 混凝土中钢筋的腐蚀与保护 [M]. 北京：中国铁道出版社 , 1998.

[5] HAO T Y. Investigation on concrete durability of several typical industrial building [C]// High-Performance Concrete Committee of the China Ceramic Society. Abstracts of The 10th International Symposium on High Performance Concrete-Innovation & Utilization. [出版者不详], 2014:23.

[6] 冯乃谦 , 郝挺宇 . 混凝土结构的电化学保护技术 [M]. 北京：中国建筑工业出版社 , 2019.

高原复杂环境下混凝土耐久性提升技术

王振地，工学博士，教授级高级工程师，博士生导师，“十四五”国家重点研发计划项目青年首席科学家，德国慕尼黑工业大学访问学者，入选中国科协“青年人才托举工程”，获中国硅酸盐学会青年科技奖。担任中国建筑材料研究总院有限公司混凝土科学与工程研究所所长，兼任中国建筑材料联合会专家委员会混凝土学部委员，中国硅酸盐学会测试技术分会磁共振委员会副主任委员，国际材料与结构研究实验联合会RILEM TC-276 DFC（水泥基材料数字化制造技术委员会）委员等10余个学术组织委员。致力于混凝土耐久性和3D打印等方面研究。主持在研和完成国家重点研发计划项目、课题、子课题、国家自然科学基金面上项目、青年基金等科研项目17项，参与国家级、省部级科研项目10余项；主编和参编国家标准和行业标准6项；在国内外著名期刊上发表学术论文50篇，其中SCI/EI收录论文32篇；研究成果制定为国际标准1项；授权发明专利26项，其中国际专利2项。获省部级奖3项。

王　玲，中国建筑材料科学研究总院有限公司教授级高工、博士生导师，中国建材联合会混凝土外加剂分会副理事长、秘书长，全国混凝土标准化技术委员会（SAC/TC 458）副秘书长，全国水泥制品标准化技术委员会（SAC/TC 197）委员，RILEM TC-246 TDC秘书长，RILEM TC-281 CCC WG4联合主席。

长期从事混凝土耐久性和混凝土外加剂的科研、技术开发和标准化工作。主要研究领域：极端环境下长寿命混凝土制备及应用技术、高速铁路无砟轨道混凝土新材料、荷载与典型服役环境耦合作用下混凝土耐久性评价与寿命预测、海洋地材混凝土制备和性能提升技术等。

研究成果获国家科技进步奖1项，省部级科技奖励10余项，授权专利50余项，编制混凝土及外加剂标准10余部。

一、研究背景

随着我国经济社会的不断发展和城市化进程的推进，建设范围日渐扩大，基础设施建造逐渐由常规区域向复杂艰险地区拓展，以交通工程和水利工程为代表的国家重点工程对高原混凝土的需求逐年增加。例如，2016—2019年西藏地区的商品混凝土增长率连续三年居全国第一[1-3]。同时，高原地区的平均海拔在4000m以上，气压低、正负温天数多、常年大风、气候变化快，高原复杂环境使混凝土制备和应用困难，对混凝土的高耐久和长寿命提出了挑战。

工程实践中发现，高原复杂环境对混凝土以下几个方面的性能造成的影响需要重视并采取措施：(1) 混凝土的抗冻性。高原高海拔条件下，温度随海拔高度的增加而降低，海拔每升高100m，气温下降约0.6℃[4]，因此作为世界屋脊的青藏高原地区年平均温度低；此外，高原地区温差大，白天的最高气温可以达到20~30℃，而夜晚最低温度可低至0℃以下，一天内可实现正负温的交替，冻融频繁。除此之外，随着海拔升高、气压下降，在高原地区制备的混凝土含气量低于平原地区，存在引气效率不高的问题[5]，引气不足又难以提升混凝土抗冻性，因此高原高海拔下混凝土抗冻性提升技术应进行系统研究。(2) 混凝土抗裂性能。高原地区昼夜温差大，混凝土内水化放热与周边环境气温骤降会在混凝土表层中形成较大的温度梯度，混凝土内温度应力超过允许的抗拉强度将引起开裂。高原地区往往还伴随着低湿度和大风环境，使混凝土表层快速失水，自收缩和干燥收缩大导致混凝土易开裂。(3) 高原地区由于蒸发大，地下的矿物质在毛细作用下被带至地表，加之一些地区存在盐沼泽区，容易导致普通混凝土桩基腐蚀，出现烂根等现象[6]，降低混凝土桩基承载能力，危害混凝土结构安全。

上述高原复杂环境引起的混凝土耐久性变化并不能包含高原地区混凝土工程中遇到的全部问题，但却是当前高原混凝土工程中相对普遍的问题，同时也是学术界研究相对集中的领域。系统研究并揭示高原复杂环境对混凝土耐久性的影响对于提高国家重点工程的质量，提升混凝土耐久性和服役寿命具有重要的经济价值和社会意义。中国建筑材料科学研究总院有限公司“十三五”期间在国家重点研发计划项目的支持下，就高原复杂环境下长寿命混凝土制备与应用技术方面进行了一些有益的探索，以期探明混凝土性能劣化机制，针对性地开发新材料及技术以满足川藏和青藏地区的国家重大建设需求。

二、高原低气压下混凝土抗冻性提升

（一）高原低气压下混凝土的抗冻性基本情况

1. 高原低气压下混凝土的含气量

相同的混凝土原材料在拉萨（60kPa）和北京（100kPa）地区制备成新拌混凝土后的初始含气量和 1h 含气量损失情况如图 1 所示。从图 1（a）可以看出，60kPa 低气压下采用六种传统引气剂的混凝土初始含气量均低于 100kPa 常压下混凝土的含气量。计算可知，混凝土 A（使用皂甙引气剂）和混凝土 C（使用松香引气剂）分别降低 6% 和 8%，降低的程度较小；混凝土 B（使用十二烷基苯磺酸钠引气剂）和混凝土 D（使用聚醚引气剂）分别降低 28% 和 22%，降低的程度较大；使用阳离子双子型引气剂的混凝土 E 含气量降低 15%，使用阴离子引气剂的混凝土 F 降低 8%。60kPa 下 6 种引气混凝土的含气量比 100kPa 下平均降低 18.6%。

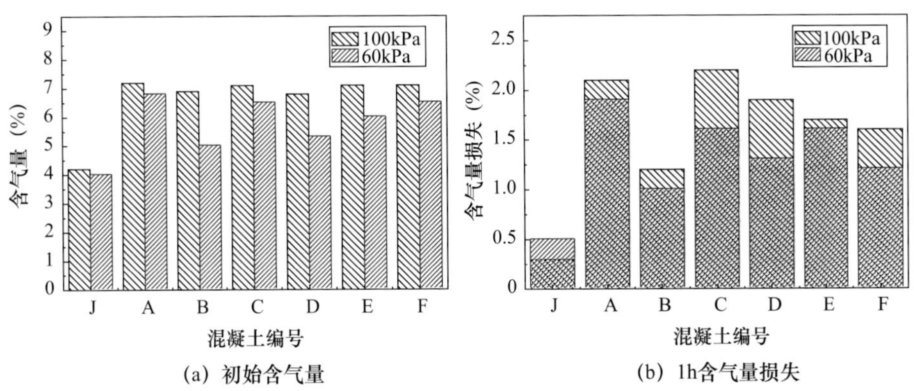

(a) 初始含气量　　(b) 1h含气量损失

图 1　60kPa 和 100kPa 下引气混凝土的初始含气量及 1h 含气量损失

从图 1（b）可以看出，低气压下引气混凝土含气量经时损失比常压下含气量损失减少。这与平原地区混凝土初始含气量越大、混凝土含气量损失越大的规律相似。

2. 高原低气压下混凝土的抗冻性

根据混凝土材料科学的常识可知，混凝土含气量的大小与抗冻性密切相关，含气量的损失具体反映到混凝土抗冻性能的结果如图 2 所示。图 2（a）显示的是常压和低气压环境下混凝土相对动弹性模量（RDEM）随冻融循环次数的变化规律。随着冻融循环试验的进行，可以发现，低气压环境下制备混凝土试件其 RDEM 下降速率均早于常压环境下制备的混凝土试件。2 组引气混凝土在常压环境（N_{ap}–Z、N_{ap}–B）下的最大冻融循环次数与常压下的基准混凝土 N_{ap}–Control 相比分别提高了 100% 和 150%。而在低气压环境下，2 组引气混凝土（L_{ap}–Z、L_{ap}–B）的最大冻融循环次数比基准混凝土 L_{ap}–Control 仅增加 50% 左右。这说明同样的引气剂掺量，在高原低气压下引气效率下降，加入常规引气剂提升混凝土抗冻性的效果不理想[8]。

图 2（b）是常压和低气压环境中制备混凝土的质量损失随冻融循环次数的变化规律。在 50 个循环内，冻融破坏导致混凝土内部产生微裂纹，增大了

混凝土的吸水空间，混凝土的饱水程度逐步增加。质量损失在早期的变化需结合 RDEM 联合分析，虽然常压下基准混凝土质量损失高于低气压下基准混凝土，但 RDEM 保留值更高。对比引气混凝土可以发现，低气压下制备的混凝土不仅质量损失速率快，RDEM 的保留值也更低，这说明低气压下制备的混凝土抗冻性下降，在抗冻性要求较高的高寒区域，如不改善混凝土抗冻性，可能难以满足服役要求。

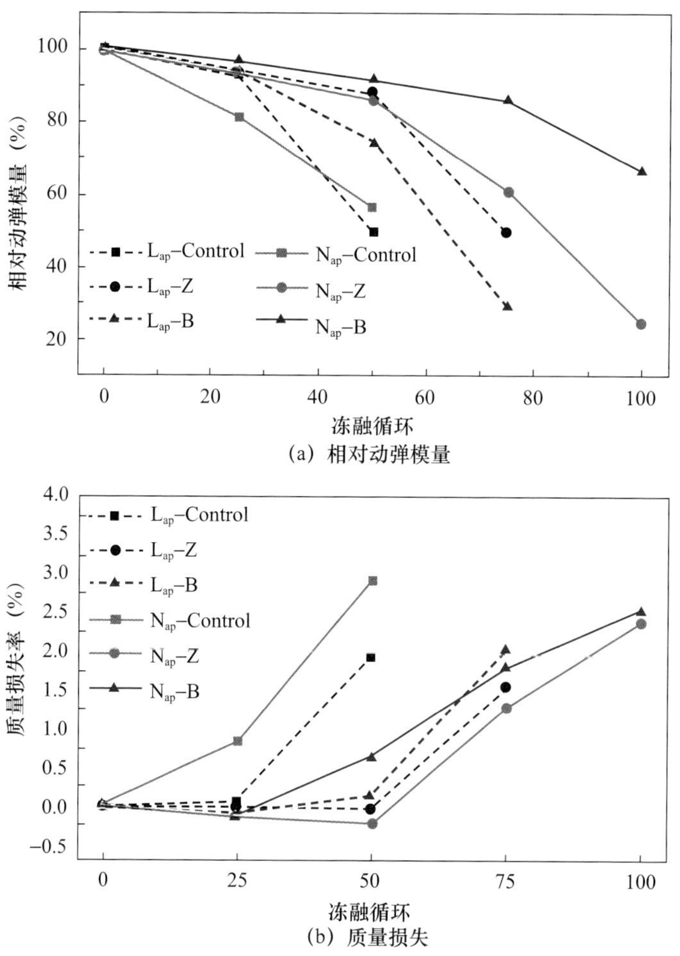

（a）相对动弹模量

（b）质量损失

图 2　高原低气压（Lap）与常压环境（Nap）下制备混凝土的抗冻性

（二）双子型高原引气剂的研制及其对高原混凝土抗冻性提升效果

1. 双子型高原引气剂的研制

低气压下引气剂效用降低的主要原因是引气剂溶液的表面张力增加和气体经过气泡液膜的扩散通量增加造成的气泡稳定性降低。研究发现低气压对皂甙类引气剂和松香类引气剂和双子型引气剂的影响较小。松香类引气剂中三元菲环的分子刚性大，不易发生扭曲变形，可以形成高弹性的界面吸附膜[9]，气泡稳定性好。双子型引气剂分子结构中连接基团可以降低分子亲水基之间的静电斥力，使分子在气泡液膜上排列紧密，受低气压的影响更小。由于连接基的存在，离子基团间因为静电斥力存在的距离被拉近，表面活性剂分子在气液界面上的排列更加紧密，溶液的表面张力减小，形成气泡的稳定性明显提高[10-11]。因此合成含有刚性基团和双子结构的引气剂将有助于提升高原混凝土的引气效率和抗冻性。基于这一设想，以马来松香为原料，与环氧氯丙烷发生酯化反应制备中间产物，然后与四甲基乙二胺或者四甲基丙二胺反应，制备出了两种马来松香基双子型引气剂 MRE 和 MRP，通过与低气压环境下表现较好的松香引气剂 SX 对比，获得了高原低气压环境下 MRE 和 MRP 对混凝土抗冻性的提升效果。

2. 掺有双子型高原引气剂的混凝土在高原低气压下的含气量

掺有 MRE 和 MRP 双子型高原引气剂的混凝土在不同气压下的含气量变化如图 3 所示。从图 3 中得到，60kPa 下，掺 SX 引气剂的 C 组混凝土初始含气量损失 9%，在传统引气剂中属降低程度较小的。而掺 MRE 和 MRP 引气剂的 R 和 P 组混凝土初始含气量仅降低了 2% 和 4%。低气压下掺加 MRE 和 MRP 混凝土的初始含气量比掺加 SX 的混凝土增加 5% 和 7%，低气压对 MRE 和 MRP 引气效能的影响优于 SX 引气剂。同时可以看到，掺有 MRE 和 MRP 混凝土的含气量 1h 损失都小于掺加 SX 引气剂的混凝土，这表明在低气压下 MRE 和 MRP 的引气效果优于常规引气剂。

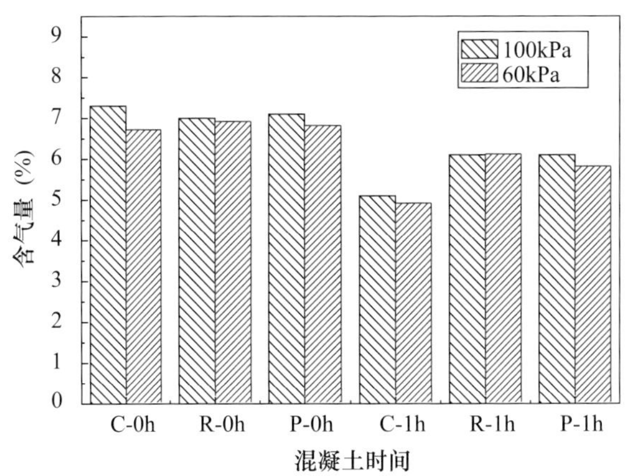

图 3　掺有 MRE 和 MRP 双子型高原引气剂混凝土的含气量

3. 高原低气压下混凝土的抗冻性

表 1 是 200 次冻融循环后掺有不同引气剂混凝土的 RDEM 结果。可以发现，在 60kPa 下制备的混凝土 RDEM 均低于 100kPa 下制备的。将 60kPa 下混凝土与 100kPa 下的混凝土对比可以发现，C 组、R 组和 P 组的 RDEM 分别减少 10%、5.5% 和 4.2%。低气压下掺有 MRE 和 MRP 混凝土的抗冻性比掺常规引气剂 SX 的更优异。表 2 是 28 次单面盐冻后混凝土的抗冻性结果。从表 2 中可见，无论是 60kPa 还是 100kPa 下，单面盐冻 28 次循环后 R 和 P 组混凝土的 RDEM 保留率高于掺有 SX 引气剂的基准组 C；质量损失的结果更加明显，60kPa 下，R 组和 P 组的质量损失比 C 组分别减小了 350% 和 221%，在 100kPa 气压下，则分别减小了 417% 和 158%，吸水率的数据也验证了这一结果，这表明掺入 MRE 和 MRP 双子型高原引气剂大幅度提高了混凝土的抗冻性，解决了常规引气剂引气效率低、对抗冻性提升效果不明显的问题。

表 1　200 次冻融循环后混凝土相对动弹性模量

大气压	相对动弹性模量（%）		
	基准组 C	P 组	R 组
100kPa	89.6	87.1	90.9
60kPa	80.4	82.3	87.1

表2　28次单面盐冻后混凝土的抗冻性

小组	相对动弹性模量（%）		质量损失（$g \cdot m^{-2}$）		吸水率（$g \cdot m^{-2}$）	
	60kPa	100kPa	60kPa	100kPa	60kPa	100kPa
C	82.9	85.8	450	310	1200	880
R	86.7	88.6	100	60	750	750
P	87.8	88.7	140	120	670	640

三、高原大蒸发与大风环境下混凝土抗裂性能提升

（一）特种水泥提升高原复杂环境下混凝土的抗裂性

前述提到高原混凝土不仅面临大蒸发和大风环境，还将遭受大温差引起的温度应力，因此高原环境下混凝土要求具有较高的抗裂性。现有平原区域的抗裂技术仍可用于高原地区以提高混凝土的抗裂性，但由于环境因素的复杂性，抗裂提升效果不如平原地区明显。通常地，工程中大多数从混凝土端采取措施提高抗裂性，而从水泥端入手提升混凝土抗裂性往往被工程领域所忽略。中国建材总院研发的低热水泥是以硅酸二钙为主导矿物，采用低热水泥配制的混凝土具有需水量低、坍落度经时损失小、绝热温升低、后期强度高等特点。此外，低热水泥混凝土断裂能大，起裂韧度和失稳韧度分别是通用硅酸盐水泥混凝土的1.17倍和1.24倍，阻裂能力强，有利于控制混凝土裂缝，提高混凝土抗裂性能[12]。低热水泥混凝土的温升发展缓慢，在高原大温差环境下，有利于降低外界环境与混凝土基体的温差，减小温度应力对混凝土的影响。起裂韧度和失稳韧度高则可以在大风和高蒸发环境下提高混凝土的开裂阈值，降低因收缩而引起的开裂风险。

低热水泥已在复杂艰险山区的水利工程大体积混凝土中应用，取得了巨大的成功，真正实现了“无缝大坝”。目前，低热水泥也已在高原高海拔地区的重大交通工程中规模化应用，并取得了良好的效果，证明了低热水泥比通用硅酸盐水泥具有更好的抗裂性能，可为高原复杂环境下混凝土抗裂性能提升提供更多的技术选择。

图4　低热水泥混凝土实现在白鹤滩水电站全坝应用

（二）“外敷内养”式养护提高大蒸发与大风环境下混凝土抗裂性

在大风和大蒸发环境下，加强养护仍是非常经济和有效地降低开裂风险的措施之一。但由于高原混凝土工程的海拔落差大，超高的桥墩等建筑物依靠人工洒水养护非常困难，且洒水养护在大风环境下混凝土表层水分会迅速散失，养护效果很差。

为实现在混凝土拆模后不受外界大风的影响，课题组开发出一种拆模后可以保留在混凝土表面的“零暴露期”养护材料[13]，抑制表面水分向环境散失，保证养护期内混凝土表面湿度＞95%，达到了较好的养护效果，降低了开裂风险。施工时先将保湿养护材料贴在模板表面，再进行支模和混凝土浇筑，混凝土持续水化，待混凝土达到脱模强度后，拆除模板时“零暴露期”养护材料可以与模板脱开并留在混凝土表面，从而抑制混凝土表面水分散失，如图5所示。

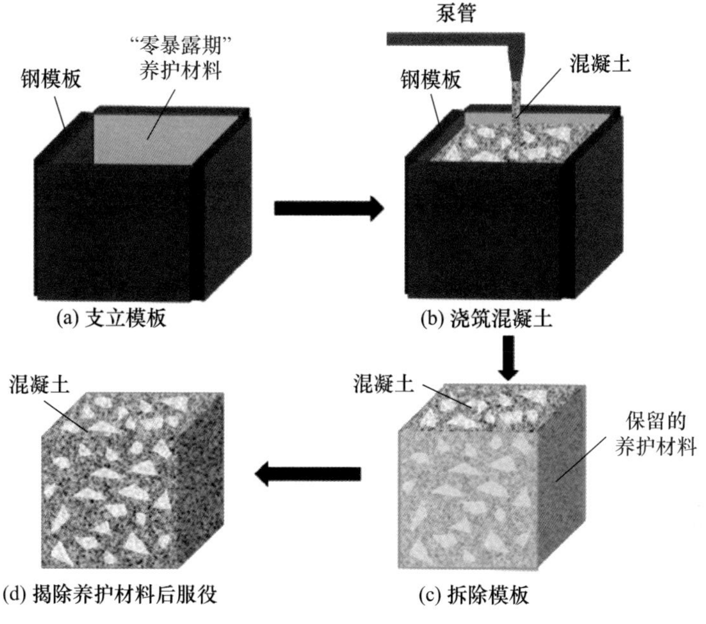

图5　零暴露期保湿养护技术示意图

采用“零暴露期”养护材料的混凝土在14d养护周期内，通过表面湿度传感器监测，混凝土表面湿度始终大于95%。保证了“零暴露期”养护材料抑制了水分向外部环境中散失，在“零暴露期”养护膜与混凝土间形成较高的湿度，降低了混凝土表面失水和干燥收缩。

“零暴露期”养护材料可以最大限度地保证表面水分不在大风和高蒸发环境下丧失，降低混凝土的干燥收缩，但是不能补充水分，对降低自收缩的作用有限。高分子材料SAP内养护剂被认为是一种提高混凝土内部湿度、降低自收缩的有效方法，但SAP单掺会使水泥基材料的抗压强度降低约5%～15%[14]。为提升高原复杂环境下混凝土的内部湿度，降低混凝土的自收缩，同时不对混凝土的强度造成影响，综合“零暴露期”养护材料形成“外敷内养”的无人化高原环境下混凝土养护模式，课题组利用经典高分子凝胶Flory吸水理论和凝胶相转变理论，以高支化、多活性接枝点、高亲水性的交联剂作为高分子主链，以无机材料为交联网络骨架，通过支链空间结构以及支链接枝功能基团设计，研制出了具有交联网络结构的无机 - 非离子型接枝共聚物增强内养护材料，既解决了掺入 SAP 对混凝土强度的影响，又克服了非离子型聚合物在水泥混凝土水化碱性环境下低吸水倍率的缺点，实现了降低自收缩、不降低强度的设计目标。图 6 是掺有增强型内养护材料的砂浆（Cem-N_1 和 Cem-N_2）抗压强度与掺有市售 SAP 砂浆（Cem-A 和 Cem-B）强度的对比。可以看出，Cem-A、Cem-B 和 Cem-N_1 三种 SAP 在 7d 时的强度均低于基准组 Ref-1 和额外引水的基准组 Ref-2。只有 Cem-N_2 的 7d 强度高于两个基准组。在第 28d，Cem-N_1 组的抗压强度与额外引水的基准组 Ref-2 基本相当，但低于基准组 Ref-1。而 Cem-N_2 组的抗压强度不仅高于基准组 Ref-2，还高于基准组 Ref-1 近 7MPa，证明了增强型内养护材料不仅没有影响混凝土的强度发展，还在一定程度上促进了力学性能的提升。

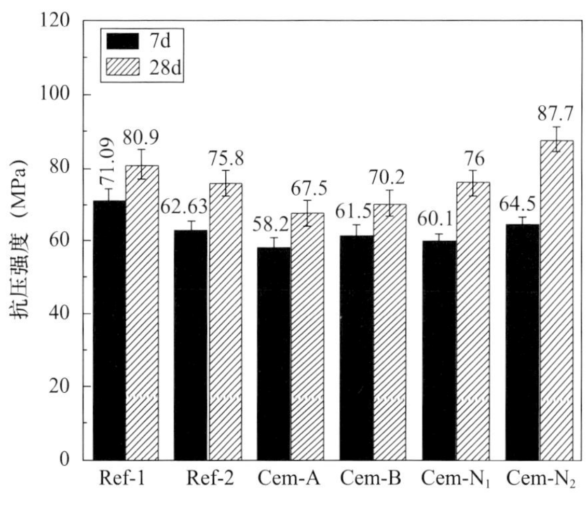

图 6　不同内养护剂对水泥砂浆强度的影响

通过“零暴露期”养护材料和增强型内养护材料，可以实现“外敷内养”的高原复杂环境无人化养护，且不会对混凝土造成负面影响。

四、高原大温差环境下混凝土抗渗耐蚀性能提升

西部高原地区存在盐腐蚀环境，同时还面临干湿循环作用，盐腐蚀和干湿循环耦合作用会加剧水泥基材料的破坏。通常采用最紧密堆积技术实现混凝土的致密化，抑制外界有害离子入侵，或者利用自修复材料实现混凝土综合性能的恢复[15-16]。为提升高原地区的混凝土抗渗耐蚀性能，课题组以高分子聚合物聚N-异丙基丙烯酰胺（PNIPAM）为相变材料，利用PNIPAM在水中存在低临界溶解温度（LCST）特性，当周围环境温度低于LCST时，PNIPAM高分子链会伸展为无规则链状，凝胶保持溶胀状态，吸收水分并抑制水分传输，从而抑制离子的迁移（图7），当周围环境温度高于LCST时，PNIPAM大分子链会坍缩成球状，凝胶从溶液中析出为固体，堵塞孔隙，形成薄膜网络。与水泥水化物交错在网状结构内部，能够分散微裂纹所产生的内部尖端应力，延缓裂纹的萌生与扩展，所以PNIPAM凝胶的加入能够增加水泥材料的抗折强度和抗压强度[17]。利用相变特点，将PNIPAM凝胶掺入水泥基材料中，有助于提高高原大温差、干湿循环、盐腐蚀等复杂环境下水泥基材料的抗渗耐蚀性能。

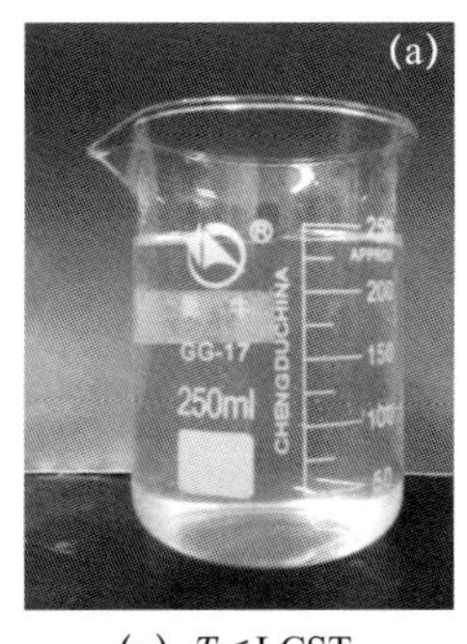

(a) T<LCST

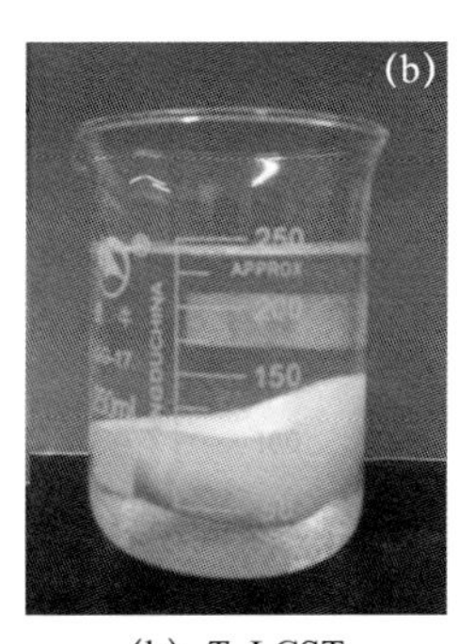

(b) T=LCST

(c) T>LCST

图7　PNIPAM在不同温度下的相变过程

图8为水泥基材料在质量浓度为5%硫酸盐溶液中浸泡28d后的质量和强度变化情况。可以看出，随着PNIPAM凝胶掺量增加，水泥基材料的质

量和强度损失逐渐减小，PNIPAM 凝胶的加入改善了水泥基材料的抗硫酸盐侵蚀性能。当 PNIPAM 凝胶掺量为 1.0% 时，质量损失率和强度损失率最小，相对于空白组分别降低了 8.2% 和 8.6%。在此掺量下增加 PNIPAM 凝胶掺量，则对抗硫酸盐侵蚀性能的提升作用逐渐降低，表明了 PNIPAM 凝胶存在最佳掺量点，适量掺入 PNIPAM 凝胶可改善水泥基材料的抗渗耐蚀性能。

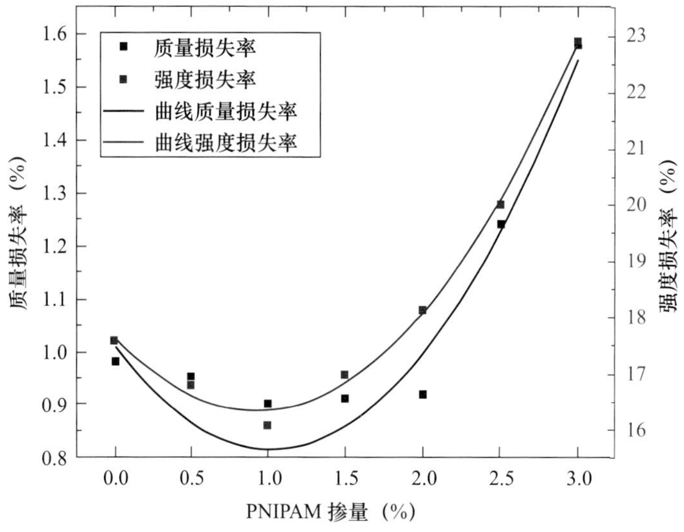

图 8　硫酸盐侵蚀后水泥基材料质量与强度损失情况

五、结语

本文总结了近五年来在高原复杂环境下混凝土耐久性提升技术方面的进展，研制了马来松香基双子引气剂，改善了高海拔低气压环境下常规引气剂引气效率不高的问题，提升了混凝土的抗冻性；通过低热水泥的应用，从胶凝材料层次提升了混凝土的抗裂性能，降低了混凝土端技术调整的难度。开发的“外敷内养”式无人化养护新工艺，可以降低劳动强度，提高混凝土工程的养护技术水平，降低混凝土开裂风险；提出的相变抗渗方法，利用了高原大温差的环境特点作为驱动力，实现了在盐腐蚀和干湿循环作用下高原混凝土的抗渗耐蚀。

需要指出的是，随着高原环境下重大工程项目的推进，高原地区地理和气候等因素对混凝土制备和应用带来的挑战越来越多地显现出来，难以用某一个或某几个因素概括高原的环境条件，这也是为什么用高原复杂环境来统称高原地区的不同环境条件。除了低气压、大温差、大风、盐腐蚀等环境外，还存在紫外线辐射、高地热、阴阳面温差等对混凝土耐久性和服役不利的因素，期待未来能有更多研究，全面揭示高原复杂环境下混凝土耐久性的劣化规律，形成覆盖全方位的高原复杂环境下混凝土耐久性提升技术。

参考文献

[1] 中国混凝土网 .2016 年中国各省市商品混凝土产量及市场分析 [EB/OL]. (2017-05-12) [2023-06-13]. http://WW. cnrmc. com/news/show. php?.

[2] 中国混凝土网 .2017 年中国各省市商品混凝土产量及市场分析 [EB/OL]. (2018-05-07)[2023-06-14] http://www.cnrmc.com/news/show.php?itemid=115849.

[3] 中国混凝土网 .2018 年中国各省市商品混凝土产量及市场分析 [EB/OL].(2019-05-15)[2023-06-15].http://www.cnrmc.com/news/show.php?itemid=118433.

[4] 张宇欣 , 李育 , 朱耿睿 . 青藏高原海拔要素对温度、降水和气候型分布格局的影响 [J]. 冰川冻土 , 2019,41(3):505-515.

[5] 李扬 , 王振地 , 薛成 , 等 . 高原低气压对道路工程混凝土性能的影响及原因 [J]. 中国公路学报 , 2021,34(9):194-202.

[6] 陈天地 , 张宇 , 戴胜勇 , 等 . 高原地区高耐腐蚀桩基混凝土研究 [J]. 铁道建筑技术 , 2022,(7):62-66.

[7] 吴永满 , 齐鑫 , 魏文强 , 等 . 不同类型引气剂对海工混凝土性能的影响 [J]. 建筑技术开发 , 2019, 46(2): 145-146.

[8] 杨哲 . 高原低气压环境下混凝土气孔结构调控及耐久性研究 [D]. 西安：长安大学 , 2022.

[9] 余小娜 . 新型松香基表面活性剂：刚性疏水结构对其自组织行为的影响 [D]. 无锡：江南大学 , 2016.

[10] ACHARYA D P, GUTIERREZ J M, ARAMAKI K, et al. Interfacial properties and foam stability effect of novel gemini-type surfactants in aqueous solutions[J]. Journal of Colloid and Interface Science, 2005, 291(1): 236-243.

[11] ZANA R. Dimeric and oligomeric surfactants. Behavior at interfaces and in aqueous solution: a review[J]. Advances in Colloid and Interface Science, 2002, 97: 205-253.

[12] 王可良 , 隋同波 , 许尚杰 , 等 . 高贝利特水泥混凝土的断裂韧性 [J]. 硅酸盐学报 2012,40(8):1139-1142.

[13] 董全霄 , 谢永江 , 程冠之 , 等 . 一种零暴露期混凝土保湿养护材料及其制备和使用方法：CN114922450A[P].2022-08-19.

[14] YAO Y, ZHU Y, YANG Y Z. Incorporation superabsorbent polymer (SAP) particles as engineeredcementitious composites (ECC) [J]. Construction and Building Materials, 2012, 28（1）：139-145.

[15] 张佳豪 , 王海龙 , 刘思盟 , 等 . 干湿循环作用下硅粉轻骨料混凝土抗硫酸盐性能分析 [J]. 排灌机械工程学报 , 2023,41(1):32-37.

[16] 石宝存 , 陈景雅 , 黄海超 , 等 . 硫酸盐 - 干湿循环耦合作用下高分子修复剂对混凝土自愈合性能的影响机理 [J]. 混凝土 , 2022,398(12):52-57.

[17] 王振军 , 史文涛 , 张婷 , 等 .PNIPAM 温敏凝胶对水泥材料抗硫酸盐侵蚀性能提升 [J]. 硅酸盐通报 , 2023, 42(2):429-438.

工程应用篇

高铁相水泥设计、制备与应用

王发洲，教授，博士研究生导师，现为武汉理工大学副校长、硅酸盐建筑材料国家重点实验室主任。王发洲教授一直致力于先进水泥基复合材料的应用基础研究，在水泥工业 CO_2 资源化利用，低碳胶凝材料、高抗蚀水泥以及高性能混凝土研发等方面取得重要创新成果，先后主持国家重点研发计划课题、国家科技支撑计划课题、国家自然科学基金重点项目等30余项，获国家科技进步二等奖2项、省部级一等奖奖励6项，获国家杰出青年科学基金资助，入选中组部“万人计划”科技创新领军人才、科技部中青年科技创新领军人才，享受国务院政府特殊津贴。发表SCI论文180余篇，授权发明专利50余项。获中国硅酸盐协会青年科技奖、湖北“五四青年奖章”，任《硅酸盐学报》编委、《硅酸盐通报》副主编，湖北省硅酸盐学会理事长，中国水泥与混凝土制品协会轮值会长。

一、前言

中国是一个具有960万平方千米陆地和32600千米海岸线的国家，漫长的海岸线向外衍生意味着广袤的专属经济作业区。全国40%的人口和60%的经济生产总值扎根在沿海地区，随着国家开发海洋、利用海洋的战略规划实施，海洋越来越受到重视，走向深海逐渐成为新时代科研工作者的攻坚克难方向。

混凝土材料是工程建设过程中使用最大宗的建筑材料，但随着工程建设向深海严酷复杂环境推进时，混凝土材料在离子侵蚀、钢筋锈蚀、温湿度梯度变化、水浪与风沙冲磨以及复杂动荷载等严酷环境中的耐久性问题变得极为突出。混凝土材料中具有胶凝特性的水泥是最重要的基础材料，具有黏结骨料、钢筋和激发掺和料的作用，其耐蚀性直接关系到海洋工程耐久性和服役寿命。由于硅酸盐水泥水化产生的水化产物 C-S-H 凝胶、钙矾石、氢氧化钙抗蚀性差，难以长久应对以水泥为重要组分的混凝土材料和长寿命海洋工程结构匹配的问题。

针对深海严酷服役环境对海洋建设工程中对水泥基材料韧性和高抗蚀性能的特殊要求，传统的技术思路包括两个部分。一是水泥熟料矿物体系优化设计，主要通过降低 C_3S 含量，以减少水化产物中易被侵蚀的氢氧化钙含量，同时降低 C_3A 含量（高抗硫酸水泥要求 $C_3A < 3\%$，低热水泥要求 $C_3A < 6\%$），以减少反应热及其温度裂缝，以及不稳定的水化铝酸钙含量；二是在配制混凝土时添加活性辅助胶凝材料。但是，由于过去缺少对于水泥四种矿物协同作用的基础研究与系统认识，往往只能兼顾单一的特性需求，难以从本质上解决严酷复杂环境中材料的耐久性等问题。

铁铝酸钙（C_4AF，俗称铁相）是水泥熟料在高温烧成过程中形成的一种矿物。在过去长达半个世纪的研究中一直被认为其活性很低，对水泥的强度贡献小。存在的主要问题包括：铁相的高温热动力学形成机制不明确；铁相 - 铝相 - 石膏 - 硅酸盐相组成的水泥反应体系中多元矿相的协同作用机制不明确，高抗蚀性 C-A-S-H 凝胶产物的形成与调控机制不清。笔者针对高抗蚀 C-A-S-H 凝胶产物的形成与调控、硅酸盐水泥关键矿相铁相活性及其多矿相协同作用科学问题，经过产学研多年攻关，发现了铁相矿物活性对于 C-A-S-H 凝胶产物形成的控制性作用，提出了零微铝相 / 高活性高铁相水泥矿物体系设计新思路，发明了铁相矿物反应活性调控技术与生产工艺，实现零微铝相 / 高活性高铁相硅酸盐水泥工业化生产，研制出高早强、低水化热、高抗蚀的严酷环境用硅酸盐水泥新品种，形成高抗蚀高铁相硅酸盐水泥应用成套工艺与技术，在南沙某机场、北部湾防城港核电站、海港军用码头、大藤峡等一大批重点工程获得应用，有力支撑了西部、海洋、水电、核电、地下等复杂环境重大工程建设，促进了水泥与混凝土材料的科学技术进步。

二、高抗蚀胶凝材料总体设计思路

硅酸盐水泥以 C_3S-C_2S-C_3A-C_4AF 四种主要矿相为特征，水泥经过化学反应，形成了构成混凝土最重要强度来源的成分 C-S-H 凝胶。由于 C_3A/C_4AF 的存在，铝离子的溶解并在 C-S-H 凝胶聚合形成过程中部分 Al 对 Si 的取代形成了平均链长更长、聚合度更高的 C-A-S-H 凝胶，并呈现出较 C-S-H 更加优异的微观力学性能。但是，长期以来关于 C-A-S-H 凝胶形成的反应动力学及其调控机制不明，应厘清 C-A-S-H 凝胶形成的反应动力学及其调控机制，提出高抗蚀胶凝材料体系设计准则，并通过水泥熟料多矿相的协同设计和关键矿物 C_4AF 活性的提升，通过 C_3S、C_2S、C_3A 和 C_4AF 矿相的优化设计，促进水泥四种熟料矿物的协同水化，促成高抗蚀 C-A-S-H 凝胶的大量形成；在此基础上，探明高活性铁相矿物中铝离子、铁离子参与结构形成提升耐久性机理，以从本质上提升混凝土的宏观力学性能、耐久性能和抗蚀性能（图 1）。

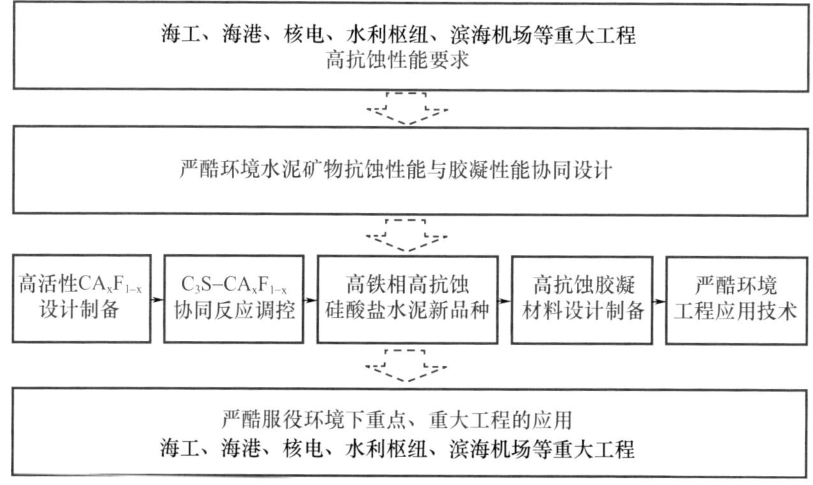

图 1　高抗蚀胶凝材料总体设计思路

三、高抗蚀高铁相水泥研究进展

（一）铁铝酸盐矿物协同反应机制与性能研究

水泥主要水化相（C-S-H 凝胶、CAH、AFt、CH）在严酷环境下易受到硫酸盐与氯盐的侵蚀，长期以来主要采用表层涂覆、矿物掺和料密实改性等技术改善水泥的抗蚀性能，但存在力学性能与抗蚀性能难以协调、工艺复杂和成本高等问题。针对这些难题，通过水泥熟料铁铝酸盐与硅酸盐矿物抗蚀性多矿物协同设计，提升水泥水化相在严酷环境下服役稳定性，实现水泥抗蚀性能与力学性能协同提升。

1. 铁铝酸盐矿物中 Fe 溶出稳定主要水化相的抗蚀机理

研究发现了铁铝酸盐矿物中 Fe 溶出稳定铝酸盐水化相晶体结构，进而增强其抗硫酸侵蚀（图 2）与抗氯离子侵蚀能力，为高抗蚀水泥水化相的设计提供了新的技术方向。研究表明，铁铝酸盐矿物溶出的 Fe 在水榴石水化产物（C_3AH_6，CAH）合成过程中取代部分 Al 进入水化相晶体结构 [$C_3(A,F)H_6$，图 3]，使（321）晶面间距由 0.3345nm 增加到 0.3361nm，晶粒尺寸由 1μm 增加到 4~8μm，晶粒形貌由四面体转变为 N 面体（N ≥ 6）。由此，在 SO_4^{2-} 侵蚀环境中，溶出 Fe 随水榴石与 SO_4^{2-} 反应进入钙矾石（AFt）产物中，提高了 AFt 的热力学稳定性（图 4），这种更加稳定的 AFt 包覆在 $C_3(A,F)H_6$ 多面体表面，阻碍了 SO_4^{2-} 的进一步侵蚀，提高了水化相体积稳定性（图 5），提升了抗 SO_4^{2-} 侵蚀性能。

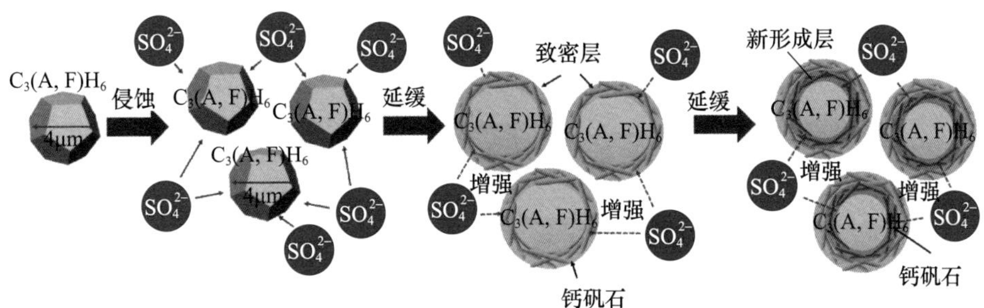

图 2　$C_3(A,F)H_6$ 抗硫酸盐侵蚀机理

图 3　$C_3(A,F)H_6$ 的晶体组成与形貌

同时，研究还发现溶出 Fe 可提升铝酸盐水化相 [$C_3(A,F)H_6$] 化学结合 Cl^- 的能力，Cl^- 更易与 $C_3(A,F)H_6$ 结合形成浓度积更小的 Fe-Friedel′s 盐 [$Ca_2(Al,Fe\text{-}(OH)_6)$ (Cl,OH) · $2H_2O$]（ΔfG^{θ}=–5900.1kJ/mol），这种结合能力与铁铝酸盐矿物活性及矿物中 Al/Fe 比密切相关（图 6）。

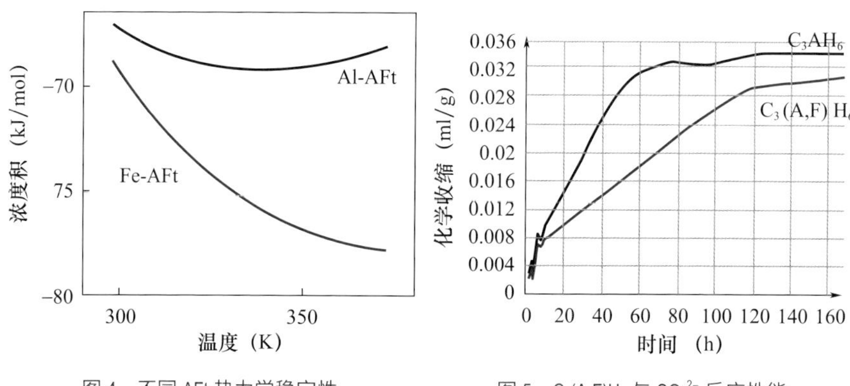

图 4　不同 AFt 热力学稳定性

图 5　$C_3(A,F)H_6$ 与 SO_4^{2-} 反应性能

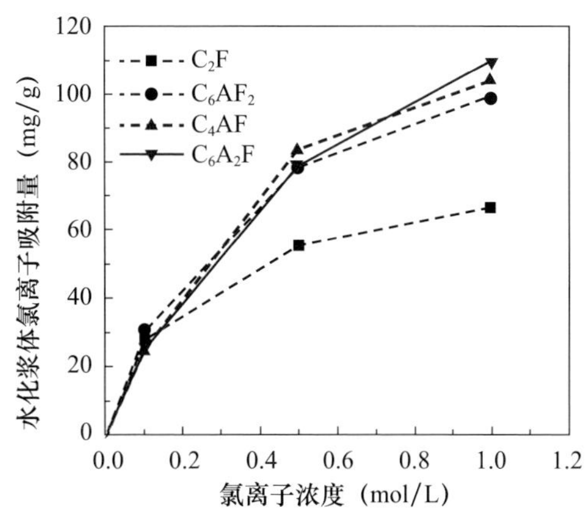

图 6　铁相矿物对 Cl^- 结合能力

该研究工作为通过铁铝酸盐矿物设计提升水泥水化相抗硫酸盐与抗氯离子侵蚀性能提供了新的技术思路与方法，解决了以往单纯依靠减少水泥熟料矿物中 C_3A 含量而难以同时兼顾抗硫酸盐与抗氯离子侵蚀的问题。

2. Al 掺杂 C-S-H 凝胶（C-A-S-H）定向合成方法

Al 掺杂 C-S-H 凝胶（C-A-S-H）的组成与结构调控一直是水泥水化产物高性能化研究期望突破的关键点，研究发明了网络状 C-A-S-H 凝胶的定向合成方法，提出了其网络结构、稳定性与微观力学性能的精细调控参数与技术，为高抗蚀水泥主要水化胶凝产物控制形成与力学性能提升提供了理论依据。利用活性硅铝质材料为反应模板，设计了 $[SiO_4]^{4-}$、$[AlO_4]^{5-}$ 与 Ca^{2+} 共存体系的自组装反应，通过大量实验，系统考察了反应温度 T、反应时间 t、Al/Si 比 r、反应体系 pH 值 p 对 C-A-S-H 凝胶体结构与形貌的影响，确定了控制形成网络状 C-A-S-H 凝胶体的结构因数 A，当 $2.08 \leqslant A \leqslant 5.71$ 时，可控制稳定形成由 50~300nm 栅格组成、呈网状结构的 C-A-S-H 凝胶，形成了其结构调控方程。

$$A=Nf(T,t,r,p)$$

$$f(T)=0.0008T^3-0.0682T^2+3.262T+44.592$$

$f(t)$=[34.745+8.366ln(t-3.62)][−2.485+2.752ln(t+4.413)]

$f(r)$=1507.103r^3+5124.306r^2+180.881r+212.432

$f(p)=[21.429+42.935/(1+10\langle 47.716-3.571p\rangle)](-222.858+34.86p-1.327p^2)\times10^{-8}$

其中，A 为结构因数；T 为反应温度；t 为反应时间；r 为 Al/Si 比；p 为反应的 pH 值；修正系数 N=0.0257。

研究表明，在特定的反应温度、反应时间和 pH 值环境中，通过调控反应体系中 Al、Ca 溶出动力学行为，可实现对 C-A-S-H 凝胶体微结构稳定控制，形成网络状结构的凝胶体，进而提升其力学性能。随着 C-A-S-H 凝胶中 Al/Si 比从 0 提升至 0.15，其杨氏模量从 20GPa 增加至 80GPa 左右，抗拉强度从约 2GPa 增加至约 10GPa，且 C-A-S-H 凝胶沿 y 轴和 z 轴方向的力学性能获得明显提升（图 7）。

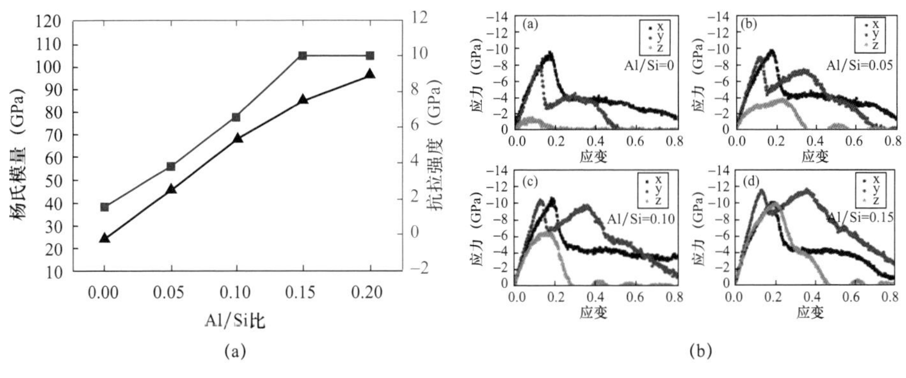

图 7　Al/Si 比与 C-A-S-H 凝胶体力学性能关系

3. 高抗蚀与高力学性能水化相的胶凝材料设计

通过研究 C_3A-C_3S、铁铝酸盐 -C_3S 体系的水化反应进程及产物性能差异，揭示了 C_3A、铁铝酸盐与 C_3S 反应的协同过程及其影响机理，根据铁铝酸盐中 Fe、Al 溶出特性，笔者首次提出其与 C_3S 协同水化控制形成高抗蚀与高力学性能水化相的胶凝材料设计方法（图 8）：在 C_3A-C_3S 水化反应体系中，

由于 C_3A 反应活性极高，其活性 Al 在极短时间内快速溶出，形成水化铝酸钙（C_3AH_6，CAH），造成反应环境中 Al/Si 比处于较低水平，致使溶出 Al 难以发挥桥接硅氧链的作用，因此形成较低含量和结构性能差的 C-A-S-H 凝胶；对于铁铝酸盐 -C_3S 体系，不同煅烧条件下铁铝酸盐的反应活性与 Al 溶出速率存在明显差异。当铁铝酸盐中 Al 溶出速率与 C_3S 水化反应速率同步时，可形成大量 Al 掺杂 C-S-H 凝胶，并可依据 C-A-S-H 凝胶定向合成方法，通过调控反应条件实现高力学性能网络状 C-A-S-H 凝胶体的高效构筑，同时形成含 Fe 的高抗蚀水化相 [$C_3(A,F)H_6$]，进而产生铁铝酸盐 -C_3S 矿物间的协同水化作用效果（图 9）。

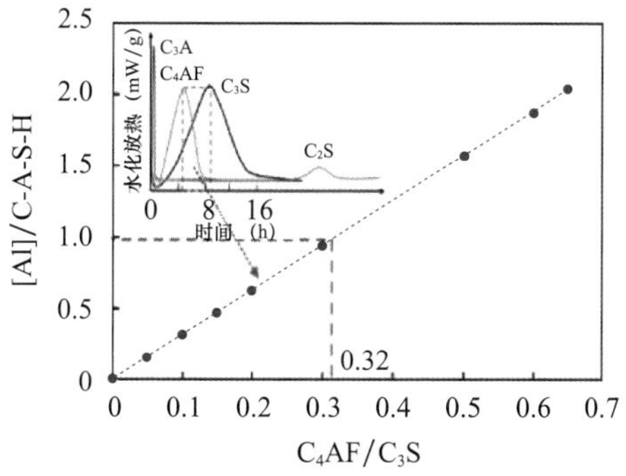

图 8　铁铝酸盐 -C_3S 协同反应设计

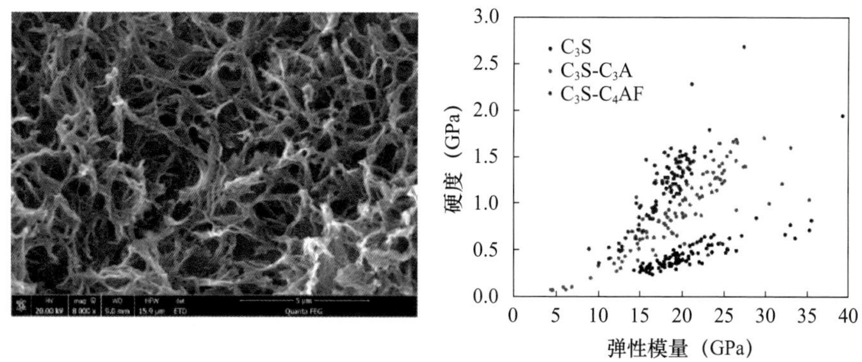

图 9　网络状 C-A-S-H 凝胶结构及微观力学性能

研究表明，与 C_3A-C_3S 反应相比，1330℃烧成的高活性铁铝酸盐（C_4AF）与 C_3S 反应形成的 C-A-S-H 凝胶体中 $Q^2(1Al)$ 生成量显著增加（表 1），平均分子链长（MCL）提升近三倍。此时，反应产物以交联成网的凝胶体为主，通过纳米压痕等微观力学手段对这种网络状凝胶体表征，显示出更高的杨氏模量和抗拉强度（图 7、图 9）。该项研究工作首次在分子层面与微观力学层面揭示了铁铝酸盐 -C_3S 协同水化、促进高抗蚀与高力学性能水化相 [$C_3(A,F)H_6$、C-A-S-H 凝胶] 形成的机制，在此基础上提出了高抗蚀水泥矿物设计方法，突破了高铁相含量水泥熟料设计遇到的强度低、抗蚀性能难以稳定控制的关键瓶颈，从本质上为提高胶凝材料抗蚀性与力学性能提供了理论指导和实施路径。

表 1　C_4AF 形成 C-A-S-H 的增强效果

样品	$Q^2(1Al)$ /%	MCL
C_3S	0	2.22
C_3S-C_3A	1.69%	3.71
C_3S-C_4AF	5.53%	9.03

注：样品均为水化 2d，C_4AF 煅烧温度 1330℃

（二）高铁相硅酸盐水泥设计、制备与性能研究

铁铝酸盐矿物活性调控是实现高抗蚀胶凝材料设计，发挥 Fe、Al 协同增强抗蚀与力学性能的基础。然而，现有硅酸盐水泥熟料矿物中铁铝酸盐活性普遍较低，影响其反应活性的机理尚不明确。针对这些难题，通过铁铝酸盐矿物形成与水化反应动力学关联性研究，揭示了水泥熟料中铁铝酸盐反应活性低的本质，为制备含有高活性铁铝酸盐水泥熟料提供了依据，并在工业化生产中实现了技术突破。

1. 水泥熟料烧成过程影响铁相矿物反应活性的本质

铁铝酸盐矿物通常包括 C_6A_2F、C_4AF、C_6AF_2、C_2F 等，其中的 Al/Fe 比越高，反应活性越高，但在水泥熟料烧成过程中如何调控形成高 Al/Fe 比的矿

物缺乏基础研究。通过分子反应动力学和高温 X 射线衍射等系列技术方法研究，发现 Al/Fe 比为 1.0 的 $Ca_2Al_xFe_{1-x}O_5$ 在 1450℃烧成后，x 由 0.5 降至 0.38，而在煅烧温度低于 1400℃时，x 保持在约 0.47（图 10），说明烧成温度与铁铝酸盐的 Al/Fe 比和反应活性存在直接关联。进一步分析铁铝酸盐晶体结构，发现烧成温度差异是造成其中 Al-O 配体 ([AlO_4]、[AlO_6]) 迁移活性差异的关键；通过核磁共振等方法分析探明了 Al-O 配位结构的转化机制：当烧成温度超过 1400℃时，铁铝酸盐中高活性铝氧四面体 [AlO_4] 结构析出，使铁铝酸盐转变成低活性的 [AlO_6]、[FeO_6] 结构，并发生 Al（IV）向 Al（VI）转变（图 10）。这一发现首次阐释了 1450℃高温烧成的硅酸盐水泥中铁铝酸盐矿物活性低的本质。

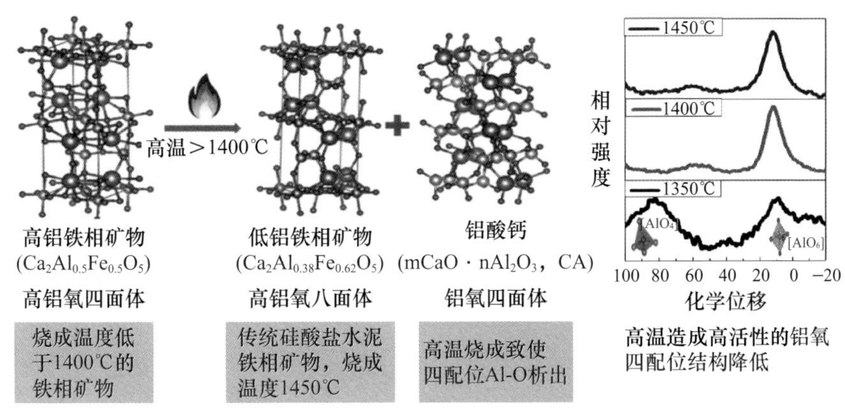

图 10　铁相矿物高温分相现象及其配位结构与煅烧温度之间的关系

2. 铁相矿物活性调控方法

针对 1400℃以上高温烧成造成铁铝酸盐矿物反应活性低的关键问题，基于“差分键级”原理优选出 Zn、Mn、Cu 等掺杂离子，通过理论计算与大量实验获得了可提升铁铝酸盐反应活性的掺杂离子种类及最佳掺量（图 11）；结合原料中 Al/Fe 配料比例调控铁铝酸盐组成，制备出了 Al/Fe 比 ≥ 1.0 的高活性铁铝酸盐矿物，实现其中 Al 的溶出 - 沉积峰值时间在 4~10h 可控（图 12）。根据铁铝酸盐活性调控方法，在水泥熟料烧成阶段，设计熟料矿物率值调整铁铝酸盐与 C_3S 相对含量（KH：0.89~0.92，SM：2.0~2.3，IM：0.70~0.85）。采用中碳粉、铅锌尾矿等富含 Zn、Cu 元素合理配伍以及优化烧成温度，实现水泥熟料中铁铝酸盐活性调控，显著改善了水泥熟料早期强度发展性能（图 13），明晰了传统 1400℃以上高温烧成导致铁铝酸盐铝相析出、铝铁比降低和活性差的关键，成功制备出铁铝酸盐含量 15%~25% 的高活性高铁相硅酸盐水泥熟料。

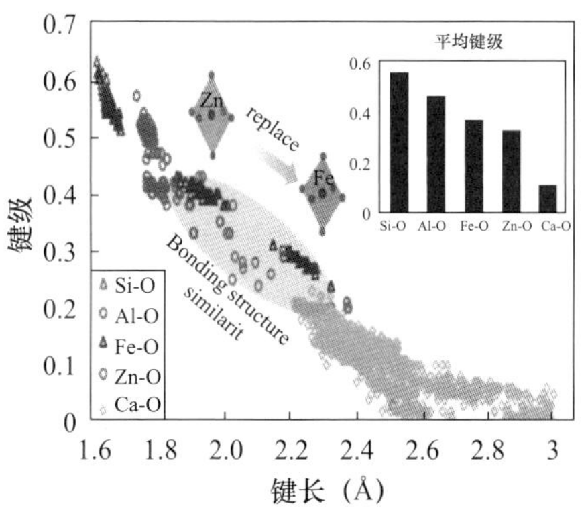

图 11　铁相离子掺杂优选方法

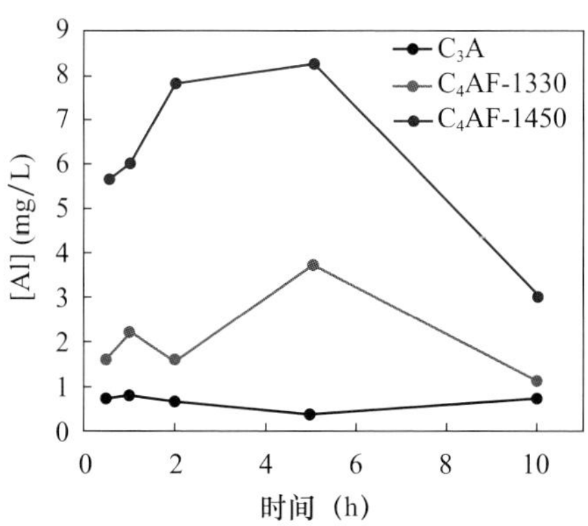

图 12　铁相中 [Al] 溶出调控

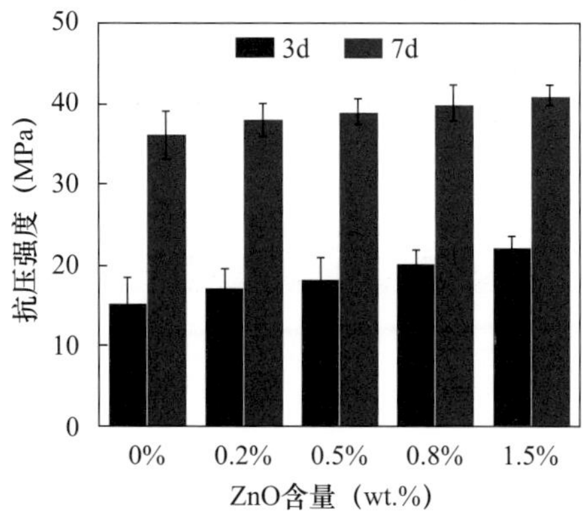

图 13　锌掺杂的铁相强度性能

以 Cu 为例，随着氧化铜掺量的提高，铁铝酸盐单矿水化放热峰出现的时间分别在 24.4min、6.7min 和 4.7min（图 14），也即随着氧化铜掺量的提高，铁铝酸盐单矿的水化放热峰提前，即 Cu 掺杂可以提高铁铝酸盐的水化活性。同时，对于铁铝酸盐而言，当其烧结至 1400℃，未掺入氧化铜的样品液相接触角约为 23°，而掺入 1.0wt% 氧化铜的样品液相接触角约为 19°，掺入 1.0wt% 氧化铜的样品的接触角明显小于参比样（图 15）。因此可以得出结论，1.0wt% 氧化铜的掺入可以降低液相的黏度，提高其流动性，有利于加快氧化钙向固相反应的界面移动，促进 C_3S 的生成，从而提高熟料的水化活性。

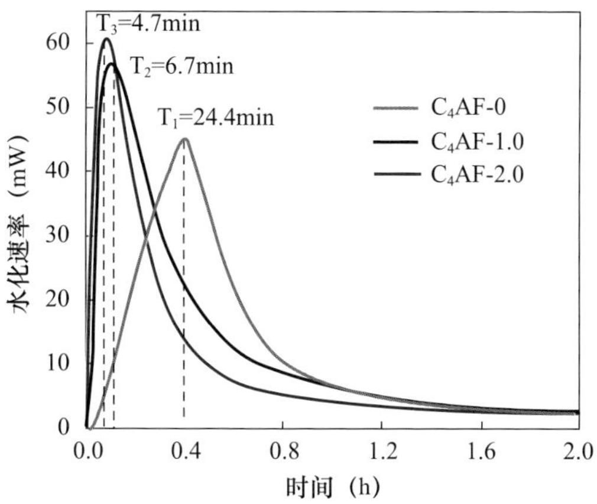

图 14　C_4AF-2h 水化速率曲线

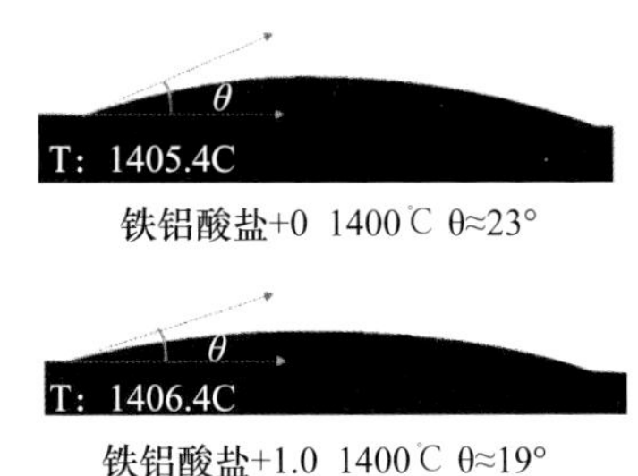

图 15　铁铝酸盐烧结至 1400° C 时的液相接触角示意图

以锰元素为例，实验发现其在低量取代下，有利于铁相早期的强度发展。在大量取代下，对取代铝和同时取代铁和铝的强度有明显抑制作用（图 16、图 17）。在 90min 的早期水化过程中，锰取代铁能明显加快早期的反应，释放更多热量，其次是锰同时取代铁和铝的样品，并且所有含锰铁相的诱导期明显缩短，反应活性较高。对于锰取代铁而言，无诱导期存在，活性较高。从累计放热曲线中可以看出，锰取代铁和低取代量取代铝和“铝 + 铁”是有利于铁相水化反应性能的提升，因此有利于提高铁相活性。

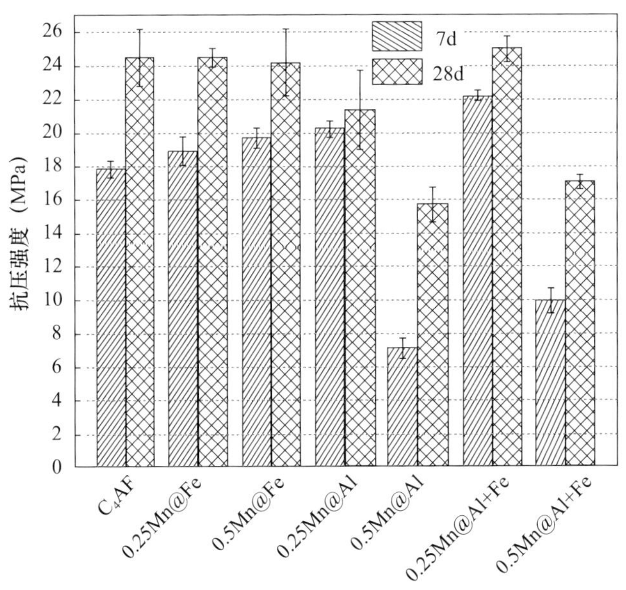

图 16　锰的不同替代方案对铁相强度发展的影响

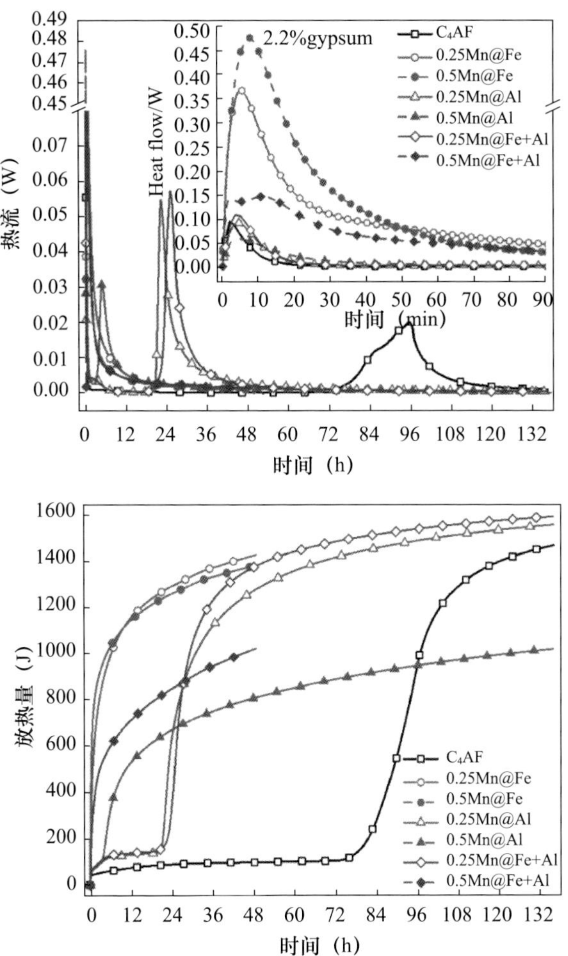

图 17　2.2% 石膏掺量下的含锰铁相水化热

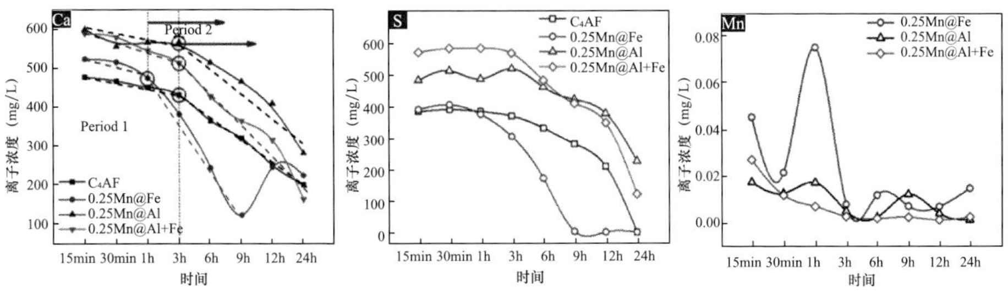

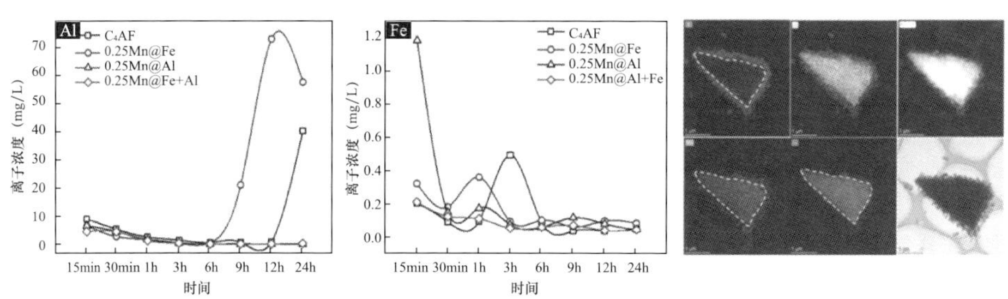

图 18　含锰铁相反应过程中的离子浓度变化和反应产物透射形貌

通过离子浓度变化研究了活性差异，锰取代铁后，溶液中的 Ca 和 S 浓度快速降低（图 18）。在反应过程中，通过透射电镜发现颗粒被形成的 AFt 包裹。此外，根据钙和硫的消耗速率，吸附过程可以分为两个阶段：(1) 缓慢消耗阶段；(2) 快速消耗阶段。同时，铝逐渐被消耗。我们推测铁相的水化过程如下：首先是硫酸钙吸附在表面，并逐渐形成 AFt，然后通过硫酸根和钙离子的逐渐扩散，在内部形成内部 AFt。由于 AFt 密度小，内部产生应力，逐渐使得外部包裹的 AFt 破裂，最终进入硫酸钙的快速消耗阶段（图 19）。

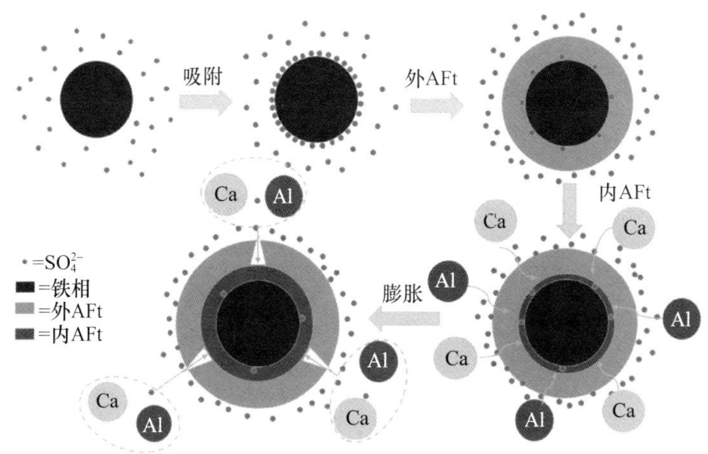

图 19　铁相与石膏反应机理示意图

3. 高铁相水泥熟料的稳定烧成

利用激光熔融气动悬浮黏度测试系统等先进测试方法与技术，定量表征了铁铝酸盐、C_3A 矿物的固 - 液相状态与热力学性质（图 20），实现了对不同配料组成的熟料体系高温黏度、温度转变点的定量监测与调控，掌握了铁铝酸盐含量从 15%~25% 变化对水泥熟料各矿物形成的传质传热影响规律（图 21）。

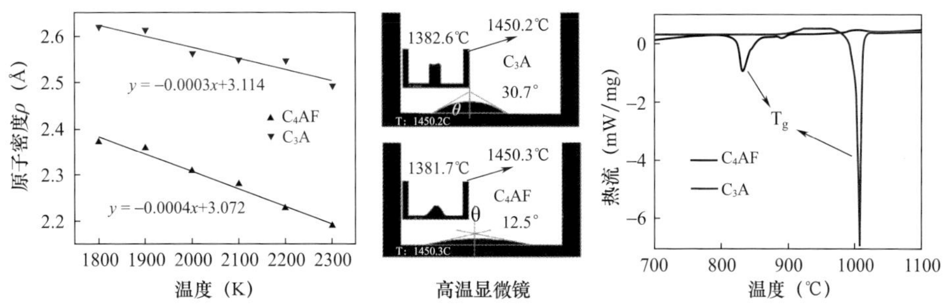

图 20 铁铝酸盐与 C_3A 热工性质

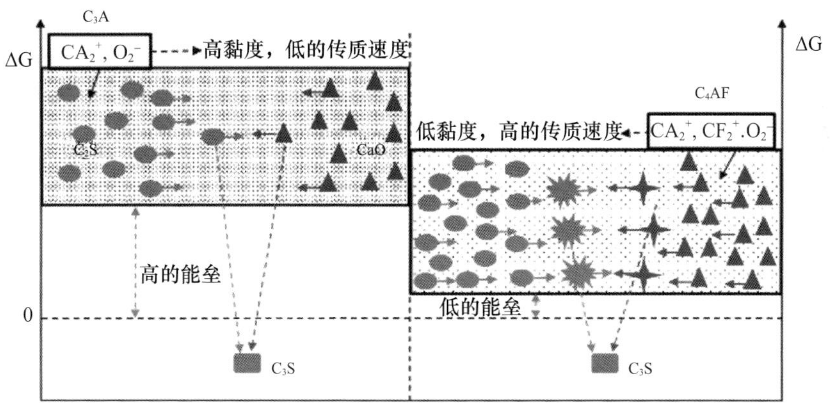

图 21 熟料矿物传质传热影响规律

依据大量实验数据与熟料性能的关联分析，研发了高铁相硅酸盐水泥熟料回转窑参数调整系统（软件著作权：2021SR0637415），实现了回转窑转速精确控制与薄料快烧精准调控，开发出水泥熟料液相量与黏度精准控制烧成技术，原料掺杂离子种类与含量的设计调控，窑体转速加快 0.3~0.5r/min，分解炉温度降低 15~25℃，长焰顺烧 - 短焰急烧循环煅烧控制等，通过系列技术方法实现了高铁相硅酸盐水泥熟料在 1350~1400℃范围的稳定烧成，解决了铁铝酸盐含量增加带来的液相量增多、液相出现早、液相黏度低、目标矿物难烧成的技术难题。该技术成果先后在广西鱼峰水泥股份有限公司日产 2000 吨（半干法）和 2500 吨（新型干法）的不同代级水泥生产线进行验证与稳定应用，特别是针对新型干法水泥回转窑稳定生产遇到的原材料波动大、混料不均匀等问题，利用本技术成果结合原材料预均化和在线质量分析调控技术，实现了高铁相硅酸盐水泥熟料的稳定生产，保障了水泥回转窑的运转安全和水泥质量。经水泥出厂产品检测与第三方检测，工业产品水泥熟料中铁铝酸盐达 18% 以上，C_3A 含量小于 2%。

基于研制的高铁相硅酸盐水泥熟料，笔者通过大量实验研究，掌握了在高活性铁铝酸盐矿物存在条件下的 Ca-Si-Al-Fe-SO_4^{2-} 体系反应速率及性能调控规律，通过控制石膏的粉磨细度与掺量，实现了在石膏存在下熟料中铁铝酸盐与 C_3S 的协同水化与产物结构控制（图 22、图 23），形成了由纤维棒状含 Fe-AFt 晶体和网络状 Al 掺杂 C-S-H 凝胶组成的高性能水化产物。与普通硅酸盐水泥相比，高铁相硅酸盐水泥的抗氯离子扩散能力提高了约 30%，抗冲磨能力提升了约 40%。

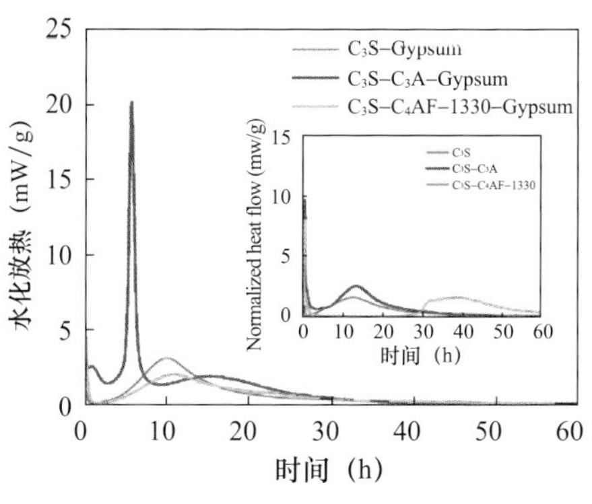

图 22　反应协同性能调控

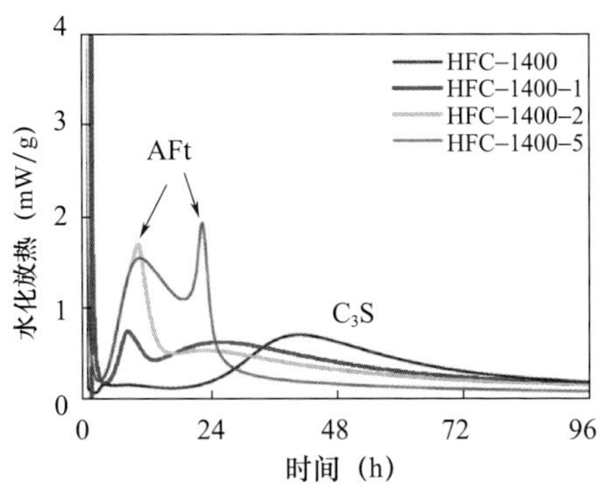

图 23　高铁相水泥水化调控

经第三方机构检测，相比同级别普通硅酸盐水泥、抗硫酸盐水泥、中热低热水泥（表 2），研制的高铁相硅酸盐水泥铁铝酸盐含量＞ 18%，C_3A 含量＜ 2%，3d 强度达到 20MPa 以上，7d 水化热低至 229.3kJ/kg，28d 氯离子扩散系数低至 $0.45\times10^{-12}m^2/s$，28d 抗硫酸盐侵蚀系数超过 1.13，制备的混凝土抗冲磨强度为 $9.8h/(kg/m^2)$。该新品种水泥具有 3d 强度高、水化热低、抗蚀性高的显著优势，为高抗蚀胶凝材料的制备从源头上提供了新的稳定选择。

表 2　高铁相高抗蚀水泥的矿物组成与基本性能

水泥品种	矿物组成（%）				抗压强度（MPa）	
	C_3S	C_2S	C_3A	C_4AF	3d	28d
P・O42.5 标准	≥ 60	0~20	5~8	8~10	≥ 17	≥ 42.5
P・O42.5 中热	≤ 55	—	≤ 6	—	≥ 12	≥ 42.5
P・O42.5 低热	—	≥ 40	≤ 6	—	—	≥ 42.5
本品种	45~55	25~30	0~2	15~22	20~25	52~55

4. 高铁相水泥 – 矿物掺和料复合胶凝材料体系设计

掺加矿物掺和料是提高混凝土性能的重要手段。为提高高铁相水泥在严酷环境中服役时的耐久性，设计了高铁相水泥 - 矿粉 / 粉煤灰组成的复合胶凝材料体系，同时施以蒸养制度以提高其早期强度。蒸养和矿物掺和料对高铁相水泥强度的提升效果显著，尤其是 70℃蒸养同时掺入 30% 矿粉和 10% 粉煤灰时，高铁相水泥的 28d 抗压强度最高（图 24）。

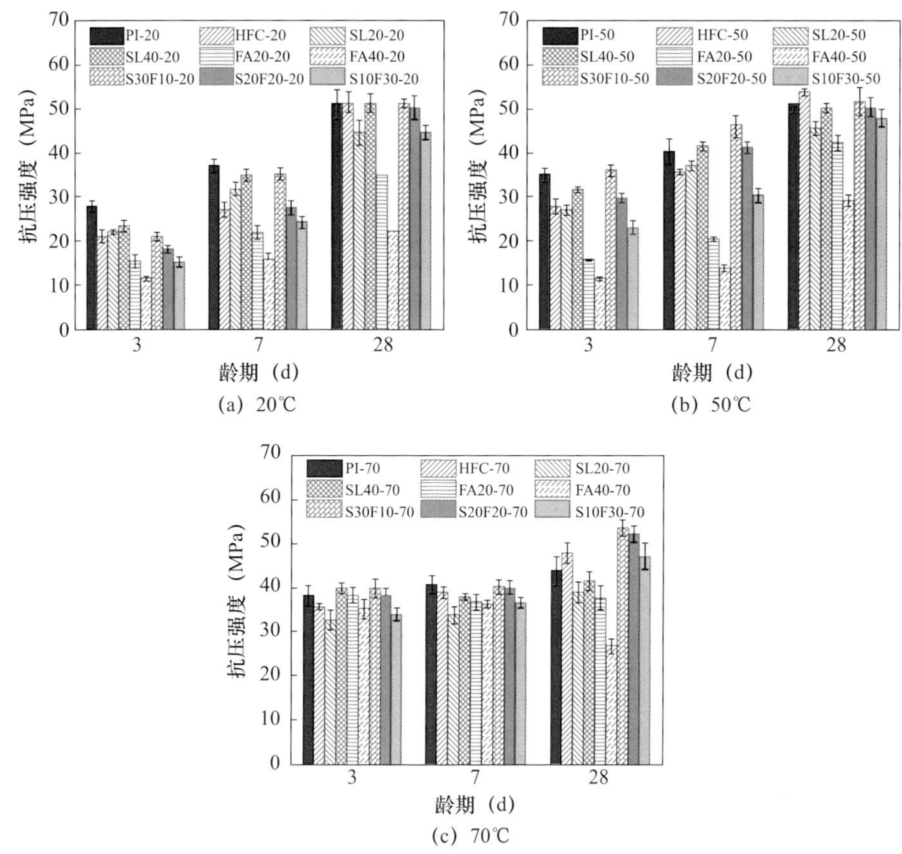

图 24　不同养护制度下 28d 砂浆试样抗压强度

与 P·I 水泥相比，高铁相水泥展现出优异的抗硫酸盐侵蚀性能，经过 270d 的硫酸盐溶液侵蚀后，高铁相水泥仍保有较高水平的抗压强度，如图 25 所示。矿粉与粉煤灰对高铁相水泥抗硫酸盐侵蚀性能的影响截然相反，矿粉降低了高铁相水泥的抗硫酸盐侵蚀性能而粉煤灰提高了高铁相水泥的抗硫酸盐侵蚀性能。这是由于矿粉中活性氧化铝较多，易与硫酸根反应生成钙矾石。

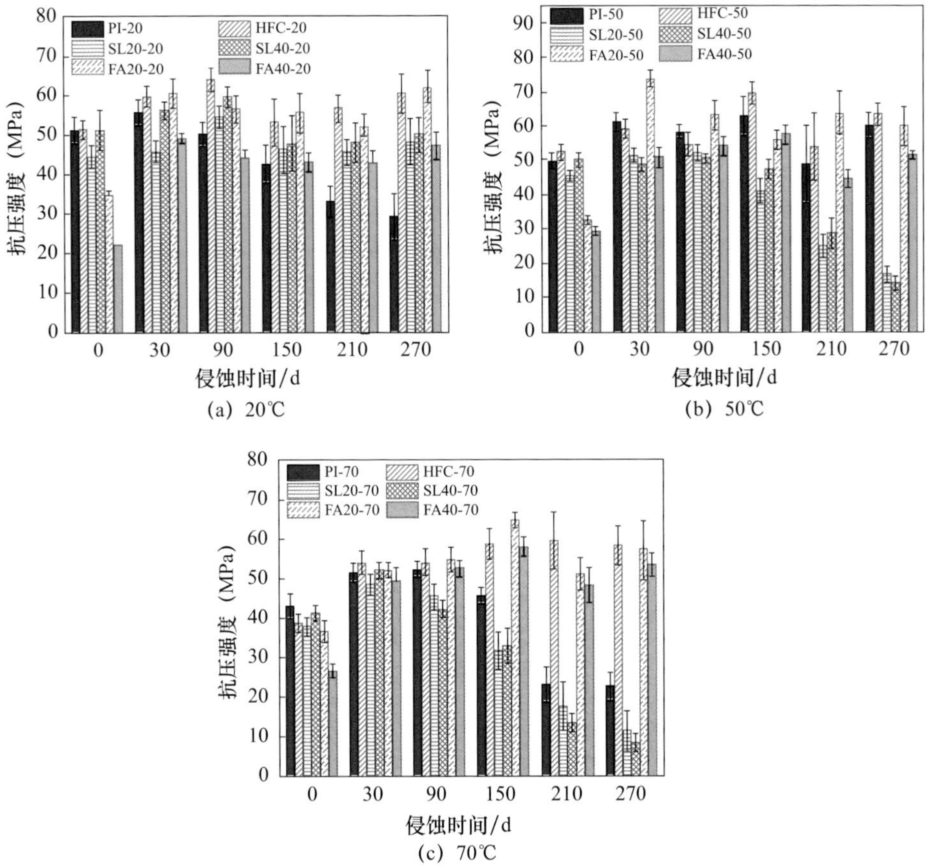

图 25 不同养护温度制度下砂浆试样在不同硫酸盐侵蚀龄期的抗折强度

掺入矿粉显著提高了高铁相水泥的氯离子固化量，粉煤灰也可提高高铁相水泥的氯离子固化量（图 26）。一方面是由于矿粉活性较高，其水化产物能吸附更多氯离子，另一方面，矿粉中的活性氧化铝与氯离子反应生成 Friedel 盐，进一步提高了复合胶凝材料的氯离子固化能力。而养护温度的提高对复合胶凝材料氯离子固化能力的影响相对较小。提高氯离子结合能力可以延缓氯离子在混凝土中的渗透速度，从而提高混凝土结构的耐久性。

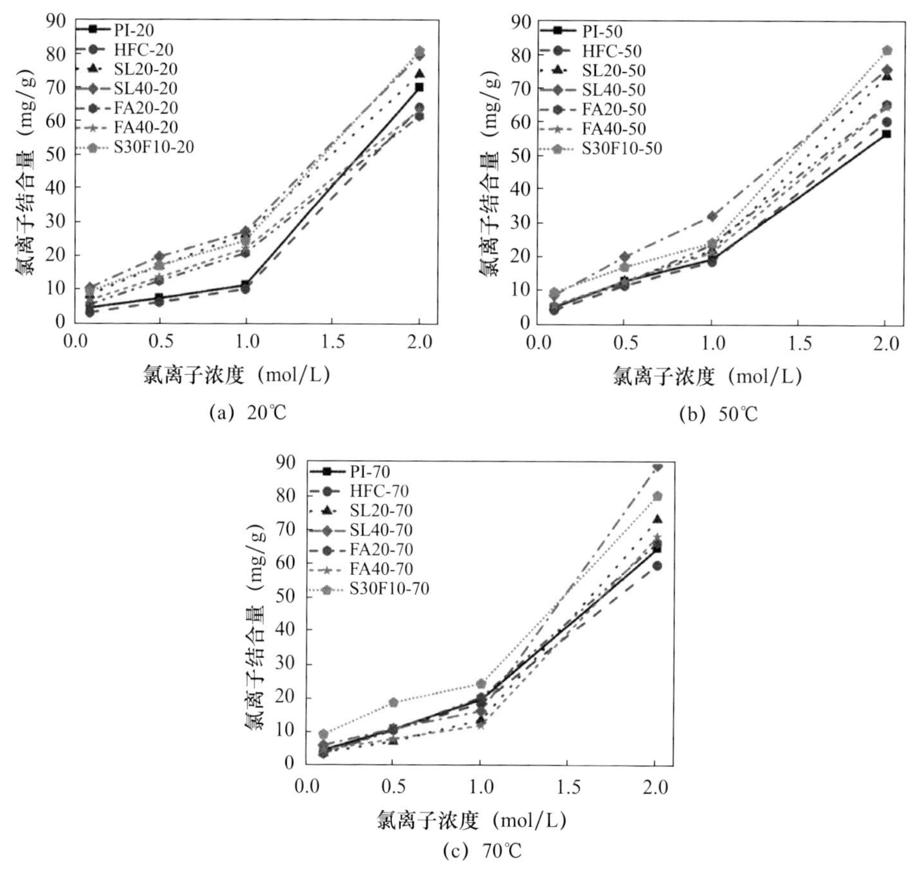

(a) 20℃

(b) 50℃

(c) 70℃

图 26 不同养护温度下复合胶凝材料的氯离子结合量

四、工程应用与效果

高铁相硅酸盐水泥熟料中 C_3A 与 C_3S 含量降低，水泥早期强度发展受到影响。针对该新品种水泥矿物组成与早期强度发展特点，研究揭示了高铁相硅酸盐水泥在不同环境温度等条件下的强度发展与性能演变规律，开发了高铁相水泥湿热驱动制品化技术、大体积混凝土自热养护应用技术以及纳米晶种等功能材料诱导强韧化技术，实现该新品种水泥在多类严酷环境、不同类型工程中的应用，有效提升了工程建设质量与服役安全性。

（一）高铁相水泥强度发展与性能演变规律

结合高铁相水泥熟料烧成与组成特点，研究了其中 C_3S、β-C_2S 两种硅酸盐矿物在不同温度条件下水化产物微结构发展与演变规律。结果表明，养护温度由 20℃提高到 70℃，两种矿物水化形成的 C-S-H 凝胶聚合度增加程度存在差异性，其中 C_3S 表面形成了高聚合度、孔隙率极低的高密度 C-S-H 凝胶包裹层，导致了外部水分在后续养护阶段向着包裹层内部渗透和扩散的阻碍作用明显增大，且随着养护温度提高，C-S-H 凝胶层间物理吸附水大量减少，使得自由水分子通过层间物理吸附水迁移扩散进入到未水化 C_3S 中的通道被大幅切断，因此，180d 水化程度下降了约 20%（图 27）。而高铁相水泥熟料烧成环境下的 β-C_2S 未出现类似包裹层，表面形成了大量纳米尺度前驱体，有效降低了后续反应势垒，使其 180d 水化程度提升了近 15%（图 27）。

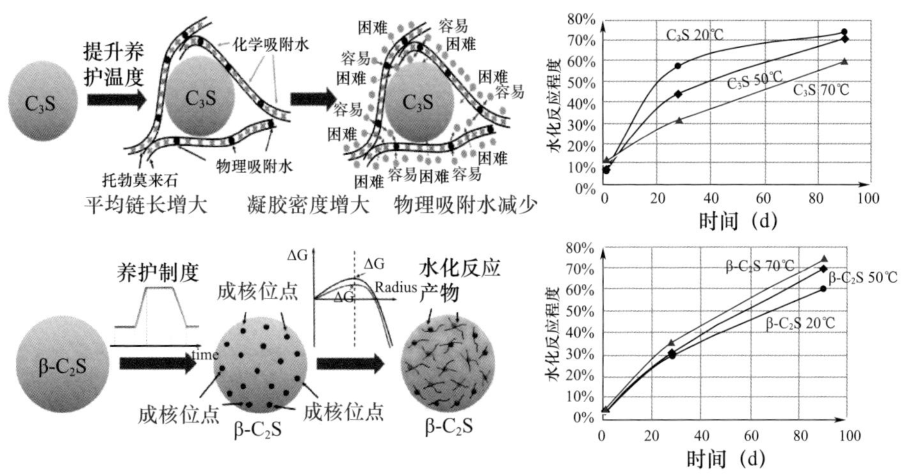

图 27　蒸养 C_3S、β-C_2S 组成、微结构发展和水化程度

由于上述原因，研制的 42.5 级高铁相水泥（其中 C_3S：49.69%，β-C_2S：27.19%，铁铝酸盐：18.88%）在 50℃养护条件下显示出优异的后期强度增长特性，90d 水化程度达到 90% 以上，明显高于 P · Ⅱ 52.5 水泥的水化程度（约 77%），后期强度的发展增进率更大（图 28）。在铁铝酸盐与 C_3S 协同水

化作用下，使得传统的由于养护温度增加造成的水化产物结晶度增加、孔隙粗化等问题在高铁相水泥体系中明显得到改善。这项研究表明，相对于 P・Ⅱ 52.5 水泥，研制的高铁相水泥具有优异的热养护适应性，早期施加适当的热养护条件不仅有利于提升高铁相水泥的早强性能，而且更加有助于高铁相水泥发挥自身长期力学性能和抗蚀性好的优势，为高铁相水泥工程应用开发提供了方向性指导。

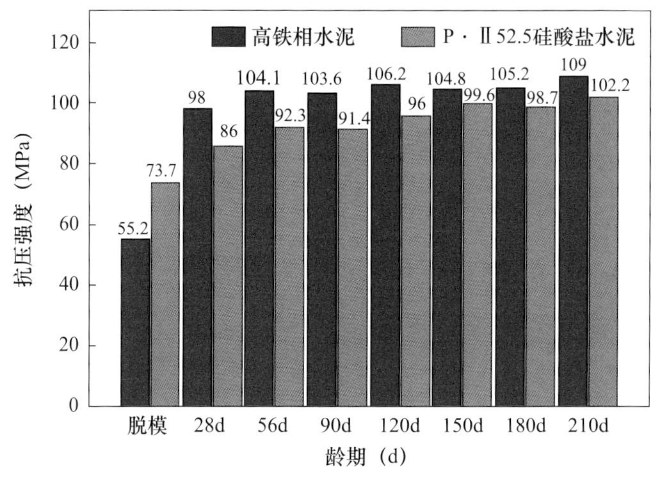

图 28　高铁相水泥制品强度发展

（二）高铁相硅酸盐水泥在严酷环境中的工程应用技术

围绕高铁相硅酸盐水泥的热养护适应性，一方面，充分利用蒸汽养护、蒸压养护生产水泥制品以及大体积混凝土水化温升自热养护的条件和优势，发挥高铁相高抗蚀水泥的应用性能；另一方面，利用粉煤灰、煅烧页岩粉、煅烧黏土等同时富含 Fe、Al 活性元素组成的特点，基于离子溶出 - 沉积设计理论，开发出了纳米晶种 / 掺和料等功能复合材料，促进矿物材料 Fe、Al 溶出与沉积速率，提升高铁富铝无机掺和料在高铁相水泥体系中的反应程度，进而改善混凝土的力学与抗蚀性能。

具体技术方法：利用 C-A-S-H 定向合成与 PCE（聚羧酸高效减水剂）分散稳定相结合的方法，发明了 C-A-S-H 纳米晶核材料制备技术，通过 Ca/Si、Al/Si 与反应条件控制合成了粒径在 50~150nm 的 C-A-S-H/PCE 晶核材料。采用开发的 C-A-S-H/PCE 悬浮液、高 Fe、Al 络合能力的三异丙醇胺（TIPA）等复合高铁富铝粉煤灰、煅烧页岩粉等掺和料，实现在不同养护温度下提高水化相 C-A-S-H 凝胶的生成量、平均分子链长，显著提升了水泥基材料早期强度与综合性能（图 29、图 30）。

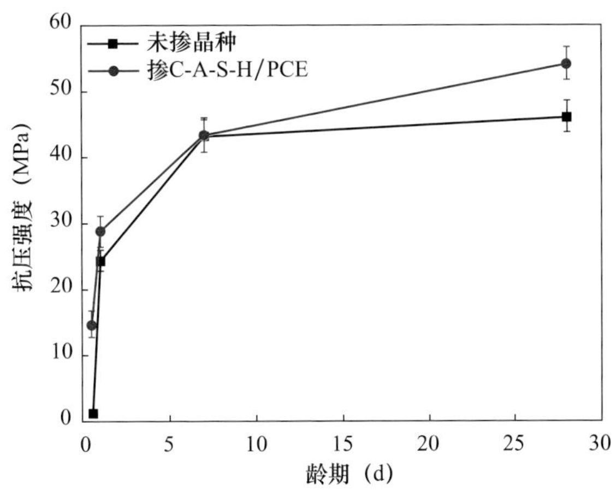

图 29 C-A-S-H 晶种增强

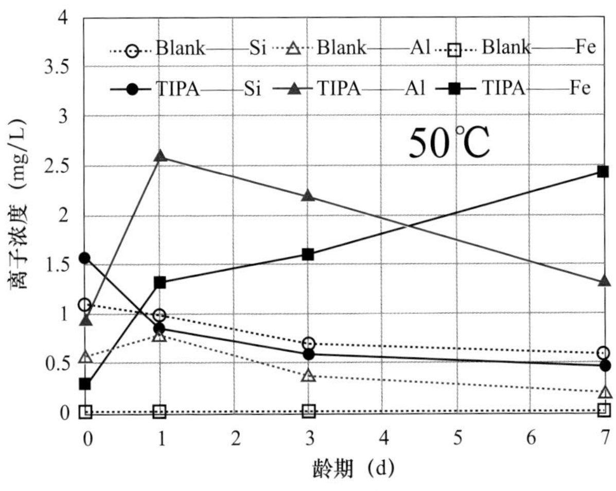

图 30 Fe、Al 选择性溶出

在此基础上，针对不同应用场景，开发了高铁相硅酸盐水泥制品化应用技术和大体积混凝土工程应用技术等。

1. 高铁相硅酸盐水泥制品化应用技术

面向预制桩、预制管片等制品，结合高铁相水泥组成与性能特征，开发了不同类型高强混凝土配合比设计技术，结合静停时间、蒸养升温和恒温时间等生产工艺参数优化，制备出满足工程设计需要的高强高抗蚀预制桩、预制管片等系列制品，85~90℃、6h 蒸养条件下 42.5 级高铁相水泥预制桩 180d 抗压强度达到了 105MPa（P・Ⅱ 52.5 级水泥桩 100MPa 左右），160d 体积稳定性相比 P・I 52.5 水泥提高了 2 倍（图 31），采用模拟海水（ASTM D1141）侵蚀条件下冲磨实验综合评价，制品抗冲磨性能较 P・Ⅱ 52.5 级水泥制品提升近 1 倍（图 32）。经第三方检测，工业产品预制桩抗裂弯矩达到 118.8kN・m（P・Ⅱ 52.5 级水泥桩约 95kN・m），28d 电通量低至 443C（P・Ⅱ 52.5 级水泥桩 1000C 左右）。

本项技术解决了制品行业长期以来惯于使用高 C_3S 含量的高强度等级水泥（52.5 级 P・I、P・Ⅱ水泥）所固有的高温蒸养水泥制品力学性能不佳、体积稳定性差与耐久性不足的关键难题，显示出高铁相水泥在混凝土制品行业的极大应用潜力。

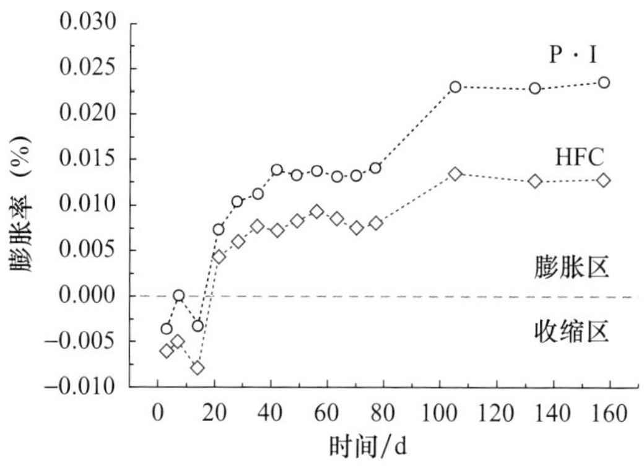

图 31　高铁相水泥制品体积稳定性

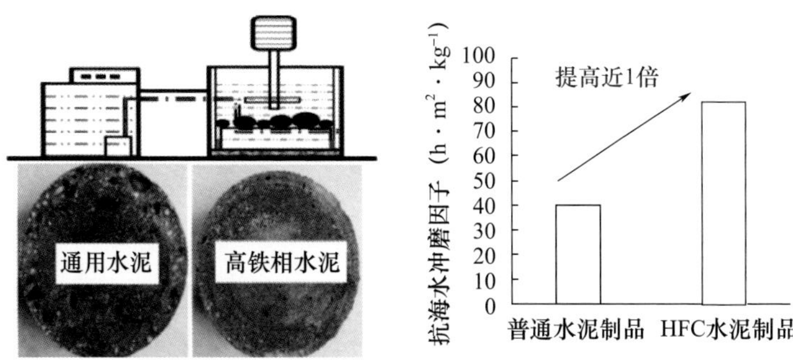

图 32 高铁相水泥制品抗海水冲磨性能

2. 高铁相水泥大体积混凝土自热养护应用技术

高铁相水泥 7d 水化热低，适宜应用于大体积混凝土工程，并可减少既有技术大量使用矿物掺和料降低水化热带来的复杂工作，解决了由于掺和料来源不同、品质不同以及与外加剂兼容性的问题，有利于保障重点工程质量。并且，在大体积混凝土工程内部 40~80℃的自热养护环境中，有利于加速高铁相水泥早期水化并发挥其后期强度增长好和抗蚀性强的优势。针对核电工程、大型水利枢纽工程、大型地下军事防护工程、特大型重力式预制沉箱等大体积混凝土高抗裂、高抗蚀设计要求，开发了高铁相水泥大体积混凝土配合比设计方法与大流态泵送混凝土施工技术，制备出 C30~C60 的低水化热、高早强、高抗蚀混凝土材料。经第三方检测，核电工程 C60 混凝土 28d 抗压强度达到 78MPa，绝热温升 49.2℃，28d（300 次）冻融循环质量损失率仅 0.5%；海港工程混凝土 56d 电通量为 600.1C；国防工程 C45 和 C60 大体积混凝土 56d 抗压强度分别达到 61.8MPa 和 70.6MPa（图 33），绝热温升分别为 19.4℃和 23℃，28d 自收缩值分别为 95.9μm/m 和 156.35μm/m（图 34）。该项研究工作表明，高铁相硅酸盐水泥应用于大体积混凝土工程，可提升工程的抗裂、抗侵蚀等性能，有利于保障严酷环境重大工程的建设质量与运营安全。

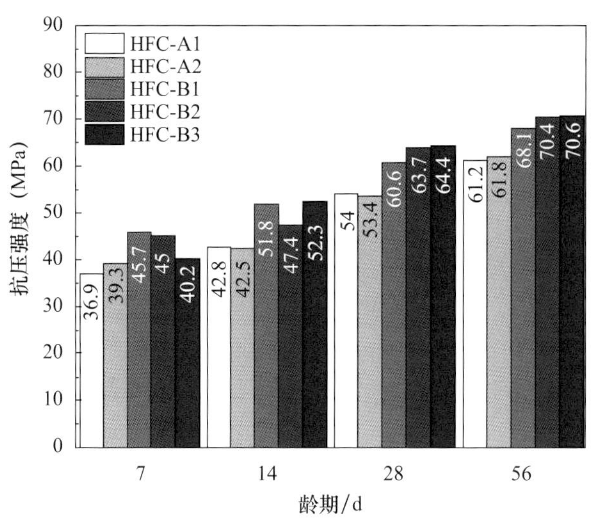

图 33　国防工程 C45 和 C60 大体积混凝土抗压强度

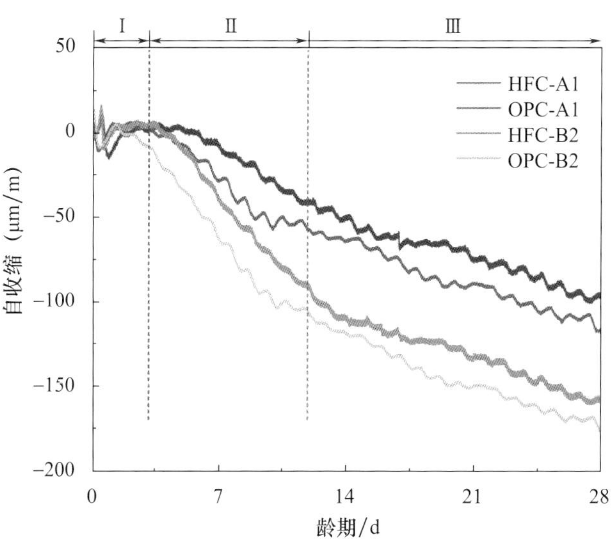

图 34　国防工程 C45 和 C60 大体积混凝土自收缩曲线

通过上述工作的开展，研发的高铁相高抗蚀水泥熟料、水泥、化学功能材料和矿物增强材料、混凝土制品和大体积混凝土等系列高抗蚀胶凝材料和技术，已在对高抗裂与高抗海水腐蚀同时提出高要求的北部湾防城港和昌江核电站核岛、对抗 40m 高水头冲刷提出高要求的大藤峡水利枢纽泄洪道与闸门、对高抗冲磨与高抗海水腐蚀同时提出高要求的南海某机场道面、对高抗海水侵蚀与高抗海浪冲磨性能同时提出高要求的北海某军港码头重力式沉箱与海防基地等一批重点工程的关键部位获得应用，有力地支撑了海工、核电、水电、地下工程等严酷环境重大工程建设（图 35）。

图 35　高铁相高抗蚀胶凝材料在系列严酷环境重点工程中的应用

（三）与当前国内外同类技术主要参数、效益、市场竞争力的比较

面向海工、核电、大型水利枢纽、滨海机场道面等严酷环境重大工程对高性能混凝土材料的需求，通过水泥熟料基本矿物——铁铝酸盐及其与硅酸盐矿物协同反应的基础研究突破，揭示了高活性铁铝酸盐 -C_3S 协同水化产生的增强抗蚀作用，掌握了铁铝酸盐活性调控方法，发明了以高铁相为特征的高抗蚀胶凝材料设计与制备技术，研制出具有高早强、低水化热、高抗裂、高抗冲磨、高抗有害离子侵蚀性能的高铁相水泥新品种，从本质上提升了水泥的抗蚀性能；以高铁相高抗蚀水泥性能发展与演变规律为指导，开发出了系列高抗蚀特性胶凝材料及大体积混凝土、制品化技术等工程应用技术。与既有技术相比存在明显不同，本技术从水泥基本矿物角度提升了材料的抗蚀

性，便于推广应用，成果具有技术可靠性好和经济效益突出等技术与经济优势（表3）。

表3 与当前国内外同类技术主要参数、效益、市场竞争力的比较对比

技术内容		国内外同类技术	本技术成果
主要技术	抗蚀设计技术思路	降低 C_3A 含量	提升铁铝酸盐活性与含量
	抗蚀技术原理	减少易溶蚀水化产物含量	矿物协同水化 发挥 Fe、Al 增强增稳抗蚀作用
	水泥熟料矿物组成	$C_3A<3\%$	$C_4AF>15\%$
主要技术指标	Cl^- 扩散系数	$0.9\times10^{-12}m^2/s$	$0.45\times10^{-12}m^2/s$
	抗 SO_4^{2-} 侵蚀性能	K_{28}:1.00	K_{28}:1.13 以上
	抗海水冲磨性能	$6.9h/(kg/m^2)$	$9.8h/(kg/m^2)$
	3d 抗压强度	≥ 12MPa（中热）； ≥ 17MPa（标准）	20MPa 以上
	28d 抗压强度	≥ 42.5MPa	52~55MPa
	C40 混凝土 56d 电通量	~1500C	600.1C
	C80 桩抗裂弯矩	95kN · m	118.8kN · m
	C80 桩后期强度（180d）	98MPa/PII52.5 水泥	105MPa/42.5 级高铁相水泥
	C80 混凝土制品 28d 电通量	~1000C	443C
	混凝土体积稳定性（90℃）	—	膨胀性能 0.012%/160d

注：以上国内外技术指标数据来源于公开报道或对比检测报告，本文指标参见检测报告与公开发表论文

五、结论

本研究揭示了硅酸盐水泥熟料矿物中铁相矿物抗蚀机理及其与硅酸盐矿物的协同反应等基础理论问题，提出了高抗蚀硅酸盐水泥设计制备方法，开辟了采用高活性铁相矿物与 C_3S 协同水化制备高抗蚀胶凝材料的新技术方向，并开发了高铁相高抗蚀硅酸盐水泥新品种，从本质上提升了水泥的抗蚀性能。在此基础上，揭示了高铁相硅酸盐水泥性能发展与演变规律，形成了重大工程与制品化应用技术，促进了水泥与混凝土材料的科学技术进步。结合国家系列战略路线与发展规划，技术成果具有广阔的应用前景与发展潜力，下一步可结合国家、行业发展需求，进一步推广应用。

参考文献

[1] 冯修吉 , 吴斌 . 菲拉瑞水泥熟料和萤石、石膏的反应及其主要物相生成规律的探讨 [J] 水泥 , 1983(8):7-16.

[2] 冯修吉 , 朱玉锋 . 发挥 C_4AF 的强度及其新型早强高铁水泥的研究 [J]. 硅酸盐学报 , 1984(1):32-47.

[3] 冯修吉 , 阎培渝 , 夏元复 , 等 . 高铁水泥熟料的穆斯堡尔研究 [J]. 硅酸盐学报 , 1985(2):153-158.

[4] 冯修吉 , 阎培渝 . 烧成制度和矿物组成对 C_4AF 和高铁水泥的水化性能的影响 [J]. 硅酸盐通报 , 1987(3):24-29.

[5] 胡曙光 , 宋明竣 . 不同铁率水泥熟料煅烧的动力学研究 [J]. 水泥 , 1993(6):7-11.

[6] 姚燕 , 王发洲 , 余其俊 , 等 . 海洋工程高抗蚀水泥基材料研究进展 [J]. 中国基础科学 , 2019(3):1-10+16.

[7] 高金瑞 , 饶美娟 , 张克昌 , 等 . 铁相组分对铁相和高铁低钙水泥熟料水化性能及抗侵蚀性能影响 [J]. 硅酸盐通报 , 2021(40):1097-1102+1115.

[8] 赵都 . C-A-S-H 可控组装及其应用的基础研究 [D]. 武汉：武汉理工大学 , 2021.

[9] 黄啸 . 高铁低钙硅酸盐海工水泥及其混凝土制品性能研究 [D]. 武汉：武汉理工大学 , 2019.

[10] 陶勇 . 水泥熟料矿物晶体结构与水化活性分子模拟研究 [D]. 武汉：武汉理工大学 , 2021.

[11] 张克昌 . 高性能高铁相硅酸盐水泥的设计制备及性能研究 [D]. 武汉：武汉理工大学 , 2021.

[12] 饶美娟 , 孙子豪 , 曾浪 , 等 . 改性粉煤灰对改善高铁相水泥砂浆性能的研究 [J]. 人民长江 , 2019(50):166-170+210.

[13] 朱明 , 曾浪 , 饶美娟 . 高铁低钙硅酸盐水泥体系的抗氯离子侵蚀性能研究 [J]. 硅酸盐通报 , 2018(37):3136-3140.

[14] 胡成 , 陈平 , 张小平 , 等 . 不同铁相水泥的抗氯离子侵蚀和抗硫酸盐侵蚀性能研究 [J]. 混凝土 , 2020(10):98-101.

[15] 孙子豪 , 赵美程 , 饶美娟 , 等 . 蒸养纤维掺杂高铁低钙水泥混凝土的抗海水冲磨性

能研究 [J]. 硅酸盐通报 , 2019(38):2176-2182.

[16] 张小平 , 陈平 , 杨华美 . 养护温度和矿物掺和料对砂浆渗透性的影响 [J]. 人民长江 , 2018(49):92-96+114.

[17] 夏中升 , 商得辰 , 王茂国 , 等 . 铜离子掺杂对水泥水化的影响机理 [J]. 材料科学与工程学报 , 2018(36):541-546,567.

[18] 邓青山 , 饶美娟 , 曾浪 , 等 . Cu^{2+} 掺杂对 C_4AF 水化性能的影响 [J]. 硅酸盐通报 , 2019(38):937-941.

[19] 赵美程 , 饶美娟 , 邓青山 , 等 . 铜离子掺杂对高铁低钙水泥熟料性能的影响 [J]. 硅酸盐通报 , 2020, 39(2): 396-401.

[20] 陈波 , 王伟鱼 , 丰雨秋 , 等 . 蒸养条件下矿粉、粉煤灰对高铁相硅酸盐水泥基材料毛细孔和抗侵蚀性能的影响 [J]. 硅酸盐通报 , 2023,42(1):162-169.

[21] HUAUG X, HU S, WANG F, et al. Enhanced Sulfate Resistance: The Importance of Iron in Aluminate Hydrates[J]. ACS Sustainable Chemistry & Engineering, 2019 (7):6792-6801.

[22] HUAUG X, HU S, WANG F, et al. Brownmillerite hydration in the presence of gypsum: The effect of Al/Fe ratio and sulfate ions[J]. Journal of the American Ceramic Society, 2019(102):5545-5554.

[23] TAO Y, ZHANG W, Li N, et al. Predicting Hydration Reactivity of Cu-Doped Clinker Crystals by Capturing Electronic Structure Modification[J]. ACS Sustainable Chemistry & Engineering, 2019(7):6412-6421.

[24] TAO Y, ZHANG W, SHANG D, et al. Comprehending the occupying preference of manganese substitution in crystalline cement clinker phases: A theoretical study[J]. Cement and Concrete Research, 2018(109):19-29.

[25] ZHANG K, WANG F, RAO M, et al. Influence of ZnO-doping on the properties of high-ferrite cement clinker[J]. Construction and Building Materials, 2019(224):551-559.

[26] TAO Y, LI N, ZHANG W, et al. Understanding the zinc incorporation into silicate clinker during waste co-disposal of cement kiln: A density functional theory study[J]. Journal of Cleaner Production, 2019(232):329-336.

[27] TAO Y, ZHAWG W, LI N, et al. Fundamental principles that govern the copper doping

behavior in complex clinker system[J]. Journal of the American Ceramic Society, 2018(101):2527-2536.

[28] TAO Y, ZHAWG W, LI N, et al. Hu, Atomic occupancy mechanism in brownmillerite Ca2FeAlO5 from a thermodynamic perspective[J]. Journal of the American Ceramic Society, 2020(103):635-644.

[29] ZHANG K C, WANG F Z. Understanding the role of brownmilerite on corrosion resistance[J]. Construction and Building Materials, 2020(254):119-262.

[30] DENG Q S, WANG F Z. Effect of CuO-doping on the Hydration Mechanism and the Chloride-Binding Capacity of C_4AF and High Ferrite Portland Clinker[J]. Construction and building materials, 2020(252):119.

[31] HUANG X, HU S, WANG F, et al. The effect of supplementary cementitious materials on the permeability of chloride in steam cured high-ferrite Portland cement concrete[J]. Construction and Building Materials, 2019(197):99-106.

[32] CHEN P, ZHANG S, YANG H, et al. Effects of curing temperature on rheological behavior and compressive strength of cement containing GGBFS[J]. Journal of Wuhan University of Technology Materials Science, 2019(34):1155-1162.

[33] CHEN P, TIAN Y, HU C, et al. The Doping of Mineral Additions SF, FA and SL on Sulfate Corrosion Resistance of the HIPC Cements[J]. International Conference on Advanced Materials and Ecological Environment, 2020(774):1-5.

[34] HUANG X, TAO Y, YANG L, et al. Chloride Adsorption Capacity of Monocarbonate: The Importance of Iron Doping[J]. ACS Sustainable Chemistry & Engineering, 2022(10):5621-5632.

[35] TAO Y, WAN D W, ZHANG W Q, et al. Intrinsic reactivity and dissolution characteristics of tetracalcium aluminoferrite[J]. Cement and Concrete Research, 2021(146):106485

[36] WAN D W, ZHANG W Q TAO Y, et al. The impact of Fe dosage on the ettringite formation during high ferrite cement hydration[J]. Journal of the American Ceramic Society, 2021(104):3652-3664.

[37] ZHANG K C, SHEN P L, YANG L, et al. Development of high-ferrite cement: Toward green cement production[J]. Journal of Cleaner Production, 2021(327): 129-487.

[38] ZHANG K C, SHEN P L, YANG L, et al. Improvement of the Hydration Kinetics of High Ferrite Cement: Synergic Effect of Gypsum and C_3S-C_4AF Systems[J]. ACS Sustainable Chemistry & Engineering, 2021(9):15127-15137.

[39] ZHONG H X, ZHANG K C, YANG L, et al. In-depth understanding the hydration process of Mn-containing ferrite: A comparison with ferrite[J]. Journal of the American Ceramic Society, 2022(105):4883-4896.

[40] ZOU F B, ZHANG M, HU C L, et al. Novel C-A-S-H/PCE nanocomposites: Design, characterization and the effect on cement hydration[J]. Chemical Engineering Journal, 2021(412):128-569.

装配式建筑外围护墙板耐久性提升对策

杨思忠，教授级高级工程师，现任北京市住宅产业化集团股份有限公司技术总监，北京工业大学兼职教授，北京市建设工程物资协会装配式建筑与墙体分会会长。

工作30多年来，结合北京市的轨道交通、市政工程、装配式建筑等重点工程，致力于混凝土与水泥制品行业新材料、新产品科技创新，在理论研究及工程应用方面取得了突出成绩。

装配式建筑方面，主持和参加国家、北京市装配式建筑研究课题10余项，主持建设了北京市第一条装配式建筑预制构件自动流水线和国内第一条游牧式流水线，主持研发了国内首个“装配式构件信息管理系统（PCIS）”，主持研发了纵肋叠合剪力墙结构体系。带领燕通公司实现京津冀8个生产基地布局，预制构件实际供应量稳居京津冀第一位，连续多年位列全国十强。主、参编国家、行业、地方和团体标准20多项，获北京市科技进步三等奖2项，出版专著5部，发表论文30余篇。2015年获中国建筑学会“当代中国杰出工程师”称号，2017年获“混凝土与水泥制品行业杰出工程师”称号。

一、概述

装配式建筑的发展已成为现阶段我国重要的建筑产业政策之一。自 2016 年《国务院办公厅大力发展装配式建筑的指导意见》（国办发〔2016〕71 号）发布以来，装配式建筑相关的政策文件密集发布，标准逐步完善，各区域发展指标更加明确；装配式建筑亟待解决的痛难点问题逐步厘清，发展趋势和攻关方向日益明朗；高水平自主创新研究成果和高品质示范项目大量涌现，装配式工程质量稳步前行；装配式建筑结构体系百花齐放，全国各地呈现齐头并进的高速发展态势；装配式建筑产业规模迭创新高，重点发展地区率先进入高品质和绿色低碳发展阶段。

在我国“双碳”目标的引领下，随着新型建筑工业化与装配式建筑协同发展、精益建造管理、数字建造转型升级等方式的快速推进，建筑外围护方面痛难点问题越来越引起行业关注，研究满足结构安全、防水密封、保温隔热、隔声及装饰等综合性能要求的新型建筑外围护体系和高品质产品迫在眉睫。

二、建筑外围护行业现状、痛难点分析及建议

建筑外围护结构是保护建筑物的屏障，不仅要抵抗各种荷载工况下的受力，还兼具保温、隔热、隔声、抗渗、装饰等多重功能，在调节室内环境的舒适性、提高居住品质方面起着至关重要的作用，同时也是节能建筑的关键组成部分，其中最复杂、最难解决的问题是渗水、漏水、冻融等突出问题。对北方广大地区而言，除部分装配式建筑外围护采用“三明治”外墙板外，多数建筑采用外墙外保温体系，因此，通过系统分析外墙外保温行业和装配式建筑外围护墙板行业现状，找出存在的主要问题和应对策略具有重大意义。

（一）外墙外保温行业现状

下面通过薄抹灰外墙外保温、保温装饰板外保温及现行外保温行业政策

等现状分析，提出行业发展方向的思考。

1. 薄抹灰外墙外保温行业现状

在国家政策和节能标准提升推动下，我国大量居住建筑采用了外墙外保温薄抹灰系统，一定时期内引领了墙体节能的主流方向。该技术起源于欧洲的EPS板薄抹灰系统，引进到国内后，各种保温材料纷纷套用此技术，并用于高层建筑外保温工程。虽然大多数工程经过实践检验质量可靠，但也发生了很多工程事故，产生了众多技术纷争。如挤塑聚苯板（XPS）、硬泡聚氨酯板（PU）、酚醛板（PF）等有机保温板与EPS板技术参数差异很大，草率地套用薄抹灰做法势必产生很多工程问题。尤其是保温层被大风吹落、失火等问题将薄抹灰做法推向悬崖尽头。关于外墙外保温层脱落，发生火灾事故原因为：一是基础理论研究缺失，外保温构造设计选择不科学。二是工程低价位竞争、恶性循环、偷工减料、质量失控。究其真正原因还是材料创新跟不上时代发展需要。比如：B级有机保温材料质量不达标或不稳定，缺乏性价比更好的替代品。A级保温材料的主流还是岩棉。岩棉的导热系数大，保温层越来越厚，脱落风险剧增。上海地区推广的硅墨烯板，导热系数也很大，不适合严寒地区应用，且供应厂家过少。真空绝热板易破损失效，并且造价过高。气凝胶保温材料价格太高，还不具备大面积推广的条件。

2. 保温装饰板外保温行业现状

近年来，保温装饰板外墙外保温系统在我国发展非常迅速。该系统通常由保温装饰一体化板、黏结层、锚固件、嵌缝材料和密封胶组成，能实现建筑外墙的保温装饰一体化。其中保温装饰板是由保温材料和装饰面板在工厂通过胶黏剂和（或）连接件复合成型的板状制品。常用外饰面层有：涂装硅酸钙板、薄层石材、薄瓷板、金属板、软瓷板（柔性面砖的升级版）等。常用保温材料有：模塑聚苯板、挤塑聚苯板、聚氨酯板、热固改性聚苯板、竖丝岩棉板等。保温装饰板的安装方式，不同产品在细节上略有差异，但本质上均采用粘锚结合的方式进行固定。据实际工程检验，保温装饰板在变形、开裂、空鼓、脱落等方面问题比较严重。主要原因：一是温度应力作用。保温装饰板的饰面层为刚性较大的重质材料，其导热系数很大，弹性模量很大；夹在墙体和饰面层之间的保温材料为软质材料，其导热系数很小，弹性模量很小；当室外温度变化时，饰面板和保温材料内的温度场变化不协调，胀缩变形不一致。比如：白天饰面板受热，板面由板中心向板四周膨胀，会发生凸起变形；夜间降温时，板面由板四周向中心收缩，会发生凹陷变形。这种温度变化在饰面板与保温层、保温层与基层间形成剪切温度应力，日复一日地造成保温装饰板的扭曲、卷起变形，严重时形成开裂、空鼓和脱落。特别是外饰面采用镀铝锌钢板和铝合金板时问题尤其突出。二是冻融膨胀作用。保温装饰板的露点位置在饰面层与保温层之间。寒冷季节，这个地方冷凝水不易排出，冻融循环造成饰面层空鼓。饰面层各块体间的密封胶失效，外界雨（雪）水进入也会促进冻融循环破坏。三是点粘连通空腔负压作用。采用点粘工艺的保温装饰一体板，施工质量控制不严格形成连通空腔。当保温装饰板处于负风压状态时，板内的连通空腔提供了高于板外负压值的板内空气的流动通道。板外的负压空气的吸力叠加板内正压空气聚集的推力，保温装饰板就被刮落。岩棉保温板内空气的连通更可使空气集中形成气囊增加推力，导致岩棉类保温装饰板更易受到风压破坏。四是锚固失效。理论上，带有重质刚性饰面层的保温装饰板应选择锚固受力模式，按幕墙构造设计，由纵横龙骨或独立托承盘架悬挑受力。多数供应商也往往宣传采用“锚固为主、粘贴为辅”的粘锚结合方式。保温装饰板安装时，先用锚栓固定饰面板，固定完成后再做辅助粘贴，板与墙面的空隙用粘贴砂浆填满，不让空腔存在，避免风压破坏。实际工程中，粘贴质量很差，墙面或板面上的锚固点失效也经常发生，极易造成保温装饰板脱落。

目前，保温装饰板项目的低价恶性竞争也比较严重，以次充好、偷工减料导致的质量事故频发，令人担心会重蹈薄抹灰外墙外保温行业的覆辙。

3. 行业政策发展现状

目前，外墙外保温行业有两种担心，一是大量外墙外保温服役项目的25年预测寿命期限即将到来，担心事故会大量增加。二是“双碳”目标下全国各地提出了更高的建筑节能标准，保温层厚度大幅度增加，事故频次可能剧增。因此，反对外墙外保温的声音不断。近年来，全国多个地区颁布了限制外墙外保温行业发展的政策。2019 年 8 月 5 日，湖南省发布了《2019 年湖南省建筑节能技术、工艺、材料、设备推广应用和限制禁止使用目录（第一批）》，禁止使用“岩棉板薄抹灰外墙外保温系统”，理由是“不符合我省气候特点且存在安全隐患”。2020 年 10 月，上海市公布的《上海市禁止或者限制生产和使用的用于建设工程的材料目录（第五批）》规定：“施工现场采用胶结剂或锚栓以及两种方式组合的施工工艺外墙外保温系统 (保温装饰复合板除外)，禁止在新建、改建、扩建的建筑工程外墙外侧作为主体保温系统设计使用；岩棉保温装饰复合板外墙外保温系统，禁止在新建、改建、扩建的建筑工程外墙外侧作为主体保温系统设计使用；保温板燃烧性能为 B1 级的保温装饰复合板外墙外保温系统，禁止在新建、改建、扩建的 27m 以上住宅以及 24m 以上公共建筑工程的外墙外侧作为主体保温系统设计使用，且保温装饰复合板单块面积应不超过 $1m^2$，单位面积质量应不大于 $20kg/m^2$；保温板燃烧性能为 A 级的保温装饰复合板外墙外保温系统，禁止在新建、改建、扩建的 80m 以上的建筑工程外墙外侧作为主体保温系统设计使用，且保温装饰复合板单块面积应不超过 $1m^2$，单位面积质量应不大于 $20kg/m^2$。”2021 年，继湖南、上海之后，又有河北、重庆等多个省市出台禁止、限制外墙外保温的文件，对外墙外保温技术应用产生重要影响。当然，也有部分省市并未出台强制性的限制文件，而是对现行技术标准进行了优化。

4. 行业发展方向的思考

思考 1：关于坚持外保温理论自信就可做到外保温与结构同寿命问题。部分行业人士认为，外保温为粘贴受力模式，应采用避免热应力集中的柔性构造，做到保温层与基层墙体满粘即可保证与结构同寿命。笔者认为，在现有管理模式下，实际工程的施工质量很难达到这么理想的要求，厚度越来越大的保温层在温度应力、雨（雪）水侵蚀、风荷载等因素作用下，很难保证长期粘接可靠，谈不上与结构同寿命。

思考2：关于采用增强竖丝岩棉复合板就可解决外墙外保温问题。部分行业人士认为，增强竖丝岩棉复合板系统完全不同于传统的岩棉薄抹灰系统。传统岩棉薄抹灰系统既不适合粘贴，也不适合锚固。竖丝岩棉复合板外墙外保温系统是一种改进型岩棉薄抹灰系统。增强竖丝岩棉保温板拉拔强度可达到0.1MPa，粘贴受力模式与EPS一样。实际工程中遇到的难题是增强竖丝岩棉复合板的导热系数太大，严寒地区保温层厚度高达200~350mm，现有管理模式下，靠粘贴确保不脱落非常困难。

思考3：以锚固为主的保温装饰板用于装配式建筑外墙板面临新挑战。工业化生产的预制外墙板，一方面为提高脱模强度，混凝土实际强度往往远大于设计强度；另一方面配筋较多且密集，尤其是墙角处更甚。在锚固施工过程中，极易发生锚钉的锚固深度不足、锚固数量无法保证等质量隐患。以“锚固为主、粘贴为辅”保温装饰板，连接可靠性备受质疑。保温装饰板安装时先做锚栓固定，再做辅助粘贴，如何保证保温装饰板与墙面的空隙能够填满，避免负风压脱落破坏存疑。

综上所述，装配式建筑实现高品质外围护结构应优先发展多功能一体化外墙板。

（二）装配式建筑外围护墙板行业现状

通过量大面广的装配式剪力墙结构“三明治”外墙板、装配式钢结构外挂墙板等行业现状分析，归纳出装配式建筑高品质外围护墙板的共性问题及思路。

1. 装配式剪力墙结构——“三明治”外墙板

“三明治”外墙板（又称：多功能一体化外墙板、预制夹芯保温外墙板），主要由内叶墙板、外叶墙板、夹心保温层和拉结件组成，是一种集结构、装饰、保温、隔热、防水等多种功能于一体的高集成化绿色产品。国外相关国家对“三明治”墙板的研究和发展比较成熟。早在20世纪20年代，美国就开始采用预制混凝土制作建筑物的外挂墙板。美国预应力混凝土协会（PCI）

制定规范对预制混凝土“三明治”墙板设计与施工的各个方面提出了要求，涉及墙板的设计、生产、运输、安装、装饰及技术经济性等问题。从20世纪70年代起，采用面砖、石材等材料饰面的预制混凝土“三明治”墙板开始在北美广泛应用。我国大量推广应用“三明治”外墙始于装配式混凝土剪力墙住宅的研发应用。

“三明治”外墙板的构造特点。装配式剪力墙结构中使用的是非组合受力“三明治”外墙板。按照欧洲经验，其内叶墙板厚度必须是外叶墙板厚度的1.5倍以上。国内多数工程的“三明治”墙板内叶墙板厚度200mm，外叶墙板厚度60mm。为了防止非组合受力“三明治”外墙板的外叶墙板在温差变形下发生开裂，影响耐久性，所选用的保温拉结件系统的刚度不能过大，国内外通常采用FRP棒状拉结件、不锈钢板式和针式组合拉结件系统，以及金属桁架式拉结件。

“三明治”外墙板的优缺点。目前，“三明治”外墙板的设计、生产、安装技术已经很成熟，在国内外积累了大量成功经验，可以说是实现“双碳”目标的重要装配式部品。优点是可采用B级保温材料大幅度减少保温层厚度，既可实现保温层、装饰层与结构同寿命，又可实现饰面多样性（图1~图4），降低运营维护费用，是全生命周期考核方式下的绿色建材产品。缺点是工厂化产品，价格偏高。目前，在考虑相同损耗率的前提下，装配式剪力墙结构在物化和建造阶段计算的碳排放略大于现浇混凝土剪力墙结构，如果考虑“三明治”外墙板全生命周期的贡献可较好实现碳排放降低。

图1 “三明治”外墙板

图2 瓷板饰面

图3 陶板饰面

图4 砖饰面

“三明治”外墙板的推广阻力。目前，装配式建筑设计标准和评价标准中都没有碳排放指标，作为产业链前端的开发企业往往采用“成本指标”和“装配率指标”进行“限额设计”，无论是结构体系还是外围护产品选型都没有充分考虑全生命周期碳排放的影响。比如，近两年北京市开发的装配式居住建筑，除保障性住宅外，包括挂着“高品质”头衔的商品住宅的外墙多数不采用“三明治”外墙板，而是采用预制钢筋混凝剪力墙＋外保温的工艺。该选型方案的缺点：一是不利于寒冷地区冬季套筒灌浆施工。需要采取非常严格的防风保温措施，显著增大建造成本，且延长了工期；二是不利于控制外保温层脱落和火灾风险。以北京寒冷地区为例，目前在执行 80% 节能标准和推进超低能耗建筑，外墙外保温层的厚度已经非常大，建筑运营期保温层脱落和火灾风险急剧放大。80% 节能标准和超低能耗保温层厚度估算值见图 5。三是不利于“双碳”目标实现。建筑运营期内更换保温材料、更新装饰面层，增加了碳排放。

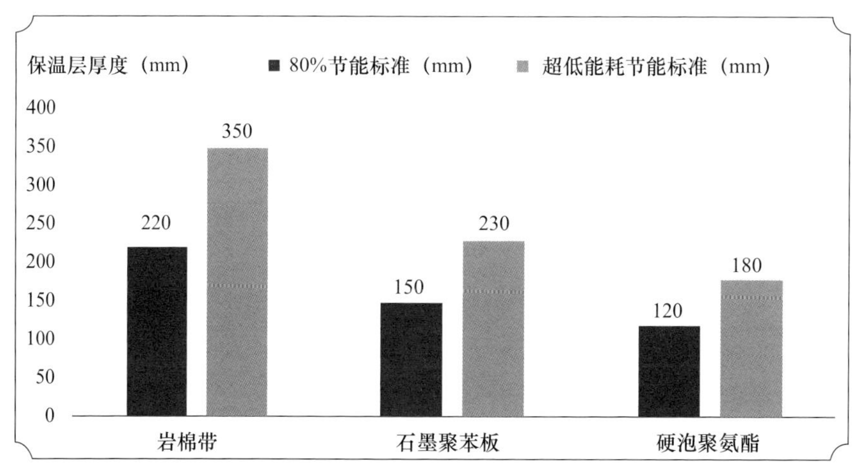

图 5　不同节能标准情况下保温层厚度估算值

有理由相信，随着《建筑节能与可再生能源利用通用规范》（GB 55015—2021）自 2022 年 4 月 1 日起实施，设计标准中加入考虑全生命周期的碳排放控制指标已成为现实。

2. 装配式钢结构——外挂墙板

基于钢结构建筑抗震性好、工业化生产程度高、施工速度快、材料可回收利用、减少建筑垃圾等优势，2016年以来，国家陆续出台了大量推广钢结构建筑的政策。但从钢结构住宅项目应用情况看，发展形势并不乐观。钢结构住宅是关乎千家万户切身利益的民生工程，除钢框架受力结构的设计、生产和施工连接技术已经比较成熟外，其他配套部品的研发及建筑功能与结构布置的矛盾还比较多。突出体现在：(1) 露梁露柱、隔声保温、防火防腐、墙面裂缝、造价偏高等方面。某些钢结构体系只解决了部分露梁露柱问题，没有从配套三板体系尤其是外围护体系方面提出系统性解决方案，住宅质量可靠性、耐久性备受质疑。(2) 究其原因，混凝土剪力墙结构的层间位移角限值为1/1000，但钢结构限值为1/250，提高层间位移角限值，会导致用钢量增加，故工程项目中钢结构体系变形较大，这就要求采用严格的构造措施，但在实际工程中该构造措施落实不到位。(3) 多功能一体化挂板带来新问题。实践证明，“三明治”预制混凝土外挂墙板，综合性能虽好，但质量大、成本较高，往往还需要借助内装修解决露梁露柱问题，应用并不广泛。采用轻骨料混凝土代替普通混凝土的“三明治”外挂墙板，部分降低了外墙板质量，但成本却更高，也仅限于试点应用。且合格的轻骨料来源少，加工过程中混凝土轻骨料上浮造成的匀质性差没有很好解决。

（三）高品质外围护墙板的共性问题及解决思路

国内外对装配式建筑外围护墙板的材料、构造及连接技术进行了大量研究和应用。总结出如下共性问题和解决思路。

主要共性问题：(1) 涂料或者外贴饰面砖耐久性不足。后装饰面层脱落时有发生，存在安全隐患。(2) 现有“三明治”墙板的外叶墙板多为普通混凝土或轻质混凝土，质量大、强度普遍不高，易开裂影响耐久性。虽然瓷砖、瓷板、石材、陶板一体化反打饰面可以解决耐久性问题，但仍然没有克服厚度大、自重大的缺点。(3) ALC 板、轻钢轻混板等板材，强度低、拼缝多，容易引起接缝开裂和渗漏问题。(4) 普遍采用的不锈钢拉结件有热桥，FRP 拉结件锚固可靠性受施工工艺影响大，且缺乏薄壁结构用拉结件。

主要解决思路：(1) 优先发展与建筑同寿命的“三明治”外墙板。(2) 针对非组合受力“三明治”墙板，采用高性能水泥基材料（如 UHPC 或 ECC）薄型外叶墙板，充分发挥其高强、抗裂特性，降低构件自重，也有利于降低结构自重和工程造价。(3) 针对组合受力外墙板，采用 UHPC 或 ECC 替换现有普通砂浆或混凝土。(4) 双向预应力轻型挂板可以更好地解决外围护板开裂问题。

三、高品质装配式建筑外围护墙板应用案例

目前，装配式墙板的应用不尽如人意。突出表现在造价高、自重大、安装不方便等方面。而且由于水泥基材料脆性大、抗拉强度低、抗冲击性能差、容易开裂等缺点，导致墙板抗裂性能与抗渗性能差，严重影响墙板的使用寿命和使用功能。轻质高强、保温隔声在原有装配式墙板研究中总是不可兼得。下面介绍国内外部分创新应用案例。

（一）双向预应力轻型挂板在外围护墙板中的应用

1. 双向预应力轻型挂板的特点

双向预应力轻型挂板是以水泥和矿物掺和料等活性粉末材料、细骨料、外加剂、有机合成纤维和 / 或无机纤维、颜料、水等原料配制的高性能砂浆或 UHPC，采用浇筑工艺工厂化预制，并辅以双向高强预应力钢丝加强而成的非承重挂板。该挂板可应用于室内外的建筑装饰及幕墙系统，也可应用于多功能一体化外墙板的外叶墙板。

双向预应力轻型挂板的特点：一是自动化流水线生产，质量稳定可靠。挂板砂浆采用适合 UHPC 的自动化搅拌系统，确保颜料混合均匀，通体颜色自然。采用数控预应力张拉系统，确保变形协调。立体养护系统，确保出厂强度均匀稳定。二是肌理和色彩丰富，为建筑设计带来无限可能。挂板外表

面采用硅胶模板，实现各种肌理造型。采用硅酸盐水泥或白水泥及无机颜料，满足建筑师个性化色彩需求，确保不褪色，历久弥新。三是韧性和抗裂性俱佳，耐久性好。挂板砂浆中掺入有机合成纤维和 / 或无机纤维，抗压强度大于 100MPa，抗折强度大于 13MPa。在挂板中间部位以 100mm 间距、横纵双方向平均布置直径 3mm 的高强预应力钢丝，平均每根钢丝承担 500kg 的抗拉能力。两种措施配合使用，极大地改善了板材的抗弯性能及破坏状态，由板材常见的脆性破坏转变为具有可预见性的塑性破坏，规避坠落风险。防水效果好，可满足 A1 级防火要求。四是标准化生产与个性化应用相结合，安装便捷可靠。以模台尺寸为 2500mm × 3000mm 的流水线为例，生产时在厚度 30mm 的每块板材上均匀预埋 48 个螺帽，可供应从 500mm × 500mm 到 2200mm × 3000mm 的不同平面尺寸挂板，既方便了建筑师的创作需求，也可实现挂板快速、可靠安装。另外，挂板形状和尺寸还可进行个性化定制。

2. 在建筑幕墙的集成应用

与天然石材或厚瓷板相比，外墙挂板建筑幕墙系统（图 6）采用双向预应力轻型挂板具有很大优势，详见表 1。

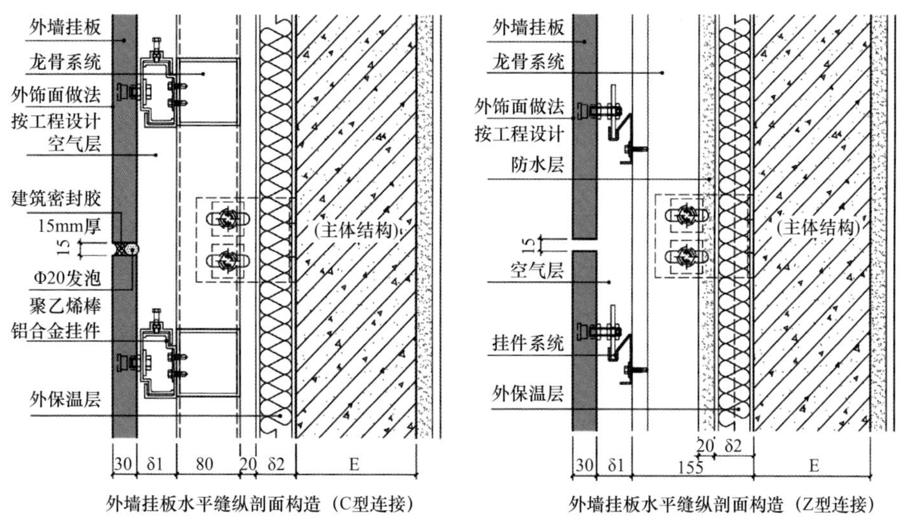

图 6　外墙挂板建筑幕墙系统集成示意图

表 1 双向预应力轻型挂板与天然石材 / 厚瓷板挂板优缺点对比

项目	双向预应力 UHPC 挂板	天然石材 / 厚瓷板
自重	• 约 2.1t/m^3； • 穿孔板质量更轻	• 约 2.5~2.8t/m^3
破坏状态	• 板内采用高强度预应力钢丝，提高并改善板材的抗弯性能及破坏状态，使板材破坏具有可预见性，规避坠落风险	• 通过黏结背网方式，可改善石材在运输安装过程中的碎裂； • 无法保证使用状态下的脆性破坏状态
尺寸规格	• 通用板材，最大尺寸 6.6m^2； • 可定制更大尺寸； • 厚度 30mm	• 一般不大于 2m^2； • 厚度≥ 25mm； • 弧形板厚度比普通平板厚度加大
装饰效果	• 容易实现弧形板、穿孔板生产加工，满足建筑设计要求； • 穿孔板可实现丰富的装饰效果； • 颜色、装饰肌理可实现个性化定制； • 色差可控制	• 弧形、穿孔加工困难，加工成本高，直线拼接弧形影响装饰效果； • 天然石材色差较难控制； • 瓷板需要较大批量定制，多色彩项目实施困难
安装	• 无后期二次加工成本； • 板块尺寸大，安装简单速度快	• 需后续打孔、开槽等加工，安装速度慢
后期运营	• 基本无须后期维护	• 石材 6 面防水，每隔 3~5 年再定期进行表面或通体防护处理，改善其吸水性及抗冻融性能； • 一般实际工程均未做
耐久性	• 板材寿命高于 50 年； • 板材在其终身的使用过程中基本无须基于质量问题的维护	• 所有板材均需定期做表面或通体防护处理以改善其吸水性及抗冻融性能
环保及对环境影响比较	• 表面纳米技术，达到自洁、抗污、抗灰性能； • 采用添加光催化粒子技术，板材可吸收二氧化碳，降低板材周边空气中有机有毒挥发物	• 天然石材开采和加工，对自然环境产生破坏，石材本身可能存在放射性氡污染
安全性	• 优	• 一般

3. 在“三明治”外墙板中的应用

“三明治”外墙板由双向预应力轻型挂板、普通混凝土内叶墙板、保温层组成（图 7）。双向预应力轻型挂板通过专用拉结件与内叶墙板连接。拉结件（图 8）为 L 形不锈钢板条，两端部均预留孔，弯折端部通过螺栓与轻型挂板连接，平直端埋入内叶墙板内，通过在末端的孔洞内穿设附加锚筋增加锚固力。“三明治”外墙板通过反打成型一体化方式制作，实现高品质双向预应力轻型挂板在“三明治”外墙板中的集成应用。“三明治”外墙板产品见图 9。

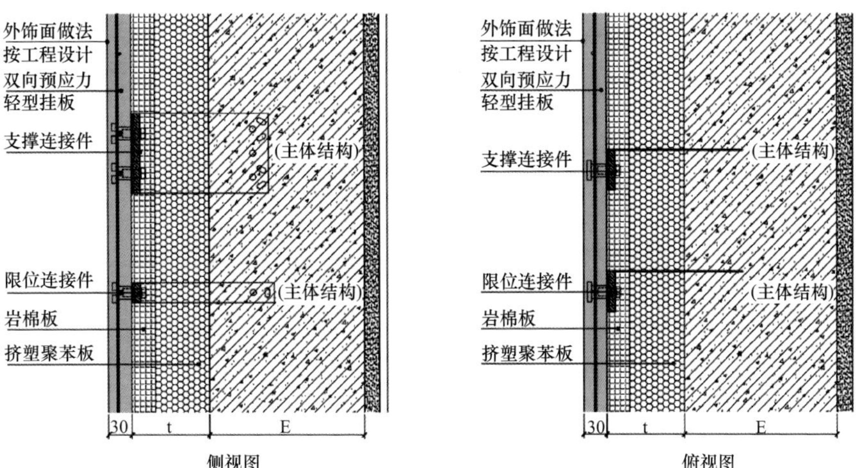

图7 “三明治”外墙板结构示意图

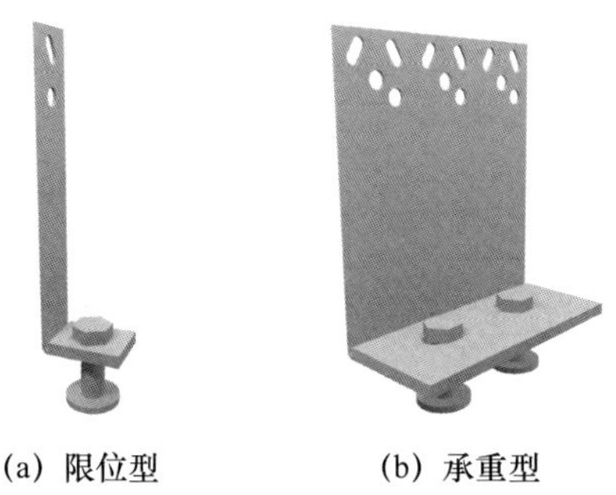

图8 专用拉结件示意图

图9 “三明治”外墙板产品

（二）UHPC/ECC 外围护墙板应用

1. UHPC/ECC 的性能特点

众所周知，混凝土强度越高，脆性越大。UHPC 是一种超高强度、超高韧性、超低孔隙率的水泥基材料。通过提高组分的细度和活性，掺入一定量的微细钢纤维，不使用粗骨料，使材料内部的孔隙与微裂缝减到最少，以获得超高强度、超高韧性与耐久性，其使用寿命可超过 100 年。UHPC 的主要性能特点：一是超高强度。抗压强度要求大于 120MPa。二是超高耐久性。具有高化学稳定性与抗侵蚀力，可以暴露在各种侵蚀环境下 (硫酸盐、硝酸盐、海水等)。能够耐受各种有害物质渗透到基材内部，同时具有自愈能力，防水效果好。三是高韧性。水泥基材与金属纤维和有机纤维的结合，实现了抗压强度和抗折强度的有机平衡。但是，拉伸应变仍然很低，一般不会超过 0.5%，一旦开裂，裂缝快速扩展，强度和耐久性急剧下降，服役寿命大大缩短，仍表现为应变软化、少裂缝破坏形式。四是高装饰性。具有多种色彩、肌理和形状可供选择，可提供丰富多彩的设计方案、肌理造型和色彩效果。但是要注意避免 UHPC 中掺加普通钢纤维时外表面可能出现的锈斑现象。五是可持续性好。超高强、防火、抗爆、抗冰雹性能，可实现更薄界面、更长跨距、轻质优雅，使结构更具有创新性。合理设计可降低建筑成本、模具成本、劳动力成本和维修成本等。

ECC 英文全称是 Engineered Cementitious Composites，属于一种高韧性纤维增强水泥基复合材料。最早由 LI V.C. 等在 20 世纪 90 年代研制而成。该材料以微观力学模型为理论基础，对短纤维增强水泥基复合材料进行设计，通过合理控制纤维、基体的性能以及纤维与基体界面参数，使材料具有应变硬化特性。ECC 的主要性能特点：一是抗压强度范围广。抗压强度范围为 20~210MPa，但多数低于 100MPa。二是超高韧性。研究表明，掺加纤维体积比不超过 2% 的 ECC 产生第 1 条裂缝后，仍具有良好的应力传递和裂缝宽度控制能力，显示出超高的韧性，其极限拉应变可达 3%~7%，而普通混凝土在开裂时所具有的极限拉应变仅为 0.01%~0.02%，ECC 是其 200~500 倍。ECC 在受到拉力作用时，会出现多个细小裂纹，这些裂缝宽度通常低于100μm，并且会呈现出类似金属的拉伸应变硬化现象。ECC中的此类细小裂纹有望改善混凝土结构的破坏模式。三是高耐久性和裂缝自愈合能力。由于ECC的水渗透性和氯离子扩散系数与未开裂的混凝土几乎相同，因此ECC的耐久性也更为优秀。此外，ECC的“自愈能力”可通过在湿度环境下胶凝材料的水化作用和$CaCO_3$的沉淀使裂纹自行愈合，这一能力有效地防止了侵蚀性离子的侵入，从而对内部钢筋起到了很好的保护作用，避免了钢筋内部的腐蚀。四是工程应用广泛。基于ECC优越的性能，国内外学者根据不同工程需要开发了不同性能特点的高韧性纤维增强水泥基复合材料，如自密实ECC、可喷射ECC、挤压成型ECC、轻质ECC、高强ECC、防水ECC及自愈合ECC等。并在美国、日本、中国等国家的很多工程中得到应用，如水坝维修加固、桥面板修补、铁路高架桥维修、制备无伸缩缝桥面板、装配式结构连接节点等。

综上所述，在装配式建筑外围护墙板中应用UHPC和ECC大有可为，但要注意选择能发挥新材料突出优势的应用场景。

2. UHPC组合连接“三明治”外墙板

据统计，住宅和商业建筑消耗的能源约占社会能源消耗总量的40%。其中大部分用于加热和冷却建筑中的封闭空间。建筑外围护系统控制室外和室内环境之间的热传递，因此在节能方面发挥着关键作用。近年来，研究人员对探索更加节能的围护系统越来越感兴趣，既包括超高性能纤维增强混凝土（UHPC）、纤维增强塑料（FRP）、相变材料、保温隔热材料等新材料应用，也包括对传统外围护系统的几何改变、窗户遮阴和节能窗等技术。

美国B.Abediniangerabi等在*Building energy performance analysis of ultra-high-performance fiber-reinforced concrete(UHP-FRC) facade systems*中提出了一种超高性能纤维增强混凝土（UHP-FRC）“三明治”墙板系统，利用UHP-FRC板的高强度和延展性采用了更厚的保温隔热层，从而潜在地降低能耗。与常规“三明治”墙板相比，研究了不同建筑类型和气候条件对UHP-FRC板能量性能的综合影响，进行热桥和湿热分析评估新型结构的热桥和霉菌生长风险。结果表明，该墙板系统具有独特的热性能，较高的热阻，热桥大大降低，提高了建筑的保温性能。常规“三明治”墙板和新型UHP-FRC“三明治”墙板对比示意图详见图10。

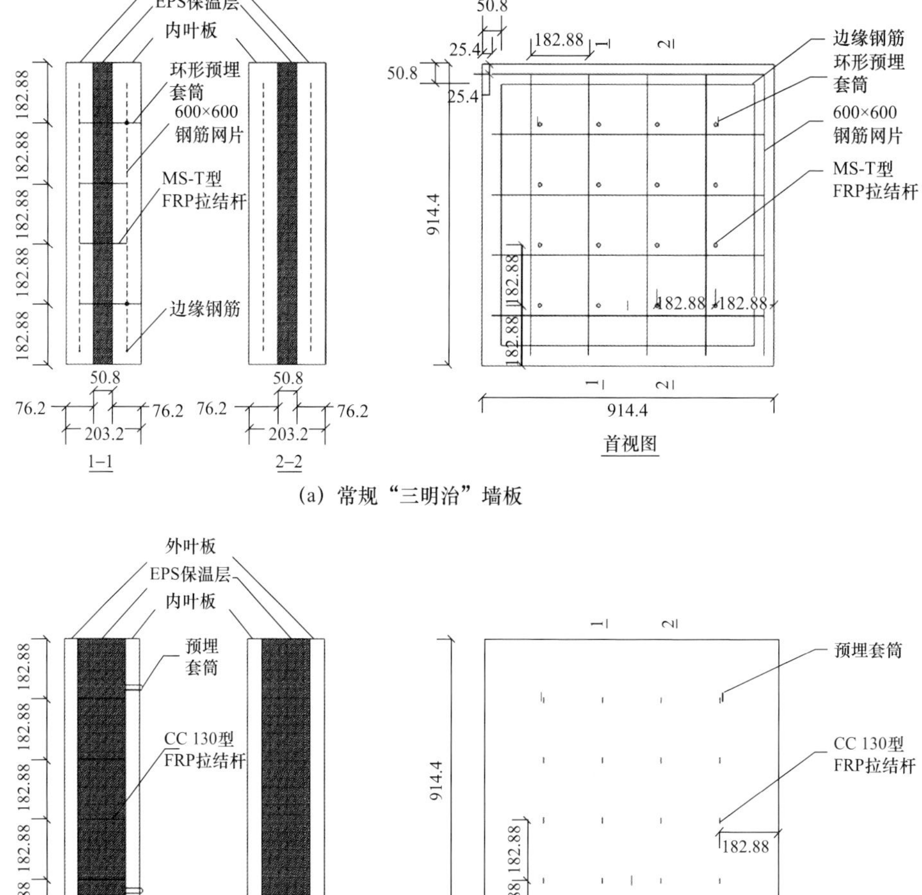

图10　常规“三明治”墙板和新型UHP-FRC“三明治”墙板对比示意图

图10中，对比用常规“三明治”墙板为美国建筑行业常用的8英寸（20.32cm）厚标准墙板，质量为676磅（306.6kg）。三层构造为：3英寸（7.62cm）混凝土外叶板+2英寸（5.08cm）挤塑板（XPS）+3英寸（7.62cm）混凝土内叶板。外叶板抗压强度为5000psi（34.5MPa），内叶板抗压强度为7000psi（48.3MPa），内外叶板中配置间距6英寸×6英寸（15.24cm×15.24cm）的钢丝网，内外叶板通过ThermoMassT形拉结件连接。新型UHP-FRC“三明治”墙板厚度也是8英寸（20.32cm），质量只有338磅（153.3kg）。三层构造为：1.5英寸（3.81cm）UHP-FRC内叶板+5英寸（12.7cm）挤塑板（XPS）+1.5英寸（3.81cm）UHP-FRC外叶板。内外叶板采用ThermoMassCC130FRP拉结件连接，其中不配置钢筋，有助于提供更多的保温层空间，减少制造工作量和时间。即使不配置钢筋，该墙板也比传统墙板的抗裂性提高三倍。

基于ECC的突出优势，国内外一些学者已经关注到ECC在建筑围护结构中的使用前景。运用于装配式外围护结构具有更广阔的发展前景。Maalej等重点研究了在低速和高速弹丸冲击下的工程化水泥基复合材料（ECC）板的性能，得出混合纤维ECC在提供更好的保护材料功能方面具有潜在价值。例如在提高抗碎性，减少因刮擦和剥落而造成的损害以及显著改善的抗裂性能方面具有显著优势。Wang等采用生命周期法对ECC复合保温墙进行经济性评估，证明ECC复合墙的外立面比普通混凝土墙具有更高的生命周期，可降低维护频率、提升经济效益。国内将ECC用于建筑梁、柱、节点等应用也开展了部分研究，但将其作为装配式墙板应用的研究还较少。杨雨桐对夹芯复合墙板的ECC面板材料热湿物性参数进行了试验研究，对夹芯复合墙板的热工性能和热湿耦合传递特性进行了理论结合数值模拟的研究，并采取防潮措施优化了墙板的结构设计。孙帆对ECC材料性能、ECC板材及连接件性能进行了研究，开展了带肋和不带肋两种ECC大空芯率墙板（见图11）抗风性能试验研究，得出该类墙板的抗风性能以及抗风性能差异。通过ABAQUS软件建立整体模型，与试验对比，建立不同参数（墙板厚度、肋壁高度等）的墙板模型进行参数分析。认为ECC大空芯率墙板不仅可以充分发挥ECC的力学性能优势，保证良好保温性能（图12），同时还能降低墙体自重，提高装配效率。

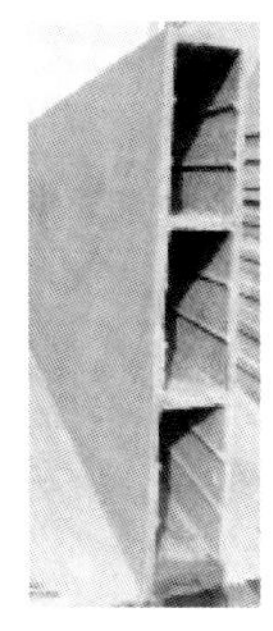

（a）带肋墙板　（g）不带肋墙板

图11　带肋和不带肋两种ECC大空芯率墙板

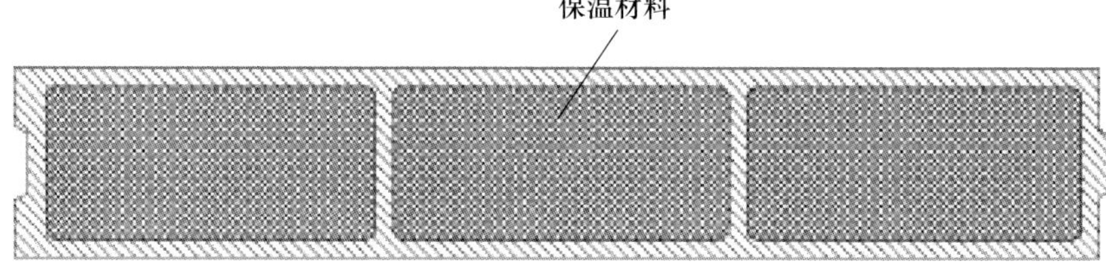

图12　内部填充保温材料的带肋ECC大空芯率墙板

3. 非组合连接“三明治”墙板的UHPC外叶板

UHPC外叶墙板厚度30mm，抗压强度120MPa，抗拉强度5MPa，添加改性聚丙烯粗纤维（图13），纤维掺量3%~3.5%，纤维直径0.15mm，长度16mm。

图13　改性聚丙烯粗纤维

拉结件采用 FRP 或塑料与金属复合材质。UHPC 外叶墙板通过硅胶模板等方式，可制作具有一定造型的饰面效果（图 14）。

（a）防岩石效果

（b）清水混凝土效果

图 14　UHPC 外叶墙板效果

UHPC 采用装饰型预混料、逆流式强制搅拌设备保证色彩均匀，采用免振方式连续浇筑成型保证纤维连续，采用低温低湿（温度≤ 40℃，湿度≤ 75%）养护方式保证良好的外观质量，拆模后继续常温养护前喷涂高渗透型清水防护剂进行表面封闭防护，以防止 UHPC 外叶墙板后期出现返碱、色差等问题。

4. 钢结构住宅 UHPC 外挂板

北京市燕通建筑构件有限公司通过组分和微结构设计、腔肋构造设计和制备技术，突破大幅面薄壁构件板厚控制难度大、易变形开裂难题，研发制备了 UHPC 带肋挂板等空腔立面构件（图 15、图 16），并形成装配式钢结构外墙围护结构新体系，实现超高性能轻量化。

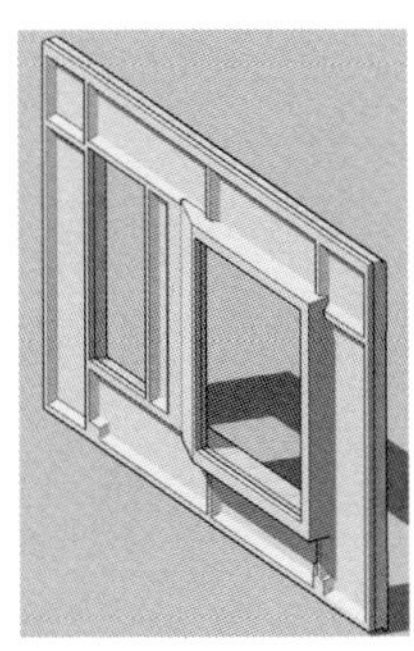

图 15　UHPC 外挂板（肋型平板）

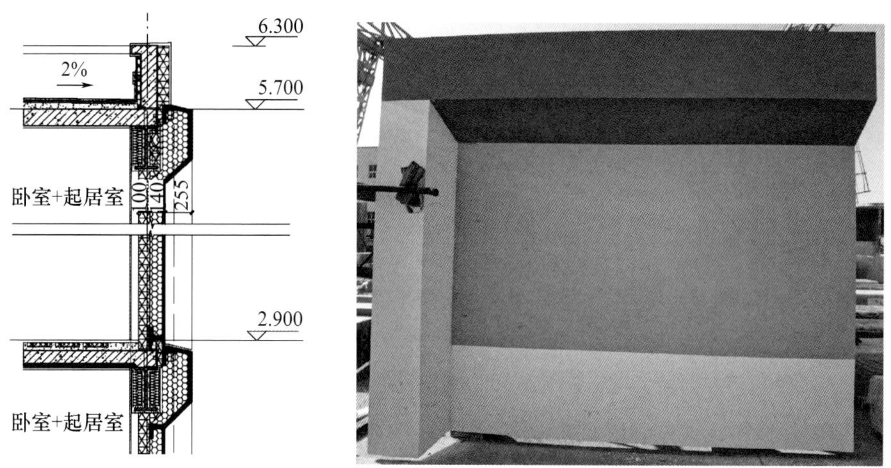

图 16 UHPC 外挂板（腔肋异型板肋型平板）

参考文献

[1] 杨思忠 , 任成传 , 齐博磊 , 等 . 结构装饰保温一体化预制外墙板制造关键技术 [J]. 施工技术 , 2015, 44(4):102-106.

[2] 任成传 , 杨思忠 , 王爱兰 , 等 . 装配整体式混凝土剪力墙结构预制构件生产工艺研究 [J]. 建筑技术 , 2015, 46(3):208-211.

[3] 杨思忠 . 装配式建筑预制构件现状与质量管控 [J]. 混凝土世界 , 2020(3):52-61.

[4] 赵志刚 , 杨思忠 , 任成传 , 等 . 结构保温装饰一体化预制混凝土墙板质量控制技术和应用 [J]. 混凝土与水泥制品 , 2020(2):60-64.

[5] 吴香国 , 陶晓坤 , 于士彦 , 等 . 高性能复合夹芯外挂墙板应用研究进展 [J]. 建筑结构 , 2020, 50(S1):611-616.

[6] 杨雨桐 . 预制 ECC 夹芯复合外挂墙板热湿耦合传递特性研究 [D]. 徐州：中国矿

业大学 , 2021.

[7] 孙帆 .ECC 大空芯率墙板抗风性能试验研究与数值分析 [D]. 重庆：重庆大学 , 2021.

[8] 魏江洋 . 浅析预制装配式混凝土 (PC) 技术在民用建筑中的应用与发展 [D]. 南京 : 南京大学 , 2016.

[9] 朱国阳 . 预制混凝土建筑外墙设计初探 [D]. 南京 : 南京工业大学 , 2016.

[10] ABEDINIANGERABI B, SHAHANDSHTI S M, BELL B, et al.Building energy performance analysis of ultra-high-performance fiber-reinforced concrete(UHP-FRC) facade systems[J].Energy and Buildings, 2018, 174(Sep): 262-275.

[11] 臧人卓 . 新型复合墙板受力性能试验研究 [D]. 北京 : 清华大学 , 2004.

[12] 于群 . HPFRC 夹芯保温外墙挂板受弯性能研究 [D]. 哈尔滨 : 哈尔滨工程大学 , 2013.

[13] 刘若南 . 基于强度的预制混凝土夹芯保温墙板连接件设计研究 [D]. 武汉 : 武汉理工大学 , 2014.

[14] 薛伟辰 , 杨佳林 , 王君若 . 预制夹芯保温墙体 FRP 连接件抗拔性能试验研究 [J]. 玻璃钢 / 复合材料 , 2012(4): 55–59.

[15] 顾杰 . 预制外挂墙板优化设计及力学性能研究 [D]. 南京 : 东南大学 , 2016.

[16] 黄振利 , 顾泰昌 , 顾平圻 . 外墙外保温技术与标准 [M]. 北京：中国建筑工业出版社 , 2022.

[17] MAALEJ M,QUEK S T,ZHANG J, et al.Behavior of hybrid fiber ECC panels subjected to low and high velocity projectile impact-a review[J].Brittle Matrix Composites 10,2012:335-344.

[18] WANG D,BAI H R.Life cycle model of ultra hightoughness cementitious composites exterior walls［J].Applied Mechanics & Materials，2014，638-640:1512-1515.

超高性能混凝土（UHPC）及其结构的耐久性和未来发展

赵　筠，现担任中国混凝土与水泥制品协会超高性能水泥基材料与工程技术（UHPC）分会秘书长，从事促进或推动超高性能混凝土技术推广、工程应用、产品创新以及标准化等方面的工作。赵筠先生1985年毕业于同济大学，1988年在北京市市政工程研究院获工学硕士学位。他曾担任北京市市政工程研究院水泥与混凝土制品研究室主任，其间负责完成了北京市“水泥混凝土碱–集料反应预防措施研究”项目，编撰4份专项研究报告，起草预防碱–集料反应的地方技术规程；1994年赴丹麦奥尔堡波特兰水泥公司水泥与混凝土试验室学习进修，参加超高性能混凝土（称作“密实增强复合材料CRC”）欧洲研究项目工作，完成3份研究报告；曾担任挪威埃肯集团技术经理、北京江汉科技公司总工，从事硅灰应用于混凝土和砂浆的技术服务，为工程设计和制备生产高强、自密实、喷射混凝土，超高性能混凝土(UHPC)以及裂缝防控，提升混凝土耐久性等提供技术支持。

参加编制国家标准《混凝土结构耐久性设计规范》（GB/T 50476—2008）；合作翻译出版《混凝土早期温度裂缝的预防》图书；参与编制《超高性能混凝土基本性能与试验方法》（T/CBMF 37—2018/ T/CCPA 7—2018），并合作编写出版《超高性能混凝土——基本性能与试验方法》。主持编制《超高性能混凝土预混料》标准。

长期聚焦国际国内水泥基材料的研究成果、先进理念、创新技术、创新产品及工程应用，在混凝土知识普及、高强和超高性能混凝土推广应用等方面作出了一定的贡献。

一、引言

2024年是水泥发明200周年（1824—2024）。在过去的近200年间，依靠水泥胶结的混凝土，一步步发展成为用途广泛且世界上用量最大的材料，为建筑、桥梁、隧道、公路、铁路、机场、码头、市政、水利等工程建设作出了巨大贡献。

混凝土之所以能够获得广泛应用，一方面是因为其生产制备成本低、原材料易获得且可大量消纳固废；另一方面则得益于混凝土科技的不断进步。在近200年间，混凝土配制、搅拌与浇筑从全人工变成自动化和机械化；减水剂应用从无到有，经历了几代产品的性能提升，使拌和物工作性可根据需要调整和控制，并能实现自密实，可以建造复杂形状和高配筋率的结构；硬化混凝土强度从20MPa左右，发展到低、中、高、超高强和超高性能系列等；钢筋增强和预应力技术的发展完善，大幅度扩展了混凝土的应用范围，使钢筋混凝土（RC）成为今天的基础性工程结构材料。

然而，在性能方面，混凝土材料也有不足，主要表现在抗拉强度低，使混凝土结构体积大、自重大、脆性大、易开裂；混凝土本身抗渗性不够高并且经常存在裂缝，护筋能力不足；受环境中的物理化学作用，混凝土结构老化劣化较快，耐久性不良，难以实现设计或期望的工程使用寿命，或需要经常性维护维修以延长工程寿命。超高性能混凝土（UHPC）则很好地解决了这些问题。

UHPC（或简写为UHPFRC）指兼具超高抗渗性能和力学性能的纤维增强水泥基复合材料，由高密实基体（超高强砂浆或混凝土）与良好分散的短纤维构成。与普通、高强或高性能混凝土相比，UHPC的力学性能和耐久性有了“质”的提高，能够保护钢筋和抵抗自然环境中的各种物理化学破坏作用；设计和做好 UHPC 结构 (包括钢筋增强的 R-UHPC 结构) 裂缝防控，预期其工程结构的服役寿命不难超越百年甚至达数百年。采用 UHPC 维修加固和保护现有工程结构，可有效修复或提升现有结构的力学性能并大幅延长使用寿命，实现低碳和低资源消耗发展。此外，运用 UHPC 制备超高强砂浆 / 混凝土的理论与方法配制低、中、高强混凝土，可以显著降低水泥用量，有效为混凝土脱碳。因此，可以说，UHPC 理论、理念和应用技术，正在为提升水泥基材料和工程结构性能带来根本性变化。

二、混凝土的耐久性问题

（一）混凝土耐久性不足的原因

混凝土是依靠水泥胶结砂石骨料形成的材料，但硬化水泥浆 (水泥石) 有两个弱点：(1）抗拉强度低，易开裂；(2）含有毛细孔，有渗透性。混凝土大多数老化劣化进程都与裂缝和毛细孔密切相关，因为水和腐蚀性介质（CO_2、Cl^-、SO_4^{2-}、H^+ 等）可以通过毛细孔和 / 或通过裂缝侵入内部，对水泥浆、钢筋产生物理的、化学的破坏作用。混凝土自身也可能出现耐久性问题。例如，使用的骨料有碱活性，可能发生碱－骨料反应（AAR）膨胀开裂；经历高温（65℃ 以上）则有可能产生延迟钙矾石生成（DEF）膨胀损害等。

常见的混凝土的破坏因素可参考图 1。处在不同地域和地理环境，损伤混凝土的主要因素有所不同。干湿循环的大气环境相对温和，但大气中 CO_2 扩散进入混凝土，与 $Ca(OH)_2$ 发生“碳化”反应，会使混凝土中性化，即降低碱度，钢筋表面处的碱度降低到一定程度（$pH < 11.8$），钢筋就会开始锈蚀并产生膨胀导致保护层开裂。在北方冬季冰冻环境，接触水或处于潮湿环境的混凝土主要受到冻融损害；冬季使用化冰盐的混凝土道路、桥梁，则会受到破坏作用更强的盐水冻融损害，同时氯离子侵入会导致钢筋锈蚀，如图 2 所示。在海洋环境中，氯离子侵入引发钢筋锈蚀，是海工混凝土结构要应对

的最主要耐久性问题。混凝土基础、管道、隧道衬砌等在盐碱地、富含硫酸盐的地层中会受到硫酸盐侵蚀；畜牧建筑和食品加工厂地面、污水管道等的混凝土则容易受到酸类物质的腐蚀。也就是说，各地区各种环境中都可能存在或强或弱、或快或慢的损伤混凝土的机制。

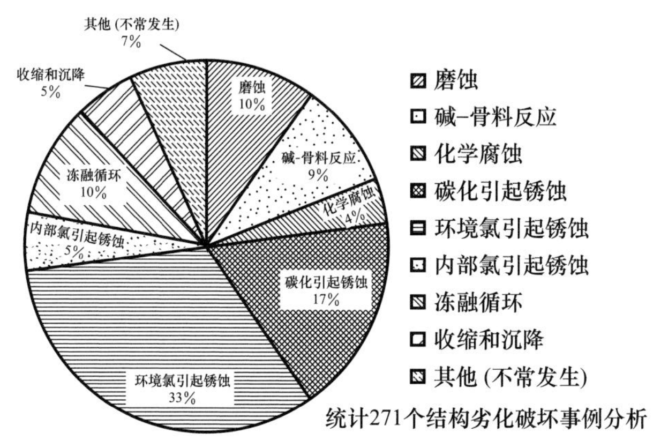

图 1 混凝土破坏因素与发生比例

图 2 受化冰盐水影响的桥梁

（二）提高混凝土耐久性的对策和难点

混凝土的耐久性问题经历了逐步认识、研究和提升的过程。从 20 世纪 70 年代人们开始认识到混凝土需要进行“耐久性设计”。20 世纪 80 年代后期美国提出发展高性能混凝土 (HPC)，期望将混凝土桥梁服役寿命从 40~45 年提高到 75~100 年，桥面板寿命从不足 20 年提高到 40 年以上，重点是提高混凝土抗冻、护筋性能和预防碱 – 骨料反应破坏。20 世纪 90 年代初丹麦为大贝尔特海峡通道工程制定了混凝土技术标准，以保证能够达到 100 年的设计寿命。进入 21 世纪，“耐久性设计”逐渐纳入混凝土标准规范，例如《混凝土结构耐久性设计标准》（GB/T 50476—2019），按照环境存在的损伤混凝土机理类型和作用强弱，将暴露环境进行了分类并划分作用等级，根据工程所处环境对混凝土提出相应的要求来提高其耐久性。主要措施为：限制最大水胶比和要求使用矿物掺和料提高抗渗性，规定引气量和气泡间隔系数提高抗冻性，要求预防发生碱–骨料反应（AAR）和钙矾石生成（DEF）膨胀损害。此外，发展和使用环氧涂层钢筋、镀锌钢筋、高抗腐蚀钢筋、不锈钢钢筋、纤维增强树脂（FRP）筋等，提高混凝土增强筋材的耐腐蚀性能。

“耐久性设计”改善了混凝土的耐久性，起到了提高工程寿命的作用，但不能从根本上改变混凝土的弱点——渗透性和易开裂。目前，混凝土工程发生早期开裂（非荷载或非结构性裂缝）问题愈发严重，因为现在混凝土的收缩呈增大趋势。一方面是水泥问题，为降低生产成本，依靠磨得更细来提高水泥“标准强度”、水泥含较高的 C_3A 矿物等，使水泥浆收缩增大；另一方面，中、高强混凝土在工程中用得越来越多，混凝土自收缩和温降收缩也在增大，导致早期开裂危险性增大。此外，对于严酷环境叠加高荷载应力的场合，混凝土结构难以耐久耐用。例如，冬季大量撒化冰盐的桥面板 [《混凝土结构耐久性设计标准》（GB/T 50476—2019）中Ⅳ类环境、作用等级为“非常严重”的 E 级]，混凝土同时遭受盐水冻融、氯离子侵入引发钢筋锈蚀，再叠加交通荷载作用，高性能混凝土桥面板的损伤劣化速率仍然较快，难以达到期望的 40 年服役寿命。

UHPC 很好地克服了混凝土的上述弱点，适用于建造在最严酷环境中服役及承受高应力、疲劳荷载的工程结构。UHPC 本身的抗渗性满足要求且良好地控制了裂缝，就能够有效地抵御自然环境的各种破坏作用，UHPC 结构的耐久性和服役寿命就能够得到保证。

三、UHPC 材料的特点和性能

（一）UHPC 的制备原理

图 3 是 DSP 原理提高浆体密实度示意图，图 4 是 DSP 浆体与钢纤维界面示意图。UHPC 依靠高密实浆体胶结骨料和纤维，其发明的突破点是 DSP 理论。DSP 的含义为：均匀分布超细颗粒填充的密实化材料（图 3），是丹麦 H.H. Bache 先生 20 世纪 70 年代为提高水泥浆密实度提出并在试验上成功验

证的理论。传统水泥净浆固体颗粒堆积密实度（体积含量）只有 0.3~0.5，应用 DSP 原理可以将浆体（水泥＋硅灰）堆积密实度提高到 0.70~0.75。也就是说，用比水泥更细的颗粒（硅灰或其他亚微米材料）填充在水泥颗粒堆积体的空隙中，占据部分原本水填充的空间，大幅度减小用水量，使水胶比降低到 0.11~0.20 的低水平，依靠高效减水剂和搅拌的分散作用就能获得高密实的颗粒堆积体系——DSP 水泥浆，从而大幅度提高硬化浆体的密实度和抗渗性，制备出超高抗压强度的砂浆和混凝土。但是，仅仅高密实和超高抗压强度还不够，没有从本质上改变水泥胶结砂浆 / 混凝土抗拉强度低、易开裂的弱点，好在 DSP 水泥浆与纤维界面的密实度及黏结强度也同时得到大幅度提高（图 4），所以高密实砂浆和混凝土能够有效发挥纤维的抗拉能力，借助良好分散的短纤维使 UHPC 具备高抗拉、抗裂能力。此外，图 4 也很好地解释了为什么 UHPC 能够牢固黏结锚固钢筋、UHPC- 混凝土界面能够实现高黏结强度。

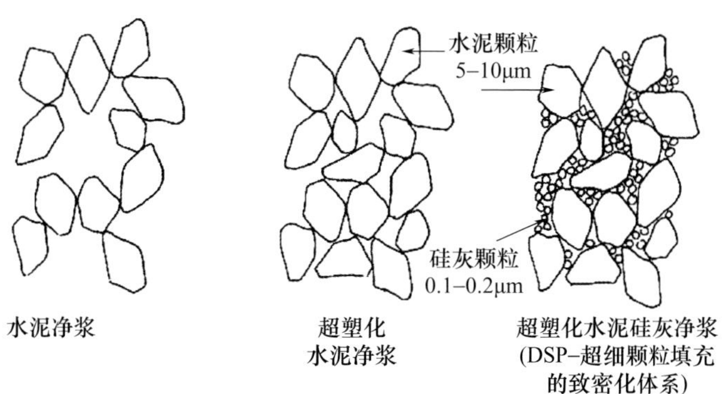

图 3　DSP 原理提高浆体密实度示意图

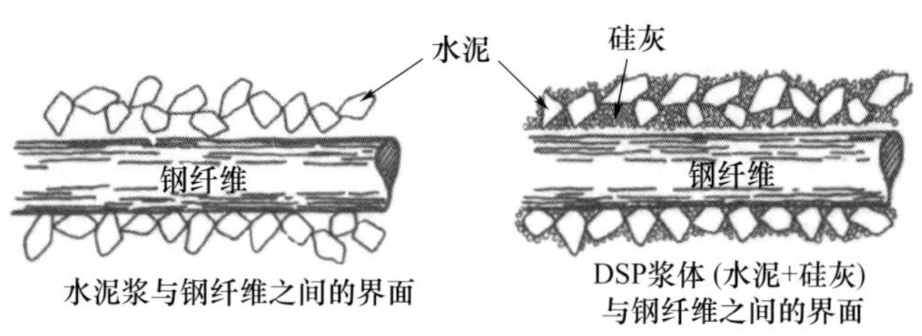

图 4　DSP 浆体与钢纤维界面示意图

配制 UHPC 需要做好两项工作：(1) 从亚微米级材料开始做好基体砂浆 / 混凝土颗粒堆积体，配制工作性良好、高密实的超高强砂浆 / 混凝土（抗压强度超过 120MPa）；(2) 选择和运用短纤维，获得需要的 UHPC 抗拉性能（表 3）。

（二）UHPC 孔隙特征与渗透性

硬化水泥浆中，孔径 10nm 以下的凝胶孔没有渗透性；大于 10nm（0.01μm）的毛细孔有渗透性，孔径越细渗透性及渗透速率越低，并且不连通的概率越高。从图 5 可以看到，与 0.3 水灰比的高强混凝土（HSC）相比，UHPC 中渗透性毛细孔（10nm 以上孔径）的体积大幅度降低；热养护使毛细孔的体积进一步降低。有渗透性毛细孔的存在，UHPC 仍然有渗透性，但在这样低的毛细孔率水平和孔径分布，UHPC 的渗透性极低（参考表 1 的氯离子扩散系数和气体渗透性），多方面耐久性得到了“质变”的提高。

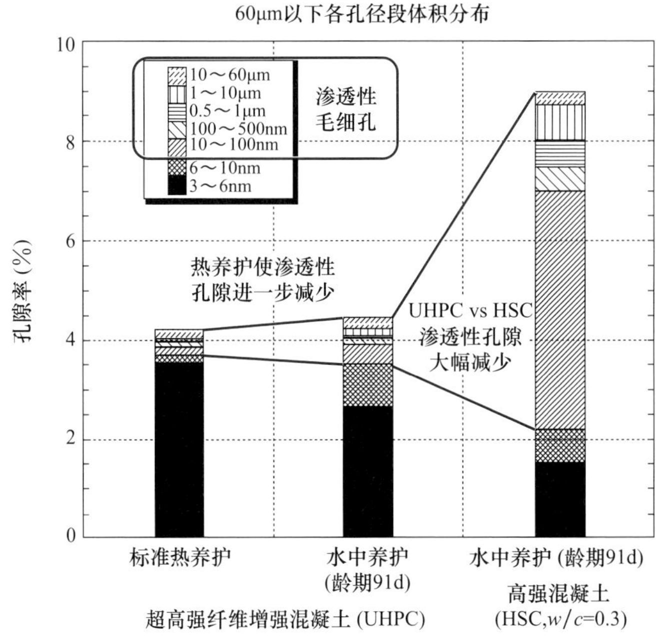

图 5　热养护、常温养护 UHPC 和高强混凝土的浆体孔隙率及孔径分布对比

（三）UHPC 的力学性能

国际国内标准通常要求 UHPC 最低等级抗压强度不低于 120MPa。大多数 UHPC 工程应用场合，似乎用不到这样高的抗压强度。这个要求的逻辑在于：抗压强度不低于 120MPa 的 UHPC 才可能有足够高的密实度，而高密实度是 UHPC 具备高抗渗性和高耐久性的基础，也是有效发挥短纤维抗拉能力使 UHPC 能获得高抗拉抗裂性能的基本要求。

力学性能方面，UHPC 与混凝土和其他纤维增强水泥基材料相比，主要差异体现在抗拉性能上，即 UHPC 拥有更高的弹性极限抗拉强度（初裂强度），能够在更高抗拉强度水平上实现应变硬化（图 6）。具备应变硬化特征的 UHPC，抗裂性能高，并且基体砂浆 / 混凝土出现裂缝进入塑性变形阶段，在大变形时（拉伸应变 1500~2000με）能够依靠纤维保持多缝微裂缝状态。

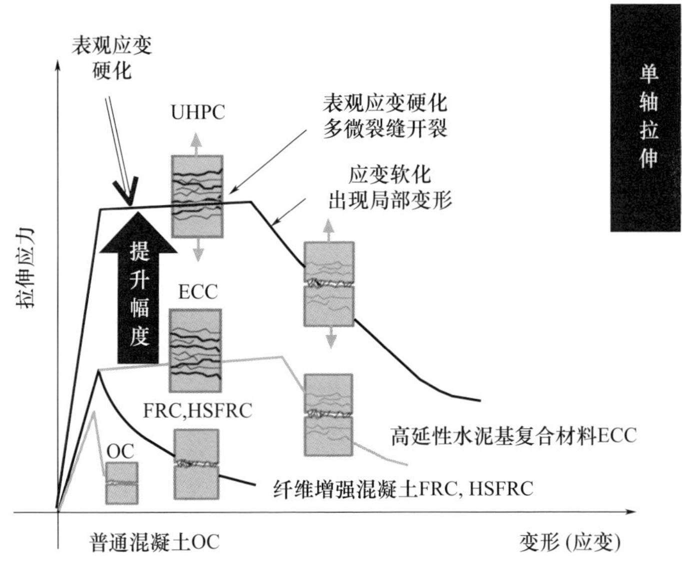

图 6 水泥基材料抗拉性能对比示意图

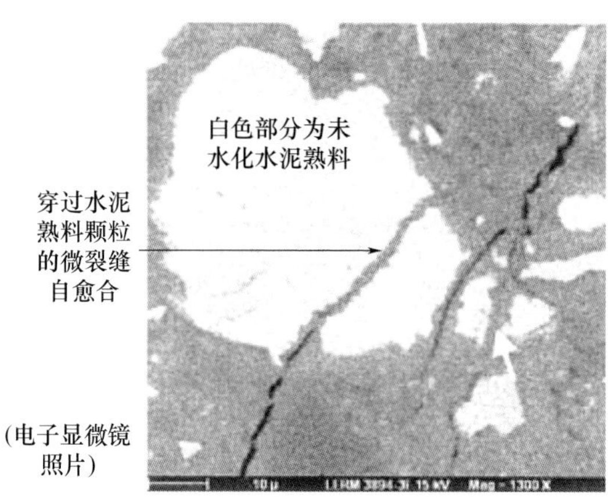

图 7　水泥继续水化封闭了微裂缝

（四）微裂缝自愈能力

水泥基材料中如果水泥颗粒内部有部分未水化，则具有良好的微裂缝自愈合能力。因为水或水汽进入裂缝，暴露在裂缝表面的水泥颗粒未水化部分就会“继续”水化，这时的水化是与外界的水分反应，水化产物固相体积会增大一倍多，多出来的体积能够填堵裂缝；同时，水中溶解的 $Ca(HCO_3)_2$ 或 CO_2 与水泥水化产物 $Ca(OH)_2$ 反应生成 $CaCO_3$ 沉淀，其他沉淀物，也会堵塞裂缝。UHPC 的水灰比通常小于 0.25，拌和水量仅能供部分（不超过 60%）水泥水化，绝大多数水泥颗粒的内部处于没有水化的状态，UHPC 也因此具有较强的裂缝自愈能力（参考图 7）。大量试验研究也证实，在潮湿环境中，UHPC 拥有良好的微裂缝（宽度小于 50μm）自愈能力。

四、UHPC 材料的耐久性

至今，对 UHPC 的耐久性已经开展了大量研究，表 1 汇总了 UHPC 的主要耐久性指标，以及与高性能混凝土（HPC）和普通混凝土（OC）的对比。其中，除了耐磨性外，其他所有耐久性项目都直接或间接与抗渗性相关。耐磨性属于特定应用需求，用高硬度耐磨骨料能够制备耐磨性能优越的 UHPC，是在工业耐磨和水利工程抗冲磨方面很有价值的 UHPC 应用。

从理论上和已取得的试验研究结果基本上可以确定：UHPC 对冻融、碱－骨料反应（AAR）和延迟钙矾石生成（DEF）有良好的免疫能力；在无裂缝状态，UHPC 的抗碳化、抗氯离子侵入、抗硫酸盐侵蚀、抗化学腐蚀、耐磨等耐久性能指标，与传统高强 / 高性能混凝土（HSC/HPC）相比，有数量级或倍数级的提高。总体上，对于 UHPC 材料，我们可以将耐久性聚焦在抗渗性上；对于 UHPC 结构，则还要预防和控制裂缝，确保 UHPC 的抗渗性不在结构上受到损害或过度降低。

表 1　UHPC 的耐久性指标以及与高性能、普通混凝土对比

耐久性指标项目	UHPC	高性能混凝土（HPC）		普通混凝土（OC）	
	指标	指标	与 UHPC 比	指标	与 UHPC 比
28 个循环盐剥蚀表面质量损失（g/m^2）	50	150	3	1500	30
氯离子扩散系数（m^2/s）	2.0×10^{-14}	6.0×10^{-13}	30	1.1×10^{-12}	55
氯离子侵入尝试（mm）	1mm	8mm	8	23	23
电量法测氯离子侵入性（c）	10~25	200~1000	34	1800~6000	220
氧气渗透性（m^2）	1×10^{-20}	1×10^{-19}	10	1×10^{-18}	100
氮气渗透性（m^2）	1×10^{-19}	4×10^{-17}m^2	400	6.7×10^{-17}	670
表面吸水率（kg/m^2）	0.20kg/	—	11	—	60
3 年碳化深度（mm）	1.5	4	2.7	7	4.7
钢筋锈蚀率（μm/ 年）	＜ 0.01	0.25	25	1.2	120
耐磨性（与玻璃对比的相对体积损失指数）	1.1~1.7	2.8	2.0	4.0	2.9
抗冻性（1000 次冻融循环后相对动弹性模量）	90%	78%	0.87	39%	0.43
电阻率（kΩ · cm）	137（2%V 钢纤维）	96（无钢纤维）	0.7	16	0.12

（一）抗渗性与保护内部钢材的能力

UHPC 的低渗透性使碳化几乎无法向其内部发展。在西班牙马德里市实验站室内、室外经过 16 年长期自然暴露，碳化深度没有超过 1mm；露出表

面钢纤维有锈蚀，但锈蚀没有向内部发展，也没有导致表面破损，距离表面1mm 内的钢纤维状态良好；将 R-UHPC 试件弯曲加载产生 0.05~0.1mm 宽度裂缝并保持加载状态暴露，16 年后钢筋也没有开始锈蚀。可见，在室外大气和雨水的环境中，0.1mm 裂缝没有影响耐久性。

美国缅因州 Treat 岛潮水中间的暴露试验站处于特别严酷的自然环境中，包含海水冻融、氯离子侵入和干湿循环等破坏因素。水胶比介于 0.09~0.19 的三个系列 UHPC 的棱柱试件（试件尺寸 152mm × 152mm × 533mm、含不同尺寸形状钢纤维、一个系列有钢筋，见图 8），分别在 1995 年、1996 年和 2004 年被放置在 Treat 岛试验站进行长期暴露试验。至今结果显示，所有不同养护方法和水胶比 UHPC 的耐久性均远超 HPC（高性能混凝土）；在严酷海洋环境中经历 21 年，UHPC 棱柱体表面只有轻微损伤；无论暴露时间长短，氯离子侵入深度只有约 10mm（图 9）；保护层厚度 25mm 的钢筋在 20 年后仍处于钝化状态。

图 8 （左上）RPC 系列暴露 15 年后；（右上）VHSC 系列暴露 16 年后；
（左下）RPC 系列暴露 20 年后取芯；（右下）VHSC 系列暴露 21 年后

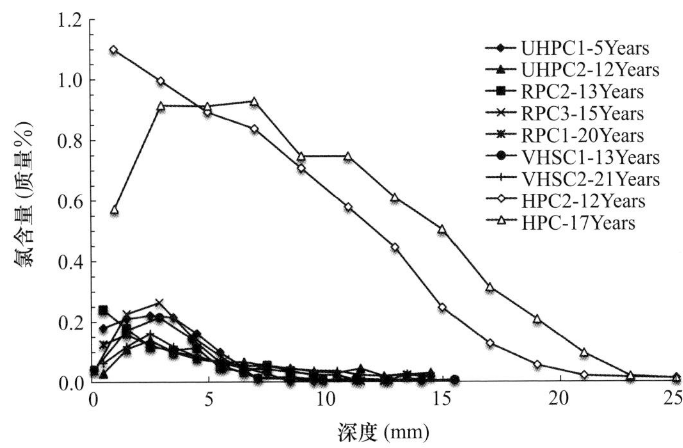

图 9　各种 UHPC 和 HPC 在不同暴露时间后氯离子侵入量（以质量百分比计）对比

与高强/高性能混凝土相比，UHPC 的氯离子扩散系数和氧气渗透系数降低了一个数量级（表 1），这看起来是"量变"的降低，但对内部钢材的保护作用则有了根本性或"质变"的提高，因为在 UHPC 内部氯离子无法引发钢筋和钢纤维锈蚀。早期丹麦的研究显示，5mm 厚 UHPC 保护层就足够在海水环境下保护钢筋不锈蚀；将氯盐拌入 UHPC，使氯离子含量超过通常引发钢筋锈蚀的临界浓度，两年后 UHPC 中的钢筋没有锈蚀迹象。日本采用加速方法进行类似试验，在 UHPC 中拌入氯化物使氯离子含量达到 13kg/m^3（对于普通混凝土，引发锈蚀的临界氯离子浓度在 1.8~9kg/m^3 范围，取决于混凝土密实度，日本规范规定钢筋混凝土的氯含量不得超过 1.2kg/m^3），蒸压加速锈蚀，证明氯离子不能引发锈蚀。此外，在海洋氯盐环境进行了 21 年的暴露试验以及对几个服役 10 年左右实际工程检验显示，UHPC 露出表面的钢纤维会较快锈蚀，但锈蚀不会深入内部；没有露出表面的钢纤维，即使靠近表面几乎没有保护层厚度，也没有发生锈蚀。这些事实说明，在 UHPC 中已经不存在氯离子引发钢材锈蚀的条件。最合理的解释为：UHPC 拌和水被水泥水化消耗且远远不足，导致结构内部非常干燥；其高抗渗性阻碍了氧、水的渗入，因而保持了内部的缺氧和缺水状态，使钢材锈蚀不能发生与开展。

为了确保 UHPC 基体有这样"质变"水平的能力保护钢筋和钢纤维，以及其他与渗透性相关的耐久性，《超高性能混凝土基本性能与试验方法》（T/

CBMF 37—2018/T/CCPA 7—2018）对基体抗渗性提出要求（表 2），采用 NEL 法测定氯离子扩散系数。其中，UD20 抗渗等级适合普通环境，UD02 等级适合腐蚀性及最严酷自然环境。

表 2 UHPC 基体的抗渗性要求《超高性能混凝土基本性能与试验方法》（T/CBMF 37—2018/T/CCPA 7—2018）

等级	UD20	UD02
氯离子扩散系数 $D_{Cl}/10^{-14}m^2/s$	$2.0 < D_{Cl} \leqslant 20$	$\leqslant 2.0$
试验方法：《超高性能混凝土基本性能与试验方法》（T/CBMF 37—2018/T/CCPA 7—2018）附录 A（NEL 法）		

（二）抗化学腐蚀能力

早期丹麦的耐久性研究显示，维修加固污水管道采用喷射施工的 UHPC，耐酸性能比普通砂浆高 5 倍以上。但是，UHPC 不能有效抵抗重化学腐蚀，如强酸、硝酸铵等，因为未水化水泥和水化产物不能耐受这类重化学腐蚀，抗渗性提高并没有改变水泥基材料的本质，只是降低了腐蚀速率。所以，面对重化学腐蚀（主要是化工环境），UHPC 需要进行表面防护。

对于自然环境中各种腐蚀性因素，高抗渗性 UHPC 的抵抗能力有了“质”的提高，硫酸盐对 UHPC 几乎没有破坏作用（图 10）。

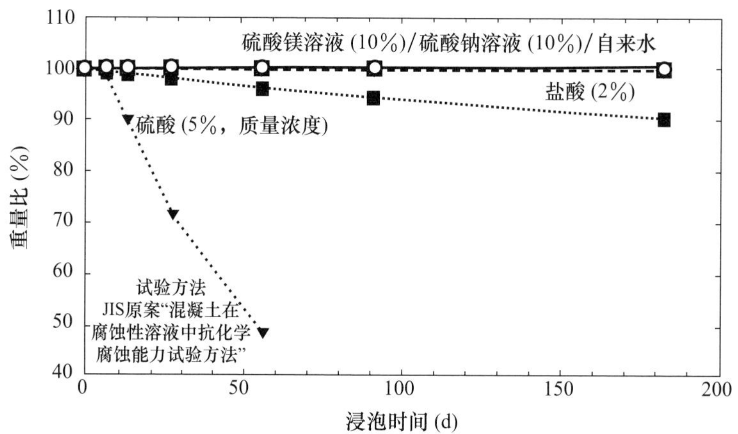

图 10 UHPC 的化学腐蚀试验结果

（资料来源：日本土木学会《日本土木学会《超高強度繊維補強コンクリートの設計施工指針（案）》附参考资料，2004》）

（三）对冻融、AAR 和 DEF 的免疫能力

至今，国际上已经开展了许多 UHPC 抗冻性试验，冻融循化次数高达 1000 次（表 1）或更多，UHPC 都没有明显的损伤。这是因为 UHPC 的拌和水非常少，远远不够水泥水化，硬化后 UHPC 基体内部极其干燥且非常密实，外面的水又无法渗入，UHPC 内部几乎无可冻水（只有少量凝胶水，在 -40℃左右产生微量的冰），冻融循环无法产生破坏作用。因此，日本、法国和瑞士以及中国的标准均将 UHPC 作为抗冻材料，适用于最严酷的冻融环境，且不需要再采取引气等措施提升抗冻性。

碱 – 骨料反应（AAR）和延迟钙矾石生成（DEF）膨胀损害的发生条件之一，需要有水供给，无裂缝、内部干燥和高抗渗的 UHPC 缺乏 AAR 和 DEF 膨胀的“物质基础”——水。此外，UHPC 通常会大量使用硅灰、粉煤灰、偏高岭土等，这些活性矿物掺和料是混凝土抑制 AAR 膨胀的有效方法。所以说，UHPC 对 AAR 和 DEF 有良好的免疫能力。

五、UHPC 结构的耐久性

在实验室进行的大量耐久性加速试验，无裂缝 UHPC 均表现优良（重化学腐蚀除外）。作为结构材料使用，UHPC 的结构性能介于混凝土与钢结构之间；在高纤维用量和高配筋率的加持下，UHPC 结构性能趋近钢结构，能承受高应力并具有高抗裂和抗疲劳性能，是力学性能和耐久性全面优良的复合材料结构。应用中需要平衡结构的性能和造价，实际工程使用的纤维量和配筋率并不高，UHPC 结构虽然比混凝土结构的抗裂能力有数倍提高，但仍可能有开裂风险，塑性收缩和沉降、自收缩、温降收缩受到强约束也有产生非荷载（非结构性）裂缝的危险性，服役中承受过度的荷载也可能导致开裂（结构性裂缝)。裂缝会破坏 UHPC 的抗渗性，降低耐久性，所以在应用中要从设计和施工方面防控裂缝，确保 UHPC 结构拥有期望的高耐久性。

（一）裂缝对渗透性和耐久性的影响

用水渗透系数测试评价，普通混凝土裂缝宽度小于 50μm（0.05mm）对渗透性影响不大，之后随裂缝宽度的增大渗透性大幅增长。应变硬化型 UHPC 拉伸开裂卸载后残留应变低于 0.13%，等效的水渗透系数与无裂缝普通混凝土（水胶比 0.45）相近，仍保持较好的水密性；多微裂缝状态 UHPC 的累计裂缝宽度（裂缝张开量 COD）130μm（试验测试长度 100mm，拉伸应变 0.13%），与普通混凝土 50μm 宽度裂缝的渗透性相当，因为渗透性随裂缝宽度的三次方增大，UHPC 裂缝数量多但宽度小。因此，J.P. Charron 等建议，保持良好抗渗性，UHPC 的拉伸极限应变或阈值应变应控制在 0.13%（1300με）内（适用于应变硬化型 UHPC），见图 11。

UHPC 拉伸达到阈值变形（如 0.13% 水平）的多缝微裂状态，虽然抗渗性及耐久性能够保持在普通混凝土水平，但并不是我们所期望的高耐久性。在这种变形水平，应变硬化型 UHPC 的单裂缝宽度通常小于 50μm，微裂缝在有水的环境中会较快愈合，使抗渗性大部分得到恢复，见图 12 的示例，经过 42 天水渗透系数降低了 2 个数量级。

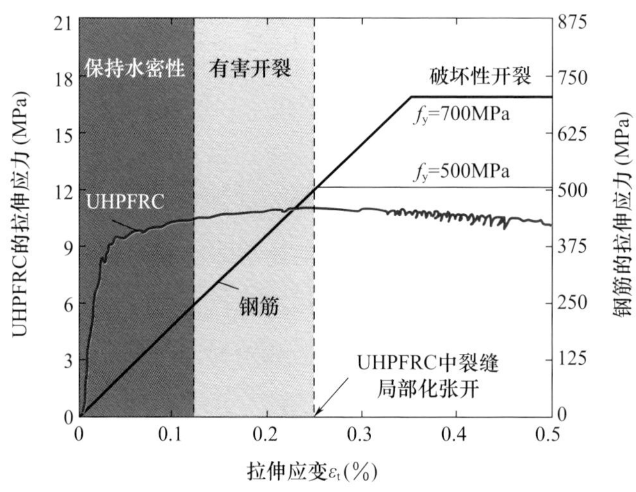

图 11 UHPC（CEMTEC Multiscale）的拉伸行为（切口试件）及与钢筋对比

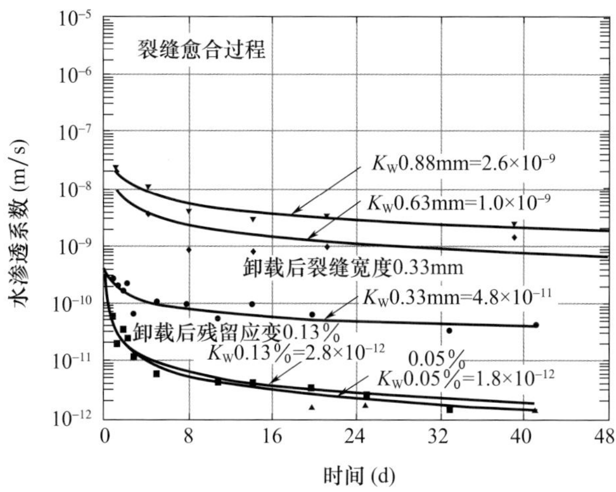

图 12　高变形（多缝微裂）UHPC 的水渗透系数变化

德国开展的一项 UHPC 耐久性试验，是采用变换气候箱让混凝土依次经历三种极端气候循环——先是 4d 高温极端干燥，然后 14d 高温高湿，再进行 3d 冻融循环（图 13）。这个试验方法原本是为碱 – 骨料反应设计的，但实际上对混凝土叠加了很大的破坏作用，因为高温下极端干燥会使水泥石干燥脱水，水灰比较高的硬化水泥浆（水泥石）会产生大量微裂缝，之后在高湿环境中吸水饱和，接着进行冻融循环，实际上不需要 AAR，冻胀作用就会使混凝土膨胀。所以，0.45 水灰比的混凝土经历每一个气候循环都会有一定程度的膨胀，231d 经历 11 个循环，膨胀量就超过了设定的界限 0.4‰（图 14），AAR 反应膨胀通常没有这么快。用这个方法检验预损伤、有裂缝的 UHPC 试件（没有提供预损伤状态、裂缝宽度信息）也会随气候循环增加而不断膨胀（图 14），说明有裂缝 UHPC 受这种极端气候循环作用会进一步破坏，只是破坏速率降低了，膨胀达到 0.4‰经历了 903d、43 个气候循环。这个试验也充分证明了干、湿、冻融极端气候循环对无裂缝 UHPC 完全没有破坏作用（图 14）。做好裂缝防控或使早期微裂缝愈合，UHPC 能够很好地应对极端气候的破坏作用。

关于裂缝（特别是宽度超过 0.1mm 或难以完全自愈合的裂缝）对 UHPC 长期耐久性的影响，对钢纤维和钢筋锈蚀的影响，以及与环境条件件的关系等，目前的研究和观察还不多、时间不够长，需要未来补充大量的试验和调查数据深入认识和掌握。保证 UHPC 及其结构耐久性的基本策略是：UHPC 本身抗渗性须满足要求（表 2），且良好地防控裂缝（不开裂或使早期微裂缝愈合）。

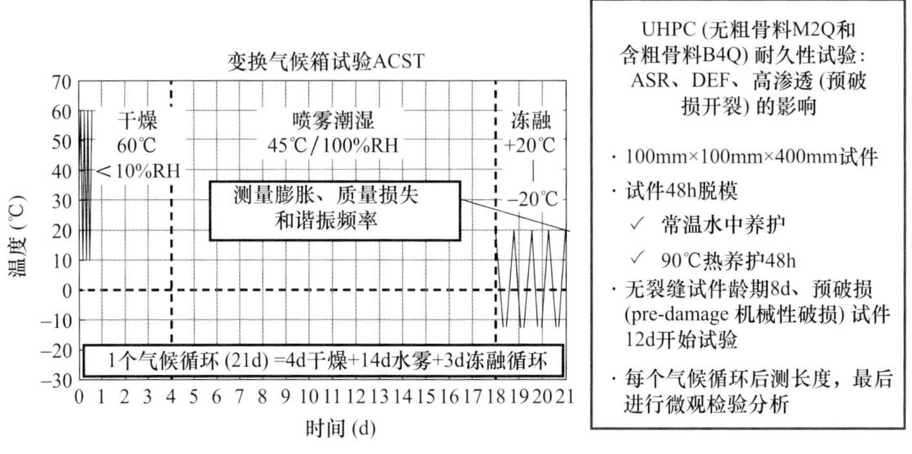

图 13　变换气候箱试验方法与 UHPC 耐久性试验方案

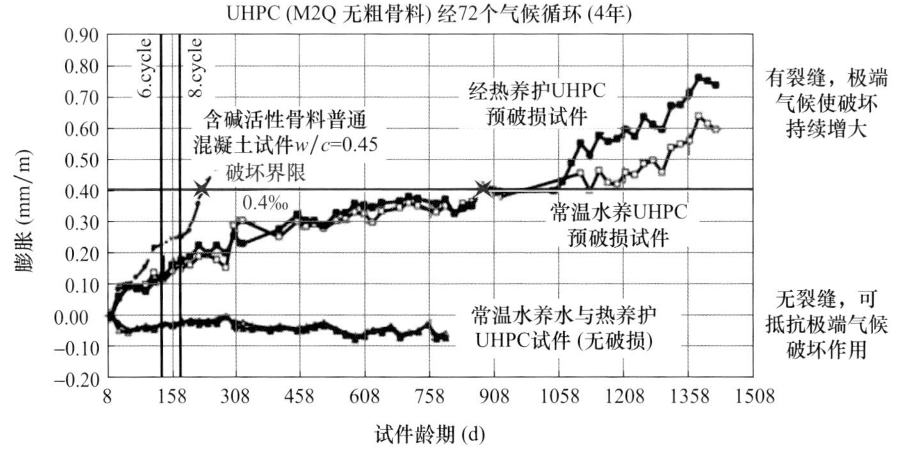

图 14　混凝土和 UHPC 经历极端气候循环的膨胀发展

（二）结构设计的裂缝防控

设计应根据结构荷载与环境特点对 UHPC 的性能提出要求，并确定可靠的裂缝防控策略。

1. UHPC 的性能要求

除了 UHPC 抗渗性要求外，在国内外 UHPC 标准中都包含应变软化和应变硬化的抗拉性能等级。表 3 为标准《超高性能混凝土基本性能与试验方法》（T/CBMF 37—2018/T/CCPA T—2018）对 UHPC 抗拉性能分级和要求。其中，UT05 等级允许应变软化，但要求变形达到 0.15% 仍然能保持抗拉应力不低于 3.5MPa，不能是脆性破坏。UT05 等级通常只用于抗拉抗裂要求不高的非承重、自承重等轻载结构，如建筑幕墙、“三明治”墙体的面板等。抗拉抗裂要求较高及处于腐蚀性环境的结构，应选用应变硬化型的中、高抗拉性能 UT07 等级或 UT10 等级，这两个等级峰值拉应变分别不低于 0.15%（1500με）和 0.20%（2000με），保证在大变形时是多缝微裂状态，为微裂缝自愈合创造条件。

设计还应考虑在结构建造过程降低早期开裂（非结构裂缝）风险。从 1~2 年时段观察，UHPC 总收缩量（自收缩 + 干缩）与普通混凝土相近，但早期（28d 前）UHPC 内部自干燥导致的自收缩量较大，在受到强约束的应用场合，如钢 -UHPC 复合结构、混凝土 -UHPC 相互黏结的薄层维修加固等，UHPC 层有早期开裂风险，通过施工阶段湿养护可以使微裂缝愈合，选用低收缩 UHPC 产品则更有利于防止开裂。

表 3　UHPC 的抗拉性能分级和要求（标准 T/CBMF 37—2018/T/CCPA T—2018）

等级	UT05	UT07	UT10
f_{te}/MPa	≥ 5.0	≥ 7.0	≥ 10.0
f_{tr}/MPa	≥ 3.5	—	—
f_{tu}/f_{te}（应变感化特征）	—	≥ 1.1	≥ 1.2
ε_{tu}/%	—	≥ 0.15	≥ 0.20
f_{te}—弹性极限抗拉强度（MPa），f_{tr}—变形达到 0.15% 时对应的拉伸应力（MPa） f_{tu}—抗拉强度（MPa），ε_{tu}—峰值 拉应变			
试验方法：T/CBMF 37—2018/T/CCPA-7—2018 附录 B，试件拉伸测试段截面 50mm × 50mm			

2. 结构裂缝防控

(1) 钢筋与纤维组合抗裂

对于非预应力钢筋增强 UHPC（R-UHPC）结构，承载力是 UHPC 抗拉作用与钢筋抗拉作用的叠加（图 15）。表 3 中应变硬化型 UHPC（UT07 和 UT10 等级）的拉应变达 0.15% 或 0.20% 时，已接近或达到钢筋屈服应力，变形行为与钢筋基本协调一致。纤维和钢筋共同约束开裂，钢筋能够增大 UHPC 应变硬化的变形能力，裂缝间距会更小、数量更多，裂缝宽度则更小。例如，使用钢纤维体积含量 3% 的 UHPC（满足 UT10 等级要求），用普通和高强钢筋制作配筋率 1.5% 的 R-UHPC 单轴受拉构件，峰值轴拉力对应的拉伸变形在 0.22%~0.40%、微裂缝平均间距在 3.7~7.1mm 范围，计算平均裂缝宽度 0.012~0.025mm。

R-UHPC 结构设计标准规范考虑了环境条件、耐久性和安全系数，来控制正常使用极限状态的应力和变形。随纤维用量和配筋率增大，R-UHPC 结构可以具备非常高的抗拉抗裂能力，适合用于高集中荷载、高应力的结构。实际工程应用中，设计是寻求结构的力学性能、耐久性与经济性的合理平衡。

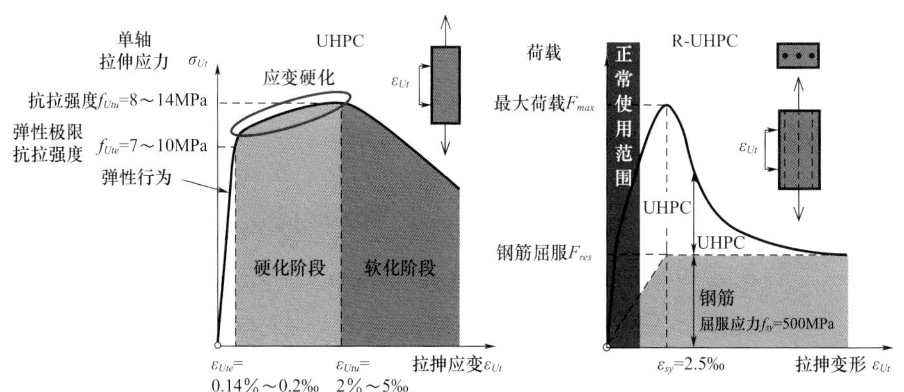

图 15 UHPC 和 R-UHPC 单轴拉伸行为（钢筋与 UHPC 抗拉叠加效应）

（2）预应力防止开裂

将预应力与 UHPC 组合设计建造的结构或构件，能够同时有效发挥 UHPC 的超高抗压强度和钢筋的高抗拉强度，大幅度提升抗拉抗裂能力，使结构更轻质高强或实现更大跨径（图 16）。传统预应力混凝土结构，限制预应力程度的因素是混凝土的抗压强度、脆性和徐变。凭借 UHPC 超高抗压强度、高韧性和高钢筋锚固强度，UHPC 结构的预应力程度远远超越传统结构，并且徐变及预应力损失更小。

在预应力 UHPC 结构中，先张预应力结构比较完美，因为 UHPC 直接锚固和保护预应力钢筋，加上结构的高抗裂能力，耐久性没有薄弱环节，是理想的高耐久性结构。对于后张预应力结构，孔道灌浆是否完全密实，决定了预应力钢筋是否受到良好的防腐保护。但如今，仍然缺乏可靠手段百分百检验孔道灌浆是否完全密实、不留空隙，故存在留下耐久性隐患的可能性。

图 16　预应力 UHPC 公路桥主梁
（资料来源：中路杜拉）

（三）施工过程的裂缝防控

凝结前的塑性阶段，UHPC 很脆弱，纤维对收缩裂缝也没有束缚作用，有出现沉降裂缝和塑性收缩裂缝的风险。塑性阶段裂缝是可防可控的，只要设计和施工节奏合理，避免构件沉降差过大或沉降受到阻挡，就能避免沉降裂缝；良好的施工组织，及时做好暴露表面保湿养护，也不难避免塑性收缩裂缝。

凝结以后，UHPC 与混凝土一样，强度刚度增加，温度先升后降。UHPC 所不同的是凝结后自收缩大且发展快。早期是体积不稳定、应力产生及变化比较大的阶段，也是容易出现早期裂缝的阶段。“早期”时间的长短，取决于需要多长时间 UHPC 的体积趋于稳定。一次性浇筑壁厚不小于 400mm 的结构，就应作为大体积结构控制内外温差或温度梯度，避免温度裂缝，方法与混凝土结构一样；受到外部约束的结构，需要分析温降收缩与自收缩叠加的影响，评估早期开裂风险。四川简阳沱江大桥的塔柱塔梁固结段设计使用 UHPC 建造，这是世界上迄今最大的 UHPC 结构，达 6700m^3。为该工程施工获取数据和经验，2022 年中建西部建设建材科学研究院有限公司进行大体积 UHPC 试验，浇筑了 4m × 4m × 4m 的 UHPC 足尺立方体试验块，中心最高温度达 97.7℃，内外最大温差超过 40℃，在升、降温过程没有发现任何裂缝。在经历大温度变化、高温度应力过程，UHPC 显示出良好的抗裂能力。

UHPC 的早期自收缩较大，发生早、发生快，非常令人担心 UHPC 在受到强约束的场合，如维修加固、桥面铺装、湿接缝等现浇应用场合，是否会发生开裂？大量的工程实践中，实际上并没有出现担心的开裂（施工养护不好的工程除外），其中的原因，一方面可能是早期的徐变松弛效应较大，降低了部分收缩应力；另一方面，收缩可能确实导致了微裂缝，但在早期湿养护过程就自愈了。裂缝自愈的前提条件是，使用应变硬化型 UHPC 并结合钢筋抗裂，确保是多缝、微裂缝，并且从防止塑性收缩裂缝开始，及时地做好了保湿养护。当然，UHPC 的自收缩和干缩也不能过大，最好不超过 0.08%（800με）。减小收缩是提升 UHPC 性能值得努力的方向之一，在强约束应用场合，使用低收缩应变硬化型 UHPC，可以更容易防止早期开裂，并减小收缩导致的残留应力。

总之，与混凝土结构相比，UHPC 结构的防裂相对容易，但也不能疏忽，需要从设计开始，合理使用纤维和钢筋抗裂，施工中要避免 UHPC 早期开裂；在受到强约束、高应力或有大变形的场合要使用应变硬化型 UHPC，确保是多缝微裂——形成的是无害化、可愈合的微裂缝。采用预应力，特别是后张预应力，可得到高抗裂与高耐久的结构构件。

六、UHPC 结构的服役寿命

预测混凝土结构的服役寿命，目前只建立了一些针对大气环境（CO_2）和氯盐环境（Cl^-）预测钢筋开始锈蚀时间的数学模型。对于其他破坏机理，如冻融循环、化学腐蚀，是采用试验测试混凝土抵抗破坏的性能等级，结合工程经验评估其使用年限。

UHPC 工程寿命预测是借助混凝土的方法或采用最严酷试验进行评估（类似图 13、图 14 试验）。在氯盐污染环境中，预测混凝土结构服役寿命是用氯离子扩散系数计算钢筋表面氯离子浓度达到临界浓度的时间，也就是预测钢筋开始锈蚀需要经历的时间。韩国相关机构预测 UHPC 结构在海洋环境的服役寿命超过 200 年。日本以其基准 UHPC 的氯离子扩散系数 $0.0019cm^2$/ 年（$0.6\times10^{-14}m^2/s$）计算，如 R-UHPC 结构的钢筋保护层厚度为 20mm，钢筋在 300 年后才开始锈蚀（图 17），服役寿命超过 300 年。实际上，这个方法并不适用于 UHPC。如前所述，高浓度氯离子在 UHPC 内部并不能引发钢材锈蚀。但这样的分析计算、与混凝土结构类比，可以增强我们对 UHPC 工程耐久性的信心。

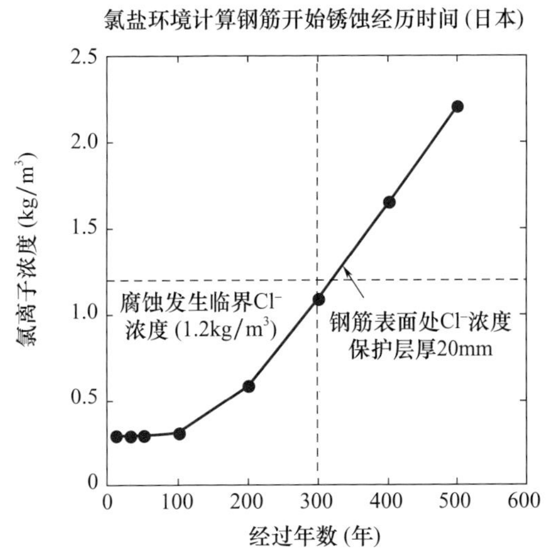

图 17　距离表面 20mm 的钢筋处氯离子浓度随时间的变化

钢铁结构也能达到很长的服役寿命，例如法国埃菲尔铁塔和同时代（19世纪80年代）建造的一些铁桥使用至今仍状态良好，但这是在每7~10年涂装一遍防腐涂层、良好维护维修条件下实现的，结构使用过程的维护工作量大、费用高。UHPC是免维护、耐久性最好的工程材料，适合解决多种环境场合的工程耐久性问题。至今，UHPC实际应用的时间还不长，还难以准确预测其工程使用寿命，但UHPC能够很好地抵抗各种模拟的和自然长期暴露的最严酷环境的破坏，基于此，保守估计在严酷冻融、海洋等自然环境中其工程结构的免维护服役寿命能够超过200年。

七、未来发展

《2019~2022中国超高性能混凝土（UHPC）技术与应用发展报告》介绍了过去10年间中国UHPC的发展进步。中国在UHPC材料与应用技术研究、标准规范、工程应用等各方面均取得很大进展，UHPC用量增长较快、产业初具规模且发展势头良好；UHPC被用于解决工程中一些痛点难点及耐久耐用问题，用于实现结构轻量化或性能提升，在“守护”工程结构的耐久性方面、在节材低碳工程建设等方面已经发挥了作用。然而，UHPC如今的应用还处于初始发展阶段，UHPC还有很大的价值、潜力与发展空间，值得开发和利用。为此，需要更好地认识了解UHPC，持续发展应用技术“用对用好”UHPC，建立科学的工程材料评价选用方法，利用UHPC延长现有工程的使用寿命，着眼未来发展可循环使用的UHPC构件等。

（一）更新观念“用对用好”UHPC

UHPC给人们留下的第一印象是“昂贵”，与传统混凝土比价格，UHPC的确非常“贵”，因为需要用短纤维增强增韧和抗裂、骨料体积占比相对较小。从力学性能评价看，UHPC是高效率使用水泥、纤维和钢材的工程材料；R-UHPC结构实际是“半似混凝土半似钢的结构”。将UHPC“用对用好”并进行科学全面评价，UHPC的使用价值就可能超越其价格。近年来，随着桥梁结构研究深入和设计优化，UHPC 的性能得到发挥和利用，并且施工技术进步、效率提高和应用规模增大，都有效降低了 UHPC 桥梁的造价。有些 UHPC 桥梁综合造价已与传统材料桥梁持平甚至更低，UHPC 桥梁额外的经济和环境效益则包括节材低碳建造、耐久耐用以及低维护费用。所以，一方面要更新观念，更好认识 UHPC 的“价格”与“价值”；另一方面要更有效地利用 UHPC 性能降低工程造价，这是 UHPC 技术发展的努力方向。

（二）建立科学的工程材料选用评价方法

对于重点解决耐久性的工程应用场合，使用 UHPC 工程的初始造价通常会增加，UHPC 的经济要在一定工程服役周期（如 20~30 年）才能显现出来。实现“双碳”目标需要转变观念，将工程建设从关注初始造价，向寿命周期成本、碳排放、可持续和高质量发展的全面评估体系转变。在工程设计阶段，应定量计算清楚各种设计方案建造材料所隐含的碳排放、施工方法等产生的碳排放，并从 20 年、50 年、100 年或寿命周期分析，算清楚工程的经济账、碳排放账和资源消耗账，并作为设计方案和材料比较选择的重要依据。建立起科学的工程材料选用评价方法，才能“用对用好”各种材料（包括 UHPC），进行低成本、低资源消耗、绿色低碳的工程建设。

（三）应用 UHPC 延长现有工程结构使用寿命

应用 UHPC 维修加固有缺陷、受损伤和承载力不足的现有混凝土工程，可以显著提升老结构的性能，施工时间短、成本相对较低且能够长效保护老结构。以瑞士加固升级百年公路桥为例：Montbovon 桥建于 1916 年、钢筋混凝土梁桥、总长 50m，2013 年采用 R-UHPC 桥面层和体外预应力维修加固，中断交通仅 5 天就完成施工，加固升级后桥梁的结构性能如同新桥，能够满足现代与未来交通的需求，并且老混凝土结构受到 UHPC 良好的保护，预期该桥能再使用百年。我国也已开展了一些 UHPC 维修加固研究和工程实践，取得了经验，应推广应用。用 UHPC“守护”老混凝土结构，修复或升级、大幅度延长现有工程使用寿命，相比于拆除重建更有利于低碳和可持续发展。

已开展的研究表明，型钢与 UHPC 或 R-UHPC 组合，可以形成钢材与 UHPC 共同承载、变形相对协调的结构，同时钢材受到 UHPC 长效防腐保护，适合建造高耐久、免维护、长服役寿命的新工程结构，也适合用于加固和保护受腐蚀损伤的钢结构。用 UHPC“守护”钢结构，有良好的应用发展前景。

（四）用 UHPC 发展高耐久和可重复使用的结构构件

在工程应用中，UHPC 结构构件的使用寿命很可能远远超过同工程的其他部分，具备重复使用的可能性。因此，应着眼未来，将 UHPC 构件设计和发展成为标准化、可重复使用的构件，为低碳、低资源消耗发展作出贡献。如前所述，先张预应力 UHPC 结构在抗裂和耐久性方面堪称完美，应是高耐久可循环使用结构构件的重要发展方向，并在适宜场合推广应用。

从发明至今，UHPC 材料和应用技术经历了四十多年的发展，正在引领水泥基材料产品、结构性能、耐久性大幅度提升，并迈上新台阶。2023 年 2 月 6 日中共中央、国务院印发了《质量强国建设纲要》。其中，“提升建设工程品质”中关于建筑材料有如下表述：

“（十四）提高建筑材料质量水平。加快高强度高耐久、可循环利用、绿色环保等新型建材研发与应用，推动钢材、玻璃、陶瓷等传统建材升级换代，提升建材性能和品质。大力发展绿色建材，完善绿色建材产品标准和认证评价体系，倡导选用绿色建材。……”

作为先进水泥基复合材料，UHPC 高度契合上述对建筑材料发展的要求。随着《质量强国建设纲要》的贯彻落实，中国 UHPC 产品、技术、应用及相关产业将进入大发展阶段。用 UHPC“守护”工程结构的耐久性，建造长工作寿命新工程，修复和保护老工程，使工程建设向高质量、绿色低碳、低资源消耗、低寿命周期成本发展。

参考文献

[1] 赵筠 . 钢筋混凝土结构的工作寿命设计 : 针对氯盐污染环境 [J]. 混凝土 , 2004(1): 3-15+21.

[2] BACHE H H. Compact Reinforced Composite Basic Principles[J]. apr, 1987.

[3] BACHE H H. Densified cement/ultrafine particle-based materials [C]//International Conference on Superplasticizers in Concrete. 1981.

[4] SPASOJEVIC A. Structural Implications of Ultra-High Performance Concrete Fibre-Reinforced Concrete in Bridge Design[J]. epfl, 2008.

[5] 赵筠 , 廉慧珍 , 金建昌 . 钢 - 混凝土复合的新模式——超高性能混凝土（UHPC / UHPFRC）之三：收缩与裂缝 , 耐高温性能 , 渗透性与耐久性 , 设计指南 [J]. 混凝土世界 , 2013(12):60-71.

[6] VOORT T V, SULEIMAN M T, SRITHARAN S.Design and performance verification of ultra-high performance concrete piles for deep foundations. Final Report: IHRB Project TR-558[R]. Ames: lowa State University. Center for Transportation Research and Education, 2008.

[7] MOFFATT E G. Performance of Ultra- High-Performance Concrete in Harsh Marine Environment for 21 Years[J]. American Concrete Institute Materials Journal,2020, 117(5):105-112.

[8] WANG K J, JANSEN D C, SHAH S P.et al. Permeability study of cracked concrete[J]. Cement and Concrete Research, 1997, 27(3):433-439

[9] CHARRON J P, DENARIE E, BRUHWILER E. Permeability of ultra high performance fiber reinforced concretes (UHPFRC) under high stresses[J]. Materials and Structures, 2007(40):269-277.

[10] CHARRON J P, DENRIE E, BRUHWILER E.Transport properties of water and glycol in an ultra high performance fiber reinforced concrete (UHPFRC) under high tensile deformation[J]. Cement and Concrete Research, 2008(38):689-698.

[11] OESTERLEE C.Structural Response of Reinforced UHPFRC and RC Composite Members[D]. EPFL, 2010.

[12] BRUHWILER E. “Structural UHPFRC” : Welcome to the post-concrete era [C]// SRITHARAN S. Proceedings of the First International Interactive Symposium on UHPC. Des Moines: Lowa State University, 2016:1-16.

[13] 中国混凝土与水泥制品协会超高性能水泥基材料与工程技术分会 . 2022 年中国超高性能混凝土（UHPC）技术与应用发展报告 [R/OL]. (2023-05-05)[2023-07-21]. http://mp.weixin.qq.com/s/ZBGwoR8KKMfrHwAOEI_KuQ.

混凝土制品的耐久性调查与长寿命化服役技术开发

张日红，宁波中淳高科股份有限公司副总裁、教授级高级工程师。

1983年本科毕业于南京工学院，1999年在日本宫崎大学获得博士学位。长期在国内及日本从事高性能混凝土材料及制品技术研究工作。2010年作为浙江省海外高层次人才专家，回国加盟宁波浙东建材集团。在预应力高强混凝土预制桩新产品、非挤土无泥浆污染的预制桩静钻根植桩基技术及地下工程工业化产品技术等方面取得了一系列的成绩，推动了我国预制混凝土桩行业的发展，促进了我国预制混凝土产品传统行业的转型升级。承担了国内外多项重大、重点科技项目，获得了国内外多项国家级、地方及行业科技成果奖。

2014年入选科技部“科技创新创业人才”，2016年入选国家“万人计划”领军人才，获2021年度中国混凝土与水泥制品行业“杰出工程师”。

明　维，硕士，高级工程师，材料学专业，宁波中淳高科股份有限公司研发副经理，主要从事高性能混凝土材料及制品技术研究与开发，参与国家及地方政府科技项目6项，发表论文17篇，获授权专利15项。

王　宇，南京工业大学与宁波中淳高科股份有限公司联合培养博士（在读），材料学专业，主要从事混凝土长期耐久性与寿命预测研究。发表SCI论文3篇，获授权专利4项。

一、研究背景

我国是全世界生产和使用混凝土制品用量大国，传统混凝土制品主要包括采用离心成型的高强预应力混凝土桩、混凝土排水管、混凝土压力管和混凝土电杆。随着我国城市化水平的提升，与轨道交通、地下综合管廊、地下空间开发等领域相关的盾构管片、预制混凝土箱涵等混凝土制品的使用量也快速增长。表 1 为 2021 年我国主要混凝土制品的产量，从表 1 来看，离心成型高强混凝土预制桩（以下简称：PHC 桩）是我国生产量最大的混凝土制品，按 1m 质量 400kg 换算，总吨数约为 2 亿吨。

表 1　2021 年我国主要混凝土制品产量（规模以上企业数据）

主要产品	混凝土预制桩	混凝土排水管	混凝土压力管	混凝土电杆	盾构管片
单位	$\times 10^4$m	$\times 10^4$m	$\times 10^4$m	万根	万 t
生产量	48,286	7,943	834	1,652	约 1,600*

* 注：按轨道交通建设量的估算值，未包括道路交通盾构隧道。其余数据来自中国混凝土与水泥制品协会

PHC 桩自 20 世纪 80 年代后期在广东、上海等地开始推广以来，由于施工方便、工期短、工效高、工程质量可靠、桩身耐打性好、单位承载力高和造价低等优点，适合沿海地区的地质条件，已成为我国桩基工程中使用最广泛的桩型，在我国经济高速发展中发挥了重要的支撑作用。

我国自 20 世纪 80 年代后期从日本引进 PHC 桩技术至今 30 多年来，累计使用量超过 4×10^9m，但国内对 PHC 桩长期耐久性的研究还不多，缺乏系统全面的长期耐久性调查资料。因此，现阶段我国对 PHC 桩耐久性设计沿用了现浇为主的钢筋混凝土结构的相关规定，最小保护层厚度为 35mm，而日本 JIS 标准中 PHC 桩的最小保护层厚度仅为 15mm。日本是世界上最早利用离心成型工艺生产混凝土管桩的国家，至今已有 85 年的历史，在长期使用过程中，日本学者对离心成型混凝土管桩的耐久性进行了相关的现场调查及试验，日本 PHC 桩长期耐久性的调查资料对我国 PHC 桩的耐久性设计具有一定的参考价值。

PHC 桩及电杆等采用离心成型，最大离心加速度可达到 40g。在离心力作用下，混凝土中部分水分的脱出提高了混凝土的密实度和强度，混凝土密度可达 2500kg/m^3，高于结构用普通混凝土，其耐久性能也有较好的表现。国内关于预制桩因桩身混凝土自身耐久性而丧失使用功能的案例鲜有报道。一些失效案例主要是采用锤击或静压施工时，因施工不当或挤土效应导致桩身开裂引发的耐久性问题。通过开发非挤土植入桩施工技术能够避免锤击或静压对桩身产生的不良影响，使离心成型预制桩的耐久性得到更好发挥。

由于大量混凝土制品采用预应力薄壁结构，再加上为了加快模具周转采用蒸汽养护促进早期强度发展，导致制品存在脆性大、热应力下微结构损伤等问题。国内部分单位结合 PHC 桩生产工艺开展了桩身混凝土材料耐久性的试验研究工作。严志隆等考察了 PHC 桩掺和料、养护工艺制度等对管桩高强混凝土的氯离子渗透性、硫酸盐侵蚀和抗冻性等耐久性能的影响。周永祥等综述了 PHC 桩蒸汽养护制度对桩身混凝土耐久性的影响。相关研究表明，养护工艺制度执行不到位可能会对桩身混凝土的耐久性产生不良影响。研发新型添加材料促进 PHC 桩混凝土的早期强度发展，既可以消除热养护对耐久性的不良影响，又可以降低能耗。

随着国家海洋战略的不断推进，PHC 桩应用于海洋环境的场合越来越多，针对海洋环境中较高的氯离子浓度，遇到混凝土结构耐久性下降的问题，需要开发用于海工混凝土制品的高抗蚀水泥，实现预制桩等混凝土制品在海洋环境下的长寿命化服役。

二、预制桩长期服役性能调查

1. 日本预制桩长期服役性能调查

1935 年日本东京物理学校（现东京理科大学）1 号馆的建设中全面使用了离心成型钢筋混凝土管桩（RC 管桩），该工程为离心成型管桩在日本的首次应用，图 1 为项目施工现场采用锤击法施工的照片。据相关文献记载，1934 年日本大同混凝土工业株式会社通过借鉴离心成型钢筋混凝土电杆的生产技术，生产了用于基础工程的离心成型 RC 管桩，钢筋的混凝土保护层厚度为 15mm。该产品因离心时能够排出混凝土中的多余水分，混凝土密实强度高，被认为耐久性优于普通钢筋混凝土桩。1980 年该项目重建过程中对离心成型 RC 管桩的耐久性进行了调查。

图 1　东京物理学校 1 号馆离心成型 RC 管桩施工现场（1935 年）

图 2 为桩身截取样品状况。对现场取芯试样进行了相关性能测试，历经 45 年后的现场取芯试样桩身混凝土抗压强度为 47.4~52.8MPa，高于当初的产品设计强度 40MPa。桩身外侧混凝土的中性化深度为 0.05mm，桩身内侧混凝土的中性化深度为 0.2mm，内部钢筋无明显腐蚀痕迹。

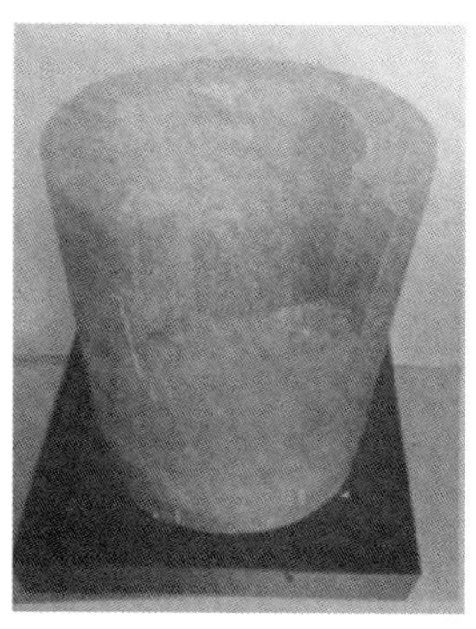

图 2　1935 年施工离心成型 RC 管桩桩身混凝土样品

由于 RC 管桩在运输、施工过程中桩身容易出现裂缝，1962 年离心成型预应力混凝土管桩（以下简称：PC 管桩）在日本问世。PC 管桩桩身混凝土强度不低于 50MPa，在预应力作用下，桩身抗冲击性能大幅度提高，该产品问世后得到了迅速推广。图 3 为日本最早大规模应用 PC 管桩的东京首都高速 1 号羽田线东品川海中高架桥项目施工现场照片。该项目为 1964 年东京奥运会配套的交通设施。

图 3　日本 PC 管桩施工现场（1962 年）

PC 管桩具有施工及长期使用过程中桩身无裂缝的特点，在海洋环境中能够长期抵抗海水侵入桩身混凝土内部，具有较好的耐久性，加上施工快捷方便等优点而在该项目中得到应用。该项目使用的 PC 管桩为直径 500mm、壁厚 80mm 的 B 型桩，保护层厚度为 25mm，设计桩长 22~37m，桩间采用端板焊接接头连接，采用锤击法海上施工，总数量超过 1000 套，项目于 1964 年建成通车。该高架桥长期处于海洋环境（图 4），上部交通量繁忙，桥梁高度离开海平面高度过低，导致高架桥上部结构混凝土腐蚀严重（图 5）。但在 1994 年相关单位对其所使用的 PC 管桩进行的耐久性调查结果表明，桩身混凝土完整，未发现有害的裂缝，桩身内部钢筋也未发现腐蚀或生锈等现象，桩间接头满足要求。

图 4　东京东品川海中高架桥（照片中最下方的道路桥）

图 5　海中高架桥上部结构腐蚀状况

笔者于 2019 年 4 月参加日本土木学会组织的活动到该项目现场进行了确认。图 6 为历经 57 年 PC 管桩的外观，相比桥梁上部钢筋混凝土结构，桩身混凝土外观完整，未发现有害的裂缝。图 7、图 8 为现场取样的 PC 管桩及管桩与承台连接部分的照片。

图 6　海中高架桥 PC 管桩状况（1962~2019 年）

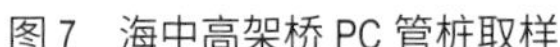

图 7　海中高架桥 PC 管桩取样

图 8　海中高架桥 PC 管桩与承台部分取样

日本某公司的 A、B 两栋厂房，桩基础使用 PC 管桩，分别于 1965 年和 1970 年施工。使用的 PC 管桩最大直径为 450mm，桩身混凝土设计强度为 60MPa，有效桩长为 8~20m。2002 年该公司厂房更新时，考虑到 PC 管桩基础处于地下环境，相对于上部结构，混凝土强度损失及抗碳化侵蚀等耐久性能劣化较慢，可进行桩基再利用。为此，施工方于 2002 年对该项目 32~37 年后 PC 管桩的长期性能进行了试验调查。A、B 两栋厂房分别挖取 3 根 PC 管桩作为调查对象，对桩身混凝土的抗压强度、弹性模量、中性化深度、桩身外观裂缝、桩身中 PC 钢棒的抗拉强度和表面有无锈迹等进行了试验。桩身混凝土强度试验方法见图 9，采用桩身断面 6 等份后沿桩身方向切断的试块进行抗压强度试验，其他试验项目按常规方法进行。

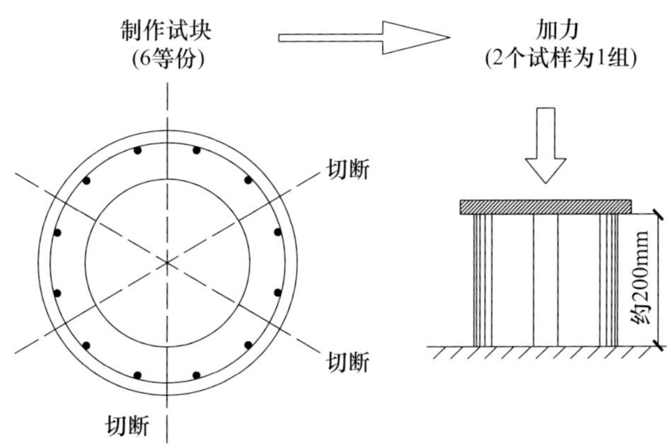

图 9　桩身混凝土抗压试验方法

表 2 为该厂房 PC 管桩主要调查项目的试验结果。桩身混凝土的抗压强度均高于 PC 管桩制造时的日本 JIS 标准规定强度（49.0MPa），也高于产品出厂时确认的 28d 产品标准强度（59.0MPa）。测定的桩身混凝土弹性模量高于 4×10^4MPa。采用日本土木学会提案的中性化计算公式推定的桩身混凝土中性化深度约为 8mm，但实测结果最大值为 1mm，仅为推定值的 12.5% 左右。B 栋 PC 管桩使用的 PC 钢棒的抗拉强度与制造当时的抗拉强度 1520MPa 基本一致。图 10、图 11 为混凝土抗压强度及 PC 钢棒抗拉强度试验结果的分布状况。

表 2　日本某厂房 PC 管桩现场试验调查结果（1965，1970—2002 年）

分类	项目	单位	A 栋（1967 竣工）	B 栋（1971 竣工）
桩身混凝土	抗压强度	MPa	72.7（58.4—85.0）	68.3（60.8—78.2）
	弹性模量	$\times10^4$MPa	4.78（3.74—5.17）	4.37（4.08—4.68）
	中性化深度	mm	0.3（0—0.8）	1.0（0—1.7）
PC 钢棒	抗拉强度	MPa	1398（1341—1461）	1562（1470—1637）
	表面锈迹观测		无锈迹	无锈迹

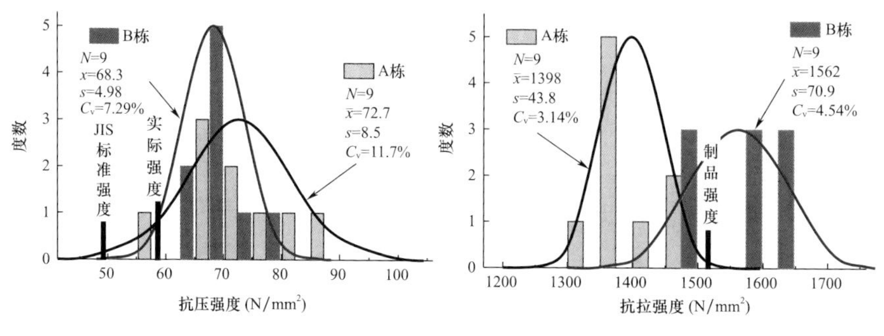

图 10　桩身混凝土抗压强度分布　　　　图 11　PC 钢棒抗拉强度分布

日本花王公司于 1968 年采用直径 300mm 的 PC 管桩进行长期耐久性现场暴露试验，桩身混凝土分别采用当时花王公司发明的萘系外加剂、木质素外加剂和无外加剂，对比添加不同外加剂对混凝土耐久性的影响。制作了按水泥用量 0.05%、0.5%、1.0%、2.0%、4.0% 添加氯化钙的试验管桩，研究氯盐环境下预应力钢筋（PC 钢棒）的性能变化。试验桩离心成型后蒸汽养护的条件为升降温 20℃/h、最高温度 65℃。经过 32 年的现场暴露，PC 钢棒的表面生锈现象及钢棒延伸率的下降率与氯化钙添加量成正比。添加 4.0% 氯化钙试验桩的 PC 钢棒延伸率低于 1%。经过 50 年的暴露试验，添加 4.0% 氯化钙的试验桩 PC 钢棒断裂，而其他没有添加氯化钙的试验桩 PC 钢棒未发现明显锈迹，钢棒力学性能无明显变化，所有试验桩桩身混凝土中性化深度均小于 2mm，耐久性良好。

2. 国内预制桩耐久性调查研究

图 12 为国内最早采用 PHC 桩建设的超过 30 层的高层建筑，该项目位于深圳罗湖东门，1992 年由广东省基础工程公司进行桩基施工，采用了广州南方管桩公司生产的 PHC 桩。2021 年根据现场观察的结果来看，建筑物基础状态良好。

图 12　国内最早应用 PHC 桩超过 30 层的住宅建筑（深圳罗湖东门）

从日本及国内调查情况来看，离心成型预制桩表现出较好的长期使用性能。除桩身混凝土强度高、密实度好外，合理的设计确保预制桩作为竖向使用预应力构件，在受压、受拉等荷载作用时桩身混凝土不会出现拉应力，也是一个重要原因。相关研究结果表明，预应力构件混凝土在受压应力状态下的耐久性优于受拉应力状态作用下的耐久性。因此，PHC 桩基础设计过程中要对各种荷载作用下的桩身应力状态进行复核，使长期服役过程中桩身混凝土不出现拉应力。

因运输等原因，预制桩等制品的单件长度有限，PHC 桩目前主要采用端板焊接进行连接满足设计桩长要求，焊接质量成为保障桩身质量的重要组成部分。为验证管桩接头在恶劣环境中的长期耐久性能，笔者进行了管桩接头在极端环境中的加速腐蚀试验。从东部沿海某垃圾填埋场现场抽取渗滤液，渗滤液的 pH 为 7.9，氨氮含量为 2.55g/L，氯化物含量为 3.14g/L，硫酸盐含量为 7.43mg/L。浸泡于渗滤液中的试验管桩外径为 400mm，保护层厚度为 41mm，试验通过通电进行加速腐蚀，加速电压为 10V，加速龄期为 0—160d，根据腐蚀模型模拟，160d 龄期相当于管桩实际环境中腐蚀 50 年。随着腐蚀龄期的增长，渗滤液环境中的 Cl^- 进入管桩内部并开始腐蚀管桩的接头，其焊缝处形貌变化如图 13 所示，在加速腐蚀龄期 160d 即模拟在渗滤液中服役 50 年后的实际腐蚀深度为 3.20mm。

PHC 400 AB 95 管桩的开裂弯矩为 64kN · m，极限弯矩为 106kN · m，桩身的轴心抗拉承载力设计值为 536kN，国家标准图集规定的上下桩连接端板的焊缝深度为 12mm。表 3 为模拟 50 年腐蚀环境下管桩接头焊缝深度腐蚀余量试验结果，对应桩身开裂弯矩及抗拉承载力要求，焊缝深度有较大的腐蚀余量。垃圾填埋场地下腐蚀溶液中的加速试验表明，管桩焊缝在高 Cl^-、高 SO_4^{2-} 环境下服役 50 年后仍拥有较好的耐久性。

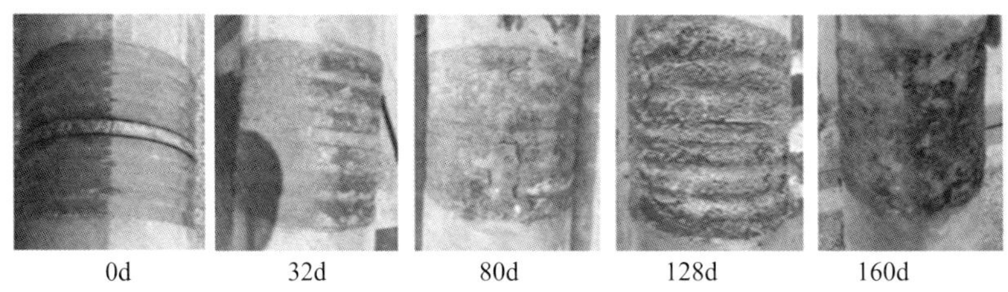

0d　32d　80d　128d　160d

图 13　腐蚀试验中接头处形貌变化图

表 3　模拟 50 年腐蚀环境下管桩接头焊缝深度腐蚀余量试验结果

受荷条件对应焊缝深度计算值			50 年相当腐蚀深度（mm）	腐蚀余量（mm）
荷载条件	荷载值	对应焊缝深度（mm）		
开裂弯矩（kN · m）	64	4.36	3.20	4.44
极限弯矩（kN · m）	106	6.53		2.27
轴心抗拉承载力（kN）	536	3.65		5.05

三、长寿命化服役技术开发

1. 长寿命混凝土制品技术

为实现混凝土制品的长寿命化服役，由武汉理工大学牵头，协同江苏苏博特新材料股份有限公司、重庆大学、中国建筑材料科学研究总院有限公司和中国铁道科学研究院集团有限公司等课题负责单位，联合清华大学、武汉大学、华南理工大学、宁波中淳高科股份有限公司、北京榆构有限公司等共14家高校科研院所和10家大型生产企业，开展了国家“十三五”重点研发计划项目“长寿命混凝土制品关键材料及制备技术”研究工作，主要研究成果如下：

探明了混凝土制品多元胶凝材料体系水化行为和水泥基材料微结构快速形成过程中内应力发展规律与导致损伤的机理；探明了服役条件下混凝土制品的微结构演变和性能劣化规律，并在此基础上形成微结构优化设计理论和调控方法；研究了混凝土制品用早强型和减缩型化学功能材料的构效关系，提出了制品用化学功能材料的新型分子结构及设计方法并实现了工业化生产。规模化生产的早强型材料减水率达32%且室温养护8h抗压强度比达432%，减缩型材料减水率达32%且减少混凝土收缩37.2%，解决了混凝土超早强与高耐久的技术矛盾，研发出超早强高耐久混凝土免蒸养技术；针对混凝土制品脆性大、易开裂的问题及长寿命服役需求，探明了典型混凝土制品裂纹形成和控制机理，建立了开裂预测机制，分析了典型混凝土制品裂纹形成和控制机理，开发出化学自应力抗裂增强材料，形成混凝土制品抗裂增韧成套技术。

表4为此课题成果应用于PHC桩的免蒸压泵送混凝土耐久性测试结果，免蒸压泵送混凝土耐久性能良好，其电通量和氯离子迁移系数均达到Q-Ⅴ和RCM-Ⅴ级，抗硫酸盐侵蚀性能达到K-Ⅶ（抗氯盐强腐蚀、抗硫酸盐强腐蚀、抗严寒冻融强破坏综合环境）要求。

表 4 免蒸压泵送混凝土耐久性试验结果

28d 电通量（C）	84d 氯离子扩散系数（$\times10^{-12}m^2/s$）	抗水渗透性能	抗硫酸盐干湿循环	28d 碳化深度（mm）
372	0.83	≥ 2.5MPa 不渗水	＞ KS150	0

本项目技术成果在浙江余姚年产 35 万 m^3 免蒸压混凝土管桩生产线进行了示范应用，有效地避免了蒸压养护造成的混凝土热损伤，显著提升了预制管桩的耐久性能。经相关评估，免蒸压预制桩的结构使用寿命可达到 112 年。

2. 预制构件用高抗蚀水泥基材料

海洋工程建设中混凝土制品体现出极大的优势：生产周期短、施工效率高、远海运输方便，但在化学介质、物理腐蚀等环境因素影响下，混凝土制品的耐久性需要进一步提升。依托“十三五”国家重点研发计划项目，由武汉理工大学牵头，协同广西鱼峰水泥股份有限公司、武汉科技大学、重庆后勤工程学院和宁波中淳高科股份有限公司等，开展了“预制构件用高抗蚀水泥基材料关键技术”研究课题工作。针对混凝土预制产品使用传统硅酸盐水泥基材料在海洋环境下可能出现的耐蚀性、抗冲磨能力等方面问题，课题团队突破原有硅酸盐水泥熟料体系设计思路，提出高铁低钙高抗蚀硅酸盐水泥体系，从改变水泥矿相组成与配比的角度提高海工水泥基混凝土预制产品生产效率与服役性能。

该课题开发的高抗蚀水泥具有良好的后期强度、抗硫酸盐和抗冲磨性能，适用于配制蒸养混凝土制品，相比于传统硅酸盐水泥制备的混凝土制品材料，高抗蚀水泥混凝土制品材料在后期强度发展、抗氯离子侵蚀、抗硫酸盐侵蚀、抗冲磨性能和体积稳定性等方面具有综合优势，模型预测高抗蚀水泥 PHC 桩在常规海洋环境下的耐久性可达到 100 年。图 14 为高抗蚀水泥制备的 PHC 桩混凝土电通量和氯离子渗透系数，各龄期内桩身混凝土的电通量和氯离子渗透系数均小于普通硅酸盐水泥制备的 PHC 桩，特别是早期抗氯离子能力强。

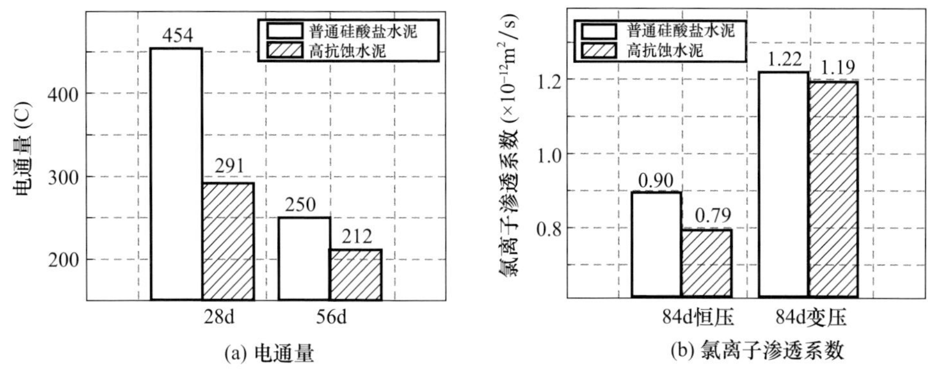

图 14　高抗蚀水泥制备 PHC 桩混凝土抗氯离子试验

高抗蚀水泥抗硫酸盐侵蚀的能力也远强于普通硅酸盐水泥，图 15 为高抗蚀水泥与普通硅酸盐水泥制备的桩身混凝土抗硫酸盐侵蚀系数对比，两者的混凝土强度等级均为 C80。可以看出随着干湿循环次数的增加，高抗蚀水泥制备的管桩混凝土抗硫酸盐侵蚀系数无明显变化，而普通硅酸盐水泥的抗硫酸盐侵蚀系数随着干湿循环次数的增长，下降趋势明显。

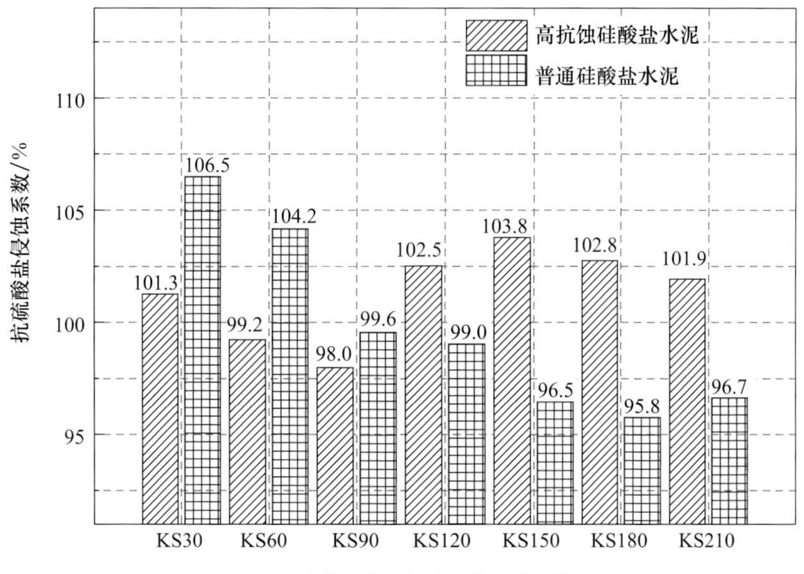

图 15　高抗蚀水泥抗硫酸盐侵蚀系数

高抗蚀管桩在 4000 万 t/a 炼化一体化项目（浙江舟山）、宁波—舟山港穿山港区中宅矿石码头工程（二期）、象山长大涂光伏项目等海洋工程中进行了批量示范应用，解决了海洋工程混凝土制品抗蚀性的关键难题，显著提升了工程耐久性。

3. 预制桩非挤土施工技术

目前，我国预制桩施工主要以锤击和静压为主，施工过程中会不同程度对桩身产生拉应力。PHC 桩锤击施工测试数据表明，穿透坚硬土层时施工不当会导致桩身产生超过 16MPa 的拉应力。由于该应力高于桩身有效预应力与混凝土拉应力之和，桩身混凝土将出现裂缝而降低其耐久性。近年来，国内不少单位积极开展预制桩的植入法施工技术研究，取得了较好的效果，可以大幅度减少施工带来的不良影响，确保桩身混凝土的耐久性得到充分发挥。

静钻根植桩是目前在长三角软土地区得到良好应用的一种非挤土的植入式预制桩施工工艺，结合了钻孔灌注桩、深层搅拌桩、扩底桩、预制桩等技术的优点，施工过程对预制桩无不良影响。图 16 为该工法的主要施工流程。该技术采用钻机钻孔后在桩端部进行扩孔及注浆，后在桩周注入水泥浆与原有土体搅拌成水泥土，将预制桩插入水泥土后通过水泥土硬化，使桩与土体形成一体，制成由预制桩、水泥土到土体的桩基础。

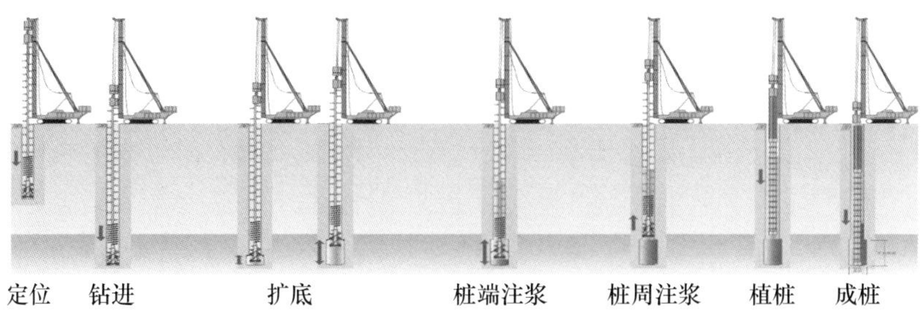

图 16　静钻根植桩主要施工流程

预制桩采用静钻根植法施工桩身不会产生拉应力，保证了桩身的完整性，避免了由于施工而产生的桩身裂缝，使离心混凝土低孔隙率、高致密的性能得到有效发挥。桩周水泥土硬化后能够在桩身周边形成水泥土层，能延缓有害离子进入桩身的速度，使静钻根植桩的耐久性更有保障。

四、结语

提升混凝土制品的耐久性，实现长寿命服役是一个综合性的技术过程，在开展混凝土材料自身的耐久性能提升研究的同时，需要对混凝土制品的制造工艺、使用技术要求及施工技术开展系统的研究工作。

（1）为确保混凝土制品的耐久性和长期服役性能，需要优化混凝土制品材料，使用高抗蚀水泥、早强型和减缩型化学功能材料等，能够有效提高混凝土制品材料自身的耐久性能。

（2）通过加厚保护层并不是提高混凝土制品耐久性的最佳途径，合理的混凝土保护层设计有助于混凝土制品发挥工厂制造质量稳定性好的特点，便于运输、吊装及施工，同时可以节约资源。

（3）混凝土制品在制造过程中应该严格把控，遵守养护工艺制度，避免制品出现热应力下微结构损伤等问题，生产出质量合格的混凝土制品。采用免蒸压或免蒸汽养护技术有益于混凝土制品耐久性的提升。

（4）选择合适的施工方法能够确保制品力学性能和耐久性得到充分发挥，预制桩要大力推广静钻根植等植入施工技术。

参考文献

[1] 严志隆，陆酉教，仲以林，等. PHC 桩混凝土耐久性 [J]. 水泥与混凝土制品，2008. 12(6): 26-29.

[2] 周永祥 , 冷发光 . 预应力混凝土管桩的耐久性问题及其工艺原因 [C]// 中国土木工程学会混凝土及预应力混凝土耐久性专业委员会第七届全国混凝土耐久性学术交流会论文集 . [出版者不详], 2008: 479-486.

[3] 桑原文夫 . 既製コンクリート杭の歴史、現状および将来の展望 [J]. 基礎工 , 2007,35(7):2-7.

[4] 大同コンクリート工業株式会社資料 . 既製コンクリート杭の歩み . 2006 年 .

[5] 大成建設技術センター渡邉徹等 . コンクリート杭の耐久性調査 , 第 38 回地盤工学研究発表会 , 2003 年 :1535-1536.

[6] 国立研究開発法人土木研究所 , 学校法人早稲田大学 , 一般社団法人ｺﾝｸﾘｰﾄﾊﾟｲﾙ建設技術協会 . 既製コンクリート杭の性能評価手法の高度化に関する共同研究報告書 . 日本土木研究所共同研究報告書整理番号第 494 号 , 2017 年 .

[7] 花王株式会社水沼達也 . 32 年材齢高強度コンクリートパイルの耐久性 [J].「コンクリート工学年次論文集」（JCI）, 2001,23(2):667-682.

[8] 花王株式会社中村圭介等 . 50 年材齢高強度コンクリートパイルの耐久性 [J].「コンクリート工学年次論文集」（JCI）, 2020,42(1):449-454.

[9] 高金瑞 , 饶美娟 , 张克昌 , 等 . 铁相组分对铁相和高铁低钙水泥熟料水化性能及抗侵蚀性能影响 [J]. 硅酸盐通报 , 2021, 40(4):1097-1102+1115.

[10] ZHANG K , LU Y , RAO M , et al. Understanding the role of brownmilerite on corrosion resistance[J]. Construction and Building Materials, 2020, 254(C):119262.

[11] SHAO W, LI J P, LIU Y. Influence of exposure temperature on chloride diffusion into RC pipe piles exposed to atmospheric corrosion[J]. Journal of Materials in Civil Engineering. 2016, 28(5):1-8.

[12] YUE Z , LI J P , SHAO W , et al. Effect of crack opening and recovery on chloride penetration into reinforced concrete hollow piles[J]. Materials&Structures, 2016, 49(8)：3217 — 3226.

[13] SHAO W, LI J P. Service life prediction of cracked RC pipe piles exposed to marine environments[J]. Construction & Building Materials, 2014, 64:301-307.

[14] 姜正平 , 宋旭艳 , 何耀辉 , 等 .PHC 桩的使用环境分析和耐腐蚀性研究 [J]. 施工技术 , 2011,40(13):38-42.

[15] DEMIN W , PENG W . Investigation on Corrosion of Welded Joint of Prestressed

High-strength Concrete Pipe Piles[J]. Procedia Engineering, 2017, 210:79-86.

[16] LI S L, FAN W G , SHI Z Y , et al. Application of technology of spray polyurea elastomer in the prestressd concrete large pipe piles of seaport wharfs[J]. The Ocean Engineering, 2010, 28(1):88-92.

[17] 汪加蔚 , 谢永江 . 混凝土结构腐蚀机理与 PHC 桩的耐久性设计 [J]. 混凝土世界 , 2018 (6):34-41.

[18] 张日红 , 吴磊磊 , 孔清华 . 静钻根植桩基础研究与实践 [J]. 岩土工程学报 , 2013, 35(s2):1200-1203.

普通混凝土抗氯离子渗透性能影响因素分析及工程实践

陈喜旺，北京建工新型建材有限责任公司副总经理，教授级高级工程师，清华大学领军创新工程博士生，北京土木建筑学会建筑材料分会委员、北京市危房改造技术指导专家、北京市绿色生产专家、北京市评标专家。主要从事装配式构件、超低能耗建筑、保温材料、节能门窗等技术研究工作。

参编标准5项，参加成果鉴定5项，发表科技论文10余篇，著有《预拌混凝土质量控制实用指南》，获得包括省部级、协会等多项奖项，参与国家自然科学基金项目、北京市自然科学基金项目等科研项目7项。主持、参加国家和北京重点工程20余项，包括超高层建筑混凝土泵送施工工艺的研究与开发，预制管廊深化设计、生产和施工综合技术，成廉价硅源快速制备二氧化硅气凝胶的工艺研究、机喷高性能材料的古建墙体“古法新做”修复关键技术的研究与开发，BIM技术在装配式建筑构件中的应用，重晶石防辐射混凝土相关技术，超大型地下工程大体积高稳定性混凝土和HPE工法特种混凝土关键技术研究，成果应用于中国尊、绿地中心、城市副中心、大兴机场航站楼、高能同步辐射光源等项目。

一、引言

钢筋混凝土是全球使用最为广泛的建筑材料。钢筋主要承担拉应力，混凝土主要承担压应力，两种材料相互补充、相互协调。古罗马万神殿历经千年的火山灰混凝土表明混凝土具有良好的耐久性。相比于混凝土的劣化速度，钢材的腐蚀速度是十分快速的，对于无腐蚀环境，腐蚀速度为0.05mm/a，腐蚀环境腐蚀速率一般是0.1~0.5mm。《混凝土结构设计规范（2015年版）》（GB 50010—2010）中规定钢筋强度的分项系数γ_s取值为1.1~1.2，也就是说腐蚀超过10%，结构将面临极大的风险。同时"9·11"事件中世贸大楼的突然坍塌经过分析是由于烈火使大楼的钢铁支架熔化，最终导致大楼失去支撑而轰然倒塌。这说明钢材一旦出现承载力不足，很难给人们留出逃生时间。

混凝土耐久性检测指标一般为抗渗等级、冻融循环、电通量、抗碳化性能等，其中电通量、抗碳化性能和混凝土本身的耐久性关系不大，而是评价钢筋耐久性的关键指标。特别是反映钢筋混凝土抗氯离子渗透性能的电通量指标。

氯离子在混凝土中的渗入速度主要受到两个因素影响：其一是混凝土的阻碍能力，主要由混凝土孔隙率和孔径结构决定；其二是混凝土组分对氯离子固化的能力，主要由混凝土矿物掺和料中较多的无定形Al_2O_3产生。因此，在混凝土中使用引气剂改善混凝土孔结构、掺入矿物掺和料是提升混凝土抗氯离子渗透能力的有效方法，有利于提高混凝土结构的寿命。

本文将研究和分析工程中用量最大的普通混凝土的抗氯离子渗透性能影响的因素，比较不同含气量对不同水胶比、不同掺和料掺量等因素对混凝土抗氯离子渗透性能的影响。

二、原材料和试验方法

（一）试验原料

水泥选用唐山泓泰水泥有限公司生产的P·O42.5水泥。

粉煤灰选用聊城信源集团有限公司生产的Ⅰ级粉煤灰，细度8.3%。矿粉为三河天龙新型建材有限责任公司生产的S95级矿粉。

细骨料选用河北曲阳县产Ⅱ区中砂，细度模数2.8，含泥量1.3%。

粗骨料选用河北涞水县产粒径5~20mm碎石，连续级配，含泥量0.2%，泥块含量0.0%，针片状含量3%。

减水剂为北京市建筑工程研究院有限责任公司生产的AN4000聚羧酸高性能减水剂（标准型），固含量18.2%。

引气剂使用北京市建筑工程研究院有限责任公司生产的AN1引气剂，固含量9.2%。

拌和用水为符合标准的饮用水。

（二）试验方法

本试验以《普通混凝土长期性能和耐久性能试验方法标准》（GB/T 50082—2009）所规定的电通量法确定混凝土抗氯离子渗透性能。电通量法试验仪器为北京数智意隆仪器有限公司生产的DTL-9T型混凝土氯离子电通量测定仪。

试验配合比依据《普通混凝土配合比设计规程》（JGJ 55—2011），新拌混凝土坍落度为140~180mm。配合比设计见表1。

表1　混凝土配合比

编号	水胶比	水/kg	胶材用量/kg	粉煤灰/%	矿粉/%	砂/kg	石/kg	减水剂/kg	引气剂/%
A-30	0.42	159	378	0~40	0~40	772	1051	5.96	0~1.5
B-40	0.38	159	419	0~40	0~40	720	1072	6.28	0~1.5
C-50	0.32	159	497	0~40	0~40	655	1084	6.72	0~1.5

三、试验结果与分析

（一）含气量对混凝土电通量的影响

选择试验配比A-30与C-50的两组配合比调整引气剂掺量（按质量分数

计）为 0%、0.5%、1.5% 时的混凝土含气量，粉煤灰、矿粉掺量均为 15%（表 2）。测定 56d 养护龄期的混凝土电通量。其相关数据见表 2、图 1。

表 2　含气量对电通量的影响

编号	引气剂掺量 %	含气量 /%	电通量 /C
A-30	0	1.5	916
	0.5	5.4	820
	1.5	9.7	1135
C-50	0	2.4	897
	0.5	5.3	711
	1.5	9.0	842

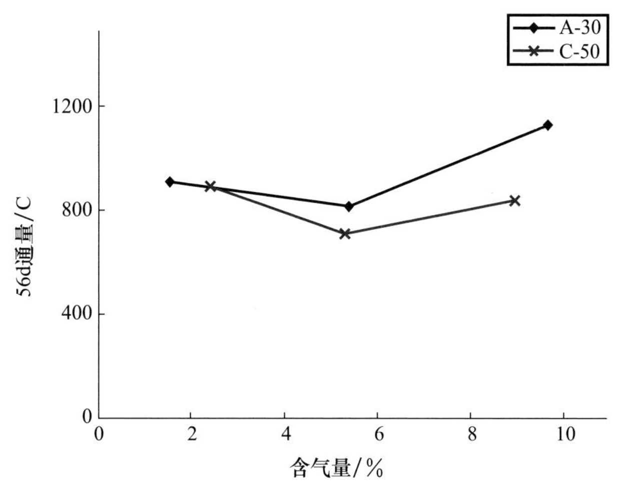

图 1　含气量对混凝土电通量的影响

从试验结果来看，不同强度等级的两组混凝土电通量均会受到含气量变化的影响，但是影响相对较小。其变化随着含气量的增加，混凝土电通量先降低后增高（图 1）。

这种现象是由于掺入引气剂会引入大量微小气泡，在含气量适宜时气泡分布均匀且互相连通合并的气泡较少，形成了对氯离子渗透的阻碍屏障，增加了氯离子迁移距离，从而降低了混凝土电通量，而含气量过高会使气泡趋于凝聚，增大气泡间距系数，削弱上述的阻挡作用，表现为硬化混凝土电通量的增大。不仅如此，过高的含气量还会显著降低混凝土的抗压强度，特别是C50以上混凝土降低的幅度更加明显。这说明在含气量1%~10%范围内存在一个最佳含气量使引气混凝土的电通量最低，所以选择适宜的含气量有利于提高混凝土的性能。

（二）水胶比对混凝土电通量的影响

选用试配编号B-40，调整水胶比，选用36、38、40、42、44共五个水胶比水平的混凝土进行对比试验，其中矿粉、粉煤灰的掺量均为15%，引气剂掺量均为0.5%。试验结果如图2所示。

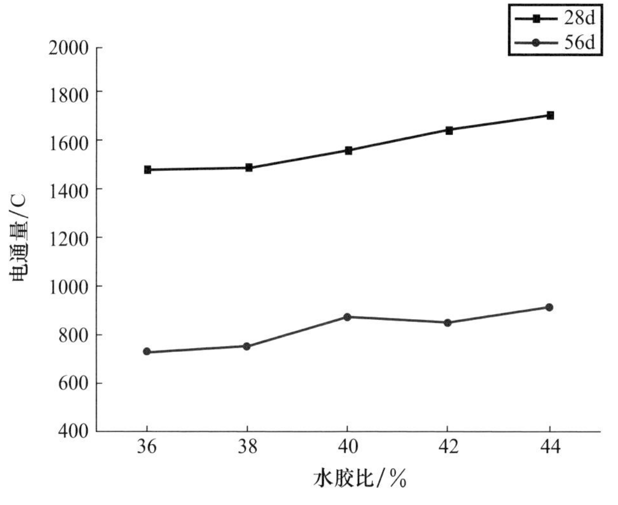

图2　水胶比对电通量的影响

结果表明，随着水胶比的升高，混凝土28d、56d的电通量均呈现出上升趋势，二者具有明显的相关性，而56d的电通量远小于28d龄期的。说明水胶比越大，混凝土抗氯离子渗透能力越弱。水胶比增大，意味着混凝土的密实程度的降低，浆体中水分流失而产生的毛细管道就会更多，这就相当于给氯离子的渗透提供了高速通道。而随着龄期的发展，胶凝材料水化更为充分，填充了内部缝隙，减少了毛细作用，使混凝土整体更加密实，即表现为电通量测试结果的显著降低。

（三）粉煤灰、矿粉对混凝土电通量的影响

选择试验配比编号 B-40 为基准配合比，调整粉煤灰、矿粉掺量，测定 56d 的电通量，获取粉煤灰、矿粉对引气混凝土氯离子电通量的影响规律。试验结果如图 3、图 4 所示。

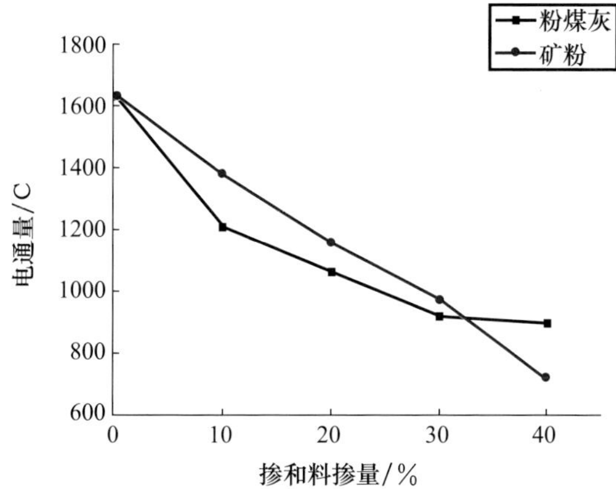

图 3 单掺矿粉、单掺粉煤灰对混凝土电通量的影响

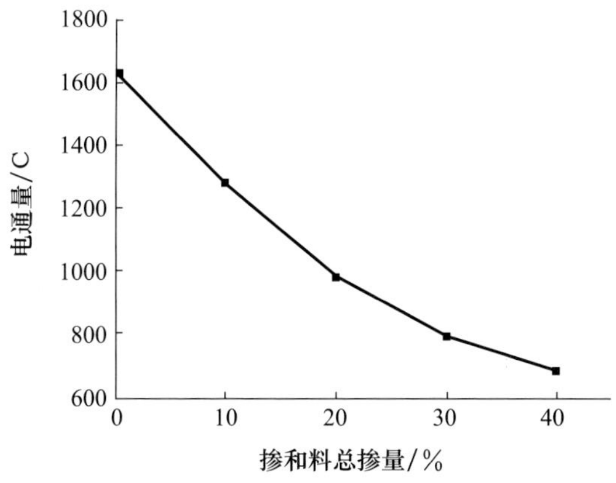

图 4 矿粉、粉煤灰 1:1 双掺对混凝土电通量的影响

从试验结果图 3 中可以直观地看出，无论是单掺矿粉还是单掺粉煤灰，随着掺量升高，56d 的氯离子电通量测定值均呈现下降的趋势。当掺量在 30% 以下时，粉煤灰的抗氯离子侵蚀作用要优于矿粉，而随着掺量继续升高，单掺粉煤灰的电通量变化趋近于平缓，这时单掺矿粉效果更好。

从试验结果图 4 中可以看出，当矿粉与粉煤灰 1∶1 双掺时，随着掺量提高，混凝土抗氯离子渗透性能也能很大程度提高，在掺量达到 40% 时电通量测定值可达到 689C。复合掺量大于 30% 后，抗氯离子渗透效果好于单掺矿粉和粉煤灰中的任何一种。

因为水泥、粉煤灰、矿粉三者的物理化学性能有着明显差异，复掺矿物掺和料对于级配连续性有利，进而提高混凝土整体密实度。矿物掺和料也可以进行二次水化反应，和水泥水化产物 $Ca(OH)_2$ 生成水化硅酸钙凝胶，改善了界面属性。另有许多研究得出矿物掺和料随着龄期发展，可以改善混凝土孔结构，减少有害大孔，增加微孔，从而提升混凝土抗渗性。

四、工程应用

北京建工新型建材有限责任公司根据普通混凝土抗氯离子渗透性能影响的研究结构，调整 C30P12 混凝土的配合比（表 3）用于实际生产，经过检测混凝土的电通量 Qs 为 961，符合 Q-Ⅳ等级，满足了百年的耐久性设计要求。混凝土应用于北京朝阳站和北京丰台火车站等，其中北京丰台火车站始建于 1895 年（图 5）。新北京丰台火车站 2022 年投入运行。

表 3　工程用 C30P12 混凝土配合比

水泥	粉煤灰	矿粉	砂子		石子	水	外加剂（含引气剂）
			天然砂	机制砂			
263	54	43	242	500	989	169	6.66

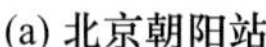
(a) 北京朝阳站

(b) 北京丰台火车站

图 5　应用工程

五、结论

（1）调整引气剂掺量改变混凝土含气量对引气型混凝土氯离子渗透性能有一定影响。含气量对混凝土抗氯离子渗透性能的影响主要来源于对混凝土内部气泡分布和微小孔隙连通性的改变。含气量存在一个最佳范围，当含气量适宜时，气泡个数多，直径小，分布均匀能够有效切断微小孔道的连通，阻碍氯离子的渗透。当含气量超出最佳范围时，气泡趋向于合并，形成较大尺寸的大气泡，削弱阻挡作用。

（2）引气混凝土水胶比降低，会使电通量升高。选用更低的水胶比是提升混凝土抗氯离子渗透性能的有效手段。

（3）从电通量的降低效果来看，在引气混凝土中掺入矿粉、粉煤灰是提高混凝土抗氯离子渗透性能最有效的手段。单掺时，掺量低于 20% 时，粉煤灰对电通量的降低效应明显强于矿粉，掺量在 30% 时二者作用接近，掺量大于 30% 时矿粉效果更为明显。相同比例双掺时，总掺量低于 20% 时，影响效果与单掺粉煤灰基本持平，大于 30% 后其作用明显优于单掺粉煤灰或矿粉。

参考文献

[1] 张慧，任鹏程，金祖权，等．荷载作用下引气混凝土氯离子传输规律研究 [J]. 粉煤灰，2013(4):4.

[2] 杨建森．引气粉煤灰混凝土的氯离子扩散模型 [J]. 哈尔滨工业大学学报，2009(8):6.

[3] 冯仲伟，谢永江，朱长华，等．混凝土电通量和氯离子扩散系数的若干问题研究 [J]. 混凝土，2007(10):5.

[4] 王德弘，周雁峰，鞠彦忠，等．矿物掺合料高性能混凝土氯离子扩散特性研究 [J]. 建筑结构学报，2021, 42(S1):8.

[5] 中华人民共和国住房和城乡建设部．普通混凝土长期性能和耐久性能试验方法标准：GB/T 50082—2009[S]. 北京：中国建筑工业出版社，2009:3.

枪喷砂浆修补港工混凝土结构技术的再认识

李俊毅，中交天津港湾工程研究院有限公司副总工程师，教授级高级工程师，中国土木工程学会混凝土及预应力混凝土分会理事，主编《水运工程混凝土结构实体检测技术规程》（JTS 239—2015）及《水运工程混凝土试验检测技术规范》（JTS/T 236—2019），参编国家、交通行业及其他行业标准规范十余部，参加的《提高海工混凝土结构耐久性寿命成套技术及推广应用》项目获 2011 年国家科学技术进步奖二等奖（2011-J-223-2-R10），获省部级科技奖十余项。

一、引言

1949 年，中华人民共和国成立后，百废待兴，开展了国民经济三年恢复时期，经过抢修和建设，顺利使天津新港于 1952 年 10 月重新开港通航。随着新港的重新开港，始建于约 1940~1945 年的、位于塘沽三百吨（地名，形成于上述期间）旁边的新港船厂约于 1959 年 4 月之前完成了修复，既可修船又可造船。早在 1948 年，华北水泥公司技术室的《塘沽新港防波堤混凝土制品初步报告》指出，“为求进一步增进混凝土之紧密度，其制成品之表面宜用水泥枪（cement gun）喷射一层水泥砂浆（gunite）”。苏联《枪喷面法技术规范》的译本于 1953 年正式出版，见图 1。前言写道：“枪喷面法系利用水泥枪喷砂浆于已经完工的混凝土表面，因而提高了混凝土工程的机械强度和抗渗性，对水工建筑物如堤坝、水闸、船坞、过水槽、过水隧道等工程有重要意义。过去我国对于此种施工方法经验尚少，特将此规范译出，作为我局（中央交通部航务工程总局）各工程单位及有关各单位学习苏联先进经验的参考。”在对新港船厂船坞修复过程中，也及时研发和应用了“水泥枪喷面法”技术，对坞墙及坞口墩座表面全部进行枪喷，以此总结经验，于 1959 年提出了该技术的试验研究报告及总结报告，见图 2、图 3。现对当年需求、选题、协同攻关、推广应用及艰苦奋斗的科研精神等感到震撼，促使现代科技工者勿忘历史、开创未来。近年来，有些曾经参与研究或了解水泥枪喷面法技术的老专家们还挂念其未来，为此，公诸同好，恕代为追溯 20 世纪枪喷砂浆法技术的发展历史，综述其在我国的创新发展梗概。由于查询历史资料不足，仅粗浅介绍和分析一下，以飨读者，希望得到工程界和学术界的了解，以温故知新，激发灵感，希冀其再创新，延续“光辉的业绩，广阔的前景”！必将有用武之地。不当之处，请指正。

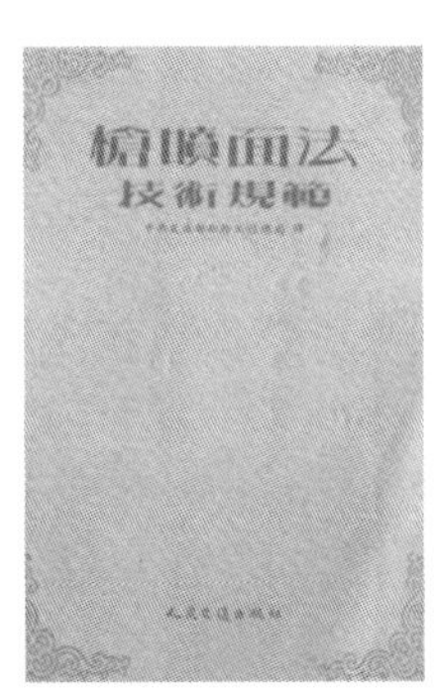

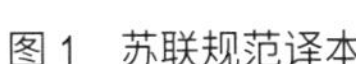
图 1　苏联规范译本

图 2　报告之一

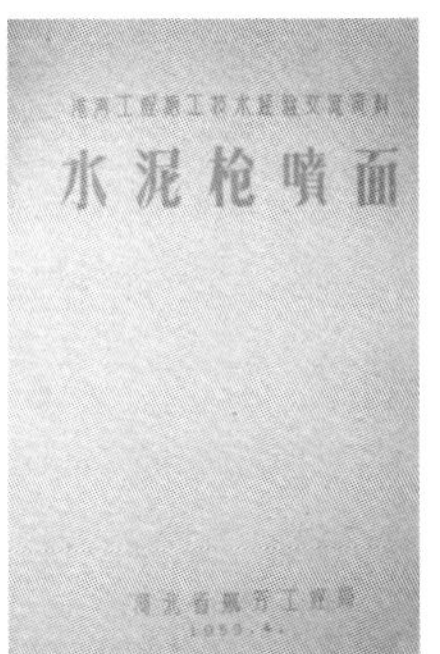

图 3　报告之二

二、有关行业规范的发展历程

我国交通行业最早的技术规范之一《港工混凝土技术规范》（JTB 2003—1963）是于 1963 年 1 月 29 日被交通部批准的部颁标准（试行），见图 4，附录纳入了“水泥枪喷面法的技术要求”的规定，其可大大提高建筑物的表面抗冻性、抗蚀性及抗渗性等，特别适用于重要建筑物的表面防护及修理工程的表面修复。此后，规范更新，交通部水基局于1977年7月批准局颁标准《港口工技术规范 混凝土和钢筋混凝土（施工部分）》（试行）（1978年第1版由人民交通出版社正式发行）、1981年发布的《港口工技术规范 混凝土和钢筋混凝土（施工部分）》（JTJ 221—1982）（1982年第1版由人民交通出版社正式发行，修订说明中首次给出主编单位为交通部第一航务工程局、南京水利科学研究所）、1987年发布而1988年实行的《混凝土和钢筋混凝土施工》（JTJ 221—1987）（1988年第1版由人民交通出版社正式发行，附加说明中给出主编单位为交通部第一航务工程局，并首次给出主要起草、修订人员名单）及《水运工程混凝土施工规范》（JTJ 268—1996）（附加说明中给出主编单位为交通部第一航务工程局）中，都含有“水泥砂浆枪喷面法的技术要求”的有关规定，而且1977年、1981年及1987年发布的规范中都仅列出3个“常用的施工记录表参考格式”，其中都还含有“枪喷面施工及质量检查记录”表。由此可见，技术规范提供了在港口修补工程应用有效技术途径之一的枪喷砂浆技术，有利于保证修补质量。

图4　JTB 2003—1963 规范

然而，进入21世纪以来，对《水运工程混凝土施工规范》（JTJ 268—1996）进行全面修订，于2011年颁布实施了《水运工程混凝土施工规范》

（JTS 202—2011），其中第 8.7.4 条中仍规定可采用喷射水泥砂浆为修补措施之一，但取消了“水泥砂浆枪喷面法的技术要求”的有关规定，前后没相照应，不能置之不问，对此还有待研讨。

三、枪喷修补实例

（一）新港船坞

船坞建造时，时值冬季，施工中未采取有效冬季施工措施，加之施工质量低劣，所以经过几年的冻融及侵蚀，混凝土表面就普遍疏松及剥落，棱角残缺不堪，千疮百孔，1956 年船坞局部破损情况照片，见图 5、图 6。为此采用水泥枪喷面补强，面积为 1700m^2，采用的喷射设备（1953 年由新港船厂制造）及典型施工照片见图 7、图 8。文献 [3]~[4] 中的技术总结为“水泥砂浆枪喷面法的技术要求”正式首次纳入《港工混凝土技术规范》（JTB 2003—1963），为工程实践提供了最为直接有力的技术和实践支撑。

图 5　破损情况一

图 6　破损情况二

图 7　喷射设备

图 8　枪喷修复施工

（二）北方港口

1. 北方某港

二号码头由于多年来码头沉箱经过多次冻融、冰凌磨蚀及海水腐蚀作用，其表面露出石头，有局部地方露出钢筋，为加强混凝土表面层的防护，延长码头的使用寿命，1969 年作者单位与建筑材料工业部建筑材料科学研究院合作，对该码头北岸由西往东第 21 号、22 号及 23 号沉箱位置的潮差部位混凝土进行快凝水泥枪喷修补施工试验。施工总面积约 $60m^2$，其中胸墙约 $40m^2$，潮差段约 $20m^2$。施工试验总结认为：快凝水泥砂浆用枪喷进行施工，操作上与普通水泥枪喷完全一致，而快凝水泥终凝时间很短，它可以比普通水泥喷得更厚些；快凝水泥在潮差部位施工，喷完，潮水立即冲刷，尚未发现有掉皮或脱落现象，外表平整，色泽均匀，说明快凝水泥在潮差部位完全能够施工。

2. 天津港

码头结构（1958~1985 年建设的）主要为高桩承台式，一般由前承台、后承台和接岸结构三部分组成，其主要构件为桩、桩帽、梁、板等，一般投产使用 25~30 年就要大修。例如，于 1960 年投产的二港池 14 号及 15 号泊位中 π 形板破坏较多，但不太严重，为不更换构件，尽量减少影响码头的作业，于 1988 年采用枪喷法进行了补强。

（三）连云港

1 号 ~2 号码头分别于 1974 年和 1976 年投产，结构形式为钢筋混凝土高桩梁板结构，从 1980 年就发现部分梁板有点片锈斑及细微裂缝，至 1987 年就发展为不同程度腐蚀破坏。为此，1987~1989 年在对破坏较严重部位进行试验性修复的基础上实施正式修补施工，经过比选，采用了枪喷砂浆修复方法。喷补后的板梁表面大致平整，棱角基本清晰。干喷砂浆在抗折强度、抗压强度及抗氯离子渗透能力等方面明显高于普通砂浆与混凝土，达到了修补设计要求，表明枪喷砂浆修复方案是切实可行的。1998~2001 年连云港港务局将其枪喷砂浆修补工艺经验推广至宁波港的北仑及镇海港区码头构件修补。

（四）南方港口

1. 湛江港

中华人民共和国成立后，1954 年 7 月底，交通部决定由交通部航务工程局第一工程局负责湛江港的修建任务。1958 年自主设计及建造的第一座沿海港口——湛江港投入使用。1954 年湛江港设计了高桩框架式顺岸码头，而 1957 年后对天津和上海等地的高桩码头设计发展成将上部框架式改为梁板式或无梁板式结构。湛江港一区老码头建于 1956 年，1963~1964 年时发现该码头起重机梁腐蚀破坏严重，为此，采用枪喷砂浆修补法于 1965 年对该码头的起重机梁、部分横梁进行了大规模的修复工作。1966 年 5 月分别对 1965 年 1 月修补的 247 档起重机梁和 1965 年 9 月修补的 240 排架横梁进行开凿检查，发现喷层十分坚硬，钢筋握裹力较好，钢筋没有重新生锈迹象，修补质量良好。1979 年该码头的面板和大横梁等构件又普遍出现严重的钢筋锈蚀现象。1980 年检查结果表明：1965 年用枪喷砂浆修补的 9~10 档起重机梁的枪喷砂浆面无裂缝、完好，钢筋保护层厚度 55~60mm，钢筋不锈；183~184 档起重机梁的枪喷砂浆面无裂缝、完好，钢筋保护层厚度 42~50mm，钢筋有很多黄锈，估计喷浆前带入。基本认为，用枪喷水泥砂浆修补梁经十余年后检查，其质量普遍优异。为确保修补后钢筋混凝土码头的耐久性，建议枪喷水泥砂浆中氯离子含量不得大于 0.02%（以砂浆质量百分比计），且喷层厚度达到 50mm 以上。

湛江港一区老码头使用 30 余年后，经交通部研究决定，于 1987 年拆除全部上部结构，改建为钢板桩岸壁。在普遍调查基础上，对拆除的 4 根梁进行了详细分析，建成不足 10 年就发生严重腐蚀破坏梁经采用枪喷砂浆修补的大部分梁仍然保持完好。该修复工程已经受了 20 余年的考验，证明了枪喷砂浆在港口修补领域的适用性及有效性。

2. 八所港

海南岛八所港处于热带地区，其铁路矿桥始建于 1940 年，由引桥、东栈桥及西栈桥三部分组成。由于钢筋锈蚀，桥的混凝土表面普遍出现开裂、露筋、剥落和脱空现象。于1972年对东栈桥梁进行了枪喷水泥砂浆修补。1983年现场调查表明，梁的破坏主要是老混凝土，枪喷面基本完好，枪喷层中的主筋一般有少量老锈，没有新锈，也说明采用枪喷修补是有效的。

3. 南方某港

某港码头处于热带地区，建于1970年，该码头为钢桩基础、钢筋混凝土框架、梁、板式架空结构，建成不久即发现面板存在不同程度的干裂和锈点，至1977年发现梁、斜撑和立柱普遍存在严重的锈蚀裂缝。1987年，采用涂“环氧黏结层—枪喷砂浆—刷表面涂料”的修补工艺，其现场实际应用表明，该工艺对修补海工钢筋混凝土构件是行之有效的。

四、水泥砂浆枪喷面技术的发展及应用

（一）水泥砂浆枪喷面技术的发展

1907年，建筑行业以美国卡尔·阿克力（Carl Akeley）设计的双室（上室是喂料室，下室是出料室）式气动枪设备（图8）生产水泥砂浆产品被赋予了专有名称gunite，就是我们俗称的枪喷水泥砂浆。随后国际上又出现以guncrete, pneucrete, blastcrete, blocrete, jetcrete, sprayed concrete以及shotcrete（喷射混凝土）等英文术语来描述此类的过程，后两个词组及词是现在技术文献资料中常用的。广义上讲枪喷水泥砂浆属于喷射混凝土，枪喷水泥砂浆和喷射混凝土本质上是同一种材料，枪喷水泥砂浆相当于喷射无石（无粗骨料）混凝土。若从生产工艺上划分，喷射混凝土包括湿喷混凝土及干喷混凝土，而枪喷水泥砂浆相当于干喷无石混凝土。

美国混凝土学会（ACI）506委员会于1966年发布了《喷射混凝土施工规范》（ACI 506—1966），取代了《气动压力砂浆法施工建议》（ACI 805—1951），喷射混凝土的应用方向之一就是对劣化及破损混凝土的修补，其中就有喷射混凝土修补码头钢筋混凝土桩的实例。现在ACI相关技术要求的最

近版本为《喷射混凝土规范》(ACI 506.2—2013)、《喷射混凝土指南》(ACI 506R—2016)、《喷射混凝土评估指南(Guide for the evaluation of shotcrete)》(ACI 506.4R—2019)及《纤维增强喷射混凝土指南》(ACI PRC 506.1—2021)等。美国材料与试验协会(ASTM)C09.46 小组规范了喷射混凝土试验方法，发布了《喷射混凝土钻孔取芯标准试验方法》(ASTM C1604M—2005)、《湿喷或干喷混凝土用预包装干混合料规范》(ASTM C1480M—2007)、《从喷射混凝土试验板制备试样的操作规程》(ASTM C1140M—2011)、《喷射混凝土取样操作规程》(ASTM C1385M—2010)、《喷射混凝土材料规范》(ASTM C1436—2013)及《喷射混凝土用外加剂规范》(ASTM C1141M—2015)等。ACI 506 委员会系列文件，与 ASTM C09.46 小组有关喷射混凝土试验标准一起使用，为评估喷射混凝土质量提供了一个全面的方案。国际预应力混凝土协会(FIP)于 1985 年发布的《海工混凝土结构设计与施工建议 - 第 4 版》中建议采用枪喷法(喷射混凝土)对大面积剥落混凝土进行修补。混凝土专用建筑产品生产者和应用者的欧洲国家协会联合会(EFNARC)于 1996 年发布了《欧洲喷射混凝土规范》，该规程对喷射混凝土组成材料、施工工艺、试验方法、质量控制、职业健康与安全等均提出了明确规定。

我国 1986 年实施了《锚杆喷射混凝土支护技术规范》(GBJ 86—1985)，现修订为 2016 年实施的《岩土锚杆与喷射混凝土支护工程技术规范》(GB 50086—2015)，2004 年实施了《喷射混凝土加固技术规程》(CECS 161—2004)，2011 年实施了《港口水工建筑物修补加固技术规范》(JTS 311—2011)，2014 年实施了《混凝土结构加固设计规范》(GB 50367—2013)，2016 年实施了《喷射混凝土应用技术规程》(JGJ/T 372—2016)，2018 年实施了《喷射混凝土用速凝剂》(GB/T 35159—2017)，2019 年实施了北京市地标《预拌喷射混凝土应用技术规程》(DB11/T 1609—2018)，2020 年公布了中国建筑材料协会团体标准《喷射混凝土干混料》(T/CBMF 75—2020)，此外中国混凝土与水泥制品协会(CCPA)根据《关于下达 2021 年中国混凝土与水泥制品协会标准制修订计划（第一批）的通知》（中制协字〔2021〕9 号）正在组织编制其团体标准《喷射混凝土用促凝早强剂》及《喷射混凝土早期抗压强度测定方法》，2023 年 8 月 1 日将实施 T/CECS 10282—2023《喷射混凝土用液体低碱速凝剂》。由此可见，我国喷射混凝土技术标准化建设日趋完善，推动了我国喷射混凝土材料与工程技术的发展。

海洋环境钢筋混凝土结构可能遭到的腐蚀和磨损，用喷射混凝土修补便显出特别良好的效果。喷射混凝土能很好地抵抗海水侵蚀，主要因为其厚度一般超过 50mm，具有良好的抗渗效果。如图 9 所示，海岸块石圬工护壁的缝隙和空洞可用水泥灌浆充填，护面用挂钢丝网喷射混凝土修补。

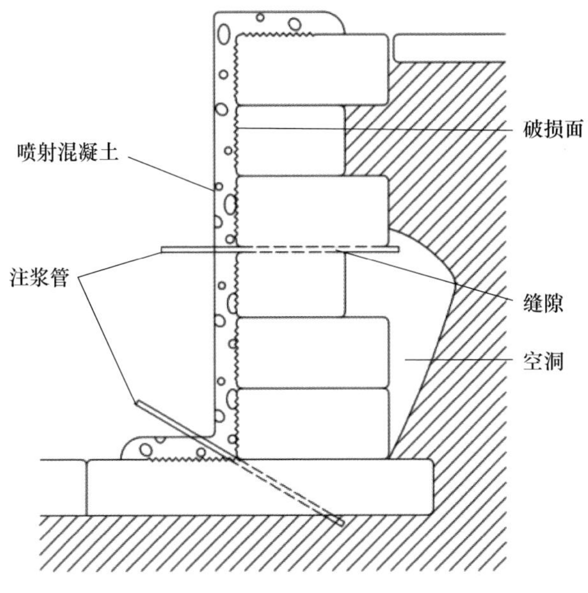

图 9 修补示意图

我国港口行业为加强港口设施维护管理，按照“科学管理、合理使用、定期检测、适时维修”的原则，以保持港口设施的安全性、适用性和耐久性，为此于 1998 实施了《港口设施维护技术规程》（JTJ/T 289—1997），其中对维修方法多处给出采用枪喷砂浆的建议，但于 2013 年实施的最新版本《港口设施维护技术规范》（JTS 310—2013）中对港口水工建筑物混凝土结构维修方法指向了《港口水工建筑物修补加固技术规范》（JTS 311—2011），而《港口水工建筑物修补加固技术规范》（JTS 311—2011）没有提及枪喷水泥砂浆法，所提到喷射混凝土的有关规定也不是很具体。因此，枪喷水泥砂浆和喷射混凝土技术的规定在港口维修方面是有缺失的，有待完善。

（二）喷射混凝土技术的修补应用实例

1. Setenave 干船坞

Setenave 干船坞建于 20 世纪 70 年代早期，位于葡萄牙里斯本南部的 Sado 河右岸。由于出现钢筋普遍腐蚀问题，于 1991 年需在 6 个月内完成 25000m^2 的修复工作，其间船坞还必须继续运行，这就有必要采用具有灵活及快速等施工特点的喷射混凝土，而不采用支模浇筑混凝土。混凝土中水泥用量 350kg/m^3，掺加 4.3% 硅灰，用水量 145kg/m^3。实际工程检验时，喷射混凝土强度达到 57.4MPa，黏结强度达到 2.2MPa。工程总结认为，在低水泥和低硅灰用量下，获得高性能喷射混凝土，取得了技术上可靠和经济上有利的结果，满足了结构的耐久性和完整性要求。

2. 北欧码头

2000 年，中国港湾建设集团总公司组织技术代表团赴欧洲考察，发现喷射掺加硅灰的混凝土已经普遍用于北欧码头的修复，提高了喷射混凝土的耐久性及护筋性，喷射混凝土是令人满意的码头结构混凝土修补方法之一。

3. 加拿大圣约翰港（Port of Saint John）

圣约翰港是新不伦瑞克省（New Brunswick）最重要的港口，位于加拿大东部海岸，其海洋建筑物承受着 8.5m 潮差和每年超过 200 次海洋环境冻融循环的作用，其所处环境的严酷程度可谓世界港口遭受严酷环境作用之最。该港有建于 20 世纪 20~30 年代的混凝土码头，由于多年暴露在恶劣的环境中，泊位面（迎水面）钢筋混凝土主要表现出冻融及碱 – 骨料反应等的剥落破坏。对曾经用干拌喷射混凝土修复结构的调查，发现有些问题，但很大比例的修复结构又经长达 20 年的使用后仍处于良好状态。现越来越多的是用湿拌喷射混凝土系统，而不是干拌系统。1986~1987 年研发了掺引气剂、化学外加剂、钢纤维和硅灰的更高质量喷射混凝土，并予以应用，现场喷射混凝土取芯的芯样 28d 龄期抗压强度达到 53.4~62.7MPa，其修补设计示意图类似图 9 所示，泊位面用锚固钢筋网格（1.5m × 1.5m 井字形布置，钢筋直径 15mm）喷射混凝土修补。这在本质上为较弱和透水的混凝土提供了致密不透水混凝土的厚贴面层。

4. 天津大港发电厂取水口结构

天津大港发电厂取水口结构属于位于我国渤海湾海岸工程的钢筋混凝土结构，与其附近港口码头遭受环境作用类似，也经受海水环境的冻融及侵蚀等作用。1999 年对已投产 20 余年，已经破损的取水口结构采用喷射尼龙纤维增强混凝土技术进行修复，至今其结构仍在使用。

五、Gunite 在美国大桥修复应用实例

（一）Herbert C.Bonner 跨海大桥

位于美国东南部大西洋沿岸北卡罗来纳州（North Carolina）建于 1963 年的一座长 4 千米 Herbert C.Bonner 跨海大桥是当地连接岛屿间成千上万居民的生命线。它原定使用寿命为 30 年。海洋环境 Cl^- 导致混凝土中钢筋腐蚀，造成柱和梁等混凝土剥落。到 2014 年时，海岸枪喷施工公司（Coastal Gunite Construction Company）已经对该结构进行了 3 次混凝土修复，时间分别为 1987~1988 年、2008~2009 年及 2013~2014 年。第一次采用灰砂比为 1∶3 枪喷砂浆。第二次的所有修复工作都是在 20 年前的第一次没有修复过的混凝土上进行的，表明所有上次修补的枪喷砂浆处仍处于良好状态，证明枪喷砂浆在海洋条件下具有耐久性。为提高修补材料性能和保证修补工程质量，第二和第三次都使用了预包装的掺有硅灰和聚丙烯纤维喷射混合料，这应该是采用了《湿喷或干喷混凝土用预包装干混合料规范》（ASTM C1480M—2007）

标准。

（二）赖特纪念大桥（Wright Memorial Bridge）

北卡罗来纳州于 1966 年建设了一座长 5 千米的“新”赖特纪念大桥（之前于 1930 年建设的是木桥），又于 1995 年并排建设了第二座，形成单座单向的双向交通。也由于海洋环境 Cl^- 导致混凝土中钢筋腐蚀，造成桩和梁等混凝土损坏。北卡罗来纳州运输部（North Carolina Department of Transportation，简称 NCDOT）于 2018 年决定对东行老大桥进行维修。海岸枪喷施工公司和 NCDOT 一致认为，对于所有损坏的混凝土，喷射混凝土是一种优越的修复方法，同时附加了热锌喷涂阴极保护系统。使用了干法喷射混凝土预拌混合物。喷射混凝土的灵活性修复促进了项目的快速完成，将在未来很长一段时间内维持桥梁运行。

六、结语

我国水泥砂浆枪喷面法技术自 20 世纪 50 年代初以来得到了长足的发展，首先在港口工程的修补领域得到了认可，并得到使用。传统水泥砂浆枪喷面法技术为干喷工艺，建议发展其潮喷及湿喷工艺，喷层成分将得到更加有效的控制，使其技术更加完善，工程质量更加可靠。

现行国家全文强制性工程建设规范《混凝土结构通用规范》（GB 55008—2021）依据保证工程安全、促进能源资源节约利用、满足经济社会管理等方面控制底线的要求，不仅对工程建设项目的勘察、设计、施工及验收等建设活动提出要求，而且对维修、养护及拆除等也提出要求，就是把控了工程全生命周期的基本要求，体现了“建设 + 养护”并重的理念。可根据工程需要，选择喷射混凝土或喷射无石混凝土进行混凝土结构的修补，延长混凝土结构的使用寿命。建议编制交通行业或其团体特色的广义喷射混凝土施工技术规程，不仅满足建设工程的需要，而且满足修补工程的需要。

敬仰并追溯 20 世纪后半叶的水泥砂浆枪喷面法技术发展历史，写了之相关的杂谈，引用及探讨等难免不太妥当，但希望是旁观者清，要审慎扬弃水泥砂浆枪喷面法技术，承前启后，扬长避短，力求再创新，向喷射高性能水泥砂浆及混凝土成套施工技术发展，以实现针对在役港口结构及其劣化、破损的特点，研究出一套快速、便捷、经济、适用、安全的修理方法，并且达到环保及绿色之目的，任重道远，未来可期。一家之言，请商榷。

参考文献

[1] 华北水泥公司技术室 . 塘沽新港防波堤混凝土制品初步报告 [R]. 天津 : 华北水泥公司技术室 , 1948.

[2] 中央交通部航务工程总局 . 枪喷面法技术规范 [M]. 中央交通部航务工程总局 , 译 . 北京 : 人民交通出版社 , 1953.

[3] 河北省航务工程局 . 水泥枪喷面 [R]. 天津 : 河北省航务工程局 , 1959.

[4] 河北省交通厅航务工程局港工科学研究所 . 水泥枪喷面试验研究及其应用 [R]. 天津 : 河北省交通厅航务工程局港工科学研究所 , 1959.

[5] 周纶 . 光辉的业绩　广阔的前景 [J]. 港口工程 , 1984(4):8-10.

[6] 交通部基本建设总局 . 港工混凝土技术规范：JTB 2003—63[S]. 北京：人民交通出版社 , 1963.

[7] 交通部第一航务工程局 , 建筑材料工业部建筑材料科学研究院 . 港工混凝土潮差部位修补材料施工试验小结 [R]. 天津 : 交通部第一航务工程局 , 1969.

[8] 王启茂 , 曹正贤 . 天津新港码头结构型式的发展方向 [J]. 港口工程 , 1990(4):13-24.

[9] 李秀珍 . 天津新港码头修复工程技术分析 [J]. 港口工程 , 1998(2):36-39,44.

[10] 蔡建新 , 耿桂生 . 码头梁板结构腐蚀破坏调查及修复 [R]. 连云港 : 连云港港务局 , 1990.

[11] 王云飞 . 干喷砂浆在码头混凝土板梁修补施工中的应用 [J]. 水运工程 , 1995(4):51-54.

[12] 金同华 . 涂料保护及枪喷砂浆技术在海港码头上的应用 [C]// 交通部水运工程科

技信息网海港分网 : 中港第一航务工程局 . 港口工程混凝土结构防腐蚀及修补技术交流会论文集 . 天津：中港第一航务工程局 , 2001:1-5.

[13] 刘树勋 , 郭莲清 . 天津新港地区码头结构型式的发展与变革 [J]. 港口工程 , 1990(1):12-22.

[14] 混凝土和钢筋混凝土规范修订组 . 港口工程技术规范 混凝土和钢筋混凝土 编制说明 [R]. 天津 : 混凝土和钢筋混凝土规范修订组 , 1973.

[15] 庄英豪 . 湛江港一区老码头上部结构修补方案研究（阶段报告）[R]. 南京 : 南京水利科学研究所 , 1981.

[16] 洪定海 . 盐污染混凝土结构钢筋锈蚀破坏的局部修复 [J]. 建筑材料学报 , 1998,1(2):164-169.

[17] 张举连 . 湛江港一区老码头腐蚀破坏的调查 [J]. 水运工程 , 1989(10):15-20.

[18] 庄英豪 , 单国良 , 宋人心 . 八所海港钢筋混凝土铁路矿桥钢筋锈蚀和混凝土破坏的调查 [J]. 铁道建筑 , 1985(5):28-31.

[19] 赵传禹 , 罗守铸 . 一座海工钢筋混凝土码头的腐蚀破坏与修复 [R]. 上海 : 交通部第三航务工程局科学研究所 , 1983.

[20] 赵农民 , 汤宗庆 , 姚洁闻 . 水泥枪喷浆的基本知识 [M]. 北京 : 电力工业出版社 , 1956.

[21] MORGAN D R, BERNARO E S.A brief history of shotcrete in the underground industry[J].Shotcrete,2017,19(4):24-29.

[22] ACI Committee 506. Guide to Shotcrete: ACI 506R-16[S]. Detroit: American Concrete Institue, 2016.

[23] 李俊毅 , 刘亚平 . 喷射合成纤维混凝土技术的研究与应用 [J]. 混凝土 , 2006(7): 55-58.

[24] ACI Committee 506. Recommend practice for shotereting: ACI 506-66[S]. Detroit: American Concrete Institute.2016.

[25] SEEGEBRECHT G.The evolution of shotcrete evaluation and testing [J].Shotcrete, 2017,19(4):50-54.

[26] 程良奎 . 喷射混凝土（六）: 建筑结构加固修复工程中的喷射混凝土技术 [J]. 工业建筑 , 1986(6):48-57.

[27] ALMEIDA I, CORDEIRO T, COSTA J.Costa.The Setenave dry docks rehabilitation[J]. Concrete International,1996,18(3):30-33.

[28] 徐元锡 . 高性能混凝土在北欧的应用 [J]. 中国港湾建设 , 2001(1):1-4,9.

[29] GILLBRIDE P, MORGAN D R, BREMNER T W. Deterioration and rehabilitation of berth faces in tidal zones at the Port of Saint John[J]. Symposium Paper, 1988(109): 199-225.

[30] EMMRICH M. Bridge preservation over the Oregon Inlet[J].Shotcrete,2014, 16(3):20-23.

[31] LAPRADE M. Concrete repairs of the Wright Memorial Bridge[J].Shotcrete,2019, 21(2):26-29.

[32] 柴长清 . 新世纪来临对我国港口建设技术进步的思考 [J]. 中国港湾建设 , 1999(3):4-7,15.

防护技术篇

混 凝 土 的 耐 久 性 谁 来 守 护

01 混凝土收缩裂缝对耐久性的影响及控制

刘加平，中国工程院院士，东南大学首席教授，高性能土木工程材料国家重点实验室主任，混凝土收缩裂缝控制和超高性能化领域学术带头人。发展了现代混凝土收缩裂缝控制理论体系，创新了超高性能混凝土技术，建立了减缩抗裂、力学性能提升和流变性能调控三个关键技术群，发明了系列功能材料。研究成果成功应用于太湖隧道、兰新高铁、南京长江五桥等110余项重大工程，实现了地下空间、隧道、长大结构等无可见收缩裂缝，推动了收缩裂缝由被动修复转向主动防治；实现了超高性能混凝土高流动性、超高强度和超高韧性的统一，提升了构筑物的抗毁伤和承载能力。以第一发明人获授权发明专利90余件，获国际专利14件，发表SCI/EI收录论文200余篇，出版专著1部，主/参编标准或规程22项。成果获国家技术发明奖二等奖1项，国家科技进步奖二等奖4项。突破了收缩裂缝控制的国际难题，引领了超高性能混凝土的工程化应用，为土木工程建设作出了重要贡献。

张士萍，南京工程学院建筑工程学院教授，江苏省“青蓝工程”、江苏省“六大人才高峰”高层次人才选拔培养对象，主要从事土木工程材料微结构和耐久性、智能混凝土、建筑垃圾以及固体废弃物资源化再利用等研究，主持国家自然科学基金等科研项目7项，发表论文80余篇。

王育江，博士，正高级工程师，主要从事水泥基材料收缩开裂相关的基础理论、功能材料开发、应用技术等研究工作，发表论文20余篇，参编标准或规程5项，作为主要完成人获国家科技进步二等奖1项。

李　华，硕士，高级工程师，主要从事水泥基材料收缩裂缝控制的基础理论和关键技术研究工作，发表学术论文30余篇，参编标准或规程3项，获国家科技进步二等奖1项。

徐　文，博士，正高级工程师，主要从事水泥基材料收缩开裂相关应用技术研究工作，发表论文20余篇，获国家科技进步二等奖1项，省部级科技奖励3项。

一、背景

21世纪以来，我国基本建设进入到高速发展阶段，重大基础工程规模空前，城镇化高速推进，各种超高、超长、超大型结构不断涌现，对混凝土的强度、流动性和耐久性提出了新的更高的要求。以普遍采用化学外加剂和工业废渣为特征的现代混凝土，降低了资源消耗，提高了材料耐久性，满足了现代土木工程设计和施工的性能要求，为基础设施建设的蓬勃发展提供了强力支撑。然而，工程实践却发现，混凝土结构的早期开裂问题愈发凸显，由此导致的混凝土性能劣化速率加快，对构筑物的长期耐久性能和服役寿命埋下了巨大隐患。

针对现代混凝土早期开裂这一长期困扰工程建设的重大技术难题，团队在国家“973计划”、国家重点研发计划、国家自然科学基金和多个重大工程项目的资助下，历经20余年的研究和工程实践积累，揭示了多因素耦合作用下混凝土收缩开裂机理，建立了考虑水化—温度—湿度—约束耦合作用的收缩开裂评估模型，发明了系列核心抗裂功能材料，建立了低温升、高抗裂混凝土设计方法，率先发明了现代混凝土抗裂性精准控制成套技术，实现了混凝土收缩开裂风险可计算、抗裂性能可设计、收缩开裂可控制，成功应用于水利、高铁、桥梁、地铁、隧道等 50 余项重大工程，有效地解决了大面积结构、强约束结构、高强及大体积混凝土收缩开裂的难题，为提升结构混凝土的耐久性和服役寿命提供了重要保障。

二、裂缝对混凝土耐久性的影响

现代混凝土技术的核心是其高耐久性，重大工程的寿命设计达到了 100 年甚至是 500 年。然而，实验室精心设计且经过耐久性试验验证的高性能混凝土，在交付工程使用后却因开裂问题导致了更早的破坏。混凝土结构的服役环境复杂多样，裂缝的产生给混凝土的耐久性和结构安全带来了极大的隐患。

虽然存在少数可见裂缝的混凝土结构在荷载作用下仍能继续运行，但混凝土一旦出现裂缝，其抵抗介质传输的能力将大幅降低，从而对混凝土长期耐久性产生严重损害。裂缝不仅会降低混凝土自身抵抗水分侵入的能力，还为气体、离子等侵蚀性介质侵入提供了通道，造成混凝土结构耐久性不足。裂缝的长度、宽度、深度等形态参数均会影响介质在其中的传输。对于开裂混凝土，裂缝宽度对水分传输有着较大的影响，与完好的混凝土相比，即使是很小的裂缝，也会导致水分渗透速率提高几个数量级。出现多条裂缝的混凝土材料，由于水分还会经由裂缝断面进入基体，因此水分的传输性能随着裂缝数量的增加而增加。对于带裂缝的纤维增强混凝土材料，随着纤维用量的增加，由毛细吸附主导的水分传输性有可能会加剧，这主要是由于纤维会增加开裂面粗糙度和比表面积。混凝土碳化与二氧化碳气体的传输性有密切联系。基于混凝土碳化机理，二氧化碳传输与碳化反应互相作用。一方面裂缝加剧二氧化碳传输从而提高碳化反应程度，另一方面碳化反应生成的产物产生体积膨胀从而填充裂缝，反过来制约二氧化碳在裂缝中的传输。尤其是对于表层微裂缝，有可能出现碳化反应产物填充裂缝导致自愈合现象。裂缝宽度直接影响单位时间内进入裂缝的二氧化碳分子量，对二氧化碳的传输具有重要影响。此外，在相同的总宽度条件下，多个微裂缝的整体气体传输性低于单裂缝的气体传输性。钢筋锈蚀对混凝土耐久性影响是不可忽视的，当氯离子侵入，钢筋周围氯离子浓度达到一定值，可引起钢筋锈蚀。氯离子传输与裂缝宽度密切相关，一定宽度范围内的裂缝可以使氯离子传输速率增加几个数量级。裂缝宽度对介质传输速率的作用存在阈值，当裂缝宽度低于下限阈值的时候，由于裂缝自愈合等效应，裂缝对介质传输的影响作用较小；当裂缝宽度处于阈值下限和上限范围内时，裂缝显著加剧介质的传输；当裂缝宽度超过上限阈值的时候，裂缝对介质传输的加剧作用不明显。但由于传输机理不同，不同介质的裂缝宽度阈值并不一致，关于影响各种介质传输的裂缝宽度阈值目前还没有一致的结论。

裂缝对混凝土结构耐久性的影响是一个非常复杂的问题。相较于荷载裂缝，收缩裂缝在数量和空间上分布的范围更广。工程实践表明，在约束条件下由于收缩引起的拉应力而诱发的开裂约占开裂总数的 80% 以上，因此，抑制混凝土早期收缩开裂对于保障混凝土的长期耐久性能和服役寿命意义重大。

三、现代混凝土早期收缩开裂加剧的主要原因

根据裂缝出现的时间，混凝土结构的收缩裂缝可以分为塑性收缩裂缝和硬化阶段收缩裂缝两大类。塑性收缩裂缝是指混凝土在浇筑之后凝结之前，暴露在高温、大风、暴晒等气候条件下，由于表面水分蒸发速率大于混凝土泌水速率，在混凝土内部与表面平行的方向上形成收缩应力而引起的表面开裂（图 1）。硬化阶段的收缩裂缝则是指混凝土在凝结之后的硬化早期，由于内部和外部的温度、湿度的变化而产生收缩（包括温降收缩、自收缩、干燥收缩等），当收缩在约束作用下产生的拉应力超过抗拉强度时诱发的裂缝（图 2），包括由于自收缩和温降收缩引起的贯穿性裂缝以及由于干燥收缩和

内外温差引起的由表向内扩展的裂缝。

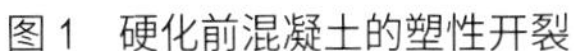

图1 硬化前混凝土的塑性开裂

图2 硬化后混凝土的收缩裂缝

混凝土的收缩开裂涉及材料、结构、环境、施工等一系列环节和因素，影响因素极其复杂。从材料角度而言，水泥细度的增加和早强矿物含量的增加加快混凝土早期强度增长速率的同时，也使早期水化速率明显加快，导致混凝土自收缩和早期放热的比率急剧增加；硅灰和超细矿粉等超细矿物掺和料的掺加在提高基体密实度、增加力学性能的同时，也使混凝土自干燥的程度明显增加，从而增大塑性收缩、自收缩和开裂趋势；高含泥量和细度较大的砂的使用，使混凝土早期自收缩增大，后期表面干燥收缩开裂风险加剧；此外，水胶比的大幅降低，也导致现代混凝土早期自干燥效应和自收缩显著增大。从结构角度而言，现代混凝土的结构形式变得更加多样化，其尺度和范围也不断向超高、超长、超大及地下空间开发等方向发展，对混凝土的抗裂性提出了更高的要求。随着混凝土尺寸尤其是厚度的增加，内部热量散失愈加困难，温升和温降收缩问题更为突出。很多现浇混凝土结构，由于结构尺寸和施工条件的限制，需要采取分部位浇筑的方式进行，先浇筑的温度和变形趋于稳定的混凝土对后浇筑部分混凝土的收缩变形形成强约束，导致收缩应力和开裂风险增大。复杂结构形状对混凝土高流动性的施工要求，也使胶凝材料用量增加、水化热加大，混凝土的收缩开裂风险也随之增大。此外，随着重大工程不断向滨海、深海、中西部地区推进，现代混凝土面临的施工环境也日趋复杂，高温、大温差、干燥、强辐射等严苛环境下，新浇筑混凝土的水分蒸发速率快，混凝土结构的内外温差和温降幅度也很大，收缩开裂问题会更加突出。上述复杂因素的作用，使收缩开裂成为长期困扰工程界而未能得到有效解决的重大技术难题。

四、混凝土早期收缩裂缝控制技术

鉴于收缩开裂影响因素多、涉及环节多，抑制现代混凝土的收缩开裂需要从设计、材料、施工、检测、管理等方面建立一整套关键技术，实现混凝土抗裂性可设计、可控制、可检验的目标。

（一）抗裂性设计

混凝土的表观收缩变形是其内部水化及温湿度状态变化的宏观反映。实际工程混凝土内部温湿度及性能的发展变化，不仅受自身水化行为的影响，还强烈依赖于结构尺寸以及外部环境等条件。因而，恒温恒湿标准环境下的实验室测试结果通常不能直接反映实际工程的收缩开裂行为。考虑不同因素的耦合影响以及不同类型收缩的交互作用，建立相应的预测模型已成为混凝土收缩开裂研究的一大趋势。

团队经过多年的研究积累，针对现代混凝土复杂的胶凝材料体系，以胶凝材料水化程度作为基本状态参数，量化描述了混凝土的早期性能演变，以及材料与环境温湿度之间复杂的交互作用，实现温湿度变化条件下多种收缩的耦合计算；在此基础上，建立了水化—温度—湿度—约束耦合作用下的结构混凝土收缩开裂风险评估模型，提出了基于可靠度的开裂风险系数控制阈值。

基于上述理论模型，提出了针对超长、大体积、强约束、高强等典型结构或工况的混凝土抗裂性设计方法（图 3），根据实际工程结构特征、环境条件、材料性能和施工工艺，评估混凝土收缩开裂风险，量化关键影响因素，进而从混凝土材料和实体结构双重角度提出抗裂性关键控制指标，以全过程控制结构混凝土收缩开裂风险系数不超过阈值（图 4）。相关设计方法已写入《江苏省高性能混凝土应用技术规程》（DB32/T 3696—2019）、《明挖现浇隧道混凝土收缩裂缝控制技术规程》（DB32/T 3947—2020）和《城市轨道交通工程地下现浇混凝土结构抗裂技术标准》（T/JSTJXH 16—2022），为结构混凝土非荷载作用下的抗裂性设计提供了方法依据。

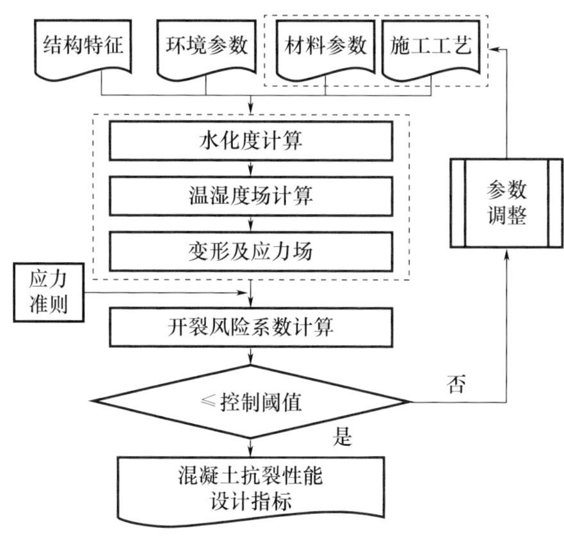

图 3　高抗裂混凝土设计流程

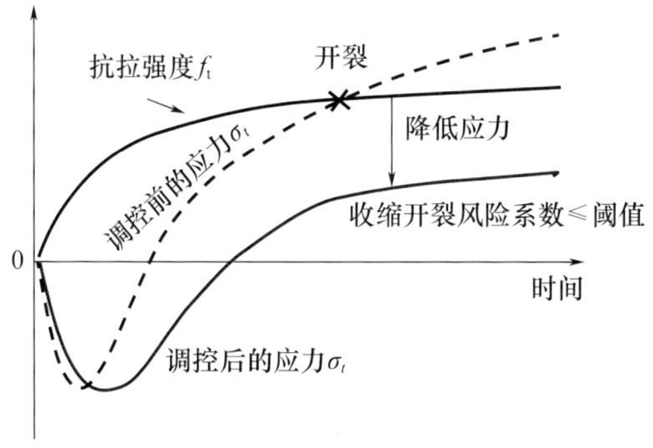

图 4　全过程收缩应力调控示意图

（二）抗裂关键材料及技术

1. 混凝土塑性阶段收缩开裂抑制技术

对于暴露面积较大的板式结构混凝土，如现浇结构的底板、中板、顶板，高层建筑的楼板，桥面板以及路面混凝土等，往往在混凝土还没有凝结硬化的塑性阶段，即浇筑之后半个小时到几个小时的时间段，便因水分蒸发而产生塑性收缩开裂，特别是当暴露在高温、大风、暴晒等气候条件下时，混凝土塑性开裂更为严重。

针对上述问题，开发了混凝土塑性阶段水分蒸发抑制剂，通过引入双亲性分子结构，在高盐、高碱的混凝土表面泌水层上实现自组装，并形成稳定单分子膜（图 5）。在温度 40℃、相对湿度 30% 和风速 5m/s 的条件下，可以降低混凝土塑性阶段水分蒸发 75% 以上，减少塑性收缩 50% 以上（图 6），有效地抑制了极端干燥环境下混凝土的表面结壳、起皮和塑性开裂现象。同时，提出了现浇混凝土塑性阶段养护的起止时间、养护工艺及效果评价方法，并主编了《混凝土塑性阶段水分蒸发抑制剂》（JG/T 477—2015）、《现浇混凝土养护技术规范》（已形成报批稿）等标准，为减少混凝土塑性收缩和塑性开裂提供了材料和应用技术保障。

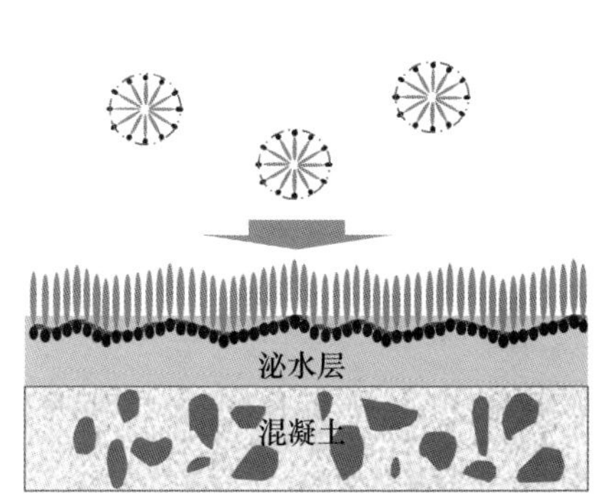

图 5　水分蒸发抑制剂作用机制

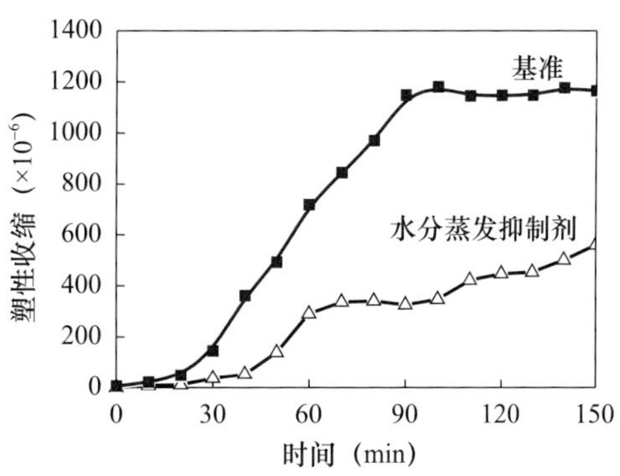

图 6　水分蒸发抑制剂对混凝土塑性收缩的影响

2. 混凝土硬化阶段收缩开裂抑制技术

对于结构超长、厚度较大且底板—侧墙—顶板分部位浇筑的隧道主体结构，轨道交通地下车站结构以及高强、大体积、分节浇筑的桥梁主塔等结构，混凝土温升高、温降收缩大、温降收缩与自收缩叠加、所受内外约束强，极易在施工期就产生贯穿性收缩裂缝，进而导致严重的渗漏或耐久性能劣化问题。降低混凝土结构温升、减少温降收缩和自收缩，是解决地铁、隧道、桥梁等超长、大体积结构混凝土收缩开裂问题的重要途径。

研究团队从水泥水化放热历程调控角度出发，率先开发出了基于生物基多糖的缓释吸附来实现水化放热速率调控的混凝土水化温升抑制剂。不同于缓凝剂，其主要是延长水泥水化诱导期而基本不影响水化速率峰值的作用，水化温升抑制剂掺入混凝土中主要降低水泥水化加速期放热速率，基本不影响水化总放热量（图 7）。恒温条件下，水化温升抑制剂能够降低水泥水化放热速率峰值 50% 以上。水化温升抑制剂通过显著降低水泥水化加速期水化速率峰值，减少了混凝土早期水化集中放热，从而能够在同等的散热条件下，有效地降低混凝土结构的温峰，进而也降低了混凝土后期温降幅度，减少了混凝土温降收缩和温度开裂风险（图 8）。

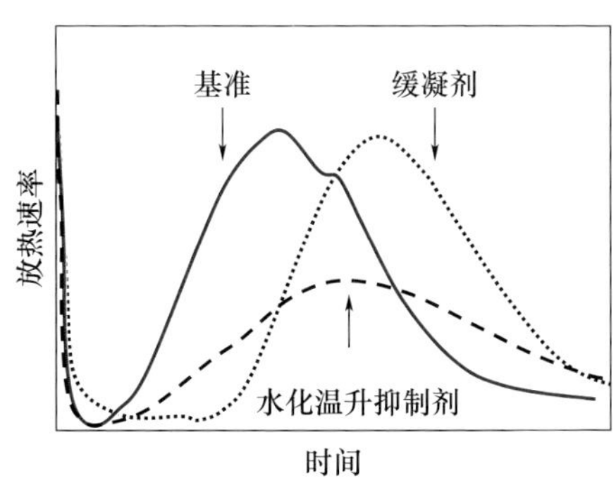

图 7　水化温升抑制剂和缓凝剂对水泥水化影响的区别

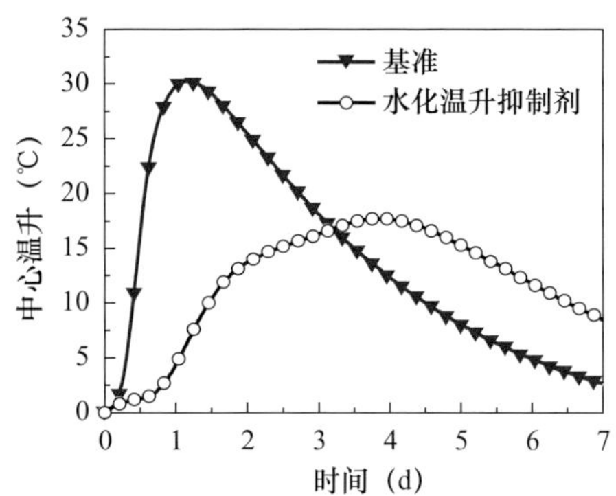

图 8　水化温升抑制剂对混凝土结构温升及温降收缩的影响（半绝热条件）

采用膨胀剂在混凝土中产生体积膨胀来补偿收缩，是抑制混凝土收缩开裂的最常用措施。但不同类型膨胀剂，由于水化特性的不同，在混凝土中的膨胀作用时间有很大差异。考虑到单一类型的膨胀剂由于水化膨胀特性的限制，对混凝土收缩补偿有限，采取不同类型、不同活性膨胀组分进行多元复合，以提高其对工程混凝土变温、变湿历程下变形的匹配性是膨胀剂的主要研究方向。利用钙质膨胀组分膨胀效能高、氧化镁膨胀组分膨胀历程可设计等优势，研究团队开发了钙镁复合历程可控膨胀材料，可以实现对混凝土早期、中期、后期收缩的全过程补偿，从而可以有效降低高强大体积混凝土的早期自收缩、中期温降收缩和后期收缩。

在上述核心材料开发的基础上，针对墙体混凝土早期温升快、温降速率大、约束强、开裂问题突出的现状，研究团队提出了水化温升和膨胀历程协同调控的抗裂技术，一方面通过调控温度场，降低结构温峰，另一方面通过膨胀历程的调控，提升温降阶段的膨胀效能，补偿温降收缩，有效抑制了早期温度“剧升快降”条件下的强约束结构混凝土收缩开裂现象。在材料开发和应用研究的基础上，团队主编了《混凝土水化温升抑制剂》（JC/T 2608—2021）行业标准、《混凝土用钙镁复合膨胀剂》（T/CECS 10082—2020）团体标准，为规范市场产品质量提供了依据。

（三）裂缝控制成套技术方案

在上述抗裂性设计和关键技术开发的基础上，针对工程建设的具体工况条件，从原材料品质控制、混凝土配合比优化、合适的抗裂功能材料选取、施工工艺优化、抗裂性监测等方面提出了裂缝控制措施，形成了集设计、材料、施工、监测于一体的收缩裂缝控制成套技术方案。基于相关研究成果和工程应用经验总结，编制了《明挖现浇隧道混凝土收缩裂缝控制技术规程》（DB32/T 3947—2020）和《城市轨道交通工程地下现浇混凝土结构抗裂技术标准》（T/JSTJXH 16—2022），从设计、材料、施工、检验各个方面提出了控制要求或建议，以期为不同结构工程混凝土抗裂性能提升提供技术指导和保障。

五、典型工程应用

（一）大暴露面结构混凝土

兰新铁路第二双线沿线地区夏季高温、干旱、少雨，蒸发环境恶劣。9 月最高气温超过 30℃左右，日光照射下混凝土表面温度达到 40℃以上，环境相对湿度低于 30%，平均风速达 9~10m/s。针对这种恶劣干燥环境下，暴露的道床板混凝土存在的表面结壳甚至严重的塑性开裂问题，选用了塑性阶段水分蒸发抑制技术，在混凝土浇筑后立刻喷洒一次水分蒸发抑制剂，表面结壳现象得到明显缓解，并有效遏制了塑性开裂，确保可进行正常收平施工。在收平工序完成后，再喷洒一次水分蒸发抑制剂塑性裂缝控制效果可更好。该技术在兰新铁路第二双线新疆段全线得到了应用，有效抑制了这种极端干燥环境下大暴露面混凝土的表面结壳、起皮和塑性开裂现象。同时，该技术也推广应用到乌东德、白鹤滩水电站等干热河谷地区工程，很好地解决了该地区水工混凝土施工时大暴露仓面表层早期快速失水变干、起皮及开裂问题。

（二）超长现浇隧道主体结构

太湖隧道全长 10.79km（其中暗埋段长 10km），横断面总宽 43.6m。截至

2021 年 12 月，太湖隧道是国内最长的水下超宽明挖现浇隧道。隧道主体结构厚 1.2~1.5m，混凝土设计强度等级 C40（抗渗等级为 P8），采用堰筑法工艺，竖向分步浇筑，浇筑间隔龄期通常超过 15d。这种超长、大体积、分步浇筑的现浇隧道混凝土极易在施工期就产生贯穿性收缩裂缝，导致严重的渗漏问题，影响长期耐久性和服役寿命。针对太湖隧道主体结构特点，采用多场耦合收缩开裂评估模型对主体底板、侧墙和顶板结构混凝土的抗裂性进行了定量评估，分析了混凝土材料性能参数的变化以及入模温度、冷却水管参数、保温措施、拆模时间等施工工艺参数的变化对不同部位混凝土开裂风险的影响。在此基础上，结合试验研究和现场足尺模型验证，以控制开裂风险系数不超过 0.70 为阈值目标，提出了混凝土室内性能和实体结构现场关键性能控制指标，并提出以采用水化温升和膨胀历程协同调控的抗裂技术为核心、辅助施工工艺措施优化的裂缝控制成套技术方案，保障控制指标得以落地实施。方案应用于隧道暗埋段全线主体结构，使混凝土平均温降速率小于 3.0℃/d、内外温差小于 20℃、温降收缩减少 20% 以上（图 9），实现了 140 万 m^3 现浇大体积混凝土无贯穿性收缩裂缝及渗漏。研究成果还推广应用于江阴靖江长江隧道、苏州春申湖路隧道、汕头湾海底隧道等 10 余项现浇隧道工程，有效地解决了隧道结构混凝土的开裂渗漏问题，为保障隧道混凝土耐久性、促进工程建设向绿色低碳长寿命方向发展提供了有力技术保障。

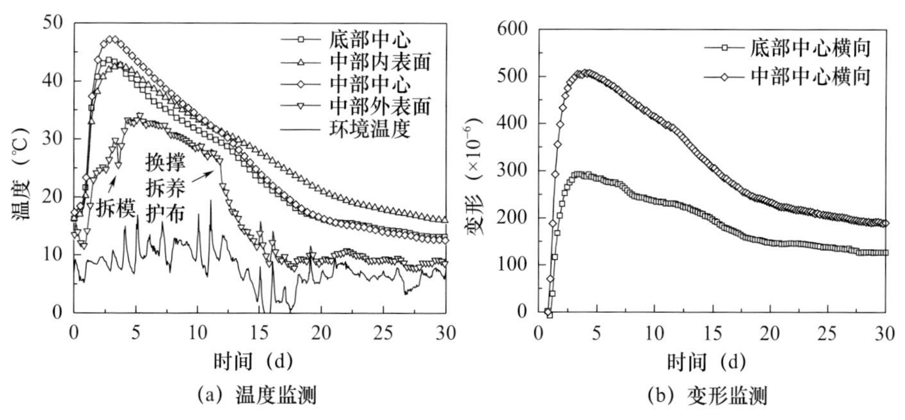

图 9　太湖隧道实体侧墙混凝土温度、变形监测结果

（三）桥梁高强大体积主塔结构

沪苏通长江大桥桥塔为C60大体积钢筋混凝土结构，塔壁厚1.2~4.2m，内外约束强，保温保湿养护难度大，导致收缩开裂风险突出。考虑经济性和可行性，确定表面和中心混凝土开裂风险系数分别低于0.7和1.0的控制阈值目标。采用水化温升抑制技术与全过程膨胀补偿收缩技术制备抗裂混凝土，同时提出混凝土入模温度不超过28℃、带模养护时间不少于10d、内设冷却水管等施工措施。监测结果表明（图10），相较于对比组，当采取抗裂混凝土技术时，桥塔中心和表层混凝土监测点的温度峰值分别降低了4.7℃和3.5℃，里表温差降低了3.6℃；升温期的中心和表层混凝土膨胀变形分别增大了216×10^{-6}和149×10^{-6}，降温期的收缩变形分别减小了82×10^{-6}和60×10^{-6}；中心混凝土最大开裂风险系数从1.20降低至0.73，表层混凝土最大开裂风险系数从0.92降低至0.64。经过一年的观察发现，采用抗裂混凝土的桥塔的收缩裂缝平均数量降低约80%，实际施工措施完全满足方案要求的节段无可见裂缝。研究成果还推广应用于常泰长江大桥、张皋过江通道等工程，为大型桥梁超高主塔建设提供了保障。

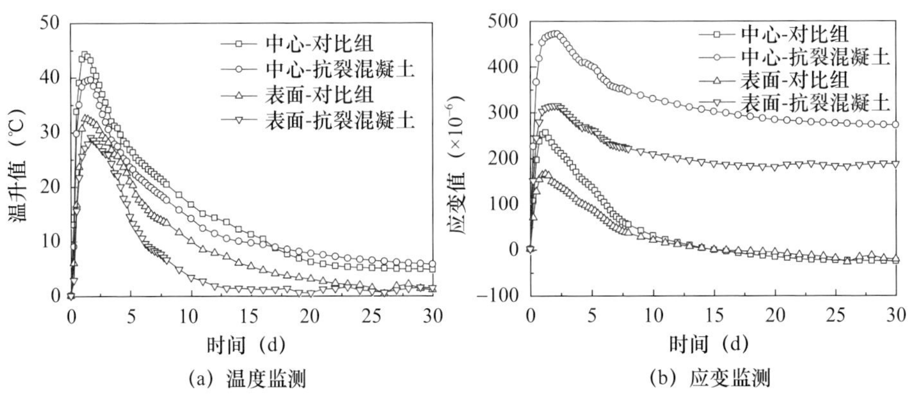

图10　沪苏通大桥索塔混凝土温度、应变监测结果

六、结语与展望

提高混凝土耐久性、延长构筑物服役寿命、减少基础设施的维修和重建所带来的环境负荷和资源浪费，就是节能节材，对水泥混凝土行业乃至社会的可持续发展具有重要意义。减少现代混凝土的收缩开裂是提高材料耐久性和结构服役寿命的前提。控制裂缝，提升地下工程混凝土刚性防水性能已逐渐成为行业共识。

混凝土抗裂性应进行专项设计，达到可设计、可实施、可检测的目标。提升现代混凝土的抗裂性能，高性能混凝土是基础，抗裂功能材料是关键，精细化施工工艺是保障。

混凝土收缩裂缝控制和耐久性提升是系统性、整体性工程，需要“政策引导”和“技术支撑”，需要设计、材料、施工、检测、管理等参与各方的共同努力，建立一整套控制技术和流程，做到设计先行、过程严控、效果可测。

参考文献

[1] 缪昌文，刘建忠，田倩 . 混凝土的裂缝与控制 [J]. 中国工程科学，2013, 15(4): 30-35.

[2] MEHTA P K. Concrete technology at the crossroads-problems and opportunities [J]. ACI SP, 1994, 144: 1-30.

[3] DENARIE E, CECOT C, HUET C. Characterization of creep and crack growth interactions in the fracture behavior of concrete [J]. Cement and Concrete Research, 2006, 36(3): 571-575.

[4] WANG T, LI C, ZHENG J, et al. Consideration of coupling of crack development and corrosion in assessing the reliability of reinforced concrete beams subjected to bending[J]. Reliability Engineering and System Safety, 2023(233): 109095.

[5] 王立成，穆林钧，邹凯 . 裂缝对混凝土中水分传输影响研究进展 [J]. 水利学报，2021, 52(6): 647-672.

[6] 田雪凯，王海龙，程旭东，等 . 混凝土裂缝形态参数对 Cl^- 传输性能影响的研究进展 [J]. 中国腐蚀与防护学报，2018, 38(4): 309-316.

[7] AKHAVAN A, SHAFAATIAN S M H, RAJABIPOUR F. Quantifying the effects of crack width, tortuosity, and roughness on water permeability of cracked mortars [J]. Cement and Concrete Research, 2012, 42(2): 313-320.

[8] RASTIELLO G, BOULAY C, DAL PONT S, et al. Real-time water permeability evolution of a localized crack in concrete under loading [J]. Cement and Concrete Research, 2014, 56: 20-28.

[9] LUAN Y. ISHIDA T. A multi-scale approach for simulation of capillary absorption of cracked SHCC based on crack pattern and water status in micropores [J]. Materials and Structures, 2021, 54: 71.

[10] WAGNER C, VILLMANN B, SLOWIK V, et al. Capillary absorption of cracked strain-hardening cement-based composites [J]. Cement and Concrete Composites, 2019, 97: 239-247.

[11] JOSEPH C, GARDNER D, JEFFERSON T, et al. Self-healing in cementitious materials:a review[J]. Materials, 2013, 6: 2182-2217.

[12] ALDEA C M, SHAH S P, KARR A. Effect of cracking on water and chloride permeability of concrete [J]. Journal of Materials in Civil Engineering, 1999, 11(3):181-187.

[13] SAMAHA H R, HOVER K C. Influence of microcracking on the mass transport properties of concrete [J]. AC1 Materials Journal, 1992, 89(4): 416-424.

[14] GERARD B, MARCHAND J. Influence of cracking on the diffusion properties of cement-based materials. Part I: Influence of continuous cracks on the steady-state regime [J]. Cement and Concrete Research, 2000, 30(1): 37-43.

[15] 张士萍 . 有害介质在裂缝中的传输及其对混凝土耐久性的影响（博士后研究工作报告）[R]. 南京 : 江苏省建筑科学研究院有限公司，2010.

[16] WANG K J, JANSEN D C, SHAH S P, et al. Permeability Study of Cracked Concrete [J]. Cement and Concrete Research, 1997, 27(3):387-393

[17] ISMAIL M, TOUMI A, FRANCOIS R, et al. Effect of crack opening on the local diffusion of chloride in cracked mortar samples [J]. Cement and Concrete Research, 2008, 38: 1106-1111.

[18] JANG S Y, KIM B S, OH B H. Effect of crack width on chloride diffusion coefficients of concrete by steady-state migration tests [J]. Cement and Concrete Research, 2011, 41: 9-19.

[19] BOGAS J A, CARRIÇO A, PONTES J. Influence of cracking on the capillary absorption and carbonation of structural lightweight aggregate concrete [J]. Cement and Concrete Composites, 2019, 104: 103382.

[20] VAN MULLEM T, DE MEYST L, HANDOYO J P, et al. Influence of crack geometry and crack width on carbonation of high-volume fly ash (HVFA) mortar [A]. In Proceedings of the International RILEM Conference on Ambitioning a Sustainable Future for Built Environment: Comprehensive Strategies for Unprecedented Challenges [C]. Berlin:Springer, 2020.

[21] 王铁梦 . 工程结构裂缝控制 [M]. 北京：中国建材工业出版社，1997.

[22] LIU J, TIAN Q, WANG Y, et al. Evaluation method and mitigation strategies for shrinkage cracking of modern concrete[J]. Engineering, 2021, 7(3): 348-357.

[23] LIU J, LI L, MIAO C. Characterization of the monolayers prepared from emulsions and its effect on retardation of water evaporation on the plastic concrete surface [J]. Colloids and Surfaces A: Physicochemical and Engineering Aspects, 2010, 366(1): 208-212.

[24] YAN Y, OUZIA A, YU C, et al, Scrivener K L. Effect of a novel starch-based temperature rise inhibitor on cement hydration and microstructure development [J]. Cement and Concrete Research, 2020, 129: 105961.

[25] PLANK J, SAKAI E, MIAO C W, et al. Chemical admixtures - Chemistry, applications and their impact on concrete microstructure and durability [J]. Cement and Concrete Research, 2015, 78: 81-99.

[26] LI M, XU W, WANG Y, et al. Shrinkage crack inhibiting of cast in situ tunnel concrete by double regulation on temperature and deformation of concrete at early age [J]. Construction and Building Materials, 2020, 240: 117834.

发展高性能喷射混凝土提高结构耐久性

王子明，工学博士，教授，任职于北京工业大学材料与制造学部，长期从事高性能水泥基材料、水泥混凝土流变学与化学外加剂和生态建材方面的研究工作，曾获中国建材行业科技进步奖一等奖 1 项、二等奖 3 项、三等奖 1 项，全国优秀科技情报成果奖三等奖 1 项、河北省科委科技成果奖二等奖和河北省建委科技成果奖三等奖各一项，全国发明协会金奖等。2019 年获得德国慕尼黑工业大学 PCE2019 技术进步贡献奖，2018 年获得国际混凝土外加剂行业突出贡献奖。获得国家发明专利授权 60 余项，美国发明专利授权 4 项。发表论文 100 余篇，编著《聚羧酸系高性能减水剂 - 制备性能与应用》(中国建筑工业出版社)、《混凝土高效减水剂》(中国化工出版社)、《化工产品手册(第六版)：混凝土外加剂》(化学工业出版社)，编译《水泥制造工艺技术》等。

兼任 CCPA 喷射混凝土材料与工程技术分会理事长，中国硅酸盐学会理事、中国建筑材料联合会混凝土外加剂分会副秘书长，中国建筑学会建筑材料分会理事，中国硅酸盐学会新型建材分会理事，建材行业建筑构件及材料环境条件与环境试验标准化技术委员会委员，北京市混凝土协会外加剂分会会长等。兼任专业期刊 Cement and Concrete Research, Coment and Building Materials, Cement and Concrete Composite,《浙江大学学报(工学版)》《硅酸盐学报》《建筑材料学报》《硅酸盐通报》《材料导报》《应用基础与工程科学学报》《精细化工》等审稿人。

主编 ISO 23945-1 Test methods for sprayed concrete-Part 1: Flash setting accelerating admixtures-Setting time，参加编写国家标准《混凝土外加剂应用技术规范》（GB 50119—2013）、《喷射混凝土用速凝剂》（GB/T 35159—2017）、《混凝土外加剂定义、分类、命名与术语》（GB/T 8075—2005）；参编行业标准《聚羧酸系高性能减水剂》（JC/T 223—2017）、《混凝土外加剂用聚醚及其衍生物》（JC/T 2033—2010），北京市地方标准《混凝土外加剂应用技术规程》（DB11/T 1314—2015）、《北京轨道交通结构混凝土裂缝控制及耐久性技术规程》（QGD-028—2017）、《清水混凝土预制构件生产与质量验收标准》（DB11-T 698—2009）等。

一、前言

喷射混凝土的成型方式、凝结硬化速率及密实机理与普通模筑成型混凝土具有显著差异，其材料性能特点、应用技术及应用场景也不相同。喷射混凝土工艺及材料在我国的应用虽然已有五十余年的历史，但长期以来，喷射混凝土工程施工中普遍采用干喷法（干法喷射混凝土工艺），存在着施工环境恶劣、回弹量高、喷射混凝土长期强度降低和结构耐久性差等问题。由于施工工艺和设备等原因，干喷法喷射混凝土配合比中的水由操作工人在喷嘴处直接加入，导致无法准确地控制混凝土的水灰比和外加剂的实际用量，喷射混凝土强度和耐久性难以保障，并造成大量的材料浪费（回弹）与无效消耗，这与新发展理念不相吻合，更谈不上喷射混凝土结构的耐久性，也给隧道的初期支护质量和施工过程及运营阶段的安全造成了较为严重的影响。因此，迫切需要发展以耐久性为重要设计指标的高性能喷射混凝土，以提升喷射混凝土结构的耐久性和使用寿命。

二、喷射混凝土技术发展现状

（一）喷射混凝土及施工技术

喷射混凝土是通过喷射装置，在压缩空气或高压泵的动力下，将设计配比的水泥、粗细骨料、水和外加剂等喷射至支护表面，并在短短的几分钟内混凝土凝结硬化形成一定强度的混凝土结构，起到闭合与支护的作用。

喷射混凝土技术始于20世纪初的美国，1911年喷射混凝土技术首次获得专利并成立Cement Gun公司。1914年美国在矿山和土木工程中使用了喷射水泥砂浆。1953年建成的奥地利卡普隆水力发电站的米尔隧洞最早使用了喷射混凝土支护体系，后来被广泛采用并称之为“新奥法”。随着“新奥法”施工技术的引进，我国冶金、水电部门在20世纪60年代末期开始研究喷射混凝土技术。1965年11月，第三冶金建设公司和冶金部建筑研究院合作，成功地鞍钢弓长岭铁矿的矿山运输巷道应用喷射混凝土技术进行建造。1966年，北京地铁工程使用喷射混凝土修复了因火灾烧坏的钢筋混凝土衬砌。我国煤矿、地铁等工程长期以来主要采用干喷法施工，直到近些年，隧道、水电等工程的喷射混凝土施工逐渐向湿喷法工艺发展。

1. 干喷法

干喷法是发展最早、应用最广泛的喷射混凝土施工工艺，如图1所示。其特征是通过压缩空气将拌和后干混料送到喷头处与水混合喷出，干混料与水在空中混合并以一定速度喷射至受喷面上。其优点是工艺流程简单方便、施工设备及机具较少、施工布置方便灵活。但干喷法存在的固有缺陷使其逐渐被限制和淘汰。其固有缺点包括施工过程中粉尘量及回弹量大、施工环境恶劣；施工过程中喷射混凝土水灰比不易准确控制，影响喷射混凝土的质量和耐久性。我国已要求从2012年1月27日起在井下及隧道的混凝土喷射作业中禁止使用干喷法施工。

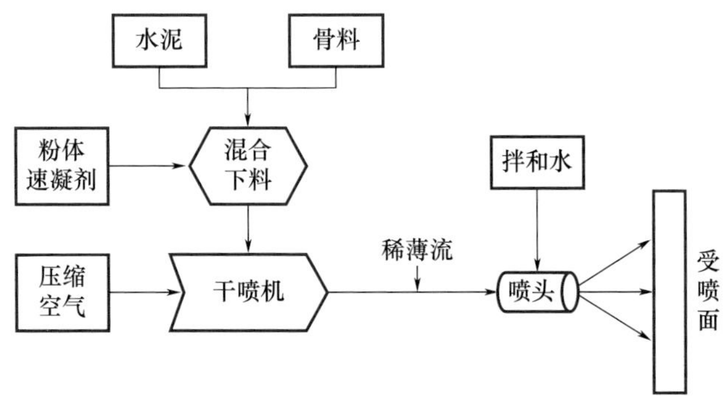

图 1　干喷工作过程示意图

2. 湿喷法

为了克服干喷法喷射混凝土施工的固有缺陷，20 世纪 60 年代，湿喷法出现在北欧。湿喷法施工工艺如图 2 所示，与干喷法相比，湿喷施工过程中粉尘小、回弹量低，混凝土拌和物水灰比能准确控制，生产效率高。目前湿喷作为一种绿色环保、高性能、高效率的混凝土喷射方法，在发达国家隧道工程施工过程中得到了广泛应用。湿喷混凝土的强度指标稳定性明显优于干喷混凝土，其强度标准方差、变异系数及平均极差等指标参数差明显优于干喷混凝土。据统计，湿喷法在国外喷射混凝土施工中占据主导地位，如意大利约占 90%、瑞典约占 80%、日本约占 80%、瑞士约占 65%、英国约占 60%。

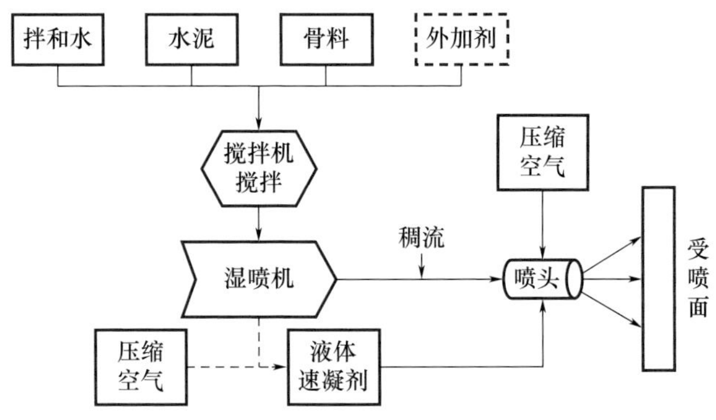

图 2　湿喷工艺流程图

随着我国地下工程对喷射混凝土质量要求的提高，以及人们环保意识的不断提升，干喷法因其固有的缺陷已经不能满足施工环境和工程质量提高的要求，湿喷法是未来喷射混凝土技术发展的必然趋势。鉴于喷射混凝土技术本身具有高度综合机械化的特点，未来的技术应该朝着低成本、高效率、设备机动灵活、作业安全的施工工艺方向发展。

（二）喷射混凝土用速凝剂

喷射混凝土用速凝剂（Flash setting admixtures for shotcrete）是一种能使水泥或混凝土快速凝结、并使混凝土早期强度快速发展的化学外加剂，它区别于普通浇筑成型混凝土的促凝剂（set accelerating admixture）或者早强剂（hardening accelerating admixture）。喷射混凝土用速凝剂的主要功能是加速喷射混凝土的凝结硬化速度、减少回弹损失、防止喷射混凝土因重力引起脱落、加大一次喷射厚度以及缩短喷射层间的间隔时间等。喷射混凝土用速凝剂发展经历了由高碱粉剂→高碱液体→低碱液体→无碱液体速凝剂发展历程，无碱液体速凝剂是未来发展方向，也是配制高性能喷射混凝土的材料基础。

1. 高碱粉状速凝剂

国外对喷射混凝土速凝剂的研究要追溯到 20 世纪 30 年代，最早投入到工程使用的是由瑞士和奥地利共同研制西卡（Sika）的速凝剂（主要成分是硅酸钠）。随后国外又出现了多种其他成分的速凝剂，其中绝大多数是以碱金属碳酸盐、铝酸盐为主要成分，这些速凝剂统称为传统高碱粉状速凝剂。该类速凝剂虽然满足施工过程中速凝的要求，但后期强度损失过大，主要原因是含有大量的碱性物质。自 20 世纪 60 年代我国引进喷射混凝土技术以来，随着对速凝剂的开发研究，我国也研发了不同种类的粉状碱性速凝剂产品。例如红星 I 型（由中国科学院工程力学研究所于 1966 年研制成功）、711 型（由上海市建筑科学研究所和上海市硅酸盐制品厂于 1971 年研制而成）、阳泉 I 型、73 型、782 型、J85 型速凝剂等。这些速凝剂都具有较高的碱含量，掺量通常为水泥质量的 3%~5%。虽然掺入后对后期强度影响较大，但由于其速凝效果好、早强作用明显、掺量和生产成本低，所以当时在国内喷射混凝土施工中应用广泛。

2. 无碱液体速凝剂

随着喷射混凝土技术的发展以及对混凝土后期强度要求的提高，20 世纪 70 年代中后期，欧美发达国家开始研究无（低）碱速凝剂产品。例如美国和欧洲各国开始使用钙盐和铝盐代替碱金属盐进行研究，到 20 世纪 90 年代末，美国及欧洲各国已经开发出了各种无碱速凝剂的产品，如瑞士的 MBT 公司生产的 MEYCOSA 系列无碱液态速凝剂，具有早期强度高、Cl^- 含量低、施工中粉尘量少等优点。而日本则主要致力于低碱速凝剂的研究发展至今，美国、日本和欧洲等发达国家，已经几乎不再使用碱性速凝剂。

进入 21 世纪后，随着喷射混凝土施工技术在我国的广泛应用，液体速凝剂、液体无 (低) 碱速凝剂、有机无机复合型液体速凝剂在我国开始逐步展开研究和发展。我国研制成功的 NC300 型、KR-P 型、WJ-1 型、AC 型（由长沙研究所研制）、GK 型（由石家庄铁道学院和化工厂开发）和 SL 型（由北京工业大学和北京新港水泥制造有限公司联合研制）等液体速凝剂，大力推进了我国湿喷混凝土技术的发展。其中液体速凝剂按碱含量可分为高碱、低碱和无碱液体速凝剂，按主要促凝组分可分为硅酸钠型、铝酸钠（钾）型、硫酸铝型和无碱无氯型液体速凝剂。

近年来，我国陆续研制出了一批优质无碱液体速凝剂产品。中国水利水电科学研究院报道了一种无碱无氯高早强液体速凝剂，掺该种速凝剂的砂浆凝结时间可调、1d 抗压强度可达 20MPa 以上、28d 抗压强度比 100% 左右。中国建筑材料科学研究总院有限公司和江苏奥莱特新材料股份有限公司开发了无碱无氯液体速凝剂，解决了液体速凝剂储存稳定性问题，并能保证喷射混凝土的高早期和后期强度不降低。目前，液体无（低）碱速凝剂凭借其早期强度增加快、后期强度减少小、无粉尘、含碱量低、对人的健康损害较小、回弹小、施工操作方便等优点正逐渐取代传统速凝剂，对喷射混凝土质量性能的提高和喷射混凝土结构的耐久性起到了保障作用。可以说无碱液体速凝剂的成功研制和应用是喷射混凝土技术发展的重要突破，高早强、绿色环保型高性能无碱液体速凝剂是今后研究的发展方向。

三、喷射混凝土工程应用

与普通混凝土相比，喷射混凝土具有快凝结、高早强、节约材料与劳动力、工效高、费用低、效果好等特点。自 1970 年在法兰克福和慕尼黑的市政隧道施工中作为衬砌混凝土使用以来，喷射混凝土被广泛应用于地下工程、岩土工程、修复加固工程、薄壁结构工程、耐火工程、防护工程等土木建筑工程领域（尤其是水利工程、隧道工程施工）。

目前我国基础设施建设依然处于增长阶段，特别是随着中西部开发建设的持续扩大，水泥混凝土用量仍然处于高位。根据 2020 年全国交通运输工作会上透露的信息显示，当时预计，2020 年交通运输将完成铁路投资 8000 亿元，公路水路投资 1.8 万亿元。国家发展改革委将重点推进川藏铁路规划建设，加快推进沿江高铁、沿海高铁等“八纵八横”高铁骨干通道项目和中西部铁路建设，积极支持京津冀、长三角、粤港澳大湾区等重点城市群、都市圈城际铁路、市域（郊）铁路规划建设，推进枢纽配套工程和铁路专用线等“最后一公里”项目建设。

据统计，截至 2019 年底我国正在建设的有隧道工程项目的高速铁路共 41 条（总长 8349km），共有隧道 1331 座（累计长度约 2560km），其中长度 10km 以上的特长隧道 46 座（累计长度约 591km）；我国规划的有隧道工程项目的高速铁路共 86 条（总长 19718km），共有隧道 3208 座（累计长度约 7975km），其中长度为 10~20km 的特长隧道 139 座（总长 1882km）。这些重大工程建设需要大量的喷射混凝土作为建筑材料。由于公路、铁路、水利项目喷射混凝土计算用量与各工程隧道段面面积、设计喷射混凝土厚度、围岩等级等许多条件相关，因此难以准确计算。一般地可以按照隧道每 1m 用喷射混凝土 20m^3 来估计，则我国在高速建铁路隧道工程估计需喷射混凝土 5120 万 m^3，目前规划的待建高速铁路工程需喷射混凝土约 1.6 亿 m^3，考虑超挖和回弹等因素，实际施工喷射混凝土用量要大得多。

除了铁路隧道外，公路隧道、水利水电工程、矿井开挖、道路护坡、建筑修补加固、耐火材料施工都需要喷射混凝土材料和技术持续改进，特别是喷射设备的专业化、自动化和智能化升级，将是喷射混凝土技术发展的重要内容。

四、喷射混凝土性能的检测方法及标准规范

喷射混凝土的性能检测和标准体系建立是保证喷射混凝土质量和耐久性的基本需求。喷射混凝土性能检测和试验方法包括其工作性、力学性能和耐久性等。喷射混凝土不需要模板，无须振捣，这决定了湿喷混凝土工作性的特殊含义，特别是当使用速凝剂后，新拌喷射混凝土的性能在短时间内迅速变化，因此喷射混凝土的工作性主要指终凝前的喷射混凝土。对于湿喷混凝土的工作性，很多研究者将其划分为可泵性、可喷性两方面进行研究。

对新拌混凝土可泵性评价存在指标单一的问题。我国国家标准《岩土锚杆与喷射混凝土支护工程技术规范》（GB 50086—2015）中对混凝土的坍落度值只有推荐性指标（80~120mm）的要求，仅反映了混凝土的流动性要求。但是流动性并不能代表新拌混凝土在密闭的管道中是否稳定以及是否会发生分层离析。所以满足可泵性的新拌混凝土一定可以喷射，但并不能确保喷射后稳定地留在喷射面上。除了可泵性之外，新拌混凝土还须满足可喷性要求，即喷射至喷射面后，还应当在回弹率低、不滑移、不脱落情况下达到一定的一次喷射厚度。

目前，对可喷性并没有确切的定义和指标要求。可定性地描述为喷射混凝土的可喷射能力，通常用回弹率和一次喷射厚度加以评价。一次喷射厚度可以定义为：进行分层喷射混凝土时，保证混凝土层在不错裂、不脱落的情况下达到的最大厚度。回弹是喷射混凝土的常见现象，通常情况采用平均回弹率表示，即受喷面上溅落的混凝土的总质量与所喷射的混凝土总质量比值的百分率。混凝土能一次喷射到较大厚度且不流浆和脱落即被认为可喷性较好。我国目前尚没有正式测定喷射混凝土一次喷射厚度和回弹率的方法。

为了使一次喷射厚度量化，Morgan 设计了一种测试喷射厚度脱落的试验方法。Denis 设计了一种测定垂直于喷射面的一次喷射厚度的试验装置，并研究了一次性喷射厚度与喷射混凝土屈服应力的关系，发现一次喷射厚度与新拌混凝土的屈服应力线性正相关，当新拌混凝土的屈服应力增大时，一次喷射厚度增大。喷射混凝土回弹率分为水平喷射回弹率和向上喷射回弹率，一般是在工地现场测试。采用直接称重法测试回弹率是对混凝土直接进行称重，在现场施工的复杂环境下存在较大的偏差。而近十几年来，三维扫描技术作为测试回弹率的新兴技术发展迅速，具有高效率、低成本、易操作等优点。罗意在对隧道喷射混凝土回弹分析中得出结论，认为三维激光扫描法的精确度更高，且无须直接接触喷射面及混凝土，具有安全高效的特点。对高强喷射混凝土的研究而言，找到可喷性与可压送性之间的平衡是获得喷射质量较好的混凝土的必要条件，也是研究高强喷射混凝土其他性能与工程应用的基础。

近年来，各国研究人员对喷射混凝土的耐久性进行了初步研究。抗渗性的测试方法也越来越多，如渗水高度法、电通量法、氯离子渗透试验、透气性试验、吸水性测试试验。国外倾向于用渗水高度及相对渗透系数来评价混凝土的抗渗性。我国也积累了这方面的经验，并在一些行业标准中采用了类似方法，如《水工混凝土试验规程》（SL 352—2020）、《公路工程水泥及混凝土试验规程》（JTG 3420—2020）、《水运工程混凝土试验检测技术规范》（JTS/T 236—2019）等行业标准均列入了渗水高度法或相对渗透系数法。我国的《普通混凝土长期性能和耐久性能试验方法标准》（GB/T 50082—2009）（以下简称 GB/T 50082—2009）在参考欧洲以及我国交通、电力、水工等行业标准的基础上，制定了测定渗水高度方法。该方法通过在混凝土试件上持续 24h 施加 1.2MPa 的水压力，然后测量试件的渗水高度用以反映混凝土的抗水渗透性能。

应用电学或电化学方法快速评价混凝土渗透性是混凝土渗透性评价方法中一个重要的研究领域。目前，混凝土中 Cl^- 渗透性快速检测方法包括快速氯离子渗透系数法（RCM 法）和电通量法（摘自 GB/T 50082—2009, ASTM C1202）。快速氯离子渗透系数法（RCM 法）快速测定的试验原理和方法最早由唐路平等人提出，称 CTH 法（NT Build 492—1999.11）。目前该方法已被瑞士 SIA262/1—2003 标准和德国 BAW 标准草案（2004.05）采纳。我国 GB/T 50082—2009 中 以 NT Build 492 中 的“Chloride Migration Coefficient from Non-steady-state Migration Experiments”（非稳态迁移试验得到的氯离子迁移系数法）方法为蓝本，经适当的文字修改而成，基本上为同等采用。ASTM C1202（简称电通量法）是美国材料与试验协会制定的关于混凝土抵抗氯离子渗透能力的标准试验方法，也是目前国际上应用最为广泛的混凝土抗氯离子渗透性的试验方法之一。该方法通过测定一定时间内通过混凝土的电通量从而快速评价混凝土渗透性的高低。

在季节性冻土地区，气温的正负交替现象非常频繁，有些地区的岩土冻融循环次数甚至每年就要达到上百次。因此，直接暴露在自然环境中（或者一定深度范围内的）的喷射混凝土都会受到寒冷气温的影响，从而引起喷射混凝土材料的损伤和破坏，对其结构的耐久性产生影响。因此，在寒冷地区的喷射混凝土必须考虑抗冻耐久性要求。我国规范中有针对混凝土抗冻性的规定，但早期规范中并未区分环境等级，且在考虑钢筋锈蚀和腐蚀的时候也是如此。而近年来国内已有专家和学者意识到这些问题，例如水工行业在《水工建筑物抗冰冻设计规范》（GB/T 50662—2011）中已有相关规定，各类水工结构和构件的混凝土等级应根据气候分区、冻融循环次数、表面局部小气候条件、水分饱和程度、结构构件重要性和检修条件等按规范选定。在不利因素较多时，可选用提高一级的抗冻级别。

五、以耐久性为主要设计指标的高性能喷射混凝土

由混凝土耐久性不足导致的构筑物损坏已经成为一个非常严重的世界性难题，特别是对于隧道这种工程结构，如果在设计施工过程中耐久性考虑不足，后期使用过程中因耐久性失效而出现各种病害问题，则修补施工非常困

难，维修的成本将非常高昂，混凝土的耐久性和长期性显得尤为重要。调查研究发现，普通的喷射混凝土的设计强度一般为 C15 和 C20，使用过程中由于种种原因导致的强度降低、表面开裂、剥落、渗水漏水甚至坍塌等现象屡见不鲜。我国铁路隧道在运营期间由于支护结构或者防排水系统的耐久性不足，很多存在渗漏水、衬砌裂损、底部翻浆冒泥等病害。铁路部门每年需投入大量的人力、物力及资金用于其维修。

我国普通房屋建筑物的设计使用年限一般为 50 年，纪念性建筑和特别重要的建筑结构设计使用年限一般为 100 年，这是我国规范对一般建（构）筑物的耐久性作出的要求。但对于铁路工程，尤其是干线铁路工程，其使用年限往往超越 100 年。国内外研究结果表明，用高性能混凝土衬砌及合理的防排水措施可有效地提高隧道的耐久性。范文熙等提出提高喷射混凝土耐久性的重要理念，即在喷射混凝土设计中不应把强度作为唯一指标，而应把耐久性作为主要指标。

在隧道工程中，喷射混凝土单层衬砌的设计也对混凝土的早强和抗渗性能提出了更高的要求。我们常用的高性能混凝土通常是指模筑成型的混凝土（cast concrete），并不包括高性能喷射混凝土。高性能喷射混凝土是指具有优异的工作性（包括可泵性和可喷射性）、力学性能和耐久性，且回弹量较小的喷射混凝土，即高性能喷射混凝土在喷射阶段具有高黏聚性、回弹率低和粉尘小的特性；在硬化早期具有速凝、早强和强度发展速度快的特性；在硬化后的使用阶段具有高强度和优异的耐久性（高抗渗、高抗冻性、高抗碳化、低收缩等）。高性能喷射混凝土并不一定意味着制造和使用成本的大幅度提高，通过喷射混凝土的配合比优化，适当减少水泥用量、减小回弹量和提高施工效率，可以降低喷射混凝土的综合成本。高性能喷射混凝土的应用技术对于提高隧道施工效率、保证隧道初期支护质量、降低隧道综合施工成本具有非常重要的意义。

西安建筑大学牛荻涛教授团队对喷射混凝土材料的耐久性及其作用机理进行了系统研究，发现高性能喷射混凝土碳化、冻融及硫酸盐侵蚀耐久性能优于普通混凝土，但抗氯离子侵蚀性能与普通混凝土相比较弱。钢纤维的加入使喷射混凝土耐久性能提高。在硫酸盐侵蚀作用下，喷射混凝土基本性能损伤速度低于普通混凝土，钢纤维喷射混凝土抗硫酸盐侵蚀性能最优；并探明了喷射混凝土硫酸盐侵蚀破坏方式，认为初期主要是钙矾石破坏，而后期为钙矾石与石膏复合破坏。在时间因素和荷载因素下喷射混凝土材料与普通混凝土材料表现出相近的变化规律。

中铁工程设计咨询集团有限公司刘建友等研究了隧道结构耐久性设计方法及提高措施，认为隧道结构的耐久性取决于初期支护和二衬承载力的衰减性能，隧道结构耐久性的安全系数可采用二衬承载力与其荷载的比例来表示，当二衬荷载增长曲线与其承载力衰减曲线相交时，隧道结构达到承载力极限状态，此时也即为隧道耐久性的设计使用年限。八达岭长城站支护体系利用长寿命初期支护加固围岩，形成持久的围岩自承载拱。

高性能喷射混凝土配制需要优化喷射混凝土原材料品种与质量、骨料质量与级配；为了改善喷射混凝土的施工性能和减少回弹率，提高硬化喷射混凝土的力学性能、抗渗性能等，一般需要加入硅灰、磨细矿渣和粉煤灰等矿物掺和料，掺量需要根据实际工程需要和试验来最终确定。为了控制硬化混凝土的裂缝和提高混凝土的耐久性，需要加入有机纤维、钢纤维或者矿物纤维等增强增韧材料。此外，高性能喷射混凝土应选用无碱速凝剂、高性能混凝土减水剂等化学外加剂。

六、结论与展望

喷射混凝土材料与工程技术在我国正处于快速发展完善阶段，为满足复杂环境条件下喷射混凝土施工技术需要和混凝土耐久性要求的提高，喷射工艺正在由传统的干法喷射向湿法喷射方向转换。

以耐久性为重要设计指标的高性能喷射混凝土是提高喷射混凝土结构耐久性的重要材料基础，是喷射混凝土材料与技术发展的趋势。无碱液体速凝剂成功应用和湿喷法的推广普及，为高性能喷射混凝土发展奠定了良好的基础。高性能混凝土喷射设备急需改进提高，以满足新材料和结构耐久性的工程需要。

随着高性能喷射混凝土材料的发展和现代隧道施工技术及设备的进步，隧道单层衬砌越来越受到重视，且逐步在工程中应用。

未来应逐步建立完整的喷射混凝土技术体系及相应的应用技术规范，喷射混凝土作为永久工程结构，其可靠性、耐久性控制和保障也存在许多需要研究改进的地方。因此迫切需要开展喷射混凝土相关系统的基础理论研究、新材料和新技术研发、应用技术研究和标准体系建立，以满足我国重大基础设施建设对喷射混凝土材料与工程技术的需求。

参考文献

[1] 刘盛智 , 李军 , 路为 , 等 . 喷射混凝土发展概况及其应用技术研究 [J]. 山西建筑 , 2014, 40(23):162-164.

[2] 王子明 , 贾琳 , 王庄 , 等 . 喷射混凝土及速凝剂研究发展现状与趋势 [J]. 混凝土世界 , 2017(12):58-62.

[3] 宋敬亮 . 喷射混凝土用高性能速凝剂的研制与应用 [D]. 邯郸：河北工程大学 , 2013.

[4] 马忠诚 , 汪澜 . 喷射混凝土技术及其速凝剂的发展 [J]. 混凝土 , 2011, (12):126-128.

[5] 肖国碧 . 低碱液体速凝剂的研究 [D]. 长沙：湖南大学 , 2011.

[6] 周志刚 , 王如意 . 喷射混凝土液态无（低）碱速凝剂的研究现状 [J]. 公路交通科技（应用技术版）,2015,11(3):271-273.

[7] BURNS D. Characterization of wet-mix shotcrete for small line pumping [D]. Canada: University of Laval, 2008.

[8] BEAUPRE D. Rheology of high performance shotcrete [D]. Canada: The University of British Columbia,1994.

[9] 何文敏 . 高含气量湿喷混凝土性能与组成设计方法研究 [D]. 西安：长安大学 , 2014.
[10] 罗意 . 基于三维激光扫描的隧道喷射混凝土回弹测定 [J]. 工程技术研究 , 2019,4(18):102-103.
[11] MORGAN D R. High early strength blended-cement wet-mix shotcrete [J]. Concrete International, 1991,13(5):35-39.
[12] 王巧 , 王祖琦 , 宋普涛 , 等 . 低水胶比湿喷混凝土的可喷性能研究 [J]. 新型建筑材料 , 2018,45(6):1-4+10.
[13] 冷发光 , 戎君明 , 丁威 , 等 .《普通混凝土长期性能和耐久性能试验方法标准》GB/T 50082—2009 简介 [J]. 施工技术 , 2010,39(2):6-9.
[14] 赵喜忠 . 隧道喷射混凝土抗冻耐久性试验研究 [D]. 西安：长安大学 , 2011.
[15] KAY W．Specialist materials and techniques for increasing durability and water resistance in underground structures[C]. //Underground space for sustainable urban development. Amsterdam: Elsevier Ltd, 2004:1-8.
[16] LEE S, KIM D. An experimental study on the durability of high performance shotcrete for permanent tunnel support[J]．Tunnelling & Underground Space Technology, 2006, 21(3): 431-431.
[17] 樊文熙 , 张长海 , 郑永保 . 高性能喷射混凝土的耐久性研究 [J]. 煤炭学报 2000,25(4):366-368.
[18] 樊文熙 , 耿运贵 , 王福龙 . 高性能喷射混凝土技术研究 [J], 建井技术 , 1999(3):26-28.
[19] 李建军 , 高速公路隧道湿喷高性能混凝土应用技术研究 [J], 公路交通科技 , 2016,12(1):102-103.
[20] 牛荻涛 , 王家滨 , 马蕊 . 干湿交替喷射混凝土硫酸盐侵蚀试验 [J]. 中国公路学报 , 2016,29(2):82-89.
[21] 刘建友 , 吕刚 , 赵勇 , 等 , 京张高铁八达岭长城站耐久性设计方法及措施 [J]. 铁道标准设计 , 2020,64(1):69-74+103.

发展工程防护修复技术　铸就百年耐久工程——中国混凝土工程防护与修复技术新进展

黄　靖，正高级工程师，现任中国建筑科学研究院建筑材料研究所副所长，建研建材有限公司副总经理。兼任中国硅酸盐学会混凝土及水泥制品分会副理事长，中国建筑材料联合会混凝土外加剂协会副理事长，中国工程建设标准化协会防水防护与修复委员会执行主任委员秘书长，中国工程建设标准化协会农房建设及改造专业委员会副主任委员兼秘书长，中国房地产业协会建筑节能保温委员会执行主任，中国建筑学会建筑防水学术委员会副主任委员，中国混凝土与水泥制品协会自防护混凝土分会副理事长等。

主要研究方向：主要从事混凝土外加剂及其他建筑用化学功能材料、沿海地区混凝土的腐蚀及防护、高性能混凝土、特种功能砂浆、特种混凝土、新型墙体材料、节能保温材料、固体废弃物综合利用、绿色建材、构筑物的防护和修复等领域的研究与技术开发。

主要工作业绩：曾先后主持或主要参与国家级、省部级及以上科研课题 30 余项；曾先后获得省部级科技成果一等奖 1 次、二等奖 3 次、三等奖 5 次，厅局级科技成果一、二、三等奖 10 余次；主编并正式出版学术专著 5 部；主编或主要参与编写的国家标准、行业标准和团体标准 30 余部；撰写发表了 40 多篇科技论文；近五年主办过全国性建筑材料行业的大型学术交流会议数十场。

随着我国建筑技术的进步与发展，混凝土结构已经明显向高、大、难、深方向发展，加之我国混凝土需求大，资源紧缺，这就给混凝土的发展提出了许多高新的技术要求。混凝土工程面临环境复杂、开裂、耐久性不足、资源紧缺与环保要求提升等多方面的问题和挑战。发展绿色建筑、绿色建材、绿色高性能混凝土是必然选择，如何在行业实现真正意义上的绿色化和可持续化？提高耐久性、提高建筑品质、延长使用寿命才能解决根本问题。

一、新时代新机遇

目前，工程建设领域必然会开启一个全新的时代，这个新时代的显著特点是：高速增长阶段转向高质量发展阶段；要更讲究品质、品牌了；要更关注质量、安全和耐久了；要更重视绿色和可持续发展了。

要抓住新机遇，我们需要倡导更多专家、学者和工程技术人员都来共同关注和参与混凝土工程防护与修复技术的发展和创新，有效地解决建（构）筑物耐久性问题、延长使用寿命和提升建筑品质；混凝土工程防护与修复材料（含各种功能的混凝土外加剂），无论是“内服”的还是“外用”的，在行业内俗称“药”，它是有效解决建（构）筑物耐久性问题、延长使用寿命和提升建筑品质的重要材料，是我国工程建设领域未来的重要发展方向之一，也是学术研讨和技术开发的重要领域。目前，混凝土工程防护与修复技术已成为国际工程界关注和研究的焦点热点；其技术理念和内涵不断扩展，逐步成为一门新的学科和一个新的领域。

二、混凝土防护与修复领域的特点及现状

我们认为混凝土甚至整个建（构）筑物都是有生命的，新拌混凝土是“受精期”、凝结硬化期是“胚胎发育期”、早龄期是“胎儿期”、拆模是“新生儿出生”、28 天—90 天—若干年内是“童年到青年再到壮年期”，之后随着

使用和环境侵蚀逐渐步入“更年期”“暮年”直至劣化“死亡”，所以在混凝土工程的全生命周期内，也必须提倡“优生、优育和养生保健”。

任何混凝土建（构）筑物自出生就经历新建—服役—防护或修复—再服役—再防护或修复—退役的过程，建筑防护与修复的使命就是穷尽材料与工艺技术，让建筑安全并延长其服役寿命，以弥补设计—材料—建造—环境给建筑带来的不确定性和确定性的负面影响。混凝土建（构）筑物由于湿度、温度、收缩、不均匀沉降以及荷载等原因都会导致构件的损伤并产生裂缝，大多数混凝土构件的破坏都是从混凝土内部产生微裂纹进而发展成宏观裂缝导致混凝土结构产生破坏，这就使混凝土的耐久性能大大降低。

据统计，欧洲每年超过 50% 的建设预算花费在修复和翻新工程上。据美国标准局调查，美国每年用于维修或重建的费用预计高达 3000 亿美元。我国的高速建设期，每年 15 亿吨水泥的建设用量，房建、市政桥梁、水利水电、铁路、公路、道路桥隧等的新增量之大可想而知；可以预见，我国即将迎来防护与修复的高速发展期。防护与修复领域任重而道远，地域、行业、环境的复杂状况将带来重大挑战。

（一）铁路工程的防护与修复特点

我国设计时速 300km/h 以上线路主要采用无砟轨道，占高速铁路总长度 85% 以上。无砟轨道包括预制混凝土构件和现浇混凝土两部分。严寒地区年平均气温低，昼夜温差大，冬季夜晚雨、雪易结冰，白天融化，反复的冻融作用会导致混凝土结构表面出现损伤、强度降低等，进一步出现表面粉化、裂缝扩展等现象。铁路行业标准《铁路混凝土结构耐久性设计规范》（TB 10005—2010）中规定了不同环境作用等级和使用年限条件下铁路混凝土应满足的抗冻性能指标和配合比参数。

（二）桥梁工程的防护与修复特点

根据《2020 年交通运输行业发展统计公报》数据显示，2016 年至 2020

年我国公路桥梁的年均增长数量为8439座；特大桥的年均增长数量为547座。与此同时，越来越多的大型桥梁进入了维护与修复阶段。桥梁混凝土材料在受机械荷载与环境因素协同作用影响下，出现了一系列影响结构耐久性的物理、化学现象，如结构混凝土的碳化、保护层剥落、裂缝的发展、钢筋锈蚀、冻融破坏等。数据表明，在我国广大的北方地区冻融剥蚀对桥梁下部结构的破坏是造成桥梁耐久性降低的主要原因，常见劣化现象及位置见表1。除结构性破坏外，大部分桥梁工程的病害都是由表层破坏引发的深层破坏。

表1　冻融环境下桥梁下部结构混凝土常见劣化现象及位置

结构部位	劣化现象	位置及特点	劣化环境
桥墩	网状裂缝、剥蚀	对发生在常水位以上墩身的向阳部分，裂缝呈网状，裂缝宽度0.1~1.0mm，深10~15mm，长度不等，网状裂纹较细且发生在墩身表面	由于混凝土内部水化热和外部气温的温差，或由于日气温变化和日照影响产生的温度拉应力；以及混凝土周围冻土融化过程不均匀
桥台	桥台翼墙与前墙连接处断裂	桥台翼墙与前墙连接处	冻胀引起不均匀下沉或外倾而开裂
	竖向裂缝	耳墙式桥台的耳墙及挡砟墙连接处数值裂缝	严寒地区耳墙间填非渗水性土发生冻胀开裂
	不规则裂缝	“U”形桥台翼墙与挡砟墙连接处裂缝	“U”形桥台翼墙与挡砟墙填土排水不良，发生堆挤或冻胀所致
基础	网状裂缝、剥蚀	位于地下水水位以上及含盐量的土中混凝土桩基础	冻胀及盐结晶侵蚀；混凝土周围冻土融化过程不均匀

（三）海洋工程的防护与修复特点

侯保荣院士指出，海洋环境是最为恶劣的自然腐蚀环境，海洋腐蚀问题是海洋工程安全服役面临的主要威胁。一般认为，海洋腐蚀损失约占总腐蚀损失的1/3。若采用合理的海洋防腐措施，25%~40%的经济损失是可以避免的。

海洋环境下混凝土失效主要有两个原因：一是海水对混凝土的腐蚀作用，分为溶出性腐蚀、阳离子交换腐蚀和膨胀性腐蚀；二是海水渗透对混凝土内部钢筋造成腐蚀。海洋环境中各种材料以数倍于内陆的速度腐蚀损坏，很大一部分原因是海水中氯离子含量较高（图1）。另外，海洋中的硫酸根离子也是影响严重的腐蚀离子之一。

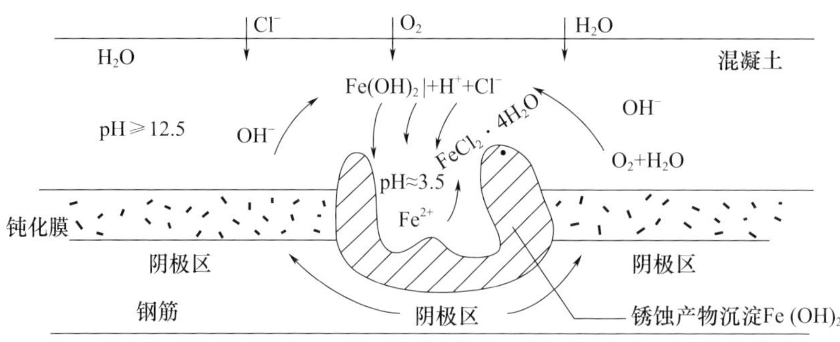

图1 氯离子引起钢筋点蚀示意图

海水的流速、含盐量、pH、电导率、微生物种类、海底土壤电阻率等因素使得钢结构设施在海洋环境下极易发生腐蚀。通常来说，从腐蚀的角度可将海洋环境分为5个不同区带：海洋大气区、浪花飞溅区、海洋潮差区、海水全浸区和海底泥土区，见表2。

表2 不同海洋环境区域的腐蚀特点比较

海洋区域	环境条件	腐蚀特点
海洋大气区	影响因素包括盐雾眼、雨量、湿度、温度、阳光辐射等	发生腐蚀、老化，部分环境存在霉菌腐蚀
浪花飞溅区	材料表面受到海水冲击，潮湿、供氧充分	受到海水飞溅、干湿交替作用，腐蚀严重
海洋潮差区	材料周期浸没，供氧充足	发生腐蚀及生物污损，腐蚀速率相对较低
海水全浸区	影响因素包括含盐量、压力、溶解氧、水温、海生物、细菌等	发生腐蚀及生物污损，腐蚀速率随温度、海水深度等因素变化
海底泥土区	存在大量厌氧微生物（如硫酸盐还原菌等）	发生典型的厌氧微生物腐蚀

三、混凝土防护与修复领域的技术进步

（一）防护材料及技术进步

（1）混凝土内养护技术。内养护概念由Dhir等提出，该技术通过吸水性材料在水泥水化过程中对水分的释放，降低了高强混凝土自收缩和开裂可能，保证了其较高的耐久性和力学性能，混凝土中高吸水树脂的释水过程如图 2 所示，现如今已成功应用于工程实践。张芳芳采用扫描电镜、能谱分析（图 3）、纳米压痕、核磁共振等技术手段，研究了内养护混凝土的微观结构及超强吸水树脂界面演化规律，实现了对内养护混凝土宏观性能的预测，拓宽了内养护混凝土的研究方向。

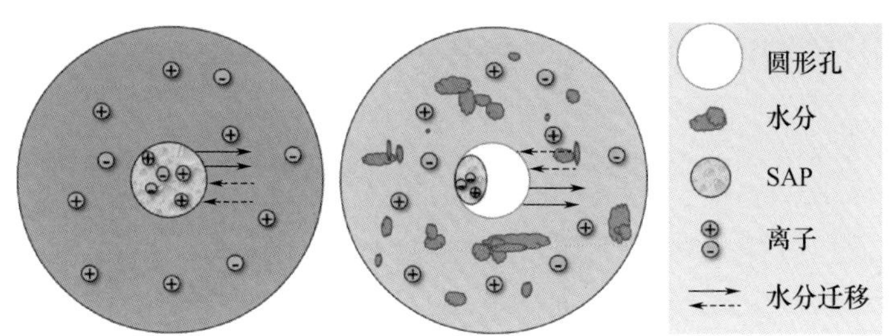

图 2　混凝土中高吸水树脂的释水过程

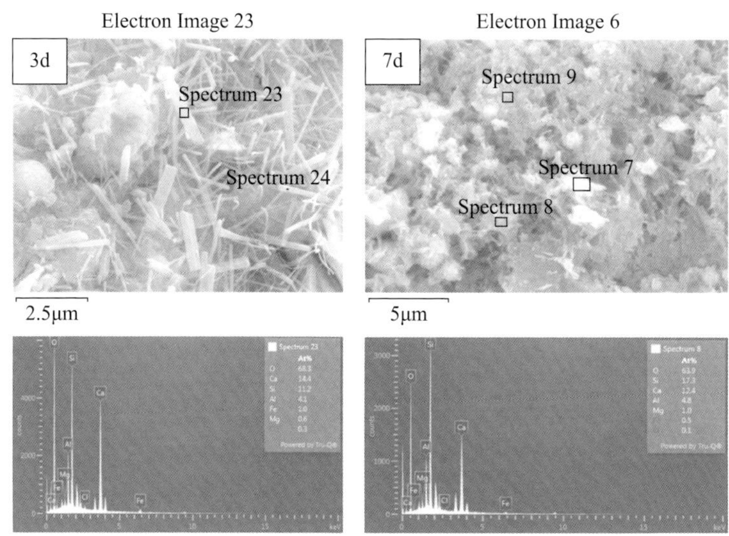

图 3　内养护混凝土试样能谱点扫描图像与化学组成

（2）混凝土水分蒸发抑制技术。该技术在一定程度上可有效减缓混凝土表层含水量的下降，降低贯入阻力（图 4），提高混凝土的层间劈裂抗拉强度，对控制大坝等大体积混凝土的施工质量具有重要意义。Almusallam、Sofia、Cebeci、Ribeiro 等人就混凝土内部水分蒸发量对改善混凝土孔隙结构以及下层混凝土表面相对湿度对层间抗拉强度的影响作了研究。鹿永久、李元浪等开发出的水分蒸发抑制剂成功应用于乌东德水电站、白鹤滩大坝、甘肃鼎新机场、泰州长江大桥等工程中。刘加平院士率领江苏省建筑科学研究院有限公司等单位起草制订了行业标准《混凝土塑性阶段水分蒸发抑制剂》（JG/T 477—2015）并由住房城乡建设部发布。

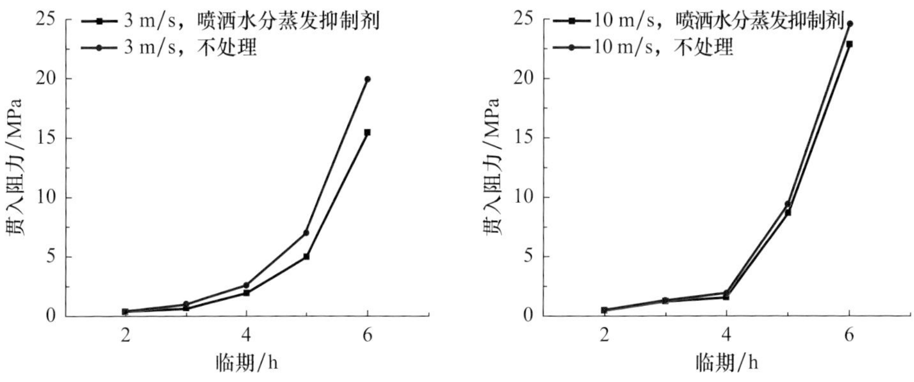

图 4　风速为 3m/s 和 10m/s 时混凝土贯入阻力变化

（3）迁移型钢筋阻锈技术。迁移型阻锈剂是近十几年提出的概念，阻锈材料可从硬化混凝土外表面穿越混凝土保护层迁移至钢筋表面，是一种无损修复技术。迁移型阻锈剂依据迁移动力不同大体上可分为自迁移型阻锈剂和电迁移型阻锈剂，相比而言，电迁移型阻锈剂在混凝土中迁移效率更高、速度更快、到达深度更深。洪定海、刘志勇等对不同有机胺类的阻锈剂在混凝土中电场的迁移行为和防腐蚀机理进行了研究（图 5）。

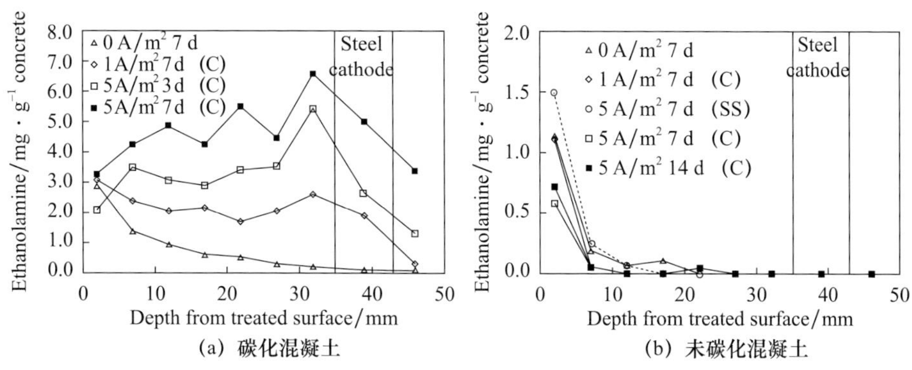

(a) 碳化混凝土　　(b) 未碳化混凝土

图 5　不同通电电流密度下乙醇胺阻锈剂在混凝土中的深度分布

（4）防护涂层。防护涂层可以有效屏蔽腐蚀性离子对混凝土的侵蚀，聚脲涂层凭借其与金属基底良好的黏附能力与优异的防腐能力应用广泛，聚脲涂层自然暴晒机理如图 6 所示。与非电活性聚脲相比，合成的磺酸化电活性聚脲涂层显示出更高的电催化性能，从而形成更致密的钝化层以保护金属基底，具有更优异的防腐能力。

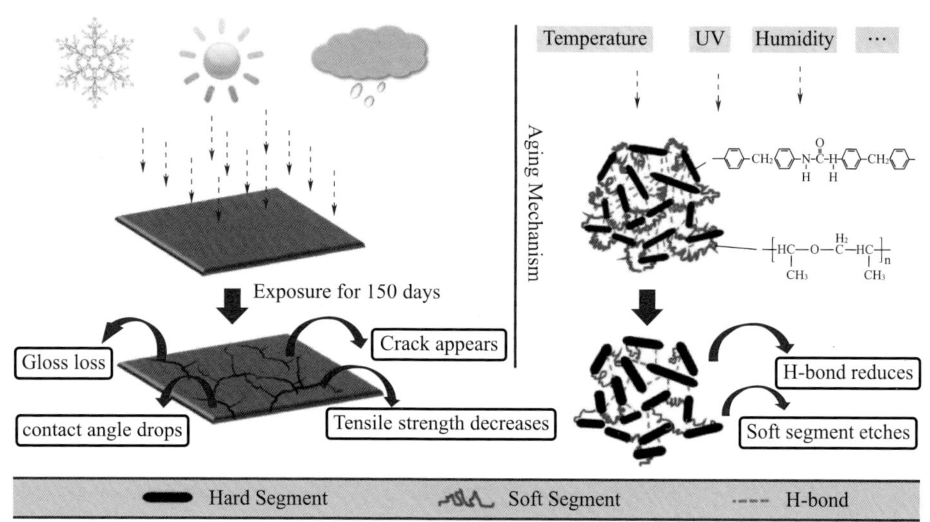

图 6　聚脲涂层自然暴晒机理示意图

（5）渗透结晶材料。水泥基渗透结晶材料主要通过与氢氧化钙反应和促进未水化的水泥颗粒继续水化，生成难溶性沉淀封堵混凝土孔隙和微裂缝，有效提高混凝土结构的防水和抗渗性能。目前，国内外普遍认可的作用机理主要为沉淀结晶机理和络合沉淀结晶机理。水性渗透结晶材料的发展多是借鉴水泥基渗透结晶材料的研究经验，主要成分为碱金属硅酸盐。Ramakrishnan 等和姜骞的研究证明，水性渗透结晶材料对混凝土性能的提升在于其自身渗透结晶和生成类 C-S-H 凝胶物质（图 7）。

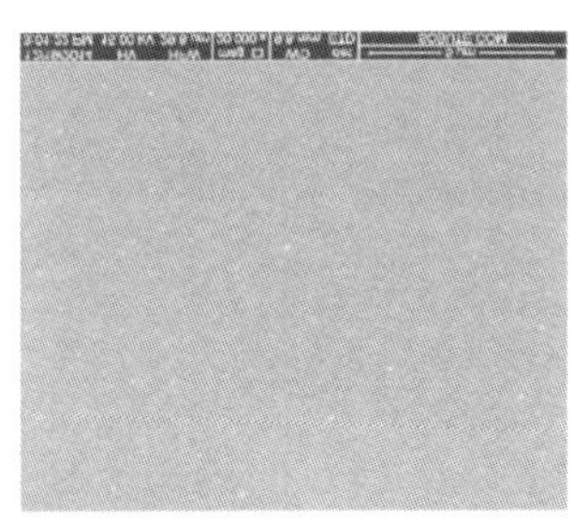

(a) 水性渗透结晶材料

(b) 涂覆前砂浆

(c) 涂覆后砂浆

图 7　水性渗透结晶材料自身固化产物涂覆前后的砂浆微观形貌特征

（二）修复材料及技术进步

（1）无机快速修复材料。郭超以快凝快硬高贝利特硫铝酸盐水泥为胶凝材料，以高强度石英砂为细骨料，通过复合聚合物增韧剂、聚合物增稠剂、聚丙烯纤维、普通硅酸盐水泥及特定外加剂研制了高性能快速修复砂浆及高黏性界面剂，HBSASC 水化产物 TG-DTG 曲线如图 8 所示。司旭以烧氧化镁、磷酸氢二铵、硼砂、砂石和水等制备得到磷酸镁快速修复砂浆，在水泥路面裂缝修复中表现出良好的抗渗性能。

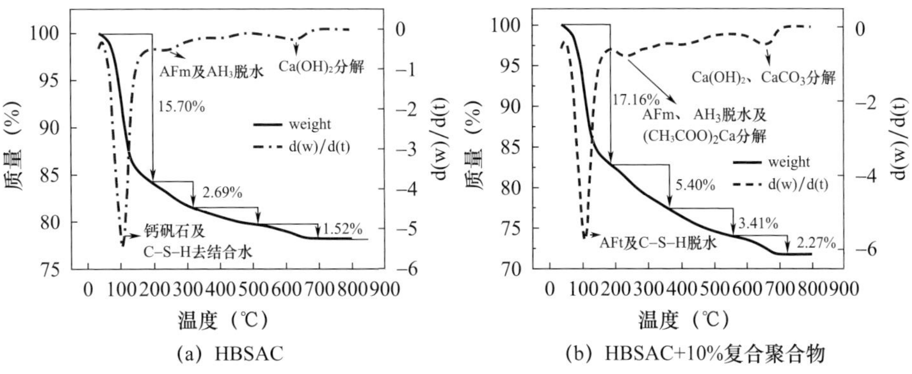

图 8 HBSAC 水化产物 TG-DTG 曲线

（2）注浆加固材料。Gampanart、翟殿钢和夏冲等分别就天然橡胶水泥基复合注浆材料、纤维高聚物水泥基复合注浆材料和水玻璃改性的新型速凝型注浆材料对结石体凝结时间、早期强度、抗弯强度和韧性等性能的影响进行了研究（图 9、图 10）。石明生等对高聚物与混凝土界面的黏结性能及浆液在混凝土裂缝中的扩散规律进行了研究，开发出可承受 100m 以上压力水头的深水大坝混凝土裂缝高聚物注浆修复技术。

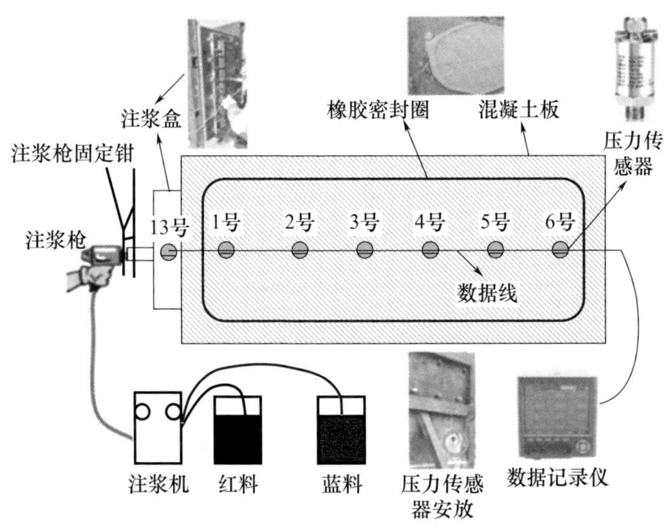

图 9 混凝土裂缝高聚物注浆模型试验示意图

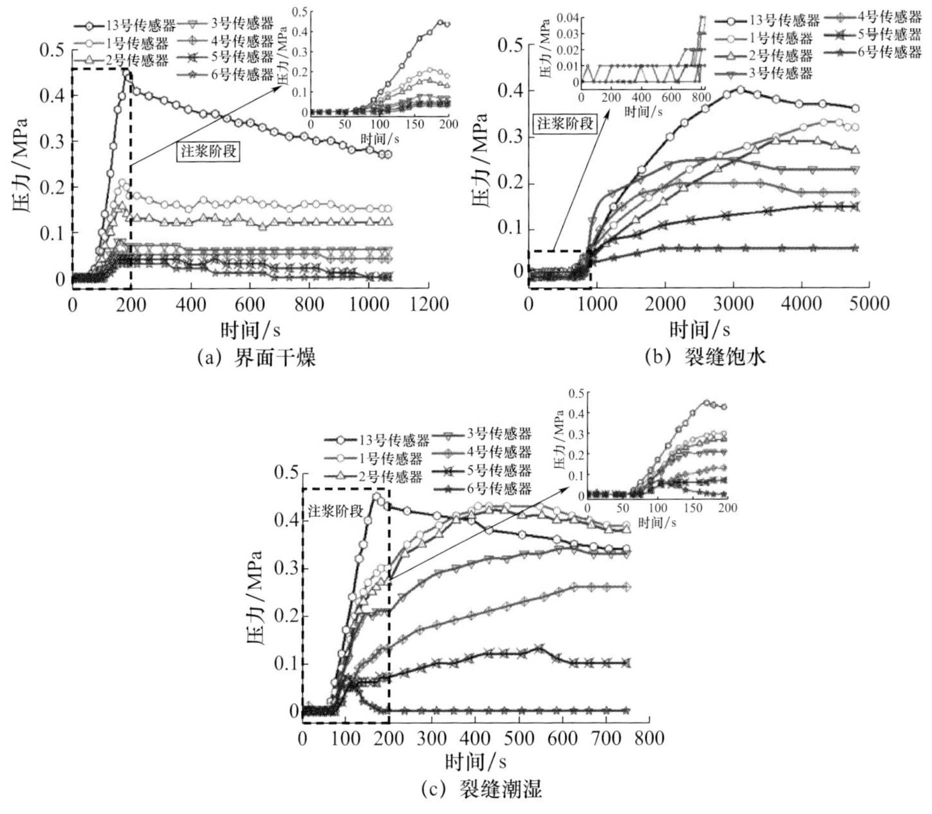

图 10　高聚物注浆后各工况下裂缝不同位置处压力随时间变化曲线

（3）灌浆修复材料。张春苗开发了多壁碳纳米管改性超细水泥灌浆料，保证了在拉伸情况下的载荷传递，同时可降低材料的总孔隙率（图 11）；兰富才等以改性环氧树脂为主剂，糠醛 / 丙酮为增韧剂，改性脂肪胺 / 脂肪胺为复合固化剂，研制出具有良好抗冻性和修补性能的改性环氧树脂灌浆材料（图 12）；将有机环氧树脂乳液与水泥基材料复合制备灌浆修复材料，可在改善水泥基材料抗渗性能的同时提高水泥基材料的黏结强度。

图 11　碳纳米管在灌浆料基体中填充孔隙微观图片

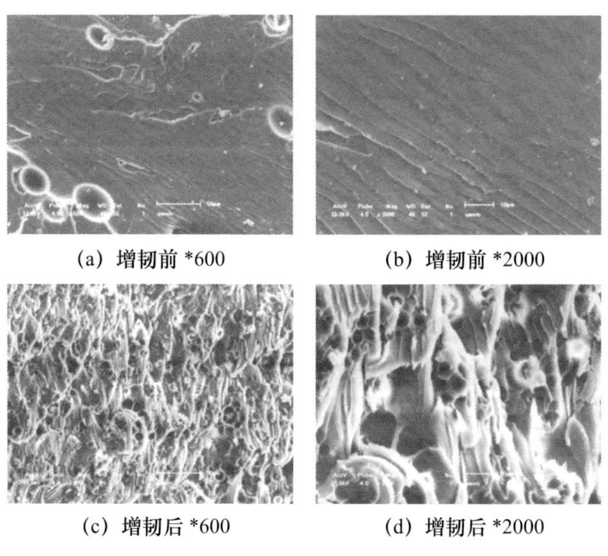

(a) 增韧前 *600　　(b) 增韧前 *2000

(c) 增韧后 *600　　(d) 增韧后 *2000

图 12　糠醛 / 丙酮增韧改性环氧树脂前后的 SEM 照片

（4）水下或潮湿基面修复材料。修补潮湿条件或水下的混凝土裂缝时，水层会在混凝土界面与修补材料之间形成薄弱层。陈磊等采用兼具亲水与憎水性能的固化剂对环氧树脂灌浆材料进行改性，研制出可在潮湿环境下对混凝土裂缝进行加固处理的环氧树脂基修复材料（图 13）。吕联亚制备出黏度低、可操作时间长、可用于水电站坝体混凝土裂缝修复的环氧树脂材料。

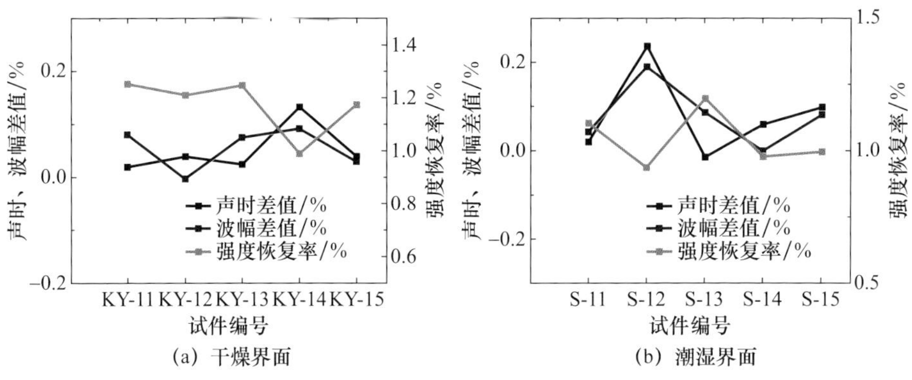

(a) 干燥界面　　(b) 潮湿界面

图 13　混凝土试件修复超声检测结果与强度恢复率

(5) 膨胀自修复材料。氧化镁具有的延迟膨胀的特性已被水利电力工程界认可，并应用于补偿大体积混凝土的温降收缩和干燥收缩。Qureshi 研究了氧化镁活性和掺量对混凝土自修复效果的影响；Dung 等就催化剂和分散剂分别对促进氧化镁的溶解和解决其需水量大的问题进行了研究。

(6) 微生物自修复技术。诱导微生物生成的碳酸钙与水泥基材料具有良好的相容性及环境友好性。钱春香课题组研究了嗜碱芽孢杆菌对混凝土裂缝的修复效果（图 14）。比利时的 Belie 等选用硅凝胶 silicasol 固载细菌，在尿素和 $CaCl_2$ 的混合液中进行浸泡，修复后的混凝土具有更低的渗透率。国内外微生物修复混凝土技术主要针对处于大气中的混凝土，是否可用于修复海洋工程混凝土裂缝亟待验证。

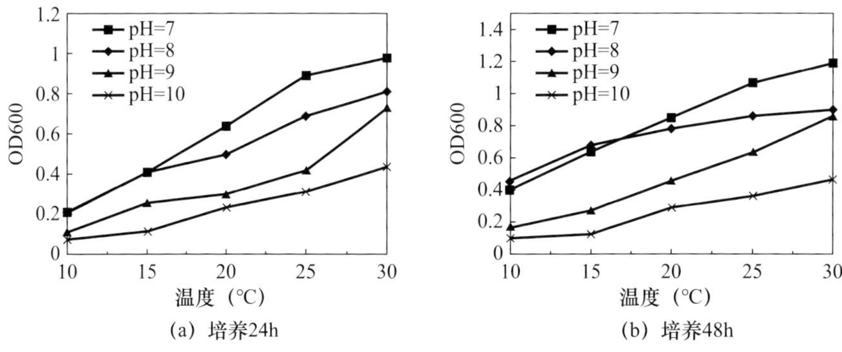

(a) 培养24h　　(b) 培养48h

图 14　Enterobacter sp 菌种在不同 pH 下的生长繁殖情况

（7）微胶囊自修复技术。混凝土构件成型时微胶囊不会被提前消耗掉，裂缝出现后由胶囊释放修复材料，实现对混凝土裂缝的填充。林智扬等选取硅酸钠及膨胀硅酸盐水泥作为微胶囊的自修复组分（图 15），采用挤压喷雾法制备出具有不同比例的混凝土自修复微胶囊。

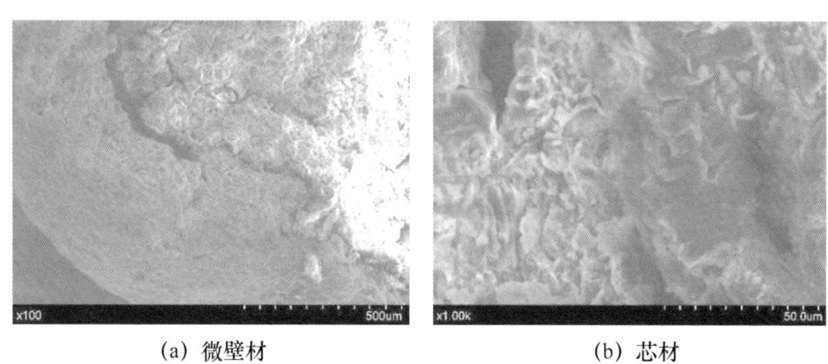

（a）微壁材　　（b）芯材

图 15　微胶囊电镜扫描图像

（三）智能监测及安全评估技术进步

就跟我们人需要定期体检一样，混凝土构筑物的智能检测与安全评估技术进步，可提前发现潜在隐患和风险，指导制定相应的防护与修复措施，是非常关键的一个环节。

（1）海洋工程建（构）筑物腐蚀与防护监测技术。程志平研究了虚拟视景仿真技术在海洋结构物腐蚀防护监测中的应用和实现方法，通过采集到的海洋结构物表面各监测位置的保护电位对海洋结构物的腐蚀防护状态进行评估。对于延长结构使用寿命和降低后期维护费用有着重要意义。

（2）水库大坝安全诊断与智慧管理技术。盛金保等将传统水利与现代信息技术融合，充分应用大数据、人工智能、机器学习等现代信息技术，实现水库大坝安全智能诊断和智慧管理。开发了大型复杂水工结构性能演化测试装备与智能诊断技术、大坝结构与服役环境互馈仿真及智能监控等关键技术（图 16）。最终达到水资源高效利用、确保水库大坝安全以及工程防灾减灾的目的。

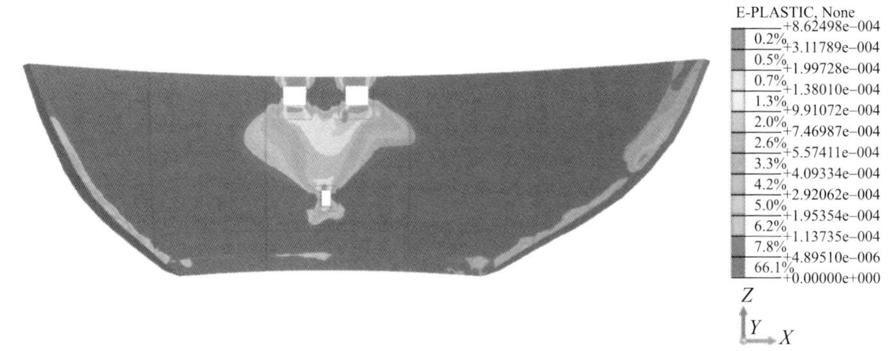

图 16 坝体屈服区计算结果

（3）隧道、管廊智能监测装备及系统。隧道属于隐蔽工程，由于其内部结构的复杂性以及监测等各种困难等原因，导致隧道领域的结构健康监测发展缓慢。张丽等针对地铁隧道结构特点，提出了一种基于新型移动式三维激光测量技术的隧道结构监测方案。柏文锋等采用多传感器联合的监测方案可以对隧道结构的变形情况进行自动化监测，可以及时准确地获取隧道结构的位移变化规律（图 17）。光纤传感技术在盾构隧道监测中非常有效、便捷，具有广泛的应用前景。

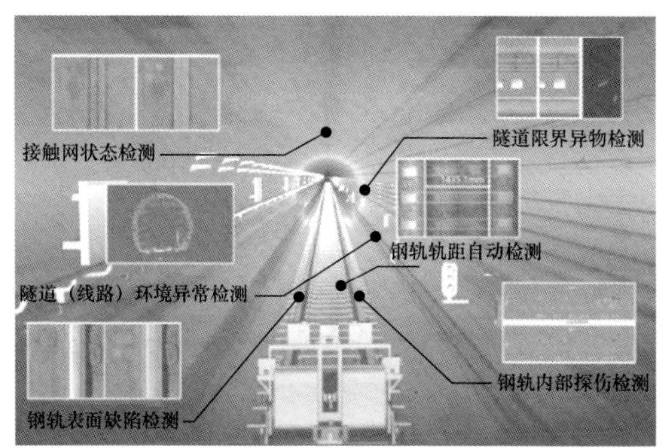

图 17　隧道、管廊智能监测装备及系统

（4）桥梁监测技术。大型桥梁长期暴露于外界环境，其结构损伤的影响因素众多且关系复杂。结构健康监测技术的兴起，为大型桥梁预防性养护管理研究提供了数据支撑。苏丹从全寿命期的视角对结构损伤致因链进行剖析；以结构损伤致因分析结果为重要依据，建立大型桥梁结构健康综合评估模型；依据结构健康监测和评估数据建立预防性养护措施和养护时机多目标决策模型，提高了桥梁预防性养护决策的科学性。

（5）建筑外墙系统安全健康智能监测技术。中国建筑科学研究院有限公司黄靖、王万金等针对建筑外墙存在的问题及潜在缺陷，通过超高清可见光图像扫描技术、等距高清去噪红外扫描技术、可见光多维精准立体扫描技术及独创的高频雷达探测断层扫描技术，完成对建筑墙面进行热工缺陷、空鼓、开裂、渗漏、工法的检测、墙面内部构造缺陷探测识别，可快速实现对建筑外墙及保温层的砂浆黏结率、开裂、空鼓、渗漏等缺陷的定量化测定，安全健康数据可实时云端传输，实现人工智能缺陷的识别以及安全健康状况的评估预测（图 18、图 19）。

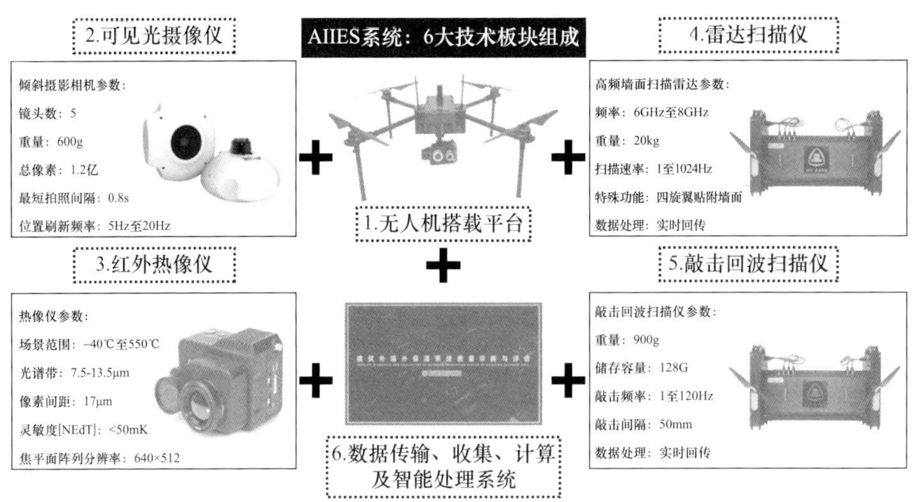

图 18　中国建研院“AIIES·爱思智测”系统组成

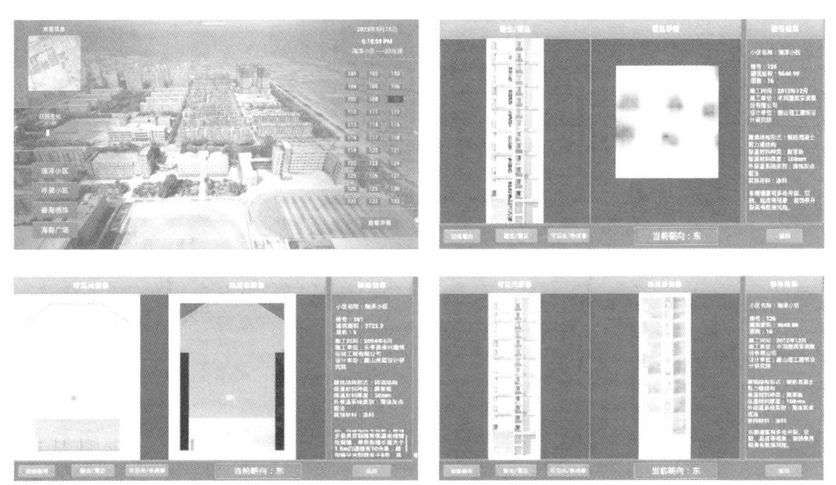

图 19　“AIIES·爱思智测”建筑外围护安全健康智能监测系统

四、新技术的工程项目应用

（一）防护工程项目

（1）青岛胶州湾跨海大桥项目（图 20）。青岛胶州湾跨海大桥海水含盐度高达 29.4‰ ~32.9‰，防腐蚀难度大。项目采用重防腐蚀涂料组合体系，海工高性能混凝土及主桥外加电流阴极保护和混凝土表面涂装防护的组合防护体系，金属表面热喷涂加重防腐蚀组合体系，有效防止了大桥的钢结构暴露在严重的腐蚀环境中。

图 20　青岛胶州湾跨海大桥

（2）黑龙江奋斗水库项目。高寒地区大坝运行期迎水面的坝面混凝土普遍会出现裂缝，进而加重混凝土冻融破坏，加速混凝土结构老化。该高寒坝面防护工程采用高性能脲基聚合物体系，起到了防渗、抗冰拔的一体化防护效果（图 21）。

(a) 施工图（下雨）

(b) 施工图

(c) 施工完成后冬季运行的效果

图 21　黑龙江奋斗水库防护项目施工及运行效果

(3) 柬埔寨200MW双燃料电站项目（图22）。该电站处于应力、燃料以及海洋大气环境等多种因素耦合腐蚀环境。项目突破二维片层材料大规模稳定无损分散及其与树脂界面相容技术，成功开发出系列兼具优异力学性能、长效防腐耐候和特殊功能性（耐高温、耐低温、抗菌阻燃、深海耐压等）的新型海洋重防腐涂料。

图22 柬埔寨200MW双燃料电站项目

（二）修复工程项目

(1) 宁夏长山头渡槽。该工程投入运行年限长，工程老化严重。高水头、高流速、高流量的服役环境对水库大坝工程材料造成了严重的冲击及磨损破坏。项目依靠环氧防护涂层材料的疏水、疏油性能，降低了被防护物体的壁面粗糙度，减少了水流冲击与壁面产生的摩擦力（图23）。

(a) 处理前　　(b) 处理后

图 23　宁夏长山头渡槽内壁涂层降糙防护处理项目

（2）贵广高铁项目。贵广高铁地处西南复杂艰险山区，峡高谷深，施工难度极高；双块式无砟道的道床板与底座板间出现刚性离缝，且修复施工基面潮湿。采用高湿黏结性注浆及封边材料，根据各区段离缝情况合理设置注浆孔径、孔径间距，选取适宜的注浆设备及注浆压力，实现对离缝的注浆修复（图 24）。

图 24　贵广高铁离缝注浆修复现场

（3）天津滨海新区汉沽海挡项目。迎海面混凝土表面出现较大的裂缝、缺损、漏筋等病害。混凝土表面整体喷涂纳米胶Ⅱ型，并对混凝土表面整体涂刷一层表面防护涂层材料。将混凝土的抗氯离子渗透等级由Ⅰ级变为Ⅱ级，氯离子渗透能力增强，极大地提高了混凝土的耐久性。

（三）监测及安全健康评估工程项目

唐山海港经济开发区项目。外墙积累多年的安全隐患风险已进入释放期。将 AIIES·爱思智测系统应用于城市建筑健康安全监测档案系统项目，为构建建筑外围护系统全生命周期安全与健康的智能化、数字化监测新技术体系，城市体检、城市更新以及智慧城市建设提供更系统的解决方案（图 25）。

图 25　城市建筑健康安全监测图

五、我国工程防护与修复技术发展中存在的问题

（1）理念与认识层面的认知不足问题；

（2）防水防护与修复材料的自身长效性、耐久性被忽略；

（3）重材料轻应用现象明显（设计、施工、检测、鉴定和标准化工作跟不上技术的发展与进步）；

（4）缺乏健全的产业工人培训和上岗机制；

（5）缺乏工程健康检测和健康档案；

（6）缺乏足够的政策和责任机制。

六、未来发展趋势及建议

（1）发展工程体检中心——健康监测，建立建（构）筑物的健康档案；

（2）材料研发与应用技术并重，同时注重防护与修复材料自身长效性和耐久性的研究；

（3）“内服外用”结合，并提倡防护修复与装饰一体化技术的发展；

（4）做到科研、生产、设计、施工、工艺装备、试验检测效果评价各环节的均衡发展；

（5）注重上下游的互动、注重行业间的交流、注重专业间的互补、注重学科交叉；

（6）行业顶层设计，梳理并制定系列化标准，规范行业行为，开展行业技术、技能培训，打造专业化的队伍。

参考文献

[1] 秦子凡 . 水泥基材料裂缝修复技术研究 [D]. 合肥：安徽建筑大学 , 2022.

[2] 李化建 , 谢永江 . 我国铁路混凝土结构耐久性研究的进展及发展趋势 [J]. 铁道建筑 , 2016, 56(2):1-8.

[3] 谭盐宾 , 郑永杰 , 李康 , 等 . 双块式无砟轨道现浇混凝土的抗裂性能 [J]. 铁道建筑 , 2021, 61(2):91-94.

[4] 亚丁 , 王玲 , 王振地 . 混凝土冻融 / 盐冻破坏现象、机理和试验方法 [J]. 硅酸盐通报 , 2017, 36(2):491-496.

[5] 李福海 . 冻融环境下桥梁下部结构混凝土抗侵蚀性能研究 [D]. 成都：西南交通大学 , 2007.

[6] 侯保荣 . 海洋腐蚀环境理论及其应用 [M]. 北京 : 科学出版社 , 1999.

[7] 侯保荣 . 海洋腐蚀防护的现状与未来 [J]. 中国科学院院刊 , 2016,31(12):1326-1331.

[8] 车凯圆 . 海洋环境下聚脲涂层老化行为及机理研究 [M]. 青岛：青岛理工大学 , 2019.

[9] DHIR R K, HEWLETT E C, LOTA J S, et al. Dyer T．D．An Investigation Into the Feasibility of Formulating Self-Cure Concrete[J]． Materials and Structures, 1994, 27：606-615

[10] 张芳芳 , 内养护混凝土微观特性定量表征技术研究 [D]. 郑州：华北水利水电大学 , 2022.

[11] ALMUSALLAM A A. Effect of environmental conditions on theproperties of fresh and hardened concrete [J]. Cement & Concrete Composites, 2001, 23(4-5): 353-361.

[12] SOFIA A, MARTINEZ-RAMIREZ S, MOLERO-ARMENTA M, et al. The effect of curing relative humidity on the microstructure of selfcompacting concrete [J]. Construction and Building Materials, 2016(104):154-159.

[13] OMERZ C. Strength of concrete in warm and dry environment [J].Materials and Structures, 1987, 20(4): 270-272.

[14] RIBEIRO A, DIEZ-CASCON J, GONALVES A F. Roller compacted concrete - Tensile strength of horizontal joints [J]. Materials and Structures, 2001, 34(7): 413-417.

[15] 鹿永久 , 王瑞 , 王伟 , 等 . 水分蒸发抑制剂对乌东德水电站混凝土强度的影响研究 [J]. 新型建筑材料 , 2018,45(10):8-11.

[16] 李元浪 . 夏季高蒸发环境下水工混凝土性能提升研究 [J]. 水利科技与经济 , 2021, 27(11):122-126.

[17] 刘加平 , 田倩 , 缪昌文 , 等 . 二元超双亲自组装成膜材料的制备与应用 [J]. 建筑材料学报 , 2010,13(3):335-340.

[18] 李磊 , 王伟 , 田倩 , 等 . JG/T 477—2015《混凝土塑性阶段水分蒸发抑制剂》标准解读 [J]. 混凝土与水泥制品 , 2016,239(3):75-78.

[19] 洪定海 , 王定选 , 黄俊友．电迁移型阻锈剂 [J]．东南大学学报（自然科学版）, 2006, 36(S2):154-159.

[20] 刘志勇 , 缪昌文 , 周伟玲 , 等．迁移性阻锈剂对混凝土结构耐久性的保持和提升作用 [J]．硅酸盐学报 , 2008,36(10):1494-1500.

[21] RAMAKRISHNAN S, SANJAYAN J,WANG X,et al. A novel paraffin/expanded perlite composite phase change material for prevention of PCM leakage in cementitious composites [J].Applied Energy, 2015,157:85-94.

[22] 姜骞，穆松，刘建忠，等．水性渗透结晶材料对混凝土性能提升研究及机理分析 [J]. 新型建筑材料，2016(3):49-53.

[23] 郭超，混凝土结构损伤快速修复砂浆试验研究 [D]. 青岛：青岛理工大学，2022.

[24] 司旭，水泥路面裂缝快速修复材料耐久性分析 [J]. 中国建材科技，2022,31(5)：101-104.

[25] GAMPANART S, PATIMAPON S, SUKSUN H, et al. Physical and mechanical properties of natural rubber modified cement paste[J]. Construction and Building Materials, 2020, 244.

[26] 翟殿钢，曾胜，赵健．纤维高聚物－水泥基注浆材料的研制 [J]. 公路，2022, 67(1):323-326.

[27] 夏冲，李传贵，冯啸，等．水泥粉煤灰－改性水玻璃注浆材料试验研究与应用 [J]. 山东大学学报（工学版）,2022,52(1):66-73.

[28] 石明生，夏洋洋，李逢源，等．深水大坝混凝土裂缝高聚物注浆修复试验研究 [J]. 人民黄河，2022,44(9):135-139.

[29] 张春苗，碳纳米管增强超细水泥灌浆料性能研究 [D]. 西安：长安大学，2019.

[30] 兰富才，叶姣凤．混凝土裂缝修补用改性环氧树脂灌浆材料的抗冻融性能研究 [J].2023,32(2):58-63.

[31] 卫成凤，混凝土潮湿界面环氧基修复材料的改性及修复性能研究 [D]. 徐州：中国矿业大学，2022.

[32] 陈磊，朱虹．三峡升船机上闸首基础 F548 段层化学灌浆加固处理 [J]. 湖南大学学报，2004,31(4):90-94.

[33] 吕联亚．化学灌浆技术在云南某大型水电站坝体裂缝治理中的应用 [J]. 中国建筑防水，2012(1):33-36.

[34] QURESHI T S. Self-healing of drying shrinkage cracks in cement-based materials incorporating reactive MgO[J]. Smart Materials and Structures ,2016,25(8):084004.

[35] DUNG N T,UNLUER C. Improving the performance of reactive MgO cement-based concrete mixes[J].Construction & Building Materials,2016,126:747.

[36] 钱春香，任立夫，罗勉．基于微生物诱导矿化的混凝土表面缺陷及裂缝修复技术研究进展 [J]. 硅酸盐学报，2015,43(5):619.

[37] BELIE N D, MUYNCK W D. Crack Repair in Concrete Using Biodeposition[M].Los Angeles: CRC Press, 2008.

[38] 林智扬 . 微胶囊自修复混凝土的制备及其自修复与力学性能研究 [D]. 镇江：江苏大学，2020.

[39] 程志平 . 海洋结构物腐蚀防护监测及评估技术研究 [D]. 大连：大连理工大学，2007.

[40] 盛金保，向衍，杨德玮，等 . 水库大坝安全诊断与智慧管理关键技术与应用 [J]. 岩土工程学报，2022,44(7):1351-1366.

[41] 张丽，丛晓明，赵生良．移动三维激光扫描技术在隧道结构监测中应用 [J]. 测绘通报，2020(8):153-156.

[42] 柏文锋，王一兆 . 多传感器联合的地铁隧道结构安全监测应用 [J]．工程勘察，2019, 47(6)：66-71.

[43] 赵勇，王敏，高文旗，等 . 分布式光纤传感新技术在盾构隧道结构变形监测中的应用 [J]. 公路，2017,62(7):326-329.

[44] 苏丹 . 大型桥梁结构健康评估及预防性养护多目标决策方法研究 [D]. 北京：北京交通大学，2022.

04 裂缝自修复技术——提升混凝土耐久性的新途径

蒋正武，同济大学特聘教授，先进土木工程材料教育部重点实验室主任，《建筑材料学报》主编，材料科学与工程学院副院长，国家“万人计划”科技创新领军人才，上海市优秀学术带头人。兼任中国建筑学会建材分会副理事长、中国硅酸盐学会理事、中国硅酸盐学会固废分会与水泥分会副理事长、中国建筑学会混凝土基本理论及其应用专业委员会主任、ACI及RELEM中国分会理事、CCC与CCR编委等学术任职。从事可持续水泥基材料、低碳建筑材料、智能自修复水泥基材料、固废资源化等领域研究，先后承担国家“973计划”、国家自然科学基金重点、面上等项目30余项。在《Advanced Materials》《Cement and Concrete Research》《Cement and Concrete Composites》等期刊发表学术论文300余篇，被引6000余次，出版专著、译著7部，获中国发明专利80余项，获得国家级、省部级奖10余项。成果在北盘江大桥、清水河大桥等60多个国家重大工程中应用。

郑乔木，2015—2019年本科就读于重庆大学建筑材料专业，2019年至今博士就读于同济大学材料科学与工程学院土木工程材料系，博士课题从事超高性能混凝土性能劣化及自修复理论的研究。

一、引言

混凝土是当今世界最大宗的建筑材料，被广泛应用于大坝、储罐、海港、道路、桥梁、隧道、地铁等基础建设工程中。但随着结构朝着超高、超长、超大方向不断发展，它的一些不足逐渐凸显，如拉弯荷载承载力较低、韧性较差和耐久性不佳的问题限制了其在苛刻环境下应用的可靠性，混凝土内部裂缝开裂是导致混凝土结构劣化的主要原因，也是影响其耐久性的主要原因，这些缺陷为有害离子的侵蚀提供通道，加速钢筋锈蚀、基体劣化，进而危及结构的安全。如何提升混凝土耐久性对实际工程安全耐久服役具有重要意义。

目前，提升混凝土耐久性的方法众多，针对众多耐久性提升方法与技术，笔者将长寿命混凝土的服役寿命提升技术途径归纳分为三大类途径：(1) 性能自增强；(2) 结构自防护；(3) 损伤自修复，如图 1 所示。其中，前两者为结构出现损伤前的预防措施，而后者为结构出现损伤后的补救措施。传统维护作业中，在人眼不可见或人工不易接近的结构部位，以及在连续服役结构中进行人工修补非常困难。自修复混凝土是一种材料科学中全新发展的领域，该概念起源于生物体在损伤后的自我修复功能，当生物体受伤的时候，会有血液从伤口处流出，形成血凝块堵住伤口，防止伤口进一步发展。基于仿生学理论采用自愈合方法恢复甚至提高材料损伤后的性能，延长结构的服役寿命，是近些年混凝土研究的重要方向。当今各类新兴的混凝土裂缝自修复技术已被大量研究者们探索，并在相关成果中得到总结。本文综述了近年水泥基材料裂缝自修复技术的研究进展，以期能为进一步提高混凝土使用效能和服役寿命提供一定的参考。

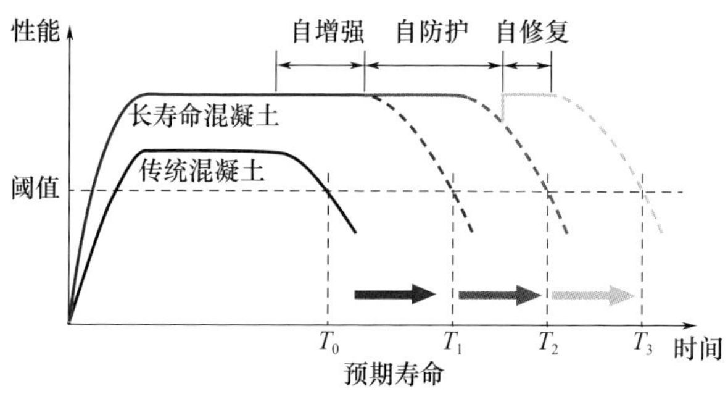

图 1　长寿命混凝土的服役寿命提升的主要技术途径

二、混凝土裂缝自修复技术

国际建筑材料与结构研究试验所联合会（RILEM）自修复委员会（TC-211）根据日本混凝土协会有关混凝土自修复的研究进行了系统的分类，主要包含两大类（图 2）：一类是混凝土基体固有的自修复特性（Autogenous healing）；另一类是人为赋予混凝土的自修复特性（Engineered healing）。这两类自修复特性重叠部分被定义为可通过自身材料组分进一步反应而修复裂缝的能力，被称为自主修复（Autonomic healing），如辅助胶凝材料的火山灰反应、微生物钙化沉积等方式和途径。

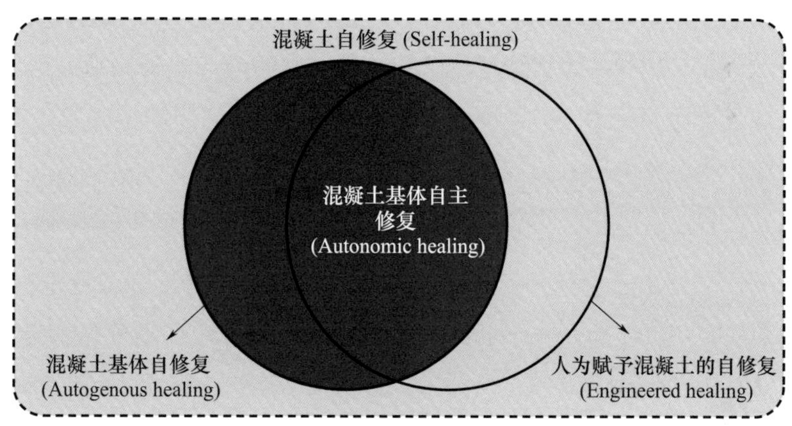

图 2　混凝土工程修复的分类

近些年，国际上提出的自修复新方法或新技术很多。从自修复理论分类来看，混凝土自修复技术包括采用形状记忆合金、中空纤维、微胶囊封装或细菌诱导沉积等自主愈合手段，以及掺加膨胀剂和矿物掺和料、或基于材料内部组分反应的自生愈合方法。每种独特的技术都各有优劣，其有效应用范围也各不相同。未来裂缝自修复技术的研究方向更可能向微胶囊或中空纤维等创新技术发展，但基于材料内部反应的自生愈合方法也在基体组分原始性和经济性等方面具有优势。

（一）裂缝自愈合

水泥基材料裂缝的自愈合行为主要源自三种途径（图 3）：一是裂缝周围

基体中的 C-S-H 凝胶等组分发生溶胀，并将额外水分吸收到其成分间的空隙中，从而减小裂缝宽度以达愈合效果；二是组分中未水化胶凝材料二次水化，生成 C-S-H 凝胶等水化产物，或者水化产物中的 $Ca(OH)_2$ 与水、溶解的 CO_2 发生反应，生成 $CaCO_3$ 沉淀进行愈合（沉淀过程主要与温度、反应物浓度、孔溶液 pH 有关）；三是裂缝表面的剥落颗粒和水中原有杂质对裂缝进行填充，也可达到愈合作用。

相较于普通混凝土，最近兴起的超高性能混凝土（UHPC）具有两大明显不同的基本特性。其一，UHPC 胶凝材料用量大，但水胶比很低，基体内部存在大量未水化水泥和辅助胶凝材料，因此具有极强的二次水化和火山灰反应能力。其二，UHPC 致密的基体结构和纤维增韧效应也使其裂缝形成的几何特征异于普通混凝土。由于钢纤维超高的弹性模量，当拉伸应变达到 0.2% 时（钢筋屈服应变附近），高应变硬化 UHPC 的裂缝宽度一般仅为 20~30μm，相关研究表明，更窄的裂缝宽度有利于提高水泥基材料的自愈合效率。

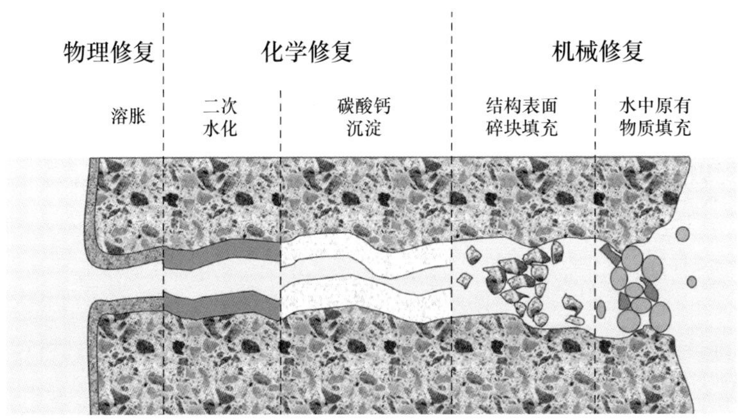

图 3　混凝土自生自修复机理示意图

（二）裂缝自主自修复

1. 微胶囊自修复

微胶囊自修复是把修复材料存储在微胶囊内部，在外界环境刺激下（例如裂缝作用）使内部的囊芯材料释放出来从而起到修复作用（图4）。微胶囊是一种球形的载体，它可以全方位无死角地与潜在损伤接触（如裂缝），这样可以提高触发的成功率。另外胶囊的尺寸可以根据研究需要进行设计以满足不同的要求，所以把修复剂放入微胶囊中是其中一种最好的包裹手段。

目前混凝土耐久性问题面临两个主要目标：裂缝开裂和混凝土钢筋锈蚀，微胶囊自修复体系则相应地分成了物理自修复和化学自修复两大分支。物理自修复主要针对混凝土内部裂缝的智能检测和对其进行及时的修复。而化学自修复主要针对混凝土内部化学环境进行平衡调节，进而对混凝土内部钢筋进行智能阻锈。虽然微胶囊自修复体系（物理修复和化学修复）已经被研究和开发了二十多年，从最初概念化的设想，到后来的实际性材料的研发，都取得了很多突破性的成果。从自修复机制上讲，微胶囊自修复根据混凝土中的修复目标可分为物理修复（即裂缝修复）和化学修复（即钢筋阻锈）两大类。

目前，对于微胶囊化学自修复体系的研究已经有了初步的探索，也取得了一些有价值的科研进展。但是，还有问题亟待去探究和克服。如：(1) 目前的化学触发式微胶囊的种类还非常少，需要根据不同有害离子侵蚀问题研发具有针对性的微胶囊化学自修复体系；(2) 微胶囊化学自修复体系的整个触发、释放以及修复机理还缺乏成体系的研究；(3) 微胶囊化学自修复体系的时效性也是需要探讨和优化的重要议题。

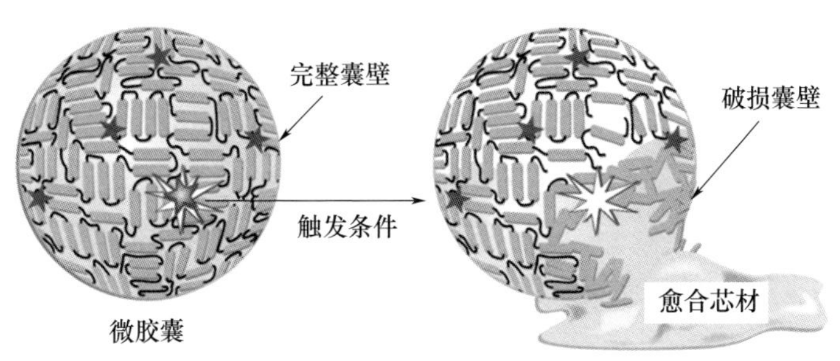

图4 微胶囊自修复技术

2. 中空纤维自修复

中空纤维自修复混凝土的修复机制是首先把修复剂储存在中空的纤维管内部，而此纤维管同时连接着混凝土内部和外部。当裂缝产生把纤维管切断时，其内部的修复剂流出把裂缝填补（图 5）。一般这种体系包括两种基本的分支，第一种修复剂是单一组分的体系，单一修复剂就可以把裂缝填补。第二种修复剂是复合组分的体系，需要两种或以上的修复相互作用后填补裂缝。目前，对前者中空纤维管自修复体系研究比较多的是采用氰基丙烯酸盐黏合剂作为修复材料并把修复剂储存在玻璃管中。管道的一端暴露在空气当中并弯曲以便存储修复剂。当玻璃管被裂缝破坏后，修复剂通过管道添加到裂缝处对裂缝实现修复作用。复合双组分的修复方式也被研究，主要通过两根玻璃管储存修复剂并连通到外部环境。其中一根管道储存环氧树脂，另外一根则储存能和环氧树脂发生固化反应的材料。在裂缝作用下，两根管都发生破裂，管内的修复剂都同时流出发生聚合反应将裂缝填补。

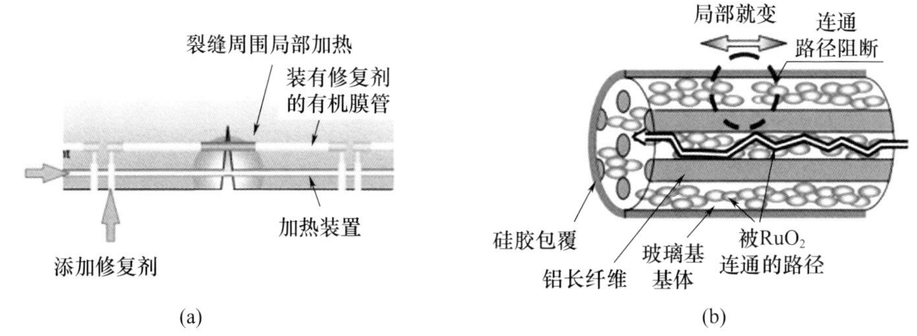

图 5　中空纤维自修复技术

(a)具有自检效果的中空管自修复网络；(b)具有自检功能的中空纤维管结构

3. 微生物矿化自修复

微生物矿化自修复是一种环境友好型的修复方法。此方法利用尿素分解菌添加到混凝土中，该菌种可以通过矿化的方法把碳酸钙沉积在微裂缝的区域从而对裂缝进行修复（图 6）。微生物矿化的修复体系受很多因素影响：无机碳的溶解度，pH，钙离子的浓度和成核的区域。前三个因素提供给微生物生成代谢的条件，而微生物的细胞壁则作为反应的场所。首先，被埋入混凝土中的微生物孢子（bacteria）一直处于休眠状态。其次，当其外界环境发生变化（主要是因为产生裂缝）导致氧气和湿度的变化，在这些条件作用下，一直处于休眠状态的微生物孢子被激活。最后，通过微生物矿化作用，生成矿物沉淀在裂缝附近对裂缝进行修复。

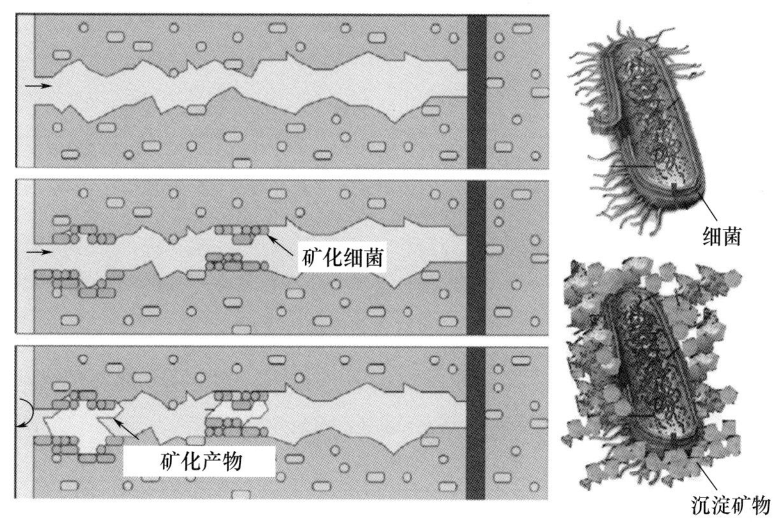

图6　微生物矿化自修复技术

4. 自溶矿物自修复

自溶作用是生物体特有的现象，是指生物细胞的自我毁灭（cellular self-destruction），即在一定的环境条件下生物体中的溶酶体将酶释放出来将自身细胞降解的过程。在正常情况下，溶酶体的膜是十分稳定的，溶酶体的酶也安全地被包裹在溶酶体内，不会对细胞自身造成伤害。如何充分利用自溶作用原理，将其与矿物自愈合方法结合起来，制备出可控缓释自溶型矿物修复材料，可有效解决目前矿物自愈合法存在的矿物过早参与水化反应、自修复过程无法自主控制这一难题，从而实现被动修复向主动修复的转变。因此，笔者基于生物体自溶作用原理，开发出一种适用于混凝土裂缝的自溶型矿物自修复系统，如图 7 所示。自溶型矿物自修复方法的核心思想是在合适的矿物微粒表面包覆一层膜层，在混凝土内部碱性环境作用下，包覆膜逐渐溶解，在无外界水作用下矿物处于休眠状态或矿物离子扩散到混凝土内部，当混凝土内部产生微裂缝，外部水分渗透到裂缝中，激活释放出的矿物发生水化反应，生成的水化物或结晶产物填充混凝土裂缝。该方法不仅可密实裂缝，而且能较好地使混凝土力学强度得到恢复，实现裂缝的自主控制。

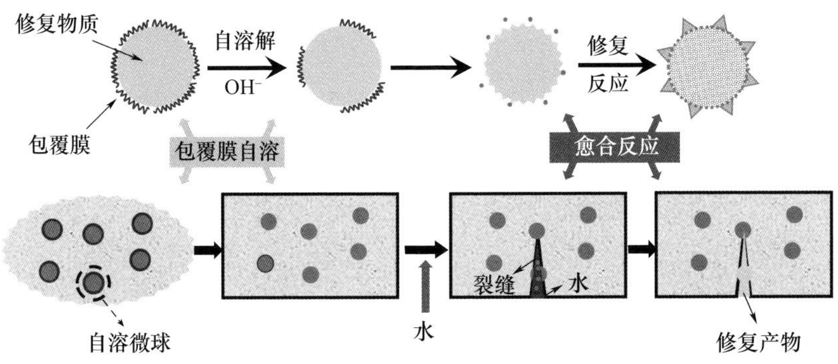

图 7　自溶矿物自修复技术

三、混凝土裂缝自修复技术表征方法

（一）宏观性能

1. 裂缝宽度与裂缝闭合率

混凝土在基于矿物反应作用下自我修复裂缝时，其表面裂缝宽度逐渐变小，可利用显微镜等观察裂缝修复情况并测量表面裂缝宽度，分析其随自修复时间的变化，评价裂缝自修复效果。需要强调的是，在裂缝修复过程中修复产物在裂缝中的形成是一个非均匀成核—结晶过程，具有非均匀性的特点。在有利于成核—结晶的位点上，自修复产物迅速结晶长大，并导致其他位置的自修复产物非常有限，因此在同一裂缝中常出现在某些部位具有较大的裂缝闭合率，而某些部位则基本未被自修复产物填充。这导致不同位置在相同自修复时间下裂缝宽度的离散性较大。对于同一自修复功能组分而言，具有相近初始宽度的裂缝经过相同时间修复后剩余裂缝宽度波动较大，有的剩余宽度为 0，但有的仍然接近初始宽度，甚至会出现初始宽度大的裂缝修复后的剩余宽度远小于初始宽度小的裂缝的剩余宽度。因此，以表面裂缝宽度评价自修复效果时需尽量取多处观察点，以保证结果具有足够的代表意义。此外，裂缝闭合率对比不同矿物组分的自修复效果时，裂缝初始宽度需尽可能相近。大量研究证实，在相同情况下裂缝初始宽度越大自修复引起的裂缝闭合越困难，因此只有在裂缝初始宽度相近时，以裂缝闭合率分析自修复效果才有意义。

2. 水渗透性和吸水性

可通过测试开裂混凝土试样在自修复过程中水渗透性的变化来评估裂缝自修复效果。开裂混凝土的水渗透性通常采用滴漏装置进行测试。试验可根据具体情况确定水位高度，但在测试过程中应保持一致，以保证不同试样间和同一试样不同测试时间内的水头一致，从而使水渗透结果具有可比性。试验过程中可记录某一固定时间段内通过开裂混凝土试样的水的质量。在混凝土试样开裂后可先测试初始渗水量。因该测试过程通常只持续数分钟，此过程中的自修复反应的影响可忽略。此后，继续测试试样在自修复不同时间后的渗水量。相对渗透系数越小，水渗透量在自修复后降低越显著，裂缝自修复效果越好。除了水渗透性测试外，还可通过测试开裂混凝土在自修复前后的吸水性来评价自修复效果。

3. 离子渗透系数

与自修复降低水渗透性相似，开裂混凝土自修复后离子渗透性下降，即抗离子渗透性上升，这主要由于自修复产物对裂缝通道有阻碍甚至封堵作用。氯离子渗透性普遍采用快速氯离子渗透法来测试。试验可分别对没有开裂、开裂以及裂后自修复养护一定时间的试件用快速氯离子渗透法测试氯离子迁移系数进行对比。

4. 力学性能恢复

上述水渗透性和离子迁移性指标的测试主要从开裂混凝土耐久性恢复的角度评价自修复效果。实际上，人们除了关注裂缝自修复对开裂混凝土耐久性的恢复外，也关注其对开裂混凝土力学性能的恢复。因此，也提出了以混凝土力学性能恢复率来评价裂缝自修复效果。力学性能恢复率通常包括抗压强度、抗折强度和弹性模量的恢复率。

（二）微观特性

在材料的愈合过程中，力学性能和传输性能分别由材料结构的再生和材料缝隙的填充而恢复，二者均与裂缝的闭合过程密切相关，自修复产物的生成与沉积则是决定性因素。除了通过力学和传输等宏观性能反映材料的自愈合性能，各类裂缝愈合的微观表征技术也被研究者们证实行之有效。相较于宏观性能间接反映愈合效率，微观技术能直接针对病害裂缝的愈合状态进行监测。表 1 对水泥基材料裂缝愈合研究中采用过的微观表征技术进行了总结。

表 1　水泥基材料裂缝自修复技术表征技术

修复类型	基体类型	修复技术	表征技术
自发修复	砂浆	二次水化	扫描电镜
	普通混凝土	膨胀高分子材料；二次水化；碳化；碳化钢渣骨料	扫描电镜；超声脉冲
	超高性能纤维增强混凝土	二次水化；碳化	目视；扫描电镜
	超高性能混凝土	二次水化；碳化	目视；扫描电镜；超声脉冲；声发射
自主修复	水泥净浆	矿化微生物微胶囊；含 Ca^{2+} 离子修复剂	场发射扫描电镜
	砂浆	树脂；矿化微生物；微胶囊	目视，场发射扫描电镜；声发射
	纤维混凝土	矿化微生物	扫描电镜
	普通混凝土	高分子胶囊；矿化微生物	目视；扫描电镜
	超高性能混凝土	树脂类修复材料	背散射扫描电镜；X 射线断层扫描

四、结语

裂缝自修复技术是提升混凝土耐久性的重要途径之一。微米级裂缝在绝大多数时都会对混凝土的力学性能和耐久性能造成负面影响，虽然很难将它们完全消除，但尽可能减小裂缝形成宽度，便能利用有效的自修复技术将其损害降到最低。自愈合胶凝材料已被开发用于对抗机械载荷和复杂环境条件造成的损伤。迄今为止，已有多种自愈合机制得到验证。自主自修复是基于本征自修复和生物自修复相关机制发展起来的，具有自我感知和自我调节等智能特性，可同时修复多种尺度下的裂缝。新机制、先进方法和新技术的启动有望促进裂缝的智能自修复，这些新方法的关键在于对仿生方法的研究。同时，建立新的表征手段来表征自修复行为是必要的。目前，自修复技术还存在愈合效率低、应用成本高、长期可靠性低等问题。多尺度和多重愈合是未来自修复效能表征研究最具前景的两个方面。我们还需在上述所有方面共同努力，使自修复混凝土不仅向高效化、仿生化、智能化方向开展纵深基础研究，更是面向实际工程应用需求不断拓展向实用性、安全性以及经济性方向应用研究。坚信未来，众多裂缝自修复混凝土新技术将在工程实践中落地生根，为混凝土工程提供长寿命服役保证。

参考文献

[1] NISHIWAKI T. Fundamental study on development of intelligent concrete with self-healing capability [D]. Sendai-shi: Tohoku University, 1997.

[2] 蒋正武 . 水泥基自修复材料 : 理论与方法 [M]. 上海 : 同济大学出版社 , 2016: 1-28.

[3] 陶宝祺 , 梁大开 , 熊克 , 等. 形状记忆合金增强智能复合材料结构的自诊断、自修复的研究 [J]. 航空学报 , 1998, 19(2): 250-252.

[4] WU B, OU Y L. Experimental study on tunnel lining joints temporarily strengthened by SMA bolts [J]. Smart Materials and Structures, 2014, 23(12): 1-10.

[5] DRY C. Matrix cracking repair and filling using active and passive modes for smart timed release of chemicals from fibers into cement matrices [J]. Smart Materials and Structures, 1999, 3(2): 118-132.

[6] DRY C. Procedures developed for self-repair of polymer matrix composite materials [J]. Composite Structures, 1996, 35(3): 263-269.

[7] DRY C, MCMILLAN W. Three-part methylmethacrylate adhesive system as an internal delivery system for smart responsive concrete [J]. Smart Materials and Structures, 1999, 5(3): 297-300.

[8] DONG B, FANG G, WANG Y, et al. Performance recovery concerning the permeability of concrete by means of a microcapsule based self-healing system [J]. Cement and Concrete Composites, 2017(78): 84-96.

[9] WHITE S R, SOTTOS N R, GEUBELLE P H, et al. Autonomic healing of polymer composites [J]. Nature, 2001, 409(6822): 794-797.

[10] BOH B, SUMIGA B. Microencapsulation technology and its applications in building construction materials [J]. Materials Geoenvironment, 2008, 55: 329-344.

[11] HUANG H L, YE G. Application of sodium silicate solution as self-healing agent in cementitious materials [C]// International RILEM Conference on Advances in Construction Materials through Science and Engineering, 2011: 530-536.

[12] JEFF H D, YASUDA H Y. Self-healing materials: an alternative approach to 20 centuries of materials science [J]. Chemistry International-Newsmagazine for IUPAC, 2008, 30(6): 20-21.

[13] JONKERS H M, THIJSSEN A, MUYZER G, et al. Application of bacteria as self-healing agent for the development of sustainable concrete [J]. Ecological Engineering, 2010, 36(2): 230-235.

[14] DICK J, WINDT W D, GRAEF B D, et al. Bio-deposition of a calcium carbonate layer on degraded limestone by Bacillus species [J]. Biodegradation, 2006, 17(4): 357-367.

[15] XU J, YAO W. Multiscale mechanical quantification of self-healing concrete incorporating non-ureolytic bacteria-based healing agent [J]. Cement and Concrete

Research, 2014(64): 1-10.

[16] LING H, QIAN C X. Effects of self-healing cracks in bacterial concrete on the transmission of chloride during electromigration [J]. Construction and Building Materials, 2017(44): 406-411.

[17] LI W T, DONG B Q, YANG Z X, et al. Recent advances in intrinsic self-healing cementitious materials [J]. Advanced Materials, 2018, 30(17): 1705679.

[18] KISHI T, AHN T H, HOSODA A, et al. Self-healing behavior by cementitious recrystallization of cracked concrete incorporating expansive agent [C]// Proceedings of First International Conference on Self-Healing Materials, The Netherlands, 2007: 1-10.

[19] AHN T H, KISHI T. Crack self-healing behavior of cementitious composites incorporating various miner admixtures [J]. Journal of Advanced Concrete Technology, 2010(8): 171-186.

[20] SISOMPHON K, COPUROGLU O, KOENDERS E A B. Surface crack self-healing behaviour of mortars with expansive additives [C]// 3rd International Conference on Self-Healing Materials, UK, 2011: 44-45.

[21] QIAN S, ZHOU J, ROOIJ M R D, et al. Self-healing behavior of strain hardening cementitious composites incorporating local waste materials [J]. Cement and Concrete Composites, 2009, 31(9): 613-621.

[22] YANG Y, LEPECH M D, YANG E H, et al. Autogenous healing of engineered cementitious composites under wet-dry cycles [J]. Cement and Concrete Research, 2009, 39(5): 382-390.

[23] KAN L L, SHI H S, SAKULICH A R, et al. Self-healing characterization of engineered cementitious composite materials [J]. ACI Materials Journal, 2010, 107(6): 617-624.

[24] HERBERT E, LI V. Self-healing of microcracks in engineered cementitious composites (ECC) under a natural environment [J]. Materials, 2013, 6(7): 2831-2845.

[25] OZBAY E, SAHMARAN M, LACHEMI M, et al. Self-healing of microcracks in high-volume fly-ash-incorporated engineered cementitious composites [J]. ACI Materials Journal, 2013, 110(1): 33-43.

[26] SAHMARAN M, YILDIRIM G, ERDEM T K. Self-healing capability of cementitious

composites incorporating different supplementary cementitious materials [J]. Cement and Concrete Composites, 2013, 35: 89-101.

[27] YILDIRIM G, LACHEMI M, OZBAY E, et al. Self-healing ability of cementitious composites: Effect of addition of pre-soaked expanded perlite [J]. Magazine of Concrete Research, 2014, 66: 409-419.

[28] YILDIRIM G, SAHMARAN M, AHMED H U. Influence of hydrated lime addition on the self-healing capability of high-volume fly ash incorporated cementitious composites [J]. Journal of Materials in Civil Engineering, 2014, 27(6): 04014187.

[29] TITTELBOOM K V, BELIE N D. Self-healing in cementitious materials-a review [J]. Materials, 2013, 6(6): 2182-2217.

[30] LI V C, EMILY H. Robust self-healing concrete for sustainable infrastructure [J]. Advanced Concrete Technology, 2012, 10(6): 207-218.

[31] REINHARDT H W, JONKERS H, VAN TITTELBOOM K, et al. Recovery against environmental action [C]// RILEM 11, Self-healing Phenomena in Cement-based Materials, Springer, 2013: 65-17.

[32] EDVARDSEN C. Water permeability and autogenous healing of cracks in concrete [J]. ACI Materials Journal, 1999, 96: 448-455.

[33] YILDIRIM G, KESKIN Ö K, KESKIN S B, et al. A review of intrinsic self-healing capability of engineered cementitious composites: Recovery of transport and mechanical properties [J]. Construction and Building Materials, 2015, 101: 10-21.

[34] 安明喆 , 刘亚州 , 张戈 , 等 . 再水化作用对超高性能混凝土基体显微结构和水稳定性的影响 [J]. 硅酸盐学报 , 2020, 48(11): 1722-1731.

[35] DIDIER S, KIM V T, STIJN S, et al. Self-healing cementitious materials by the combination of microfibres and superabsorbent polymers [J]. Journal of Intelligent Material Systems and Structures, 2014, 25(1): 13-24.

[36] HOSODA A, KOMATSU S, AHN T, et al. Self healing properties with various crack widths under continuous water leakage [C]// Concrete Repair, Rehabilitation & Retrofitting II, vol. 2, Taylor & Francis Group, 2009: 221-228.

[37] PANG B, ZHOU Z, HOU P, et al. Autogenous and engineered healing mechanisms of carbonated steel slag aggregate in concrete [J]. Construction and Building Materials,

2016, 107(Mar.15): 191-202.

[38] FERRARA L, KRELANI V, MORETTI F, et al. Effects of autogenous healing on the recovery of mechanical performance of high performance fibre reinforced cementitious composites (HPFRCCs): Part 1 [J]. Cement and Concrete Composites, 2017, 10(83): 76-100.

[39] AHN T H , KIM D J , KANG S H. Crack self-healing behavior of high performance fiber reinforced cement composites under various environmental conditions [C]// 13th ASCE Aerospace Division Conference on Engineering, Science, Construction, and Operations in Challenging Environments, and the 5th NASA/ASCE Workshop on Granular Materials in Space Exploration, 2012.

[40] KIM S, YOO D Y, KIM M J, et al. Self-healing capability of ultra-high-performance fiber-reinforced concrete after exposure to cryogenic temperature [J]. Cement and Concrete Composites, 2019, 104: 103335.

[41] GUO J Y, WANG J Y, WU K. Effects of self-healing on tensile behavior and air permeability of high strain hardening UHPC [J]. Construction and Building Materials, 2019, 204: 342-356.

[42] BEGLARIGALE A, VAHEDI H, EYICE D, et al. Novel test method for assessing bonding capacity of self-healing products in cementitious composites [J]. Journal of Materials in Civil Engineering, 2019, 31(4): 1-12.

[43] LIU B, ZHANG J L, KE J L, et al. Trigger of self-healing process induced by EC encapsulated mineralization bacterium and healing efficiency in cement paste specimens [C]// 5th International Conference on Self-Healing Materials, Durham North Carolina’s Bull City, 2015: 1-4.

[44] HUANG H , YE G. Self-healing of cracks in cement paste affected by additional Ca^{2+} ions in the healing agent [J]. Journal of Intelligent Material Systems and Structures, 2014, 26(3): 309-320.

[45] ARIFFIN N F, HUSSIN M W, MOHD SAM A R, et al. Degree of hardening of epoxy-modified mortars without hardener in tropical climate curing regime [J]. Advanced Materials Research, 2015(1113): 28-35.

[46] RAHMAN A, SAM M, ARIFFIN N F, et al. Performance of epoxy resin as self-healing

agent [J], Jurnal Teknologi. 2015(16): 9-13.

[47] XU J, YAO W. Multiscale mechanical quantification of self-healing concrete incorporating non-ureolytic bacteria-based healing agent [J]. Cement and Concrete Research, 2014, 64: 1-10.

[48] STUCKRATH C, SERPELL R, VALENZUELA L M, et al. Quantification of chemical and biological calcium carbonate precipitation: Performance of self-healing in reinforced mortar containing chemical admixtures [J]. Cement and Concrete Composites, 2014(50): 10-15.

[49] FEITEIRA J, GRUYAERT E, DEBELIE N. Self-healing of dynamic concrete cracks using polymer precursors as encapsulated healing agents [C]// 5th International Conference on Concrete Repair, Belfast, Ireland, 2014: 65-69.

[50] WANG J Y, SNOECK D, VLIERBERGHE S V, et al. Application of hydrogel encapsulated carbonate precipitating bacteria for approaching a realistic self-healing in concrete [J]. Construction and Building Materials, 2014, 68(68): 110-119.

[51] VIRGINIE W, JUNKER H M. Self-healing of cracks in bacterial concrete [C]// 2nd International Life Symposium on Service Life Design For Infrastructures, 2011: 825-831.

[52] LUO M, QIAN C X, LI R Y. Factors affecting crack repairing capacity of bacteria-based self-healing concrete [J]. Construction and Building Materials, 2015, 87(15): 1-7.

[53] GARCÍA CALVO J.L, PÉREZ G, CARBALLOSA P, et al. Development of ultra-high performance concretes with self-healing micro/nano-additions [J]. Construction and Building Materials, 2017(138): 306-315.

 特种工程结构耐久性提升关键路径——防护修复加固

宋作宝，工学博士，教授级高级工程师，硕士研究生导师。现任中国建筑材料科学研究总院有限公司党委委员、副总经理，瑞泰科技股份有限公司党委书记、董事长，中建材中岩科技有限公司党总支书记、董事长。兼任建材行业防护修复与加固材料工程技术中心主任、中国混凝土与水泥制品协会副会长、中国建筑材料联合会混凝土学部首批委员、中国大坝工程学会水工混凝土建筑物检测与修补加固专业委员会委员、中国建筑材料联合会混凝土外加剂分会第九届理事会理事，北京科技大学、北京工业大学、青岛农业大学兼职教授。作为项目负责人承担国家级科研项目 2 项、军民融合项目 1 项、省市级项目 20 余项，发表学术论文 26 篇，授权发明专利 11 项，主持和参与制定国标、行标等标准 23 部，荣获省部级科技奖励 8 项。

朱玉雪，博士在读，高级工程师。现任中建材中岩科技有限公司防护修复加固事业部总经理，兼任建材行业防护修复与加固材料工程技术中心副主任，作为主要参与人承担国家级与省部级科研项目 4 项，主持和参与标准制定 5 部，发表学术论文 10 余篇，授权发明专利 40 余项，荣获省部级科技奖励 8 项。

武　斌，硕士研究生，工程师。现任中建材中岩科技有限公司市场部副部长，作为主要参与人承担国家级与省部级科研项目 2 项，作为子

课题负责人承担国家重点研发计划 1 项，发表学术论文 6 篇，授权发明专利 10 余项。

一、引言

高速铁路、大型机场、超级大坝、跨海大桥、核电工程、地下工程、风电工程等各类特种工程建造设计标准屡创新高、建造技术不断推陈出新、运行环境复杂严苛且多变。为满足其设计使用寿命，需要针对特种工程在运行中出现的各类病害深入分析其产生的根本原因，结合使用环境不断探索其耐久性提升技术。特种工程防护修复与加固技术的探索，一方面可以延长结构的使用寿命，实现投资少、工期短、省空间等经济效益，另一方面可以提高建筑工程结构的安全性，保证人民生命财产安全，维护社会稳定。

下面将综述各类特种工程常见病害并分析其耐久性不足的原因，结合典型工程案例介绍特种工程防护修复与加固关键材料及技术。

二、特种工程常见病害

（一）高速铁路工程

自 350km/h 的京津城际铁路开通以来，我国高铁已完成了“四横四纵”的建设，加快向“八横八纵”网络迈进，营运里程达到 4 万 km。我国高速铁路通过使用无砟轨道道床结构、提高桥隧比以确保行车安全性和舒适性。无砟道床结构是以整体混凝土结构代替传统有砟轨道中的轨枕和散粒体碎石道床的轨道结构。无砟轨道根据线下基础类型可分为路基段、桥梁段和无砟轨道。

路基段常见病害为不均匀沉降、翻浆冒泥导致的道床底部脱空；桥梁段主要病害为梁体墩柱混凝土剥落掉块、偏移、横隔板损伤等病害；无砟轨道主要病害包括轨道板及道床板裂缝、层间离缝、轨道板上拱、底座板或支承层脱落掉块及冻胀老化。其中，现浇混凝土底座板、支承层在东北严寒地区、高海拔地区冻害尤为严重；现浇混凝土道床板在南方地区沙化、开裂现象居多；路基不均匀沉降导致的脱空病害在路基、桥梁、隧道过渡段最为突出。隧道所处地质环境复杂多变，目前运营中的隧道存在衬砌开裂渗漏、二衬脱空、围岩结构变形等常见病害。公路工程中桥隧相关病害具有共同特征，不再赘述。

（二）地下工程

截至 2022 年底，我国城市轨道交通运营线路 275 条、运营里程 8735.6km，其中地铁线路 7664.0km。全国累计开工建设管廊项目 1647 个、长度 5902km，形成廊体 3997km。此外，电力、热力、矿井等地下隧道设施市场存量巨大。

地铁工程轨道结构与高铁相似，为整体混凝土道床结构，主要存在支承块损伤、道床混凝土裂缝、道床离缝空鼓病害。地下盾构工程采用预制混凝土管片，明挖等工程则以现浇混凝土为主。受土体、降水、周围建筑物沉降等影响，地下工程混凝土病害多见于混凝土损伤、渗漏水、防水失效、错台。地下工程病害整治过程应充分考虑所处的地热环境、高湿环境、矿井可燃性气体环境，以及整治工程对地质稳定性、地下水安全性的影响。

（三）机场及公路工程

我国机场工程中，水泥混凝土道面占总量的 90% 以上，沥青混凝土道面占比较少。国际民航组织统计数据显示，欧美地区机场跑道道面六成以上为沥青混凝土道面。我国高等级公路以沥青路面为主，低等级公路以水泥混凝土路面为主。

水泥混凝土道面的主要病害包括道面混凝土沙化、开裂、剥落、麻面、露骨料、坑洞、边角破损、板块断裂、板间错台、板底脱空、板间嵌缝材料老化失效、伸缩缝损伤失效等。沥青混凝土路面则容易出现沥青老化现象，常见病害主要有裂缝、车辙、泛油、坑槽等类型。此外，高海拔地区沥青混凝土老化尤为严重。

（四）水利工程

截至2022年底，我国已建成各类大坝23841座，占全世界的40%，水库、水闸、江河防堤工程总量均为世界之最。

钢筋混凝土结构在水利工程中的应用非常广泛。水工混凝土具有结构体积大、长期与环境水接触等特点，对混凝土的抗渗、抗冻、抗侵蚀、耐磨、温控防裂以及技术经济性有较高的要求。水利工程混凝土结构中最常见问题为：裂缝、渗漏与溶蚀、冲刷磨损和气蚀破坏、冻融破坏、碳化和钢筋锈蚀、水质侵蚀及碱－骨料反应。在这几种常见的问题中，混凝土裂缝是最为常见且较难避免的一种缺陷，而贯穿性裂缝又是产生渗漏与溶蚀的主要原因，同时，挡水建筑物的渗漏又会加剧混凝土裂缝的产生和发展。

（五）海洋工程

海港工程与水利工程相似，面临着裂缝、渗漏等常见病害的威胁；由于其占地面积大、沉降病害也不可避免。港口码头、跨海大桥、海上钻井平台、临海核电工程等海洋工程结构长期处于高腐蚀环境中，此类工程往往比水利设施、跨河大桥工程的腐蚀程度更高，常见于严重的钢筋锈胀、混凝土开裂剥落、冲蚀破坏、墩柱承载面积不足、钢结构腐蚀等。高氯离子浓度、大气碳化、海洋生物腐蚀、冲蚀是此类工程病害产生的主要原因，浪溅区高湿、高腐蚀环境下结构病害尤甚。

（六）核电工程及地下实验室

中国核电厂均地处沿海地区，钢筋混凝土结构是核电厂使用最为广泛的结构，此类工程建设、防护、修复与加固工程不仅需要考虑海洋腐蚀环境，还应充分考虑工程材料的防辐射性能。

2019 年 5 月 6 日，国家国防科技工业局批复中国北山高放废物地质处置地下实验室工程建设立项建议书，标志着我国高放废物地质处置正式进入地下实验室阶段。《放射性废物安全管理条例》规定“高水平放射性固体废物和 α 放射性固体废物深地质处置设施关闭后应满足 1 万年以上的安全隔离要求”。因此，高放废物处置地下实验室工程对工程结构稳定性要求极高，缓冲回填工程水—热—力—化学耦合作用下耐久性尤为重要。

（七）风电工程

中国明确提出 2030 年碳达峰与 2060 年碳中和的“双碳”目标。双碳政策支持下，中国持续推进能源结构调整，风能和太阳能将成为我国发展最快的能源类型。2021 年底，中国风电累计装机 3.2 亿千瓦，其中陆上风电累计装机 3.0 亿千瓦，占比 92%。风电逐步向风机大型化和海上风电领域发展。

每一台风机自运营开始，便不分昼夜地运作 20~30 年。风电结构包括基础环、塔筒、主机和叶片。风电基础结构具有承受 360° 方向重复荷载的特殊性，其稳定性对保障风力发电机组的正常运行至关重要，可分为现浇混凝土和装配式混凝土两种。国内主流大型风机塔筒均采用钢—混塔架结构，以预制混凝土甚至 UHPC 作为主体结构材料。风电基础疲劳破坏会导致风机晃动过大，造成停机，严重时还可能引发混凝土断裂、局部失稳，甚至整体倾覆。塔筒混凝土则以裂纹、局部损伤病害为主（图 1）。

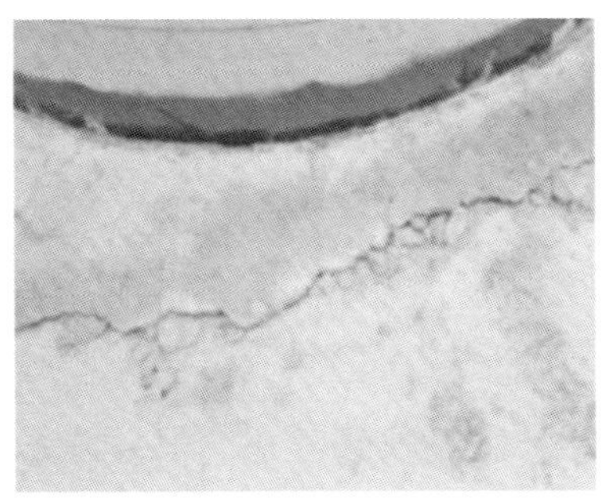

图1　风电基础环病害

三、特种工程耐久性提升工程案例

混凝土病害产生的原因复杂，涉及设计、施工、材料、服役环境等多种因素。特种工程尤其是运营中的特种工程其防护修复加固难点往往在于限制条件较多，工程实施过程受制于作业时间、作业工况、服役环境等。本节将根据病害产生根本原因的不同，选取典型工程案例进行介绍。

（一）高速铁路无砟道床混凝土结构离缝

各类结构脱离会导致应力传递失效、原有结构不能发挥整体作用，高铁轨道结构离缝、风电基础环疲劳开裂、钢管混凝土脱空等均是混凝土结构离缝的典型代表。以下以高铁无砟道床混凝土结构离缝病害整治为代表进行分析。

我国高速铁路无砟轨道主要有单元板式、纵连板式、双块式。板式无砟轨道由钢轨、弹性扣件、预制轨道板、水泥乳化沥青砂浆（CA 砂浆）填充层、混凝土底座板或水硬性支承层、凸形挡台及周围填充树脂组成。CRTS Ⅱ型板式无砟轨道产生离缝病害的主要原因包括温度荷载、列车动荷载、下部基础沉降、材料老化、施工不利等。温度荷载作为无砟轨道服役过程中所承受最长的周期荷载，是影响轨道结构层间离缝的最主要因素之一。

我国幅员辽阔，线路通过地区存在较大的年温差、日温差、持续高温以及异常低温等极端气候条件。在昼夜温差作用下，轨道上下层出现明显的温度梯度，导致上下层结构间伸缩变形不一致，从而引发板端翘曲，导致离缝的产生。离缝产生后，降水会进入结构离缝形成积水层，会加速CA砂浆层老化。此外，列车高速运行下，对离缝进行循环、高频动荷载作用，使内部积水不断挤出和吸入，进一步加快了离缝劣化速度（图2）。日本、德国、意大利也有类似的结论。

图2　离缝病害

无砟轨道结构离缝往往采用注浆方法进行修复。由于高速铁路维修作业“天窗”时间短，有效作业时间仅约2小时。因此对注浆材料提出更高要求：①极低的黏度及表面张力，可以渗透到细小的裂缝中；②固化速度快，可在较短的“天窗”时间内完成修补，并达到通车要求；③潮湿环境适应性。由于层间潮湿现象较为普遍，因此需满足潮湿基面黏结及力学性能不受影响；

④低温环境适应性。由于热胀冷缩作用，离缝病害在冬季最为显著，因此低温作业环境下快速固化，且各项性能不受影响尤为重要（图 3）。

图 3 离缝病害整治效果

（二）混凝土损伤修复

混凝土开裂、脱落、露筋等病害在各类工程中尤为常见。由于混凝土钢筋保护层不足或长期处于腐蚀环境下，水分及侵蚀性离子逐渐进入混凝土内部，在冻融循环作用下钢筋锈蚀、混凝土开裂，随时间延长，混凝土逐渐剥落、掉块、露筋，严重时还会造成钢筋上拱，影响结构安全（图 4）。

图 4 混凝土损伤

混凝土损伤修复多采用混凝土置换法、环氧树脂砂浆置换法；钢筋保护层厚度不足时建议使用树脂砂浆置换法，以提高其防水抗渗性能。此外，环氧树脂具有高黏结强度和优异的力学性能，可实现对混凝土结构蜂窝、麻面、表面风化、露筋、缺损的修复。在连续结构修复时需充分考察其体积稳定性以避免后期开裂、二次修复。低温环境下环氧树脂砂浆固化时间会大大延长，薄层作业时这一效应进一步放大，因此低温薄层快速修复是该类工程技术难点。环氧树脂砂浆与混凝土弹性模量不一致，在服役温度变化时存在脱落风险，因此冻融作用下其黏结耐久性指标应当作为修复材料的重要技术参数（图 5）。

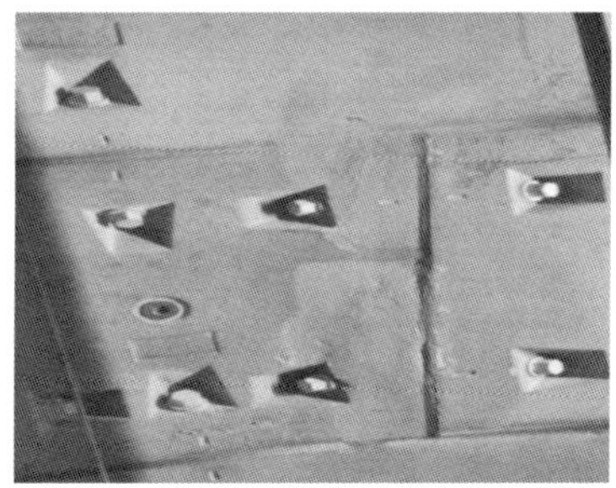

图 5　混凝土损伤修复效果

（三）隧道及地下工程渗漏水整治

隧道及地下工程渗漏水不可避免，通常发生在混凝土裂缝、混凝土接缝部位，通常采用排堵结合的方式进行整治。地下工程渗漏点隐蔽难找，加固后水从其他薄弱点渗出，因此渗漏会反复多次发生，治理代价极大，且难以根治（图6）。

图6　隧道及地下工程渗漏水

目前，渗漏水工程多使用丙烯酸盐注浆材料和发泡聚氨酯材料进行堵漏止水，该方法见效快但耐久性差，复漏概率高。近年来，在止水后进行改性环氧树脂注浆对结构进一步加固的方法得到推广应用。环氧树脂注浆材料固化速度慢，在固化过程中存在流水冲刷、材料浪费、加固效果不理想的问题。在此基础上，中建材中岩科技有限公司通过环氧与聚氨酯共聚改性，制备了可在潮湿环境快速固化的改性环氧注浆材料，固化时间可缩短至20s，材料疏水，在流水条件下力学性能和潮湿基面黏结性能无下降，可实现止水堵漏与加固一体施工的有益效果（图7）。

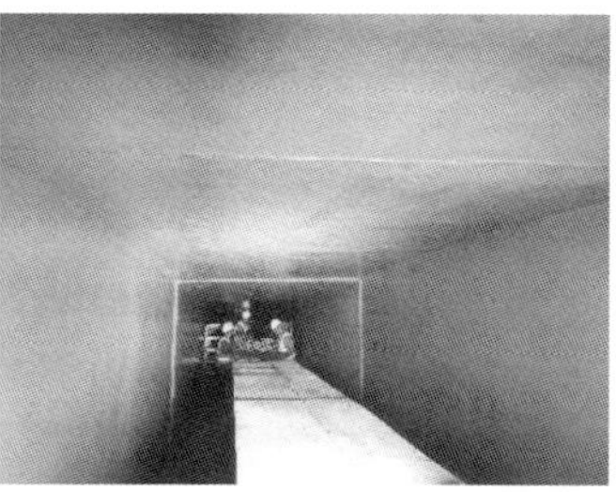

图7　隧道及地下工程渗漏水治理效果

（四）路面混凝土长效防护

机场及公路路面混凝土冬季结冰后，多采用除冰盐进行融雪除冰；机场工程中还会使用飞机尾焰辅助融雪除冰。高浓度腐蚀性氯离子、严酷的冻融环境加速了水泥混凝土路面的破坏，表面剥落、麻面、露骨料现象频发。此外，海港工程混凝土、严寒地区各类工程混凝土也容易发生类似破坏（图8）。

图8　混凝土表面剥落

传统混凝土采用防腐涂层进行涂装，但路面混凝土表面难以实施。此外，混凝土为多孔结构，具有亲水性，与路基接触的混凝土内部含有一定水分，且不可避免。防腐涂层封闭了混凝土毛细孔，使混凝土处于隔水状态，在温度变化下，其内部水分转化为水蒸气，增大内部蒸汽压力，会在涂层薄弱部位产生空鼓、开裂、脱落。因此，涂层类产品更适用于钢结构腐蚀防护。

硅烷浸渍剂在水工及海港工程中具有广泛应用。其涂覆于混凝土表面，渗透至一定深度，不堵塞混凝土毛细孔、不改变混凝土外观，在混凝土表层及渗透层形成疏水结构，提供防水抗渗性能，进而改善了混凝土抗氯离子侵蚀性能和抗冻性能，是混凝土理想的耐久性防护产品。但传统硅烷浸渍剂产品为单一功能体，防水抗渗以及耐久性有待进一步提升。

（五）水下桩基玻纤套筒防护修复技术

跨河、跨海大桥水下桩基是整个桥梁的承重部位，其长期受水流、泥沙冲蚀作用，海工混凝土还受到高浓度氯离子腐蚀作用，其有效承载面积会随着使用时间不断减小，甚至影响结构承载力和出行安全（图 9）。

图 9　水下桩基墩柱腐蚀

传统水下桩基修复多采用围堰法，通过建造围堰、抽出水分形成作业面，使用混凝土置换法进行加固作业。该方法存在机械设备要求高和二次腐蚀隐患。近年来，以美国“夹克法”为蓝本，国内开展了水下桩基玻纤套筒加固技术的研究和应用（图 10）。

图 10　玻纤套筒技术应用于水下及陆上桩基修复工程

该方法采用玻璃纤维复合材料作为套筒，在桩基与套筒缝隙内灌注水下可固化的环氧树脂灌浆料，实现桩基水下加固施工。该方法无须搭建围堰和排水，节省工期和造价；水下环氧树脂灌浆料是高分子聚合物，具有高强度防腐蚀作用，可有效应对海水腐蚀，避免二次腐蚀破坏的发生。水下固化环氧树脂灌浆料具有良好的潮湿基面黏结性能和力学性能，可抵抗干湿、冷热、冻融环境交互作用。此外，玻纤套筒为惰性材料，可抗各种化学制剂，耐酸、耐碱、耐紫外线辐射。在桥梁建设初期将该技术应用于墩柱防护，可有效避免病害的发生，大幅提高结构设计使用寿命。

（六）基础不均匀沉降

基础是铁路、公路、桥梁、隧道、港口、大坝等各类设施的基本构筑物，是承受结构重力和运行荷载的基础，其强度、刚度以及运营条件下的稳定性，是确保工程安全稳定运行的前提。我国幅员辽阔，地质条件与地理环境复杂多样，软体、松软土地基在我国分布广泛，工程修筑完成后的沉降不可避免。

基础沉降可分为大面积区域性地面下沉导致的均匀沉降和受土体差异、地基水土流失、路堤填料不均匀、地下水交替作用、下穿工程等原因导致的不均匀沉降。后者多在较短区间内发生，其对结构稳定性的影响更为突出（图 11）。

图 11 基础不均匀沉降病害

基础不均匀沉降主要通过注浆抬升法进行整治。注浆材料包含水泥浆、地聚物注浆材料、发泡聚氨酯材料。但上述材料均具有一定的局限性，水泥基材料和地聚物注浆材料注浆压力高、固化速度较慢。“天窗”施工工程中多使用聚氨酯高聚物注浆予以解决，但同时也存在基础含水率高、发生副反应、影响抬升精密度和抬升质量问题。此外，单次注浆量大时，还可能出现烧芯等现象。通过抬升材料疏水改性及分次注浆工艺可很好地解决上述问题。

四、展望

国外学者曾用“五倍定律”形象描述了钢筋混凝土腐蚀的危害性：设计阶段在钢筋防护方面节省 1 美元，发现钢筋锈蚀采取措施时将追加维修费 5 美元，混凝土表面顺筋开裂采取措施时将追加维修费 25 美元，严重破坏采取措施时将追加维修费 125 美元。

由此可见，加强特种工程全生命周期管理，加大建设初期耐久性防护投入，加强日常运维工作，可以实现更加良好的社会、经济效益。此外，我国修复加固产业规范化程度不高，应加强标准规范制定工作的严谨性，重视各类工程的区别与统一，以更好地指导相关工程，提升行业技术水平。最后，我国特种工程防护修复加固关键材料国产化程度低，高端产品与装备对国外进口依赖程度高，需要加快关键材料与装备技术创新及产业化进程。

参考文献

[1] 刘春崽 . 铁路桥梁常见病害及整治措施 [J]. 城市建设理论研究 , 2020(16):67.

[2] 翟振超 . 高速铁路隧道衬砌病害套拱整治研究 [J]. 建筑安全 , 2023,38(2):55-59.

[3] 徐胜利 . 高寒地区高速铁路隧道衬砌病害整治技术研究 [J]. 高速铁路技术 , 2018,9(5):17-22.

[4] 熊树章 , 骆建军 , 苏道振 , 等 . 论地铁土建设施病害治理及其在地铁安全运营方面的联动性 [J]. 北京交通大学学报 , 2016,40(3):82-87.

[5] 陈立明 . 机场水泥混凝土道面常见病害成因及预防措施 [J]. 建材与装饰 , 2020(5):46-47.

[6] 赵倩男 . 机场沥青混凝土道面病害及处治实例分析 [J]. 四川水泥 , 2020(11):65-66.

[7] 柴换成 . 山东大型水库工程老化程度分析研究 [D]. 青岛：中国海洋大学 , 2009.

[8] 余红发 . 盐湖地区高性能混凝土的耐久性、机理与使用寿命预测方法 [D]. 南京：东南大学 , 2004.

[9] 张秉宗 . 西北盐渍干寒地区水工混凝土劣化机理与寿命预测 [D]. 兰州：兰州交通大学 , 2022.

[10] 肖寒 . 港口水工工程施工病害及防治措施分析 [J]. 科技创新导报 , 2015,12(33): 69+71.

[11] 周继云 , 王振 , 陈森 , 等 . 滨海核电厂混凝土病害防护技术的应用现状及研究进展 [C]. 绿色建筑与钢结构技术论坛暨中国钢结构协会钢结构质量安全检测鉴定专业委员会第五届全国学术研讨会论文集 .[出版者不详],2017:314-318.

[12] 王驹 . 中国高放废物地质处置 21 世纪进展 [J]. 原子能科学技术 , 2019,53(10): 2072-2082.

[13] 白久林 , 王瑞毅 , 王宇航 , 等 . 陆上风电装配式基础结构研究综述 [J/OL]. 土木与环境工程学报 (中英文):1-15[2023-03-07]. http://kns. cnki.net/kcms/detail/50.1218. TU.20230117.2006.006.html.

[14] 王振扬 . 基础环式风机基础动力响应特性与疲劳破坏加固方法研究 [D]. 武汉：武汉大学 , 2022.

[15] 翟婉明 , 赵春发 , 夏禾 , 等 . 高速铁路基础结构动态性能演变及服役安全的基础科学问题 [J]. 中国科学 : 技术科学 , 2014(7): 645-660.

[16] 钟阳龙 . CRTS Ⅱ型无砟轨道板 : 砂浆层层间开裂机理及控制研究 [D]. 北京：北京交通大学 , 2018.

[17] 刘枉 , 赵国堂 .CRTS II 型板式无砟轨道结构层间早期离缝研究 [J]. 中国铁道科学 , 2013(4).

[18] 王道圆 . 基于大数据技术的高速铁路工务砂浆离缝病害整治管理研究 [D]. 北京：北京交通大学 , 2020.

06 混凝土结构耐久性与施工期养护

周新刚，博士，烟台大学教授，山东省高校教学名师，烟台大学学术委员会副主任委员，政协烟台市委员会智库专家，西南石油大学兼职教授，《工程抗震与加固改造》杂志编委。

主要从事混凝土结构耐久性、工程结构鉴定加固、混凝土结构防火等方面的研究。承担和参与的代表性课题有：山东省科技攻关项目、山东省重大科技创新项目、国家科技支撑计划项目（港珠澳大桥跨海集群工程建设关键技术研究与示范）、国家重大工程建设攻关项目（基于可靠度的港珠澳大桥混凝土结构耐久性120年设计使用寿命耐久性设计技术研究）等。在国内外学术刊物发表论文100余篇，获得专利及软件著作权10余项。参与编写了《火灾后建筑结构可靠性鉴定标准》《混凝土结构工程无机材料后锚固技术规程》《结构混凝土性能技术标准》《混凝土耐久性设计与施工技术指南》等行业或协会标准。代表著作及教材有：《混凝土结构耐久性与损伤防治》《混凝土结构设计原理》《土木工程概论》；还参与编著《港珠澳大桥混凝土结构耐久性设计与施工技术》。获得山东省高校优秀科研成果奖三项、山东省高校优秀教学成果奖一项。

一、引言

混凝土结构耐久性主要由材料的长期性能、结构所处的服役环境及气候条件决定。除此之外，结构构件的几何特征、构造、表面有无裂缝缺陷、有无防护措施等，对耐久性也有显著影响。混凝土结构工程要实现预期的耐久性，在其全生命周期中，应改善和提高抵抗环境作用的能力、延缓和降低性能退化的速度，采取材料的、结构的、构造的、施工的或防护的综合措施。其中施工期养护防护及质量控制非常重要，因为混凝土结构耐久性受制于其内部与外部环境的物质与能量传输，内外物质与能量传输，又与结构构件近表层区材料结构及其特性密切相关，而施工期养护的影响尤为显著。

混凝土结构工程中，一些所谓“说不清、道不明”的常见通病长期得不到很好解决，不仅影响工程质量和耐久性，而且困扰工程技术人员，很多都与施工期养护有关。本文简要阐述混凝土结构养护的基本机理及其影响因素，以及不利天气条件下养护的问题。

二、混凝土结构构件近表层区特性与耐久性

混凝土结构构件近表层区或保护层厚度范围的混凝土犹如结构构件的皮肤，是守护耐久性的关键。众所周知，混凝土强度及其性能的发展是一个相对缓慢的过程，与组成材料、配比及水化条件有关。水化条件指混凝土水化硬化时的水分和温度条件。水温条件取决于：一、胶材性质、用量及水胶比；二、施工时的天气和养护条件。而天气和养护条件对混凝土性能的影响集中在表层混凝土范围。养护对改善和提高表层区混凝土强度、密实性、抗渗性、抗冻融性、抗冰盐作用、耐磨性等都有关键作用。

三、混凝土施工期养护的有关概念

养护是指在充分的水和热的条件下，在一定的时间内，混凝土持续水化成熟并发展其性能的过程和方法。养护所构建的人工环境，应能限制水分蒸

发、热量过快损失，或从混凝土外部向其补水，以保证水化所必需的水分及适宜的温度。因此，养护也指对新浇筑混凝土所采取的保湿、保温措施，保证胶凝材料能正常水化和潜在的火山灰效应的激发，使混凝土能正常地发展其潜在性能、满足结构设计的功能要求。通常意义的养护包含养护（curing）和保护（protection）两方面的含义。养护（curing）主要指在正常环境条件下，对常规混凝土结构所采取的保湿、保温措施；而保护（protection）一般指在不利的天气条件下（干热、大风、低温等），或特殊混凝土结构（如大体积混凝土）所采取的隔热、防风、防太阳辐射等附加措施。

养护所建立的胶凝材料正常水化所需要的温湿环境需要持续的时间称养护期。养护期包括从混凝土浇筑与振捣，到混凝土初凝及成型收面，直至终凝，最终达到预期性能的时间。养护期应根据材料组成、水胶比、天气条件、养护措施、耐久性要求及施工过程拆模、施加荷载等条件综合确定。

（一）水泥水化与保湿养护

水泥水化过程中消耗的水称结合水，其量约占水泥质量的21%~28%，平均值约为25%。水化生成的凝胶是有孔隙的。除结合水外，水化过程中多余的水分吸附在凝胶表面及凝胶层之间，即物理结合水或凝胶水，其量大体与结合水相等。凝胶孔中充满水处于饱和状态时，水化才能持续进行。随着水化的进行而不断消耗水，则需要养护补水以维持水化的持续。持续水化会使凝胶孔隙不断地被填充，使其密实度、强度和抗渗性不断提高。孔隙的填充程度除与水化程度有关外，还与浆体的初始孔隙体积有关，即水灰比有关。低水灰比浆体的初始孔隙较少，孔隙更容易填充密实，在水分充足的情况下，达到等值抗渗性所需要的养护时间比高水灰比的要短。但低水灰比时一般相对缺水，若没有养护补水，水化消耗孔隙水会导致混凝土干燥。当水灰比为0.4或更低时常常发生这种现象，且能导致混凝土长期强度停止增长。低水胶比的混凝土，其表面渗透性较低，能阻止养护水进入混凝土内部，养护补水不能对内部混凝土起到补水作用，但较低的渗透性能阻止内部水分向干燥的表层传输。因此，对于低水胶比混凝土，对其表面进行及时保湿养护就非常关键。

（二）混凝土泌水与表面水的蒸发

泌水指混凝土拌和物硬化过程中颗粒体由于重力集聚挤压作用而排出水分，水分向上迁移的现象。一般认为泌水是新拌混凝土的不良现象，影响混凝土硬化后的质量及耐久性。但从养护的角度看，适量的泌水，且在收面时不被重新拌和到表层混凝土中，或在不引起表面富浆的情况下，则有利于养护。混凝土表面会蒸发干燥，在没有泌水或外部补水的情况下，表层易处于缺水状态，导致表层强度及耐久性降低。理想状态是：初凝前，泌水使表层混凝土处于保湿状态，不会因蒸发速度大于泌水速度使表层干燥而影响水化；初凝后，泌水停止，通过湿养护以补偿蒸发失水。此时外部补水也不会进入内部而改变水胶比，降低其强度及耐久性能。

混凝土泌水速度一般小于 1kg/m^2・h，平均约为 0.5~0.75kg/m^2・h，对于掺硅灰的高强混凝土不超过 0.25kg/m^2・h。当表面水分蒸发快于泌水时，塑性收缩开裂的风险就会增加。有矿物掺和料的，或胶材细度较大的混凝土，其泌水速度慢，开裂风险就高。

混凝土表面和其近表面上方的压差越大蒸发越快。较高的表面温度、较低的空气相对湿度、较大的风速及较强的阳光辐射等因素，都能加快蒸发。蒸发速度可用下式估计：

$$W_E=5[(T_{cs}+18)^{2.5}-RH\,(T_a+18)^{2.5}]\,(V+4)\times 10^{-6} \qquad (1)$$

式中，W_E 为蒸发损失的水的速度，kg/m^2・h；T_{cs} 为混凝土表面温度，℃；T_a 为空气温度，℃；RH 为空气相对湿度，%，V 为风速，km/h。

实际施工中，可根据蒸发速度和泌水速度的估算结果，分析确定相应的养护措施，以使表层混凝土处于保湿状态。

（三）养护方法及持续时间

施工中应根据泌水及凝结与收面处理情况，确定何时开始养护。一、初凝时正好泌水结束，此时开始收面，收面结束、混凝土达到终凝时开始养护；二、如初凝前泌水就开始蒸发、表面开始干燥，初凝前就应采取相应的养护措施，以保持水分。初凝时开始收面直至终凝、并继续维持养护；三、终凝前收面工作已完成，理论上收面完成就应养护，但由于没有终凝，全面的养护措施可能有损混凝土表面，应采取喷雾等养护措施，直至终凝再做全面养护。

养护方法分为保湿养护、保温防护及其综合方法。保湿养护主要通过蓄水、喷雾、喷水、覆盖、涂膜等方法使混凝土表面保持潮湿状态；保温主要通过隔热、遮阳、挡风、覆盖等措施降低混凝土的温升、温降、温差及表面的蒸发干燥速度。在低温、干热等不利天气条件下施工，常常采用养护和防护的综合措施。当达到下列条件时，则可以撤除养护措施：一是混凝土干燥不再影响混凝土性能；二是水化程度使混凝土达到性能要求；三是性能的发展不需要养护干预措施了。

理论上需要根据工程所处的环境条件及其性能要求，通过检验其性能确定养护时间，如预期的抗渗性能要求。但实际条件往往变化很大，准确地预估养护时间往往比较困难。实际工程中可参考国内外的一些规范。对于掺和料含量较高的和服役期暴露环境恶劣的混凝土，养护时间应延长。

四、特殊条件下混凝土施工期养护防护

在低温（冬季施工）、干热等天气条件下，或者在混凝土体积大，容易产生温度及温差裂缝情况下，除了要遵循一般的养护原理，做好保湿、保温等养护措施外，还要结合温度湿度条件及混凝土结构构件的几何尺寸及边界条件等采取更加严格的、有针对性的措施。

（一）冬季施工混凝土养护防护

冬季施工的混凝土，只要有足够的时间进行充分的养护防护，其潜在的性能也能很好地发展，强度和耐久性的最终发展要好于干热条件下施工的，温度裂缝也会轻于干热条件下施工的同等配比的混凝土。

1. 冬季混凝土施工防冻的基本原则

冬季施工既要保证混凝土暴露于低温环境时有一定的强度，又要使其强度能够充分发展，不会由于早期冻融作用而影响其耐久性。混凝土在未达到一定强度时受冻，其损伤是永久的。一次冻融循环就能引起混凝土永久损伤的含水量为临界含水量。随着水化发展及水分蒸发，混凝土的含水量会逐渐降低到临界含水量以下，此时混凝土强度约为3.5MPa。因此，在遭受低温作用前，混凝土临界强度至少应达到3.5MPa。当强度低于24.5MPa，遭受冻融循环作用的混凝土也会受损。为防止混凝土早期冻害，除了使用引气剂外，还要保证初次暴露于低温环境时，临界强度至少要到达3.5MPa（规范一般取值4~5MPa）；强度未达到24.5MPa时，不能撤除防冻防护措施；低渗透性、高抗氯离子侵蚀的混凝土应达到其设计强度为止。我国混凝土冬季施工的一些具体要求见《建筑工程冬期施工规程》（JGJ/T 104—2011）。

2. 混凝土早期冻害的基本原理

水由液变固，其体积膨胀9%。凝胶体免受冻害的关键条件是，要有相当于9%左右结冰水体积的均匀分布的孔隙。假设只有毛细管水结冰，根据毛细管水体积和凝胶孔隙体积之间的关系，可以推导混凝土初次受冻而不受损的水化程度应满足下列条件：

$$R \geqslant 0.86\,(W/C) \tag{2}$$

式中，R为水化程度；W/C为水灰比。

式（2）表明，水灰比越大，免受初期冻害的水化程度应越高，即水灰比越大，越应采取可靠的初期防冻措施，从浇筑到避免初次受冻的时间应越长，水灰比越小时间则越短。

混凝土的成熟度取决于其水化程度，因此可以通过成熟度来判定免受初次冻害而不受损的时间及冬季施工总的养护防护时间。根据式（3）、式（4），可以估计不同温度下混凝土达到所需强度的等效龄期。

$$M=\sum (T-T_0)\,\Delta t \geqslant \tau_e/\{-\ln[0.86(W/C)]\}^{-1/\alpha} \tag{3}$$

$$t=\sum \Delta t \tag{4}$$

式中，M 为成熟度指数，℃ · h；T 为混凝土温度，℃；T_0 为基点温度，℃；Δt 为在温度 T 时的养护时间，h；t 为总的养护时间，h。τ_e 为特征时间参数，h；α 为无量纲系数，τ_e、α 可通过水泥的绝热水化试验测定。

对于水灰比低于 0.45 的混凝土，随着水化进行，混凝土内部会发生自干燥的现象。为了保证初次受冻时混凝土强度有充分的发展，对于水灰比低于 0.45 的混凝土，其成熟度应满足的条件如下：

$$M=\sum(T-T_0)\Delta t \geqslant \tau_e/\{-\ln[2.25(W/C)]\}^{-1/\alpha} \tag{5}$$

3. 混凝土冬季施工的养护防护措施

混凝土冬季施工的防冻养护防护措施主要有：一是合理选择胶凝材料及外加剂，提高其早期强度；二是使用引气剂，提高其抗冻性；三是提高和控制其入模温度；四是建立封闭的、热的、潮湿的养护环境。确定养护防护措施时，应综合考虑天气情况、结构的几何情况及混凝土的组成材料与配合比等，且特别注意结构构件边角的隔热防护。

确定拆除防护措施时，要评估混凝土是否达到防冻要求和满足后续施工要求的强度，以及是否达到耐久性要求的强度。湿的、温暖的混凝土表层突然暴露于干燥的、气温低于 0℃的环境，很容易发生“冻损”开裂，防护措施的撤除应在冷却与干燥速度较低的阶段进行。施工需要临时撤除隔热防护措施时，应防止混凝土临时暴露的“冻损”。临时暴露后，应及时重新设置防护措施，并延长防护时间，以加倍补偿由于临时暴露导致的成熟度的减少。

（二）干热天气条件下混凝土施工期养护防护

干热天气是指易使混凝土施工中出现问题，且对混凝土性能及结构服役性能造成不利影响的天气。混凝土的凝结速度、强度、耐久性、塑性开裂、温度和干缩裂缝等都与浇筑时的最高温度有关。干热天气条件下，需要更好的养护防护条件，以控制新拌混凝土浇筑的最高温度、保证新拌混凝土的工作性、降低或避免施工质量缺陷、提高硬化混凝土的性能。

1. 干热天气对混凝土的影响

干热天气对混凝土的影响主要体现在两个方面：一是对新拌混凝土施工性能的影响；二是对混凝土硬化过程及质量的影响。干热天气会导致新拌混凝土出现失水快、需水量增加、坍落度损失增大等问题，给施工增加困难。温度越高，达到同样坍落度所需要的水分越多。同时，由于失水快，凝结速度加快，混凝土结构构件出现收缩开裂、温差裂缝、冷缝等质量缺陷的风险也会显著增加，而且引气量的控制也比较困难。在较高的温度下水化硬化，混凝土早期强度能提高，但28d强度及长期强度会降低。因为在较低的温度下水化硬化，混凝土浆体微观结构更加均匀。干热、大风、阳光辐射或这几种因素的组合会加快水分蒸发，从而增加收缩开裂的风险。

2. 养护防护措施

干热天气下混凝土施工期养护防护的主要目的是防止混凝土免受干热、大风、阳光辐射的影响，以及由此产生的强度降低和耐久性损伤问题。混凝土及其模板应尽量保持在均匀的湿度和温度状态下。混凝土收面后应立即进行养护防护以防干燥和收缩开裂。养护时间应不少于7d，且至少养护3d后才能更换养护方法，在更换养护方法时，不能让混凝土表面干燥。

保湿养护是防止干燥和开裂最有效的措施。对于平板结构，保湿养护包括表面蓄水、覆盖砂和织毯，以及在表面覆盖塑料保护膜或涂刷防护液等。塑料薄膜的颜色对养护有显著影响。白色的吸收太阳辐射最小，黑色的吸收最大。涂刷养护液应在终凝后表面见不到明水的情况下立即进行。延迟涂刷，不仅导致表面干燥，还能导致乳液被混凝土吸收而影响成膜质量。

对于有模板的结构构件，模板应保持湿或不吸水的状态。松开模板或拆除模板时应不使构件受损，而且应立即开始养护防护。在养护结束前，覆盖物应有4d左右的不保湿时间，以使混凝土表面逐渐干燥，防止表面裂缝。在拆除模板的混凝土表面涂刷养护液时，也应保持表面处于潮湿且无明水的状态。

在拆模后的24h内，要防止快速温降产生的温度裂缝。截面尺寸大于300mm的构件，温降速度超过3℃/h，或24h内的温降超过28℃，容易产生温度收缩裂缝。为了防止温降引起的开裂，要注意昼夜温差变化、下雨或浇水养护等使混凝土表面产生的降温。

五、结语

施工期的良好养护对混凝土结构施工质量及耐久性十分重要，但实际施工中存在两个不容忽视的问题，一是重视程度不够，往往没有完善的养护制度，并采取可靠的技术措施，或虽有制度和措施，但不能很好地落实，流于形式、疏于管理；二是对量多面广的一般工程，养护制度或措施基本停留在经验技术阶段，没有很好地上升到科学技术的层面。由于重视和管理不够，致使混凝土结构普遍存在由于养护不足或不当造成的质量问题，显著影响其耐久性。养护对混凝土性能的影响，涉及早期水化与性能发展、水分传输与蒸发、温度与温差约束变形等一系列化学、物理及其耦合过程，机理十分复杂，影响因素也很多。有效的养护制度及可靠的技术措施，需要系统的、综合的分析，并在运行中进行科学的监控。

参考文献

[1] ACI 308R-01,Guide to curing concrete(reapproved 2008), ACI Committee report, 2008.

[2] ACI 305R-10,Guide to hot weather concreting, ACI Committee report, 2010.

[3] ACI 306R-16,Guide to cold weather concreting, ACI Committee report, 2016.

[4] Durable concrete structures-Design guide, CEB-Comite Euro-International du Beton, Thomas Telford Services Ltd, Thomas Telford House, London,1997.

[5] 中华人民共和国住房和城乡建设部 . 建筑工程冬期施工规程 :JGJ 104-2011[S]. 北京 : 中国建筑工业出版社 , 2011.

后　记

作为一名行业记者，我常常在想：我能为行业做些什么？我的老师，一个连退休前最后一天都在出差的记者，她将青春奉献给热爱的行业，也收获了行业高度的认可。在她的欢送会上，行业朋友们送给她最真诚的祝福，流下了最不舍的热泪。那一刻，我备受触动，更坚定了为行业发声的初心。

萌生策划《混凝土的耐久性谁来守护》一书的想法是在一次对郝挺宇的采访中。那时，报社与同为经济日报集团下属单位的中国建材工业出版社刚刚开始融合，如何实现书报更好地融合成为每个人需要思考的问题。

那次采访，像大多数情况一样，让我感受到最多的是专家对行业的热爱，正是这份热爱使他们的生活处处都是混凝土。但又与大多数采访不同，因为他全程聚焦最多的话题就是混凝土耐久性。混凝土与水泥制品行业广泛服务于建筑、水利、交通、铁路等行业的发展，为国内外基础设施及各类工程建设提供了重要材料支撑，多年来，随着我国经济的持续快速增长，尽管在如何提高混凝土耐久性问题上行业取得了巨大进步，但提高混凝土的耐久性是一项涉及设计、材料和施工工艺的综合性问题，且必须与环境相适应，因此一直备受行业的关注。那是我第一次思考，面对直接影响着混凝土工程寿命的混凝土耐久性问题，这个行业多年来都做了哪些工作？身为一名行业记者，除了写新闻报道，我还能如何记录、见证、总结这个行业的发展与成就？最后的答案就是：何不利用记者优势，以及新增的出版优势，策划一套聚焦混凝土耐久性问题的行业可读丛书。

从一个想法到具体落地不容易。如今，本书即将付梓，回顾整个策划出版过程，我感慨颇多。

璀璨夜空之所以美丽，少不了点点繁星，而那些为行业发展奉献着青春与汗水的“砼”人就是一颗颗最闪亮的星星。

本书一共收录了 24 篇从不同角度探讨如何提高混凝土耐久性的文章，可以说每一位作者都是各自领域内的权威专家。他们就像那众多繁星中的一颗，虽不是全部，但足以映射出行业在提高混凝土耐久性问题上所作出的部分努力。

身为本书主编，能将这么多位行业大咖聚到一起共同探讨一个话题我很荣幸，也很感动。刘加平院士长期致力于“收缩裂缝控制”“超高性能化”两个核心领域的深入研究，身为院士尽管异常忙碌，但面对我的邀请仍选择了全力支持；为本书写序的徐永模会长，刚刚结束协会举办的行业大会，就带着厚厚的书稿开始了调研，待书稿返回时，批注已是密密麻麻；与王发洲校长约好联系那天，由于临时有事，打去电话时已经将近晚上10点，本以为会打扰到专家休息的我，被还在出差路上的他那句“只要是对行业发展有好处的事我都会支持”深深触动。

对王子明、杨思忠、黄靖、王玲、孙振平、冉千平、宋作宝几位作者，我想说，感谢你们对我无条件的信任与支持。或许因相识太早，初识那会儿我还不懂你们的坚持与热爱，但现在深深爱上这个行业的我，明白了一分耕耘、一分收获。

谢永江、宋少民、王胜年、张日红、刘超琦、刘娟红、周永祥、蒋正武、赵筠、陈喜旺、周新刚、王振地、张广田、李俊毅，我们因采访相识。我想说，感谢你们对我无论是记者还是图书主编身份的支持，是你们让我明白，只要热爱必有收获。乔君慧博士是本书的主编之一，做幕后英雄，感谢与你的相遇，更感谢你对本书的大力支持。

本书是我策划的第一本关于混凝土的书。在未来几年内，我还将继续关注这个行业，不管是用新闻报道还是图书策划的形式，都希望身在这个行业的我，能为这个行业贡献一份力量。

最后，我要感谢我的单位，是《中国建材报》社15年的记者经历成就了今天的我，是中国建材工业出版社给了我策划一本行业可读性书籍的机会。还要特别感谢社领导，感谢你们对我每个想法的支持与鼓励。未来，我将继续带着初心与勇气前行，不负行业，不负韶华。

吴 跃

2023年夏秋之际于北京

北京建工新材公司

企业简介 COMPANY PROFILE

北京建工新型建材有限责任公司（简称新材公司）是北京建工集团旗下的市管大型全资国有企业，成立于2003年，是国家级高新技术企业、北京市企业技术中心，是国内领先的绿色新型建材服务商。新材公司下有近30个经营单元，形成预拌混凝土、装配式+被动式超低能耗建筑、新型材料、物流服务业和产业化技术研发中心的“四板块一中心”的全产业链发展格局，业务主要覆盖混凝土、装配式、建筑工业化、物流、科研检测、新型建材、新能源材料等多个领域。

企业荣誉 COMPANY HONOR

◎国家级高新技术企业

◎北京市企业技术中心

◎国家装配式产业化基地

◎北京市新技术新产品6项

◎北京市科学技术成果鉴定6项

◎省部级、协会奖项10项

◎发明专利32项，授权专利200余项

关键技术与产品 KEY TECHNOLOGIES AND PRODUCTS

◆关 键 技 术

◆超高层建筑高流态高强混凝土制备及应用技术

◆功能性混凝土制备关键技术

◆装饰混凝土制备关键技术

◆高RAP掺量再生沥青混凝土制备技术

◆超高性能混凝土UHPC制备和桥面铺装技术

◆固废基超细混凝土掺合料的制备与应用技术

◆增强柔韧性抹面抗裂砂浆制备关键技术

◆廉价硅源快速制备二氧化硅气凝胶关键技术

◆玻璃钢被动窗及拉挤生产系统解决方案及应用技术

◆预制预应力装配式构件设计和生产关键技术

◆装配式被动房墙板生产关键技术

◆EMC预制空心叠合剪力墙体系成套技术

◆智能制造解决方案及应用技术

◆集成卫浴产品开发系统解决方案

◆新能源材料集成与应用技术

◆主 要 产 品

◆预拌混凝土　◆装配式+被动式超低能耗建筑　◆新型材料（砂浆、气凝胶、光伏等）　◆物流与检测服务

◆效 果 展 示

智能制造解决方案及应用技术

超高层建筑高流态高强混凝土制备及应用技术

装配式生产关键技术

建筑光伏项目全过程服务

EMC预制空心叠合剪力墙体系成套技术

气凝胶复合绝热毡

玻璃钢被动窗及拉挤生产系统解决方案及应用技术

集成卫浴